# 基于自适应性和鲁棒性的主动振动控制

## ——方法与试验

# Adaptive and Robust Active Vibration Control

## Methodology and Tests

〔法〕I. D. 郎多　　〔法〕T. B. 艾里米托伊

〔法〕A. 斯特利亚诺斯-席尔瓦　　〔加〕A. 康斯坦丁内斯库　　著

赵振东　谢继鹏　张广辉　译

科 学 出 版 社

北 京

图字：01-2020-0930 号

# 内 容 简 介

本书介绍了基于自适应性和鲁棒性的主动振动控制方法，以及该方法在主动阻尼控制、窄带扰动的反馈控制和宽带扰动的前馈-反馈控制中的应用. 首先，介绍了主动振动控制的基本概念和基准试验平台. 其次，讨论了主动振动控制中的离散时间系统控制模型、参数自适应算法、系统辨识方法、数字控制方法、控制器复杂度降阶方法等，并对试验平台进行了开环辨识、闭环辨识和控制器复杂度的降阶分析. 再次，展示了主动液压悬架系统试验平台的主动阻尼控制技术. 最后，对鲁棒控制器和自适应反馈控制器进行设计以解决窄带扰动衰减问题，对前馈补偿器和自适应前馈补偿器以及 Youla-Kučera 参数化自适应前馈补偿器进行设计以解决宽带扰动衰减问题. 此外，本书附录补充了关键算法的推导过程.

本书系统性强，内容翔实，案例丰富，融合了最新的控制理论及工程技术研究成果，可供高等院校机械、车辆、航空、航天、兵器、船舶、控制及相关专业的本科生、研究生和教师使用，也可供从事系统辨识、自适应控制、鲁棒控制、主动振动控制和主动噪声控制及相关工程领域的科研人员参考.

First published in English under the title
*Adaptive and Robust Active Vibration Control: Methodology and Tests*
by Ioan D. Landau, Tudor-Bogdan Airimitoaie, Abraham Castellanos-Silva and Aurelian Constantinescu
Copyright © Springer International Publishing Switzerland, 2017
This edition has been translated and published under licence from Springer Nature Switzerland AG.

---

**图书在版编目(CIP)数据**

基于自适应性和鲁棒性的主动振动控制：方法与试验/(法)伊万·多雷·郎多等著; 赵振东, 谢继鹏, 张广辉译. —北京：科学出版社，2021.9
书名原文：Adaptive and Robust Active Vibration Control：Methodology and Tests
ISBN 978-7-03-069574-1

Ⅰ. ①基… Ⅱ. ①伊… ②赵… ③谢… ④张… Ⅲ. ①鲁棒控制–研究
Ⅳ. ①TP273

中国版本图书馆 CIP 数据核字(2021) 第 161580 号

---

责任编辑：李静科 / 责任校对：彭珍珍
责任印制：吴兆东 / 封面设计：无极书装

**科学出版社** 出版
北京东黄城根北街 16 号
邮政编码：100717
http://www.sciencep.com
**北京九州迅驰传媒文化有限公司**印刷
科学出版社发行　各地新华书店经销

\*

2021 年 9 月第 一 版　开本：720 × 1000　1/16
2025 年 2 月第三次印刷　印张：24
字数：480 000
**定价：148.00 元**
(如有印装质量问题，我社负责调换)

# 译 者 序

振动与噪声的控制是工程技术领域普遍需要认真研究和解决的重要课题, 传统的被动减振系统往往不能满足产品更为精密、高速、可靠的发展要求, 主动振动控制技术的应用成为必然. 由于环境的影响, 振动系统会受到各种不确定性和时变信号的干扰, 某些系统本身也受到各种非线性因素的影响, 这些影响因素对主动振动控制带来了巨大的挑战. 原著系统介绍了主动振动控制技术的基本概念、方法及试验应用, 因此将这本国外优秀的著作引进给国内高校师生和工程专业技术人员是十分必要的.

本书内容翔实、体系完整、思路清晰. 全书围绕主动振动控制三方面的问题: 主动阻尼控制、窄带扰动控制、宽带扰动控制而展开, 相关理论知识由浅入深, 运用试验平台验证理论方法与解决方案. 本书侧重于给出各类信号扰动下主动振动控制问题的解决思路, 因此基础理论部分只介绍了必要的控制算法, 以便于读者能形成主动振动控制问题的解决方案. 本书基于三个基准试验平台, 进行了针对鲁棒控制器和自适应控制器在反馈控制和前馈-反馈控制中的效果评估和对比, 便于读者选择合适的解决方案解决实际工程问题. 此外, 本书还提供了三个基准试验平台的基础数据和仿真工具以及书中所应用算法的相关源代码, 便于读者对本书中的解决方案进行验证.

本书译自 Springer 出版社出版的 "先进工业控制" 丛书中的一本, 原书作者及其团队是自适应控制器设计、控制系统参数辨识、主动振动试验平台测试、主动阻尼控制、主动振动控制等方面的著名学者, 多年来一直从事主动振动控制相关的教学和研究工作.

本书由南京工程学院赵振东教授翻译前言及附录、第 6—9 章以及第 11 章和第 12 章, 南京理工大学紫金学院谢继鹏副教授翻译第 1—5 章和第 10 章, 南京奥吉智能汽车技术研究院有限公司张广辉博士翻译第 13—16 章, 全书由赵振东教授指导并定稿. 南京工程学院硕士研究生袁韶在译文初稿和公式录入以及图片整理等方面做了大量工作, 南京工程学院学生董浩然协助完成了部分文字的整理工作.

本书的翻译出版得到了江苏省 "六大人才高峰" 高层次人才项目 (2019-JXQC-005、2015-JXQC-004)、南京工程学院教学改革重大项目 (JG201704) 的资助.

　　译者在翻译过程中力求忠实于原著,向读者展现国外学者的最新研究成果.由于译者水平有限,不妥之处在所难免,诚望广大读者批评指正.

赵振东　谢继鹏　张广辉

2021 年 1 月

# 原 书 前 言

当今人类活动中, 人们日益注重振动与噪声的衰减问题. 在超过 45 年的时间里, 人们意识到通过专用减振器被动地衰减振动和噪声是有局限性的, 并提出了主动振动和噪声控制的概念. 振动和噪声的主动控制与控制方法密切相关, 即使在过去控制界还不是这一领域的推动者. 环境特性 (振动、噪声、系统动力学) 的不确定性和多变性几乎从一开始就促使人们在主动振动或噪声控制中采用自适应方法. 从稳定性的角度解决这些问题成为该领域最近的趋势. 实践经验表明了只使用物理模型来设计主动振动或噪声控制系统的局限性, 并揭示了直接从输入/输出数据辨识动态模型的必要性.

本书的目的是从现代控制方法的角度来探讨主动振动控制系统的设计. 从这个角度来说, 首要目标是从一开始就将主动振动控制中遇到的各种设计问题归结为控制问题, 并寻求最合适的控制工具来解决它们. 本书要讨论的另一问题是在相关试验平台对所提出的解决方案进行试验验证. 为了让这些技术能够被广泛接受, 书中通过案例进行了演示, 以减少读者不必要的理论推导 (这些理论在书中的参考文献中可以找到), 并将重点放在算法的表示和使用上. 当然, 如果对基本概念和方法没有清晰的理解, 就无法充分理解和创造性地利用这些解决方案, 因此本书对这些基本概念和方法进行了深入的论述. 本书主要基于 Doré 博士在法国格勒诺布尔 GIPSA 实验室 (INPG/UJF/CNRS) 中所做的工作, 包括:

A. Constantinescu《主动液压悬架的鲁棒自适应控制》[1];

M. Alma《主动振动控制中的自适应扰动抑制》[2];

T. B. Airimitoaie《主动控制系统的鲁棒控制与调整》[3];

A. Castellanos-Sliva《对象参数不确定的主动振动控制的反馈自适应补偿》[4];

以及关于自适应反馈振动衰减的国际试验基准的结果[5]①.

本书中提出的所有方法和算法都已在位于法国格勒诺布尔 GIPSA 实验室 (INPG/UJF/CNRS) 的三个试验平台 (由巴黎 Paulstra-Vibrhoc 公司的 Mathieu Noé 设计) 上进行了充分的试验验证.

2014 年 11 月, 我受邀在法国布卢瓦的第四届 "振动试验分析" 法语研讨会 (主席是卢瓦尔 INSA 中心的 Roger Serra 教授) 上介绍关于主动振动控制的控制工具的内容时, 产生了写这本书的想法. 那次会议上, 我列出了一些概念、方法和

---

① http://www.gipsa-lab.grenoble-inp.fr/~ioandore.landau/benchmark_adaptive_regulation.

算法, 这些概念和算法被用来提供振动的主动阻尼、反馈和前馈衰减的解决方案.

所有这些概念和方法都在不同的控制课程中单独教授或可以在各种书籍中找到, 而这些概念和方法是构成所提出解决方案的基础. 因此, 将它们有机地结合起来, 并通俗易懂地呈现给那些想用现代控制理论解决主动振动控制问题的人们. 有了这些知识后, 所提出的各种主动振动控制的解决方案可以很容易地理解和使用. 显然, 为了让读者评估各种解决方案的潜力, 书中包括了试验结果.

本书中涉及了三个主要问题:

- 主动阻尼 (用于提高被动吸收器的性能);
- 单音调和多音调振动自适应反馈衰减;
- 宽带振动的前馈和反馈衰减.

除了少数算例外, 省略了推导过程, 这些细节可以参考书中所指引的期刊论文. 本书的侧重点在于解决问题的动机、算法的介绍以及试验效果的评估.

当我思考清楚本书的写作内容之后, 我便联系 Tudor-Bogdan Airimitoaie, Abraham Castellanos-Sliva 和 Aurelian Constantinescu 进行合作来实现它.

## 网站

用于教学的补充信息和材料 (仿真器、算法和数据文件) 可在本书的网站上找到: http://www.gipsa-lab.grenoble-inp.fr/~ioandore.landau/

## 预期受众

本书可作为机械工程、机电一体化、工业电子、航空航天以及海军工程专业研究生的基础课程.

本书的部分内容可用于研究生的多种控制课程 (系统辨识、自适应控制、鲁棒控制).

本书适合主动振动控制领域的工程师从中获取新的概念, 并在实践中加以验证.

本书同样适合对主动噪声控制感兴趣的人, 因为很大程度上, 这些技术也可用于主动噪声控制. 主动振动控制领域的研发人员也能从中得到具有启发性的材料, 开辟出新的技术路线.

## 关于内容

本书共六篇. 第 1 章和第 2 章组成了本书的第一篇 (引言篇), 主要介绍本书要探讨的问题和用于试验验证的试验平台.

第二篇介绍了主动振动控制中的有效控制技术. 第 3 章介绍了本书中使用的离散时间模型表示. 第 4 章专门介绍了本书中使用的参数自适应算法. 第 5 章简要介绍了系统辨识技术, 重点介绍用于主动振动控制的具体算法. 第 6 章举例说明了这些辨识技术在第 2 章提及的三个试验平台的动态模型的应用. 第 7 章回顾了用于主动振动控制的数字控制器的基本设计方法. 第 8 章为闭环运行中的辨识问题提供有效的解决方案, 允许对开环运行辨识的动态模型进行改进或重新调整控制器. 由于设计结果往往是高阶控制器, 第 9 章讨论了控制器降阶问题: 一方面是因为系统模型是高维的, 另一方面是因为鲁棒性约束会提高控制器的阶次.

第三篇介绍了主动阻尼问题 (第 10 章), 详细讨论了系统设计的问题与试验评估.

第四篇研究了反馈振动的鲁棒自适应性衰减. 第 11 章讨论了有限频率变化下窄带 (声调) 扰动的鲁棒反馈衰减问题. 第 12 章介绍了窄带扰动的自适应衰减的基本算法, 得出两个试验平台的试验评估结果, 比较了鲁棒方案和自适应方案的性能优劣. 第 13 章讨论了多个未知时变的振动衰减问题, 此部分详细介绍了为此类问题开发的两种算法, 并将其性能和复杂度与第 12 章所提到的基本算法进行了比较.

第五篇介绍扰动的前馈补偿方法, 当扰动 (振动) 的带宽达到仅靠反馈不能轻易满足性能或鲁棒性折中的程度时, 就必须使用扰动前馈补偿方法了. 第 14 章检验了线性设计方法, 该方法是基于试验数据辨识的 (因为扰动模型是未知的, 所以必须从数据中进行辨识). 第 15 章给出了无限脉冲响应 (IIR) 前馈补偿的自适应解, 并给出了试验结果, 分析了这类系统在不同情况下的性能. 第 16 章给出了 Youla-Kučera 前馈补偿器配置的自适应解决方案, 本章最后对两种配置的试验进行了对比总结.

第六篇包含五个附录. 附录 A 是 "广义稳定性裕度" 和两个传递函数之间的 "Vinnicombe 距离", 它们是在闭环运行的系统辨识和控制器降阶中两个非常有用的概念. 附录 B 详细介绍了实施实时参数自适应算法的安全数值计算方案. 附录 C 详细推导第 13 章中提到的用于抑制窄带扰动的自适应算法. 附录 D 详细推导自适应前馈补偿下残余力或加速度的显式方程. 这些方程能够允许直接定义适当的参数自适应算法. 最后, 附录 E 给出了积分 + 比例参数自适应算法 (IP-PAA 自适应) 的细节和试验评估结果, 该算法在经典 "积分" 参数自适应算法中加入了 "比例" 环节.

每章末尾都有所涉及的参考文献, 共计 271 篇.

## 本书导读

作为教科书使用, 应先掌握第 1—9 章的全部内容, 然后再任意阅读第三篇、第四篇或第五篇的内容.

对于数字控制、鲁棒性控制和自适应控制领域的专家而言, 可以跳过第 3—5,7—9 章的内容, 可不按顺序直接阅读第三篇、第四篇或第五篇的内容.

其中第 2 章和第 10—16 章含有相关案例的试验结果, 通过阅读这些章节的内容可以很容易得这些结果相对应的图片信息.

图 1 给出了全书的各章节之间的关系图.

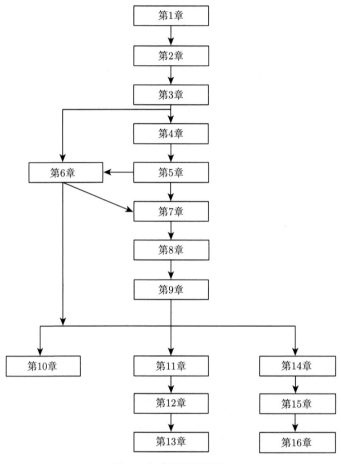

图 1    全书层次结构图

## 致谢

我首先要感谢 M. Noé, 一方面他设计了试验平台, 另一方面他指出了主动振动控制中需要解决的关键问题. 我们之间长期、稳定的合作是驱动我们研究主动振动控制的一个主要因素.

我要感谢 M. Alma, 在本书中展示了他对主动振动控制领域的贡献.

我要感谢 D. Rey, G. Buche 和 A. Franco, 他们参与了这个研究项目, 并在试验平台的操作方面提供了技术支持.

多年来, 我在主动振动控制领域工作, 我有幸能与许多同事交流和互动, 在此我想提一下他们: B. D. O. Anderson, S. Aranovski, F. Ben Amara, R. B. Bitmead, D. Bonvin, M. Bodson, R. A. de Callafon, X. Chen, L. Dugard, T. Hélie, P. Ioannou, C. R. Johnson, A. Karimi, J. Langer, F. L. Lewis, J. J. Martinez, G. Ruget, R. Serra, M. Tomizuka, S. Valentinotti, Z. Wu. 我想对他们的贡献表示感谢.

感谢国家科学研究中心 (CNRS) 和格勒诺布尔 GIPSA 实验室 (约瑟夫傅里叶大学的格勒诺布尔国家综合技术研究所, CNRS) 的长期支持.

我还要感谢来自 Springer 的 Oliver Jackson, 他的热情和专业精神帮助我们完成了这本书.

Ioan Doré Landau

法国　格勒诺布尔市

2016 年 4 月

## 参 考 文 献

[1] Constantinescu, A.: Commande robuste et adaptative d'une suspension active. Thèse de doctorat, Institut National Polytechnique de Grenoble (2001)

[2] Alma, M.: Rejet adaptatif de perturbations en contrôle actif de vibrations. Ph.D. thesis, Université de Grenoble (2011)

[3] Airimitoaie, T.B.: Robust design and tuning of active vibration control systems. Ph.D. thesis, University of Grenoble, France, and University "Politehnica" of Bucharest, Romania (2012)

[4] Castellanos-Silva, A.: Compensation adaptative par feedback pour le contrôle actif de vibrations en présence d'incertitudes sur les paramétres du procédé. Ph.D. thesis, Université de Grenoble (2014)

[5] Landau, I. D., Silva, A.C., Airimitoaie, T.B., Buche, G., Noé, M.: Benchmark on adaptive regulation—rejection of unknown/time-varying multiple narrow band disturbances. European Journal of Control 19(4), 237-252 (2013). http://dx.doi.org/10.1016/j.ejcon.2013.05.007#1

# 缩　略　词

| 缩略词 | 英文全称 | 译文 |
|---|---|---|
| ADC | analog to digital converter | 模拟-数字转换器 |
| AF-CLOE | adaptive filtered closed-loop output error algorithm | 自适应滤波的闭环输出误差算法 |
| AFOLOE | open-loop output error with adaptive filtered observations | 自适应滤波的开环输出误差观测器 |
| ANC | active noise control | 主动噪声控制 |
| ANVC | active noise and vibration control | 主动噪声和振动控制 |
| ARMA | autoregressive moving average | 自回归移动平均 |
| ARMAX | autoregressive moving average with exogenous input | 外部输入的自回归移动平均 |
| ARX | autoregressive with exogenous input | 外部输入的自回归 |
| a.s. | asymptotically stable | 渐近稳定 |
| AVC | active vibration control | 主动振动控制 |
| $b$ | Vinnicombe stability margin | Vinnicombe 稳定裕度 |
| CLIM | closed-loop input matching algorithm | 闭环输入匹配算法 |
| CLOE | closed-loop output error recursive algorithm | 闭环输出误差递归算法 |
| CLOM | closed-loop output matching algorithm | 闭环输出匹配算法 |
| DAC | digital to analog converter | 数字-模拟转换器 |
| ELS | extended least squares | 扩展最小二乘法 |
| F-CLOE | filtered closed-loop output error algorithm | 滤波闭环输出误差算法 |
| FIR | finite impulse response | 有限脉冲响应 |
| FOLOE | open-loop output error with filtered observations | 滤波观测器的开环输出误差 |
| FULMS | filtered-U least mean squares algorithm | U-滤波最小均方算法 |
| FUPLR | filtered-U pseudo linear regression algorithm | U-滤波伪线性回归算法 |
| FUSBA | filtered-U stability based algorithm | U-滤波稳定性算法 |
| FXLMS | filtered-X least mean squares algorithm | X-滤波最小均方算法 |
| GPC | generalized predictive control | 广义预测控制 |
| $H_\infty$ | $H$ infinity control | $H_\infty$ 控制 |
| IIR | infinite impulse response | 无限脉冲响应 |
| IMP | internal model principle | 内模原理 |
| I-PAA | "integral" parameter adaptation algorithm | 积分参数自适应算法 |
| IP-PAA | "integral + proportional" parameter adaptation algorithm | 积分 + 比例参数自适应算法 |
| ITAE | integral over time of absolute value of error | 时间乘绝对误差积分 |
| LMS | least mean squares | 最小均方 |
| LQC | linear-quadratic control | 线性二次控制 |
| LQR | linear-quadratic regulator | 线性二次调节器 |
| LS | least squares | 最小二乘法 |
| LTI | linear time-invariant | 线性定常 |
| MBC | model based control | 基于模型的控制 |
| OE | output error | 输出误差 |

| 缩略词 | 英文全称 | 译文 |
|---|---|---|
| OEFC | output error with fixed compensator | 固定补偿器的输出误差 |
| OLOE | open-loop output error | 开环输出误差 |
| PAA | parameter adaptation algorithm | 参数自适应算法 |
| PRBS | pseudo-random binary sequence | 伪随机二进制序列 |
| PSD | power spectral density | 功率谱密度 |
| $Q$ | Youla-Kučera filter | Youla-Kučera 滤波器 |
| RELS | recursive extended least squares | 扩展递归最小二乘法 |
| RLS | recursive least squares | 递归最小二乘法 |
| RML | recursive maximum likelihood algorithm | 递归最大似然算法 |
| RS | polynomial digital controller | 多项式数字控制器 |
| $t$ | normalized sampling time | 归一化采样时间 |
| $T_s$ | sampling period | 采样周期 |
| $\nu$-gap/$V_g$ | Vinnicombe gap | Vinnicombe 距离 |
| XOLOE | output error with extended prediction model algorithm | 扩展预测模型的输出误差算法 |
| YK | Youla-Kučera | Youla-Kučera |
| ZOH[①] | zero order hold | 零阶保持器 |
| GA | global attenuation | 全局衰减 |
| DA | disturbance attenuation | 扰动衰减 |
| MA | maximum attenuation | 最大增益 |
| $S_{yp}$ | output sensitivity function | 输出灵敏度函数 |
| $S_{up}$ | input sensitivity function | 输入灵敏度函数 |
| $S_{yv}$ | input disturbance-output sensitivity function | 输入扰动-输出灵敏度函数 |
| $S_{yr}$ | complementary sensitivity function | 互补灵敏度函数 |
| BSF | band-stop filters | 带阻滤波器 |
| CLBC | closed loop based controller (controller designed using the closed-loop identified model) | 基于闭环辨识模型设计的控制器 |
| OLBC | open loop based controller (controller designed using the open-loop identified model) | 基于开环辨识模型设计的控制器 |
| OLID-M | open-loop identified model | 开环辨识模型 |
| CLID-M | closed-loop identified model | 闭环辨识模型 |
| CLOE | closed-loop output error algorithm | 闭环输出误差递归算法 |
| F-CLOE | filtered closed-loop output error algorithm | 滤波闭环输出误差算法 |
| X-CLOE | extended closed-loop output error algorithm | 扩展闭环输出误差算法 |
| AF-CLOE | adaptive filtered closed-loop output error algorithm | 自适应闭环输出误差算法 |
| CLIM | closed-loop input matching algorithm | 闭环输入匹配算法 |
| CLOM | closed-loop output matching algorithm | 闭环输出匹配算法 |
| ANF | adaptive notch filter | 自适应陷波滤波器 |
| Vrms | velocity root mean square | 振动速度均方根 |

---

① 后面缩写词为译者加.

# 目　　录

## 第一篇　基于自适应性和鲁棒性的主动振动控制介绍

## 第二篇　主动振动控制技术

## 第三篇　主动阻尼控制技术

# 第四篇　窄带扰动的反馈衰减

## 第五篇　宽带扰动的前馈-反馈衰减

# 第一篇
# 基于自适应性和鲁棒性的
# 主动振动控制介绍

# 第 1 章　基于自适应性和鲁棒性主动振动控制的基本概念

## 1.1　主动振动控制：原因及方式

振动几乎无处不在并且它们的存在常常给各种系统的运行带来问题. 振动是影响系统的扰动[1,2]. 振动的来源很广泛, 例如, 地质震动、交通、机械发动机、电机运转和电气驱动等.

高精度检测设备、高精度驱动器 (如磁盘存储驱动器、蓝光驱动器、DVD 和 CD 驱动器)、照相机和摄像机以及稳定平台等都需要把这些扰动的影响降到一个非常低的水平. 在运输系统 (地面、水、空气) 中, 振动会产生破坏性影响, 也会影响乘客的舒适性. 在制造系统和稳定平台中必须要强制性减少振动的影响, 在这些系统和稳定平台中制造公差的大小与振动的强烈程度几乎是正相关的.

大家所熟知的减振解决方案是使用被动式减振器 (如流体阻尼器、弹性体等), 但大多数情况下在期望频率范围内被动式减振器往往达不到预期的减振水平. 半主动 (半被动) 式阻尼器由于其减振材料的特性可以改变, 因此在某些情况下可以提高减振性能; 但当需要更高性能的减振特性时, 就应考虑主动控制解决方案.

从机械的角度来看, 主动隔振与主动振动控制 (active vibration control, AVC) 是有区别的. 在主动隔振中, 主动阻尼器 (悬架) 位于激励源和被隔振物体之间. 在主动振动控制中, 作动器根据传感器反馈回来的扰动信息 (如力或加速度) 产生一个补偿力, 这个力可以抵消输入振动的影响. 当然这个补偿力是一个与外界扰动大小相同但相位相反的力.

主动液压隔振系统如图 1.1 所示. 弹性锥体的主腔室位于振动源和机架之间, 弹性锥体的主腔尺寸根据直线电机 (产生一个力) 控制的活塞而变化. AVC 系统如图 1.2 所示. 在这个例子中, 控制目标是减少电机在机架水平位置处产生的振动. 作动器对机架引入①了一个与振动激励力相反的作用力, 这个作用力的相位偏移了 180°.

通常使用加速度计或力传感器检测振动. 作动器通常由主动减振器、惯性电机 (与扬声器工作原理相同) 和压电作动器组成.

---

① 在这两个例子中作动器由一个反馈控制器驱动, 但在其他情况下作动器由一个前馈补偿器驱动.

从控制的角度来看, 主动振动控制和主动隔振几乎是同一个问题, 当获得扰动信息后, 使用**反馈控制**或**前馈扰动补偿**就可以解决这个问题.

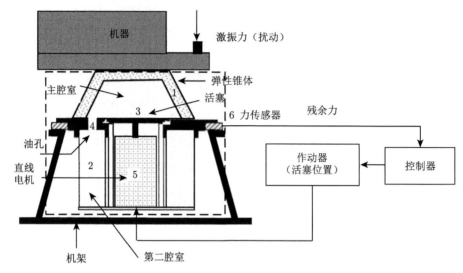

图 1.1　用于减少机架处振动响应的主动液压隔振系统

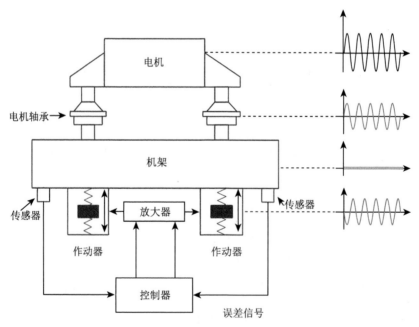

图 1.2　用于减少机架处振动响应的主动振动控制系统

另一个与主动隔振有关的问题是**主动阻尼**. 虽然被动式减振器能在频率带宽

上有较好的减振效果, 但被动式减振器在特定的频率范围内工作时会有一个显著的共振峰. 当施加了有反馈的主动阻尼之后将有效地改善这一现象. 图 1.3 通过无主动阻尼和有主动阻尼时残余力的功率谱密度 (PSD) 的对比来说明这种现象. 可见, 30Hz 左右的共振峰在主动阻尼作用下得到了衰减, 而其他频率的阻尼特性则变化不大. 主动阻尼是在不改变振动频率的情况下对特定振动模态的阻尼特性进行调整①.

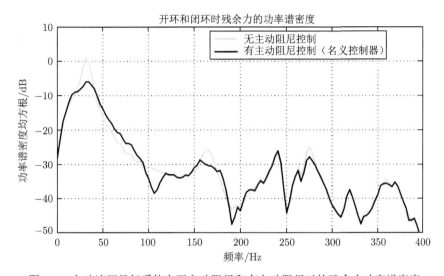

图 1.3  主动液压悬架系统在无主动阻尼和有主动阻尼时的残余力功率谱密度

在主动振动控制 (主动隔振系统) 中, 可以分两个 "通路":

扰动传递主动液压悬架系统的 "主通路";

用于补偿的 "次级通路".

从控制的角度来看, 主动隔振和主动振动控制并没有区别, 我们使用统一术语 "主动振动控制" 来表述.

主动振动控制 (AVC) 和主动噪声控制 (active noise control, ANC) 的原理是基本相同的. 只是它们的频率范围和测试仪器有些区别, 但可以使用相同的控制技术. 本书只聚焦于自适应和鲁棒主动振动控制以及这一领域内的应用.

文献 [3,4] 中简洁地介绍了主动振动控制技术的起源和发展, 值得一提的是, 这些技术通常是由隔振和信号处理领域的研究人员发明的. 文献 [5] 着重介绍基于物理方程的主动结构动态模型并在此模型基础上开发了连续时间反馈策略.

自动控制领域最近才对主动振动控制感兴趣 (大致始于 20 世纪 90 年代). 本

---

① 轻型机械结构具有多种低阻尼振动模态. 这些模态必须施加阻尼, 这是因为一方面它们可能成为振动源, 另一方面环境激励可能导致结构出现不被期望的受迫振动.

书的目的是从自动控制技术的角度来分析主动振动控制问题. 从这个角度来说,
我们期望被减弱 (或消除) 的振动被统称为 "扰动".

主动控制的两个主要目标是:

- 通过反馈和前馈动作衰减 (或完全抑制) 扰动;
- 振动模态的阻尼.

这是两个不同的问题. 增大阻尼与闭环极点的反馈所进行的分配有关, 而衰
减 (或完全抑制) 扰动则与在控制器中引入扰动模型 (内模原理) 有关.

在 AVC 和 ANC 中, 扰动可以通过它们的频率信息以及它们在频域中的振型
来表征. 扰动可以是窄带型 (单一的或多个) 也可以是宽带型. 当然, 两者也可以
组合在一起, 在某些情况下, 我们所说的宽频是几个有限带宽扰动, 它们在频域上
分离的几个小区域. 为今后对窄带型和宽带型扰动分别使用不同的补偿技术, 对
这两种类型的扰动加以区分是很有必要的.

从本质上来说, 在主动控制系统中引入了一个补偿系统, 它将产生一个 "次
级" 激励源. 当补偿系统很容易实现时, 该补偿系统通过 "次级通路" 对通过 "主
通路" 而来的 "原始" 激励源进行扰动, 在控制系统的术语中, "次级通路" 是为了
减少受控对象在控制输出端扰动的影响, 在 AVC 中扰动是测量的残余加速度或
力. 为了实现这一点, 通常会使用反馈控制器 (图 1.4).

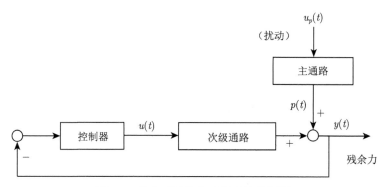

图 1.4　带有反馈的主动振动补偿框图

所谓的 "输出灵敏度函数" 是一个重要的概念, 即用来评估扰动衰减特性、振
动模态的阻尼、反馈控制回路的稳定性和鲁棒性, 这就是所谓的 "输出灵敏度函
数", 由图 1.4 可知, 它是扰动与测量输出之间的传递函数, 即 $p(t)$ 与 $y(t)$ 之间的
传递函数. 在研究反馈衰减扰动的问题时, 存在一些基本问题.

第一个问题与著名的 "Bode 积分" 的特性有关, 即关于输出灵敏度函数的模
量用 dB 表示的问题, 当系统开环稳定时[1], Bode 积分的值为零, 例如 0 dB 轴上

---

① 控制器和受控对象都很稳定.

面和下面在符号内面积之和为零.

由于目标是强烈衰减扰动 (甚至完全消除扰动), 即使经过非常仔细的设计, 灵敏度函数的数值上仍然会出现明显的孔洞 (即极低的数值), 但这可能导致不可接受的 "水床" 效应, 无论是在性能上 (一些扰动仍然存在的情况下, 在特定频率上会有放大) 还是在稳健性上 (模量裕度可能无法接受①).

图 1.5 演示了 Bode 积分. 随着衰减程度在特定频率范围内增加, 输出灵敏度函数的模量最大值会增大. 因此, 在主动振动控制中使用反馈有其固有的局限性②.

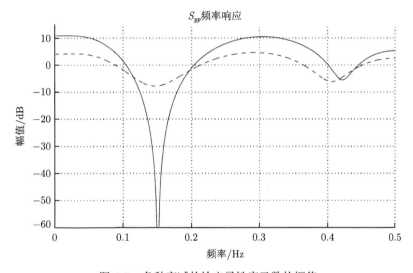

图 1.5  各种衰减的输出灵敏度函数的幅值

反馈控制 (对于振动衰减问题非常重要) 的一个基本结果是 "内模原理" (internal model principle, IMP), 该模型规定, 当且仅当控制器包含 "扰动模型" 时, 扰动将被逐渐衰减.

由此引出 "受控对象" 和 "扰动模型" 的概念. 为了正确地设计反馈控制器, 需要有 "受控对象" 和 "扰动模型" 的知识. 控制方法是一种 "基于模型的设计"(model-based design), 也称为基于模型的控制 (model based control, MBC).

应当区分 "知识受控对象模型" 和 "动态受控对象模型". 根据描述补偿器系统运行的物理和力学定律, 建立了 "知识受控对象模型". 不幸的是, 这种模型往

---

① 模量裕度是开环传递函数的矢端图与奈奎斯特点之间的最小距离, 等于灵敏度函数的模量最大值的倒数[6].

② 例如, 当输出灵敏度函数保持一个可接受的型线时, 可以通过反馈抑制窄带扰动到一定数量 (至少 3 或 4, 见 [7] 及第 13 章). 足够 "狭窄" 的有限频带扰动也可以仅通过反馈来处理.

往不够精确, 这是因为一方面, 它们的精度取决于完备的物理参数 (这是很难得到的), 另一方面, 建立补偿系统的所有元素的模型很困难.

为此, 人们使用所谓的 "动态受控对象模型", 即一种描述控制输入变化和系统输出变化之间具有动态关系的滤波器 (参数模型). 这种模型可以直接从使用 "系统辨识" 技术的试验测试中获得 (这将在第 5 章和 6 章中讨论).

在大多数 AVC 系统中, 补偿器系统的特性在运行期间几乎保持不变. 这意味着与此相关的动态控制模型几乎保持不变, 因此所辨识模型的参数也几乎是不变的.

然而, 对于控制器的设计, 我们还需要有 "扰动模型". 一个通用框架是假设扰动是通过扰动模型的白噪声或狄拉克脉冲的输出.

通过该模型的知识再加上次级通路 (补偿器) 模型的知识就可以设计出合理的控制策略. 在大多数实际情况中, 这些扰动的特性是未知的或随时间变化的.

在某些特殊情况下 (振动频率在有限范围内变化), 可以考虑鲁棒设计 (见 11.3 节和 [8—10] 中给出的例子), 在大多数情况下, 由于需要衰减的水平较高, 则必须使用自适应方法以协调扰动特性 (注意, 自适应循环可以添加到鲁棒控制器之上, 参见 12.2 节).

当 Bode 积分引起的限制不允许通过反馈实现预期的性能时 (特别是在宽带扰动的情况下), 就必须考虑增加前馈补偿, 这需要一个与扰动相关的 "源" 来衰减①.

在 AVC 和 ANC 的许多应用中, 扰动作用于系统的图像 (相关的测量) 是可以获得的.

这些信息对于使用前馈补偿方案衰减扰动非常有用; 但是, 前馈补偿器滤波器将不仅依赖于补偿器系统 (对象) 的动力学, 而且依赖于扰动的特性和主通路 (源与参与加速度或力之间的传递函数).

## 1.2　反馈框架的概念

图 1.6 表示的是一个具有前馈和反馈补偿器的主动噪声和振动控制 (ANVC) 系统. 系统局有两个输入和两个输出. 第一个输入是未知扰动源 $s(t)$ 通过一个特征未知的滤波器所产生的扰动 $w(t)$, 第二个输入是控制信号 $u(t)$. 第一个输出是残余加速度 (力、噪声)$e(t)$(也称为性能变量) 的测量值, 第二个输出是与图 1.6 中未知扰动 $y_1(t)$ 相关的信号. 这种相关性是系统物理特性的结果.

如图 1.6 所示, 将滤波后的扰动 $w(t)$ 传递给残余加速度的通路称为主通路. 另一方面, 控制信号通过次级通路传递给残余加速度. 残余加速度 $e(t)$ (性能变

① 相对于测量残余力 (加速度) 或噪声的位置, "源" 位于上游.

量) 由主通路输出 $x(t)$ 与次级通路输出 $z(t)$ 相加形成.

通常, ANVC 系统在控制信号 $u(t)$ 和被测信号 $y_1(t)$ 之间也呈现正耦合通路 (也称为反向通路), 如图 1.6 所示. 这导致了一个内部的正反馈, 如果不把它考虑进去, 就会破坏 ANVC 系统的稳定. 控制器的设计目标是通过测量 $e(t)$ 和 $y_1(t)$, 并计算适当的控制量 $u(t)$, 使得性能变量 $e(t)$ 最小化并使系统稳定.

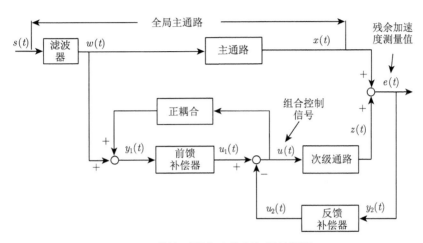

图 1.6 前馈-反馈组合控制问题的框图

可以看到, 在图 1.6 所示的控制系统框图中, 控制信号 $u(t)$ 由前馈控制 $u_1(t)$ 减去反馈控制 $u_2(t)$ 而获得. 从系统获得的测量值可以写成向量形式 $y(t) = [y_1(t), y_2(t)]^{\mathrm{T}} = [y_1(t), e(t)]^{\mathrm{T}}$. 作为结果, 控制器也具有向量形式 $\kappa = [N, -K]^{\mathrm{T}}$, 其中 $N$ 和 $K$ 分别表示前馈和反馈补偿器.

用这种符号, 将测量值与控制信号联立起来的方程可表示为

$$u(t) = u_1(t) - u_2(t) = N \cdot y_1(t) - K \cdot y_2(t) = \kappa^{\mathrm{T}} \cdot y(t) \tag{1.1}$$

前馈控制器的命名为 $N$ 是由于 $y_1(t)$(称为扰动相关图像) 是在性能变量的上游测量的原因, 见 2.3 节中所述的台架试验.

这还基于假设获得这样的测量在物理上是可能的. 若出现不可能构成反馈控制问题, 在其他文献中通常称为混合控制. 图 1.7 所示的 2 输入 2 输出系统形式的标准反馈表示也可以考虑. 这种表示在鲁棒和最优控制中非常有名 (另见 [11]).

与反馈系统相关的方程可表示为

$$\left[ \begin{array}{c} e(t) \\ y(t) \end{array} \right] = \left[ \begin{array}{cc} P_{11} & P_{12} \\ P_{21} & P_{22} \end{array} \right] \left[ \begin{array}{c} w(t) \\ u(t) \end{array} \right] = \left[ \begin{array}{cc} D & G \\ 1 & M \\ D & G \end{array} \right] \left[ \begin{array}{c} w(t) \\ u(t) \end{array} \right] \tag{1.2}$$

式中 $D$, $G$ 和 $M$ 分别对应于主通路、次级通路和反向通路的模型. 控制方程见式 (1.1).

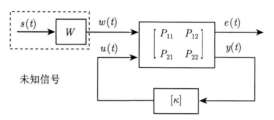

未知信号

图 1.7　广义表示的 ANVC 系统

# 1.3　主 动 阻 尼

如前所述, 主动阻尼侧重于增大某些机械结构的振动模态阻尼 (这些模态的频率并不改变). 但是, 由于 Bode 积分特性, 对低频振动模态的阻尼将影响 "输出灵敏度函数". 在谐振时增大强阻尼将导致谐振频率附近区域的衰减性能出现恶化. 实际上, 主动阻尼需要仔细构造输出灵敏度函数, 以便将 "水床" 效应分布到较宽的频带中, 从而约束其他频率的性能损失 (图 1.3)[①]. 主动阻尼的设计将在第 10 章中进行讨论和说明.

# 1.4　鲁棒调节范式

在 AVC(以及 ANC) 的研究中, 鲁棒性的主要含义是衰减给定频率范围内扰动的能力, 但其频率特性尚不完全清楚. 扰动的特征 (模型) 通常是未知的, 并且可能随时间变化. 造成的结果是它们在频域中的位置将发生变化. 由于 Bode 积分的原因, 无法设计一个在很宽的频率范围内引入具有强衰减特性的鲁棒线性控制器. 因此, 需要在可能存在扰动的频率宽度的区域与可以实现的衰减之间做出折中. 如果需要强衰减, 则频率变化的容许范围将会很小. 反之, 如果扰动在频域中的位置存在较大的不确定性, 则可以实现的衰减性能将很小.

鲁棒性的次要意义是线性控制器具有处理系统模型参数名义值附近的较小不确定性的能力. 系统参数不确定性由输出和输入灵敏度函数的模数的约束来处理[②].

AVC 的鲁棒控制器解决方案在实践中是否能提供令人满意的结果在所需衰减水平和扰动频率变化范围这两者之间进行折中 (有关线性鲁棒控制设计的应用, 请参见第 11 章).

---

[①] 所得到的控制器可能是高阶的, 这就提出了控制器降阶的问题, 这将在第 9 章中讨论.

[②] 输入灵敏度函数是扰动 $p(t)$ 和控制输入 $u(t)$ 之间的传递函数 (图 1.4).

## 1.5 自适应调节范式

由于扰动的特性 (模型) 通常是未知的, 并且可能在很宽的频率范围内随时间变化, 因此单一的鲁棒线性控制器通常无法来解决所需的衰减性能. 在这种情况下, 就需要使用自适应反馈或前馈补偿.

图 1.8 说明了通过反馈实现对扰动的自适应衰减. 除了经典的反馈回路外, 自适应回路还可以实时调整控制器的参数. 为此, 它使用作为性能变量的残余加速度 (力) 和控制输入作为主要信息.

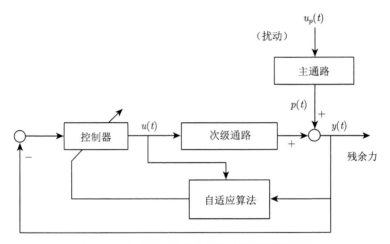

图 1.8 含有未知扰动的自适应反馈衰减系统

图 1.9 说明了前馈补偿对未知扰动的自适应抑制. "定位良好" 的传感器可以提供与未知扰动高度相关的测量 (良好的扰动图像). 该信息通过自适应滤波器应用于次级通路的控制输入, 对该自适应滤波器的参数进行优化直到扰动对输出的影响最小.

当扰动图像可用时, 自适应前馈振动 (或噪声) 补偿在 AVC 和 ANC 中是可用的[12]. 然而, 在 20 世纪 90 年代末, 有人指出, 在大多数这些系统中, 补偿系统和扰动图像 (振动或噪声) 之间存在物理上的 "正" 反馈耦合[13-16](也可参考 1.2 节)①. 内部固有的物理正反馈可能会导致 AVC 或 ANC 系统不稳定. 因此, 用于前馈补偿的自适应算法的开发应考虑内部正反馈问题.

因此, 在这一点上, 我们可以说有两种扰动:

- 单个或多个窄带扰动;
- 宽带 (有限宽度) 扰动.

---

① 这将在 2.3 节的试验平台那部分进行说明.

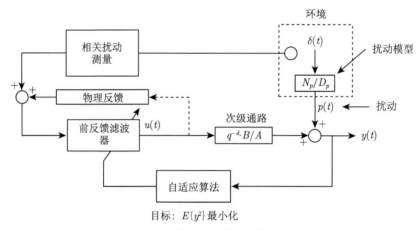

图 1.9　含有未知扰动的自适应前馈补偿

有两种进行自适应扰动衰减的方法:

• 自适应反馈方法 (仅需要测量残余力或加速度);

• 自适应前馈补偿方法 (需要额外的传感器来获得扰动的相关测量值).

另外, 有两种可能的操作模式:

• 自调谐操作 (当需要时或性能不理想时自适应过程开始启动, 当新控制器被评估后自适应过程结束);

• 自适应操作 (自适应过程连续执行并且控制器在每次采样时进行更新).

如前所述, 一个通用框架是假设扰动是通过扰动模型的白噪声或狄拉克脉冲的输出. 了解此模型后, 便可以设计适当的控制器. 通常, 这种扰动模型的结构不会改变, 可以从数据中进行分析 (使用频谱分析或阶次估计技术); 但是, 模型的参数未知, 并且可能随时间变化. 因此, 自适应必须处理扰动模型参数的变化.

当受控对象模型的参数未知且时变时, 经典的自适应控制范式需要对控制规则进行构造[17]. 然而, 在目前情况下, 受控对象模型几乎是不变的, 也是可以被辨识的. 而控制目标是通过未知和时变的扰动模型抑制扰动. 因此将这种范式称为自适应调节也是合理的. 经典的自适应控制着重于控制器参数对受控对象模型参数的自适应, 而自适应调节侧重于控制器参数对扰动模型参数变化的自适应.

在自适应调节中, 一般会假定受控对象模型是已知的 (例如通过系统辨识获得). 同样假设当有微小变化或不确定性时受控对象模型可以通过鲁棒控制设计来解决.

自适应调节包括自适应反馈补偿和自适应前馈补偿. 这是因为, 一方面, 自适应必须处理扰动特性的变化; 另一方面, 自适应前馈补偿仍然是一种反馈结构, 这种反馈结果是由内部正耦合和残余误差所驱动的自适应回路这两个因素共同产生的.

上述的自适应调节问题在许多论文中已经得到了解决[18-28]. Landau[29] 对自适应反馈调节中使用的各种技术进行了综述 (到 2010 年), 并对一些应用进行了总结. 目前已经建立了一个用反馈来衰减多重和未知时变的窄带扰动的国际测试基准. 试验平台是采用的将在 2.2 节中介绍的 AVC 系统. 测试结果被总结在文献 [7] 中, 这些结果可用来对各种设计进行比较和评估.

## 1.6  结　束　语

为了减少振动的影响, 有几种与所需性能有关的解决方案:
- 被动式：使用具有减振特性的材料.
- 半主动式：使用可改变衰减的材料以达到所需衰减特性.
- 主动式：使用补偿力抵消振动.
- 鲁棒 AVC：当振动特征几乎是已知的, 而它的频域变化很小时.
- 自适应 AVC：当振动特征未知时和/或在重要频域范围内振动特征是时变的并且振动衰减性能要求很高时.

鲁棒 AVC 的设计不仅需要扰动模型 (及其变化域) 还需要次级通路模型 (用于反馈方法和前馈方法) 和主通路模型 (用于前馈方法).

自适应主动振动控制的设计既不需要扰动模型, 也不需要主通路模型.

## 1.7  注释和参考资料

本书中文献 [3—5] 为 AVC 提供了补充的观点, 并提供了许多实际的例子, 尤其突出了基于物理基本定律的建模.

对提出的各种技术进行比较评价是很重要的.《欧洲控制杂志》在 2013 年第 4 期, 推出了参数未知和时变的多个窄带扰动的自适应衰减的测试基准[7]. 此外还可查阅参考文献 [30].

参考文献 [29,31—36] 在各个方面对 AVC 进行了综述. 与各种主题相关的详细参考文献将在各章节的末尾给出.

本书的目的不是通过详尽的参考文献来介绍自适应和鲁棒主动振动控制的应用, 而是通过有限的参考文献以尽量覆盖自适应和鲁棒主动振动控制在众多领域中的应用, 如文献 [3,4,26,29,37—44].

《国际自适应控制与信号处理》在自适应频率估计及其应用方面 (文献 [45]) 曾出了一份专刊, 给出了该领域中一些最新研究成果, 可查阅该专刊中的文献 [46—53].

# 参 考 文 献

[1] Li S, Qiu J, Li J, Ji H, Zhu K (2012) Multi-modal vibration control using amended disturbance observer compensation. IET Control Theory Appl 6(1): 72-83. doi: 10.1049/iet-cta.2010.0573

[2] Li S, Li J, Mo Y, Zhao R (2014) Composite multi-modal vibration control for a stiffened plate using non-collocated acceleration sensor and piezoelectric actuator. Smart Mater Struct 23(1): 1-13

[3] Fuller C, Elliott S, Nelson P (1999) Active Control of Vibration. Academic Press, Cambridge

[4] Elliott S (2001) Signal Processing for Active Control. Academic Press, San Diego, California

[5] Preumont A (2011) Vibration control of active structures—an introduction. Springer, Heidelberg

[6] Landau I, Zito G (2005) Digital control systems—design, identification and implementation. Springer, London

[7] Landau ID, Silva AC, Airimitoaie TB, Buche G, Noé M (2013) Benchmark on adaptive regulation—rejection of unknown/time-varying multiple narrow band disturbances. Eur J Control 19(4): 237-252. doi: 10.1016/j.ejcon.2013.05.007

[8] Alma M, Martinez J, Landau I, Buche G (2012) Design and tuning of reduced order H∞ feedforward compensators for active vibration control. IEEE Trans Control Syst Technol 20(2): 554-561. doi: 10.1109/TCST.2011.2119485

[9] Rotunno M, de Callafon R (2003) Design of model-based feedforward compensators for vibration compensation in a flexible structure. Internal report, Dept. of Mechanical and Aerospace Engineering. University of California, San Diego

[10] Carmona J, Alvarado V (2000) Active noise control of a duct using robust control theory. IEEE Trans. Control Syst Technol 8(6): 930-938

[11] Tay TT, Mareels IMY, Moore JB (1997) High performance control. Birkhäuser, Boston

[12] Elliott S, Sutton T (1996) Performance of feedforward and feedback systems for active control. IEEE Trans Speech Audio Process 4(3): 214-223. doi: 10.1109/89.496217

[13] Kuo S, Morgan D (1999) Active noise control: a tutorial review. Proc IEEE 87(6): 943-973. doi: 10.1109/5.763310

[14] Hu J, Linn J (2000) Feedforward active noise controller design in ducts without independent noise source measurements. IEEE Trans Control Syst Technol 8(3): 443-455

[15] Jacobson C, Johnson CR, Jr, McCormick D, Sethares W (2001) Stability of active noise control algorithms. IEEE Signal Process Lett 8(3): 74-76. doi: 10.1109/97.905944

[16] Zeng J, de Callafon R (2006) Recursive filter estimation for feedforward noise cancellation with acoustic coupling. J Sound Vib 291(3-5): 1061-1079. doi: 10.1016/j.jsv.2005.07.016

[17] Landau ID, Lozano R, M'Saad M, Karimi A (2011) Adaptive control, 2nd edn. Springer, London

[18] Bodson M, Douglas S (1997) Adaptive algorithms for the rejection of sinusosidal disturbances with unknown frequency. Automatica 33: 2213-2221

[19] Benamara F, Kabamba P, Ulsoy A (1999) Adaptive sinusoidal disturbance rejection in linear discrete-time systems—part I: Theory. J Dyn Syst Meas Control 121: 648-654

[20] Valentinotti S (2001) Adaptive rejection of unstable disturbances: Application to a fed-batch fermentation. Thèse de doctorat, École Polytechnique Fédérale de Lausanne

[21] Marino R, Santosuosso G, Tomei P (2003) Robust adaptive compensation of biased sinusoidal disturbances with unknown frequency. Automatica 39: 1755-1761

[22] Ding Z (2003) Global stabilization and disturbance suppression of a class of nonlinear systems with uncertain internal model. Automatica 39(3): 471-479. doi: 10.1016/S0005-1098(02)00251-0

[23] Landau I, Constantinescu A, Rey D (2005) Adaptive narrow band disturbance rejection applied to an active suspension—an internal model principle approach. Automatica 41(4): 563-574

[24] Kinney C, Fang H, de Callafon R, Alma M (2011) Robust estimation and automatic controller tuning in vibration control of time varying harmonic disturbances. In: 18th IFAC World Congress, Milano, Italy, pp 5401-5406

[25] Aranovskiy S, Freidovich LB (2013) Adaptive compensation of disturbances formed as sums of sinusoidal signals with application to an active vibration control benchmark. Eur J Control 19(4), 253-265. doi: 10.1016/j.ejcon.2013.05.008. (Benchmark on adaptive regulation: rejection of unknown/time-varying multiple narrow band disturbances)

[26] Chen X, Tomizuka M (2012) A minimum parameter adaptive approach for rejecting multiple narrow-band disturbances with application to hard disk drives. IEEE Trans Control Syst Technol 20(2): 408-415. doi: 10.1109/TCST.2011.2178025

[27] Emedi Z, Karimi A (2012) Fixed-order LPV controller design for rejection of a sinusoidal disturbance with time-varying frequency. In: 2012 IEEE multi-conference on systems and control, Dubrovnik

[28] Marino R, Santosuosso G, Tomei P (2008) Output feedback stabilization of linear systems with unknown additive output sinusoidal disturbances. Eur J Control 14(2): 131-148

[29] Landau ID, Alma M, Constantinescu A, Martinez JJ, Noë M (2011) Adaptive regulation— rejection of unknown multiple narrow band disturbances (a review on algorithms and applications). Control Eng Pract 19(10): 1168-1181. doi: 10.1016/j.conengprac.2011.06.005

[30] Castellanos-Silva A, Landau ID, Dugard L, Chen X (2016) Modified direct adaptive regulation scheme applied to a benchmark problem. Eur J Control 28: 69-78. doi: 10.1016/j.ejcon.2015. 12.006

[31] Landau ID, Airimitoaie TB, Castellanos SA (2015) Adaptive attenuation of unknown and time-varying narrow band and broadband disturbances. Int J Adapt Control Signal Process 29(11): 1367-1390

[32] Landau ID, Airimitoaie TB, Castellanos SA, Alma M (2015) Adaptative active vibration isolation—a control perspective. MATEC web of conferences 20, 04,001. doi: 10.1051/matecconf/20152004001

[33] Alkhatib R, Golnaraghi M (2003) Active structural vibration control: a review. Shock Vib Dig 35(5): 367

[34] Fuller C, Von Flotow A (1995) Active control of sound and vibration. IEEE Control Syst 15(6): 9-19

[35] Zhou S, Shi J (2001) Active balancing and vibration control of rotating machinery: a survey. Shock Vib Dig 33(5): 361-371

[36] Preumont A, François A, Bossens F, Abu-Hanieh A (2002) Force feedback versus acceleration feedback in active vibration isolation. J Sound Vib 257(4): 605-613

[37] Martinez JJ, Alma M (2012) Improving playability of blu-ray disc drives by using adaptive suppression of repetitive disturbances. Automatica 48(4): 638-644

[38] Taheri B (2013) Real-time pathological tremor identification and suppression. Phd thesis, Southern Methodist University

[39] Taheri B, Case D, Richer E (2014) Robust controller for tremor suppression at musculoskeletal level in human wrist. IEEE Trans Neural Syst Rehabil Eng 22(2): 379-388. doi: 10.1109/ TNSRE.2013.2295034

[40] Taheri B, Case D, Richer E (2015) Adaptive suppression of severe pathological tremor by torque estimation method. IEEE/ASME Trans Mechatron 20(2): 717-727. doi: 10.1109/ TMECH.2014.2317948

[41] Bohn C, Cortabarria A, Härtel V, Kowalczyk K (2004) Active control of engine-induced vibrations in automotive vehicles using disturbance observer gain scheduling. Control Eng Pract 12(8): 1029-1039

[42] Karkosch H, Svaricek F, Shoureshi R, Vance J (1999) Automotive applications of active vibration control. In: Proceedings of the European control conference

[43] Li Y, Horowitz R (2001) Active suspension vibration control with dual stage actuators in hard disk drives. In: Proceedings of the American control conference, 2001, vol 4, pp 2786-2791. IEEE, New York

[44] Hong J, Bernstein DS (1998) Bode integral constraints, collocation, and spillover in active noise and vibration control. IEEE Trans Control Syst Technol 6(1): 111-120

[45] Bodson: Call for papers: Recent advances in adaptive methods for frequency estimation with applications. Int J Adapt Control Signal Process 28(6), 562-562 (2014). doi: 10.1002/acs.2486

[46] Chen X, Tomizuka M (2015) Overview and new results in disturbance observer based adaptive vibration rejection with application to advanced manufacturing. Int J Adapt Control Signal Process 29(11): 1459-1474. doi: 10.1002/acs.2546

[47] Chen B, Pin G, Ng WM, Hui SYR, Parisini T (2015) A parallel prefiltering approach for the identification of a biased sinusoidal signal: Theory and experiments. Int J Adapt Control Signal Process 29(12): 1591-1608. doi: 10.1002/acs.2576

[48]  Khan NA, Boashash B (2016) Multi-component instantaneous frequency estimation
      using locally adaptive directional time frequency distributions. Int J Adapt Control
      Signal Process 30(3): 429-442. doi: 10.1002/acs.2583

[49]  Marino R, Tomei P (2016) Adaptive notch filters are local adaptive observers. Int J
      Adapt Control Signal Process 30(1): 128-146. doi: 10.1002/acs.2582

[50]  Carnevale D, Galeani S, Sassano M, Astolfi A (2016) Robust hybrid estimation and re-
      jection of multi-frequency signals. Int J Adapt Control Signal Process. doi: 10.1002/acs.
      2679

[51]  Jafari S, Ioannou PA (2016) Rejection of unknown periodic disturbances for continuous-
      time MIMO systems with dynamic uncertainties. Int J Adapt Control Signal Process.
      doi: 10.1002/ acs.2683

[52]  Menini L, Possieri C, Tornambè A (2015) Sinusoidal disturbance rejection in chaotic pla-
      nar oscillators. Int J Adapt Control Signal Process 29(12): 1578-1590. doi: 10.1002/acs.
      2564

[53]  Ushirobira R, Perruquetti W, Mboup M (2016) An algebraic continuous time parameter
      estimation for a sum of sinusoidal waveform signals. Int J Adapt Control Signal Process.
      To appear

# 第 2 章　试验平台

## 2.1　使用反馈补偿的主动液压悬架系统

图 2.1 是主动液压悬架系统 (主动隔振系统) 的结构方案图, 图 2.2 是由格勒诺布尔的 Hutchinson 研究中心、Vibrachoc 和 GIPSA 实验室提供的主动液压悬架系统试验装置的两张照片, 图 2.3 是主动液压悬架系统的主动振动控制原理框图.

由图 2.1 和图 2.2 可见, 它由主动液压悬架、载荷传递装置、激振器和控制系统的组件所组成. 载荷传递装置将固定在地面的激振器产生的振动传递到主动液压悬架的上端. 主动液压悬架系统可减少悬架振动模态频率下的超压.

主动液压悬架系统的组成如下 (见图 2.1 虚线部分):

- 弹性锥体 (1), 它的显著特征是主腔室内充满了硅油;
- 第二腔室 (2), 由柔性薄膜包裹而成;
- 活塞 (3), 被安装在直线电机 (5) 上 (当固定活塞时, 悬架是被动的);
- 油孔 (4), 允许硅油在主腔室和第二腔室之间流动;
- 力传感器 (6), 安装在机架和主动液压悬架之间.

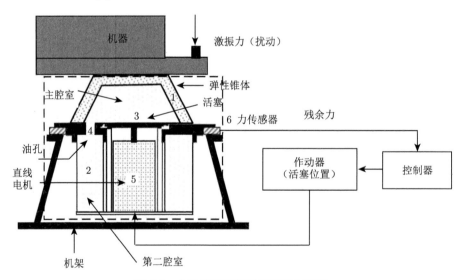

图 2.1　主动液压悬架系统结构方案图

为减少架上的残余力, 弹性锥体的主腔室尺寸随着直线电机驱动的活塞而发生变化, 活塞的运动是由控制器 (通过功率放大器) 进行控制的. 等效的控制原理如图 2.3 所示. 系统输入 $u(t)$ 是活塞的位置 (图 2.1), 输出 $y(t)$ 是由力传感器测得的残余力. 位于扰动 $u_p$ 和残余力 $y(t)$ 之间的传递函数称为主通路. 在我们的案例中 (用于测试目的), 主激振力是由受控于计算机给出信号的激振器而产生的. 位于系统输入 $u(t)$ 和残余力 $y(t)$ 之间的传递函数称为次级通路. 系统输入的是位置, 输出的是力, 次级通路传递函数具有双重微分器的作用. 采样频率为 $f_s$=800Hz.

主动液压悬架

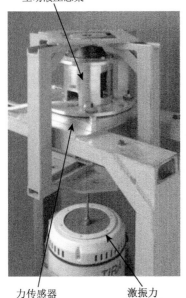

力传感器　　　激振力
　　　　　　（激振器）

图 2.2　主动液压悬架系统试验装置照片 (左) 和含控制系统试验装置布置照片 (右)(扫描封底二维码见彩图)

由法国格勒诺布尔的 Hutchinson 研究中心、Vibrachoc 和 GIPSA 实验室提供

控制目标是极大衰减 (抑制) 未知窄带扰动对系统输出的影响 (残余力).

该系统被视为 "黑箱". 为获得系统动态模型 (也称为控制模型) 而使用系统辨识程序. 系统辨识程序将在 6.1 节中介绍.

在图 2.4 中显示了所辨识出的主通路模型 (开环辨识) 的频率特性, 其中主通路模型位于激振器产生的扰动信号 $u_p$ 与残余力 $y(t)$ 之间. 主通路模型的第一振动模态大约在 32Hz. 主通路模型仅用于仿真的目的.

在图 2.4 中还显示了辨识出的次级通路模型 (开环辨识) 的频率特性. 次级通路模型上存在几种非常低的阻尼振动模态, 一阶模态频率是 31.8Hz, 阻尼系数为 0.07. 所辨识的次级通路模型可用于控制器的设计.

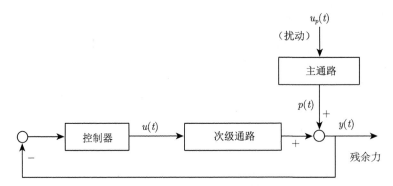

图 2.3　主动振动控制原理框图 (主动液压悬架系统)

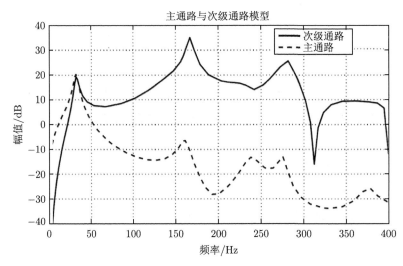

图 2.4　主通路和次级通路的频率特性

## 2.2　通过惯性作动器进行反馈补偿的主动振动控制系统

惯性作动器反馈补偿的主动振动控制系统的主动控制元件部分如图 2.5 所示. 惯性作动器反馈补偿的主动振动控制系统的机械结构部分的全局视角照片如图 2.6 所示. 该系统由包含：被动阻尼器 (弹性锥体)、惯性作动器[①]、机架、残余力传感器、控制器、功率放大器、激振器和一个传递激振器激振力的机械装置，如图 2.5 和图 2.6 所示. 传递激振器激振力的机械装置的结构是这样的：由固定在地面上的激振器所产生的振动传递到被动阻尼器的上端 (顶部)，该机械装置在图 2.6 中可见. 惯性作动器将产生主动控制力，该主动控制力可抵消振动扰动的

---

① 惯性作动器与扬声器有类似的工作原理 (请参阅文献 [1]).

影响.

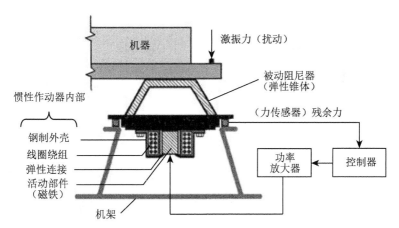

图 2.5 使用惯性作动器 (方案) 的主动振动控制系统

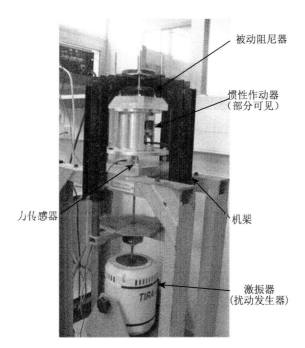

图 2.6 使用惯性作动器的主动振动控制系统 (照片)

等效后的主动振动控制原理框图如图 2.3 所示. 系统输入 $u(t)$ 是惯性作动器活动部件 (磁铁) 的位移, 如图 2.5 所示, 输出 $y(t)$ 是力传感器测得的残余力. 扰动力 $u_p$ 和残余力 $y(t)$ 之间的传递函数称为主通路. 在我们的案例中 (用于测试目的), 主激振力是由受控于计算机给出信号的激振器产生的. 惯性作动器的输入

$u(t)$ 与残余力之间的受控对象传递函数称为次级通路.

使用惯性作动器的主动振动系统的完整硬件系统方案如图 2.7 所示. 控制目标是极大衰减 (抑制) 未知窄带扰动对系统输出的影响 (残余力), 即减少机器传递到机架上的振动. 由于无法获取系统的物理参数, 该系统被视为 "黑箱", 需要从数据中辨识出相应的控制模型. 系统辨识程序将在 6.2 节中介绍. 采样频率为 $f_s$=800Hz.

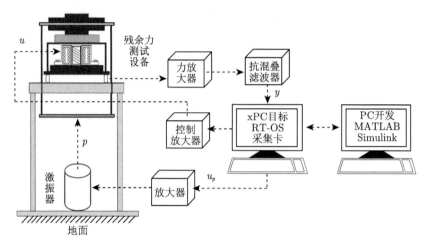

图 2.7  使用惯性作动器的主动振动控制系统——硬件配置

图 2.8 给出了已辨识出的主通路和次级通路模型的频率特性[①]. 系统在没有扰动的情况下, 具有许多低阻尼谐振模态和低阻尼复零点 (反谐振).

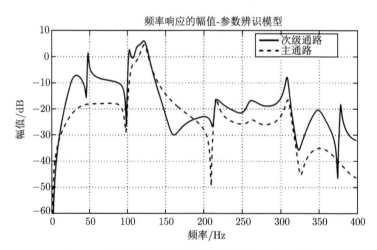

图 2.8  主通路和次级通路模型的频率响应 (幅值)

---

[①] 主通路模型仅用于仿真目的.

更多的信息在此查询: http://www.gipsa-lab.grenoble-inp.fr/~ioandore.landau/ benchmarkadaptive_ regulation/.

## 2.3  具有前馈-反馈补偿的分布式柔性机械结构的主动控制

图 2.9 为采用前馈和反馈补偿实现分布式柔性结构的主动振动控制. 图 2.10 给出了包括 AVC 控制方案在内的整个系统的详细结构, 对应的控制框图如图 2.11 所示.

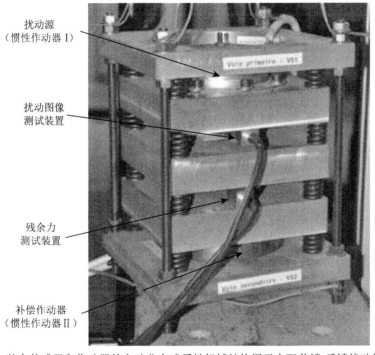

扰动源
(惯性作动器 I)

扰动图像
测试装置

残余力
测试装置

补偿作动器
(惯性作动器 II)

图 2.9  装有传感器和作动器的主动分布式柔性机械结构用于实现前馈-反馈扰动补偿控制 (照片)

机械结构由通过弹簧连接的 5 块金属板组成. 最上面和最下面金属板通过 4 个螺栓刚性地连接到机架上, 为便于分辨, 中间的 3 块金属板被分别标记为 M1, M2 和 M3(图 2.10). M1 和 M3 上分别安装有惯性作动器 I 和惯性作动器 II, 其中 M1 上表面的作为扰动发生器使用 (图 2.10 中的惯性作动器 I), M3 底部的作为扰动补偿器使用 (图 2.10 中的惯性作动器 II). 放置在 M1 板上的加速度传感器获得扰动的相关数据 (扰动图像). 另一个相同类型的传感器位于板 M3 上, 用于测量

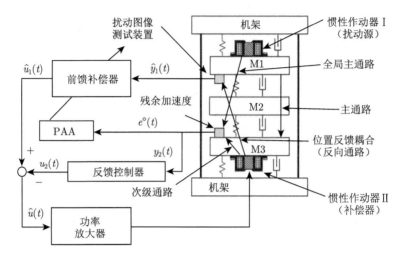

图 2.10   用于前馈和反馈补偿的 AVC 系统的分布式柔性机械结构 (方案图)

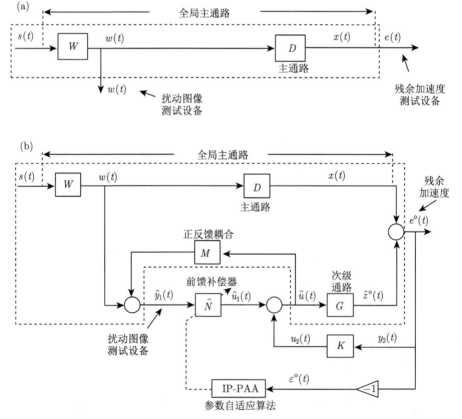

图 2.11   前馈-反馈 AVC 的控制方案: (a) 为开环; (b) 为自适应前馈 + 固定反馈补偿器

残余加速度 (图 2.10). 控制目标是使在 M3 板上测量的残余加速度最小. 这个试验设置既可以实现自适应前馈补偿 (有或没有额外反馈) 又可以实现自适应反馈扰动补偿 (不适用上端额外的测试数据).

扰动是由位于结构顶部位置的惯性作动器 I 的可移动部件产生的 (图 2.9 和 2.10). 补偿系统的输入是位于结构底部位置的惯性作动器 II 的可移动部件产生的. 当补偿系统处于激活状态时, 作动器不仅作用到残余加速度上, 还通过反向通路 (正反馈耦合) 测得扰动图像. 测量值 $\hat{y}_1(t)$ 是在没有前馈补偿情况下获得的相关扰动测量值 $w(t)$(图 2.11(a)) 以及用于补偿的作动器 (内部机械正反馈) 效果的总和. 图 2.12 中给出了 $\hat{y}_1(t)$ 在开环和前馈补偿激活时的功率谱密度 (机械反馈效果显著).

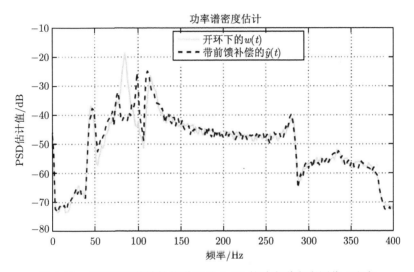

图 2.12 在开环和前馈补偿激活时 $\hat{y}_1(t)$ 的功率谱密度图像 (试验)

根据前面试验的设置, 该系统被视为 "黑箱", 并从输入/输出数据中辨识出相应的控制模型. 系统辨识程序将在 6.3 节中介绍. 采样频率为 $f_s$=800Hz. 图 2.13 给出了已辨识出的主通路、次级通路和反向通路模型的频率特性.

这种机械结构是实践中遇到的许多情况的典型, 在本书中将介绍这些算法及其性能.

在此阶段, 没有前馈滤波器时 (开环操作), 需要注意以下几点:

• 可以辨识可靠度非常高的次级通路和 "正" 反馈通路模型;

• 以测得的 $w(t)$ 为输入, $e(t)$ 为输出 (补偿作动器处于静止状态) 可得到主通路传递函数的估计;

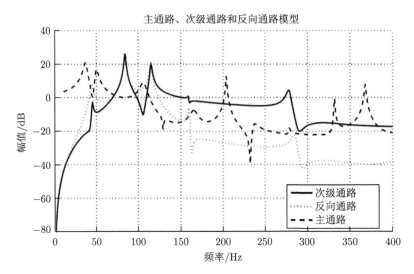

图 2.13  主通路、次级通路和反向通路的频率响应 (幅值)

· 辨识的主通路模型的质量取决于环境的信号 $w(t)$ 的频率特征;

· 基于固定模型的稳定前馈补偿器的设计只需要反向通路模型的信息;

· 要设计最优的基于固定模型的前馈补偿器, 必须知道扰动特性以及主、次和反向通路模型[2-4];

· **自适应算法既不使用其特征可能未知的主通路上的信息, 也不使用特征未知且时变的扰动信息.**

## 2.4  结  束  语

· 本书介绍的试验平台可用于主动振动控制和主动阻尼的不同解决方案的评估.

· 试验平台的结构已经反映出实践中可能遇到的难点.

· 为了获得控制设计所需的主通路、次级通路和反向通路的完整动态模型, 需从输入/输出数据中辨识出离散时间模型 (请参见第 6 章).

## 2.5  注释和参考资料

有关这些试验平台的更多详细信息, 请参阅文献 [5—8]. 2.2 节中提供的用于模拟试验平台的所有数据, 请访问: http://www.gipsa-lab.grenoble-inp.fr/~ioandore.landau/benchmark_adaptive_regulation/.

本书的网站提供了上述三个测试平台的输入/输出数据和模型.

# 参 考 文 献

[1] Landau ID, Alma M, Constantinescu A, Martinez JJ, Noë M (2011) Adaptive regulation-rejection of unknown multiple narrow band disturbances (a review on algorithms and applications). Control Eng Pract 19(10): 1168-1181. doi: 10.1016/j.conengprac.2011.06.005

[2] Alma M, Martinez J, Landau I, Buche G (2012) Design and tuning of reduced order $H_\infty$ feedforward compensators for active vibration control. IEEE Trans Control Syst Technol 20(2): 554-561. doi: 10.1109/TCST.2011.2119485

[3] Rotunno M, de Callafon R (2003) Design of model-based feedforward compensators for vibration compensation in a flexible structure. Internal report, Department of Mechanical and Aerospace Engineering. University of California, San Diego

[4] Carmona J, Alvarado V (2000) Active noise control of a duct using robust control theory. IEEE Trans Control Syst Technol 8(6): 930-938

[5] Landau I, Constantinescu A, Rey D (2005) Adaptive narrow band disturbance rejection applied to an active suspension-an internal model principle approach. Automatica 41(4): 563-574

[6] Landau I, Constantinescu A, Loubat P, Rey D, Franco A (2001) A methodology for the design of feedback active vibration control systems. In: European Control Conference (ECC), pp 1571-1576

[7] Landau ID, Silva AC, Airimitoaie TB, Buche G, Noé M (2013) Benchmark on adaptive regulation-rejection of unknown/time-varying multiple narrow band disturbances. Eur J Control 19(4): 237-252. doi: 10.1016/j.ejcon.2013.05.007

[8] Landau I, Alma M, Airimitoaie T (2011) Adaptive feedforward compensation algorithms for active vibration control with mechanical coupling. Automatica 47(10): 2185-2196. doi: 10.1016/ j.automatica.2011.08.015

# 第二篇
# 主动振动控制技术

# 第 3 章　主动振动控制系统——模型表示

## 3.1　系 统 描 述

### 3.1.1　连续时间与离散时间的动力学模型

在讨论系统描述方面之前, 必须考虑到如何在电子计算机上实现其控制规律. 为此, 有两个基本方案:

• 以连续时间表示系统, 以连续时间计算控制规律, 然后将控制规律的连续时间离散化从而实现.

• 选择采样频率, 以离散时间表示系统, 以离散时间计算控制规律, 然后直接实现.

由于涉及机械系统, 因此可以推导出微分方程来描述系统各部分的动力学响应, 从而建立一个 "动力学模型" 以用于主动振动控制系统的设计 [1,2]①. 但是, 使用连续时间表示系统存在多个障碍.

首先, 由于物理参数未知, 因此由基本原理得到的模型不是很可靠. 此外, 系统的某些部分很难给出精确的表达, 并且也很难获得相关的参数. 对于高性能的控制设计, 需要一个得到特定系统的精确动力学模型, 因此必须考虑从试验输入/输出的数据中辨识出动力学模型, 该数据从所谓的 "辨识协议"("黑箱模型") 中获得.

事实证明, 如果对离散时间动态模型进行辨识, 辨识技术将更加高效且易于实现.

同样值得突出强调的是, 使用连续时间表示, 设计控制规律离散化的目标将是尽可能多地复制连续时间控制, 这通常需要非常高的采样频率. 为了确保离散化后的控制规律能保证系统的鲁棒性和性能指标, 需要进行进一步的分析 (因为离散化引入了近似值).

但如果考虑另一种情况, 例如以系统带通的采样频率离散化系统的输入和输出, 则可以通过辨识系统获得离散时间动力学模型, 这个模型就可以用来设计一个离散时间控制算法.

使用离散时间表示系统只需要较低的采样频率②(与要控制的较高频率直接相

---

① 现代控制设计技术使用 "基于模型的控制设计".

② 大量案例表明, 通过使用这种方法, 可以相对于先前的方法降低采样频率.

关), 并且要实现的控制算法直接来自设计 (由于在此之前使用早先的采样频率已经完成了控制算法的设计, 因此无需再进行其他分析).

由于离散时间动力学模型可实现:

- 使用较低的采样频率;
- 使用更简单且更高效的辨识算法;
- 直接获得在电子计算机上可实现的控制算法.

因此, 后面将离散时间动力学模型用于主动振动控制系统中. 控制算法的设计将基于已辨识的离散时间动力学模型的系统.

### 3.1.2　数字控制系统

在本节中, 将简单回顾实现数字控制系统的基本要求. 有关各个方面的详细讨论, 请参见参考文献 [3—6]. 图 3.1 表示了数字控制系统的结构. 在图 3.1 中, 以下装置[①]: 数字-模拟转换器 (DAC)、零阶保持器 (ZOH)[②]、连续时间受控对象、模拟-数字转换器 (ADC) 组成了一个离散时间数字控制系统. 数字控制系统可在电子计算机上通过数字控制器来实现控制.

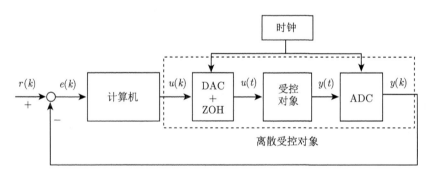

图 3.1　数字控制系统

#### 3.1.2.1　采样频率的选择

选择采样频率的基本原则是[3]

$$f_s = (6 \rightarrow 25) f_B^{\mathrm{CL}} \tag{3.1}$$

式中: $f_s$= 采样频率 (单位: Hz); $f_B^{\mathrm{CL}}$= 闭环系统的期望带宽 (单位: Hz).

当然, 闭环的期望带宽与要被控制的系统带宽有关. 公式 (3.1) 为选择采样频率提供了足够的自由度.

---

① 在本节中, $t$ 临时指定为连续时间, $k$ 表示归一化采样时间 $\left(k = \dfrac{时间}{T_s}\right)$. 从 3.1.3 节开始, $t$ 表示归一化离散时间.

② ZOH 使 DAC 在两个采样时刻之间传递的信号保持恒定.

通常, 尝试选择与所需性能兼容的较低采样频率.

除特殊情况外, 所有离散时间模型都具有分数延迟功能. **分数延迟**在离散时间模型的传递函数中反映为零点 (如果分数延迟比采样周期[3]的一半还大, 那么这些零点[5]将不稳定). 对于**相对度**大于或等于 2 的连续时间系统, 高频采样将引起不稳定的零点. 用于控制设计的离散时间模型中存在不稳定的零点的后果是: 不能使用基于无零点的控制策略.

### 3.1.2.2 抗混叠滤波器

离散时间系统的理论[5,6] 指出发送到 ADC 信号的最大频率 $f_{\max}$ 应满足

$$f_{\max} < f_s/2 \tag{3.2}$$

式中, $f_s$ 是采样频率, $f_s/2$ 称为奈奎斯特频率或香农频率.

当发送频率超过 $f_s/2$ 时会导致重建离散时间频谱失真, 这称为混叠. 所以, 应始终引入抗混叠滤波器, 以去除信号中的不良成分. 抗混叠滤波器通常由几个串联的二阶滤波器构成 (贝塞尔, ITAE, 巴特沃思型). 这些抗混叠滤波器会使大于 $f_s/2$ 的信号发生衰减, 但其带宽应比闭环的期望带宽更大. 它们的设计还取决于大于 $f_s/2$ 频率的不良信号水平.

抗混叠滤波器会引起高频动态特性, 这种高频动态特性可以通过额外的较小时间延迟来近似. 由于可以直接根据数据估算离散时间模型, 因此估算模型可以评估其影响.

### 3.1.3 用于控制的离散时间系统模型

通过 DAC 和 ZOH 输出到 ADC, 离散时间模型将通过应用系统的离散时间控制来表示受控对象的行为, 从而使测量的输出离散化. 考虑单输入单输出定常系统, 它们将通过以下形式的输入/输出离散时间模型来描述:

$$y(t) = -\sum_{i=1}^{n_A} a_i y(t-i) + \sum_{i=1}^{n_B} b_i u(t-d-i) \tag{3.3}$$

式中, $t$ 表示归一化采样时间 (即 $t = $ 时间$/T_s$, $T_s = $ 采样周期), $u(t)$ 是输入, $y(t)$ 是输出. $d$ 是包含在时间延迟中的采样周期的整数, $a_i$ 和 $b_i$ 是模型的参数 (系数).

这样, 系统在 $t$ 时刻的输出是: $n_A$ 个样本输出的加权平均值与 $n_B$(延迟了 $d$ 个样本) 个样本输入的加权平均值之和. 如式 (3.3) 所示的输入/输出模型, 若使用编码则可更方便地表示正向或反向移位运算符, 它们定义为

$$qy(t) = y(t) + 1; \quad q^{-1}y(t) = y(t-1) \tag{3.4}$$

使用记号

$$1 + \sum_{i=1}^{n_A} a_i q^{-i} = A(q^{-1}) = 1 + q^{-1} A^*(q^{-1}) \tag{3.5}$$

式中

$$A(q^{-1}) = 1 + a_1 q^{-1} + \cdots + a_{n_A} q^{-n_A} \tag{3.6}$$

$$A^*(q^{-1}) = a_1 + a_2 q^{-1} + \cdots + a_{n_A} q^{-n_A+1} \tag{3.7}$$

同时

$$\sum_{i=1}^{n_B} b_i q^{-i} = B(q^{-1}) = q^{-1} B^*(q^{-1}) \tag{3.8}$$

式中

$$B(q^{-1}) = b_1 q^{-1} + b_2 q^{-2} + \cdots + b_{n_B} q^{-n_B} \tag{3.9}$$

$$B^*(q^{-1}) = b_1 + b_2 q^{-1} + \cdots + b_{n_B} q^{-n_B+1} \tag{3.10}$$

方程 (3.3) 可以改写为

$$A(q^{-1})y(t) = q^{-d} B(q^{-1})u(t) = q^{-d-1} B^*(q^{-1})u(t) \tag{3.11}$$

或前向移动一个时间

$$A(q^{-1})y(t+d) = B(q^{-1})u(t) \tag{3.12}$$

同理

$$y(t+1) = -A^* y(t) + q^{-d} B^* u(t) = -A^* y(t) + B^* u(t-d) \tag{3.13}$$

可以发现式 (3.13) 也可以表示为

$$y(t+1) = \theta^{\mathrm{T}} \phi(t) \tag{3.14}$$

式中, $\theta$ 为参数向量

$$\theta^{\mathrm{T}} = [a_1, \cdots, a_{n_A}, b_1, \cdots, b_{n_B}] \tag{3.15}$$

$\phi(t)$ 定义了测量向量 (或回归变量)

$$\phi^{\mathrm{T}}(t) = [-y(t), \cdots, -y(t-n_A+1), u(t-d), \cdots, u(t-d-n_B+1)] \tag{3.16}$$

式 (3.14) 可从输入/输出数据中辨识出系统模型的参数. 滤波器 $1/A(q^{-1})$ 对式 (3.11) 左右两边滤波可得

$$y(t) = G(q^{-1})u(t) \tag{3.17}$$

式中

$$G(q^{-1}) = \frac{q^{-d}B(q^{-1})}{A(q^{-1})} \tag{3.18}$$

式 (3.18) 被称为**转换算子**[①].

计算式 (3.3) 的 $z$ 变换, 可以得到表征式 (3.3) 的输入/输出模型的**脉冲传递函数**

$$G(z^{-1}) = \frac{z^{-d}B(z^{-1})}{A(z^{-1})} \tag{3.19}$$

可注意到: 式 (3.3) 的输入/输出模型的传递函数可由**转换算子**得到, 这主要是通过用复变量 $z$ 代替时间算子 $q$ 而得到. 由于这些变量的域不同, 因此应谨慎. 但是, 在具有恒定参数的线性情况下, 可以使用任一参数, 并且其表示的形式将取决于上下文.

还要注意, 即使 (3.3) 的模型参数随时间变化, 也可以定义转换算子 $G(q^{-1})$, 而在这种情况下脉冲传递函数的概念并不简单存在.

系统模型[②](3.3) 的阶次 $n$ 是与式 (3.3) 输入/输出模型相关联的最小状态空间表示的维数, 在不可约传递函数的情况下, 它等于

$$n = \max(n_A, n_B + d) \tag{3.20}$$

它也相当于系统不可约传递函数的极点数.

要想立即获得系统的阶次, 将转换算子 (3.18) 或传递函数 (3.19) 分别表示为正向算子 $q$ 和复变量 $z$, 即可得到系统的阶次. 通过乘以 $z^n$ 可将 $H(z^{-1})$ 变换到 $H(z)$:

$$G(z) = \frac{\overline{B}(z)}{\overline{A}(z)} = \frac{z^{r-d}B(z^{-1})}{z^r A(z^{-1})} \tag{3.21}$$

举例

$$G(z^{-1}) = \frac{z^{-3}(b_1 z^{-1} + b_2 z^{-2})}{1 + a_1 z^{-1}}$$

$$r = \max(1, 5) = 5$$

$$G(z) = \frac{b_1 z + b_2}{z^5 + a_1 z^4}$$

---

① 在许多情况下, 将省略参数 $q^{-1}$ 以简化表示.

② 通常将根据输入/输出数据估算系统的阶次.

# 3.2　结　束　语

- 递归 (差分) 方程用于描述离散时间动态模型.
- 延迟算子 $q^{-1}(q^{-1}y(t) = y(t-1))$ 是处理递归离散时间方程的简单工具.
- 离散时间模型的输入/输出关系在时域中由脉冲转换算子 $G(q^{-1})$: $y(t) = G(q^{-1})u(t)$ 方便地描述.
- 离散时间线性系统的脉冲传递函数表示为复变量 $z = e^{sT_s}$ ($T_s =$ 采样周期) 的函数. 通过用 $z^{-1}$ 替换 $q^{-1}$ 可以从脉冲转换算子 $G(q^{-1})$ 导出脉冲传递函数.
- 当且仅当所有脉冲传递函数极点 ($z$ 方向) 位于单位圆内时, 才能确保离散时间模型的渐近稳定性.

$$G(z^{-1}) = \frac{z^{-d}B(z^{-1})}{A(z^{-1})} \tag{3.22}$$

形式的脉冲传递函数的阶次是 $n = \max(n_A, n_B + d)$, 式中 $n_A$ 和 $n_B$ 是多项式 $A$ 和 $B$ 的阶次, $d$ 是就采样周期而言的整数时间延迟.

# 3.3　参　考　资　料

关于数字控制系统, 有许多经典著作. 如著作 [3,5,6] 就非常契合本书的主题. 参考文献 [7] 中提供了许多离散时间模型, 这些离散时间模型是通过将各种物理系统的连续时间模型离散化而获得的.

## 参 考 文 献

[1] Preumont A (2011) Vibration control of active structures-an introduction. Springer, New York

[2] Fuller C, Elliott S, Nelson P (1997) Active control of vibration. Academic Press, New York

[3] Landau I, Zito G (2005) Digital control systems-design, identiffication and implementation. Springer, London

[4] Landau I (1993) Identiffication et commande des systèmes, 2nd edn. Série Automatique. Hermès, Paris

[5] Astrom KJ, Hagander P, Sternby J (1984) Zeros of sampled systems. Automatica 20(1):31-38. doi:10.1109/CDC.1980.271968

[6] Franklin GF, Powell JD, Workman ML (1998) Digital control of dynamic systems, vol 3. Addison-Wesley, Menlo Park

[7] Ogata K (1987) Discrete-time control systems, 1st edn. Prentice Hall, New Jersey

# 第 4 章　参数自适应算法

## 4.1　引　　言

参数自适应算法 (PAA) 在各种自适应主动振动控制系统的实现中发挥着重要作用. 可以通过多种方面介绍它们. 我们要考虑两个问题:

- 系统辨识中的递归参数估计.
- 自适应前馈振动补偿中前馈滤波器的参数自适应.

为说明两个问题将先引入两个基本结构: 串行并行 (方程误差) 参数估计器和并行 (输出误差) 估计器.

采样模型的在线参数估计原理如图 4.1 所示.

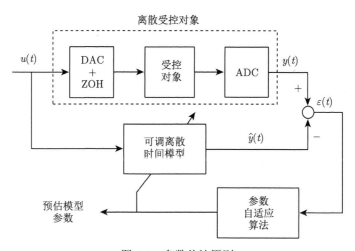

图 4.1　参数估计原则

在计算机上实现了具有可调参数的离散时间模型. 参数自适应算法使用 $t$ 时刻的系统输出 $y(t)$ 与模型 $\hat{y}(t)$ 预测输出之间的误差 $\varepsilon(t)$(称为受控对象模型误差或预测误差), 参数自适应算法在每个采样瞬间都会修改模型参数, 以最大限度地减少此误差 (在一定标准的意义上).

参数自适应算法是实现可调预测模型参数在线估计的关键因素, 该算法根据每个采样时刻从系统上获取的数据来修改可调预测模型的参数. 参数自适应算法具有递归结构, 即估计参数的新值等于先前值加上一个校正项, 该校正项来自最新的测量值.

定义**参数向量**这个概念, 参数向量组成部分是应该估计的不同参数.

递归参数自适应算法具有以下结构: **新的预估参数向量＝先前的预估参数向量 ＋ 校正项**.

校正项通常具有产品的结构: 自适应增益 × 测量函数 × 预测误差函数. 生成的结构是

[新的预估参数 (矢量)] =[先前的预估参数 (矢量)] + [自适应增益 (矩阵)]

× [测量函数 (矢量)] × [预测误差函数 (标量)]

该结构对应于所谓的**积分型自适应算法** (该算法具有记忆, 因此在校正项为空时会保留参数的估计值). 该算法可以看作校正项在每个时刻提供的离散时间积分器. 测量函数向量也称为**观测向量**. 预测误差函数也称为**自适应误差**.

自适应增益在参数自适应算法的性能中起着重要的作用, 它可以是定值的, 也可以是随时间变化的.

## 4.2　可调模型的结构

### 4.2.1　例 (a): 用于系统辨识的递归构型——方程误差

考虑由以下描述的受控对象的离散时间模型:

$$y(t+1) = -a_1 y(t) + b_1 u(t) = \theta^{\mathrm{T}} \phi(t) \tag{4.1}$$

式中, $u(t)$ 是输入, $y(t)$ 是输出, 两者都是可测量的. 未知参数 $a_1$ 和 $b_1$ 是模型的未知参数. 定义未知参数向量 $\theta$:

$$\theta^{\mathrm{T}} = [a_1, b_1] \tag{4.2}$$

测量向量:

$$\phi^{\mathrm{T}}(t) = [-y(t), u(t)] \tag{4.3}$$

在这个算例中, 可调预测模型通过以下的方程来进行描述:

$$\hat{y}^\circ(t+1) = \hat{y}[(t+1)|\hat{\theta}(t)] \ = -\hat{a}_1(t)y(t) + \hat{b}_1(t)u(t) = \hat{\theta}^{\mathrm{T}}(t)\phi(t) \tag{4.4}$$

式中, $\hat{y}^\circ(t+1)$ 被称为先验预测输出, 其具体取决于 $t$ 时刻的预估参数值.

$$\hat{\theta}^{\mathrm{T}}(t) = [\hat{a}_1(t), \hat{b}_1(t)] \tag{4.5}$$

是 $t$ 时刻的预估参数向量.

正如下文将要讨论的, 考虑在 $t+1$ 时基于新的预估参数向量计算的后验预测输出也十分有用, $\hat{\theta}(t+1)$ 在 $t+1$ 和 $t+2$ 的中间某处. 后验预测输出可由下式给出:

$$\hat{y}(t+1) = \hat{y}[(t+1)|\hat{\theta}(t+1)] = -\hat{a}_1(t)y(t) + \hat{b}_1(t+1)u(t)$$
$$= \hat{\theta}^{\mathrm{T}}(t+1)\phi(t) \tag{4.6}$$

定义先验预测误差为

$$\varepsilon^{\circ}(t+1) = y(t+1) - \hat{y}^{\circ}(t+1) \tag{4.7}$$

后验预测误差为

$$\varepsilon(t+1) = y(t+1) - \hat{y}(t+1) \tag{4.8}$$

目的是找到具有记忆的递归参数自适应算法, 该算法将使特定准则最小化. 这种算法的结构是

$$\hat{\theta}(t+1) = \hat{\theta}(t) + \Delta\hat{\theta}(t+1) = \hat{\theta}(t) + f[\hat{\theta}(t),\ \phi(t), \varepsilon^{\circ}(t+1)] \tag{4.9}$$

式中, 校正项 $f[\cdot]$ 是关于 $\hat{\theta}(t)$, $\phi(t)$, $\varepsilon^{\circ}(t+1)$ 的函数.

### 4.2.2 例 (b): 自适应前馈补偿——输出误差

考虑如图 4.2 所示的自适应前馈扰动补偿的基本方案. 进一步假设次级通路具有传递函数 $G = 1$ 并且没有内部正反馈, 即 $M = 0$. 图 4.3(a) 表示此简化构型, 其等效表示如图 4.3(b), (c) 所示. 图 4.3(c) 中所示的等效表示称为 "输出误差"($N = -D$ 是未知的).

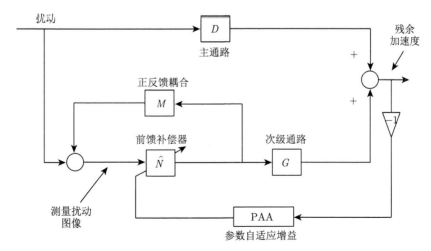

图 4.2 自适应前馈扰动补偿

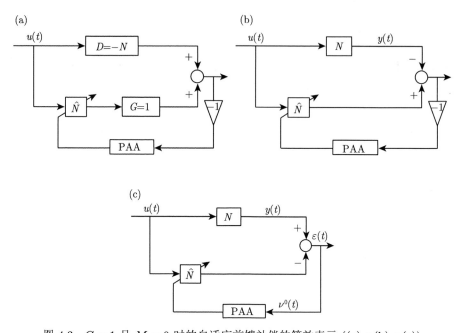

图 4.3 $G = 1$ 且 $M = 0$ 时的自适应前馈补偿的等效表示 ((a)⇒(b)⇒(c))

假设图 4.3(c) 中的等效主通路可以由简单模型表示 (在 (4.1) 中也考虑过):

$$y(t + 1) = -a_1 y(t) + b_1 u(t) = \theta^{\mathrm{T}}(t)\phi(t) \tag{4.10}$$

式中

$$\theta^{\mathrm{T}} = [a_1, b_1]; \quad \phi^{\mathrm{T}}(t) = [-y(t), u(t)] \tag{4.11}$$

然而, 在这种情况下, 当前馈补偿器起作用时, 我们将无法获取主通路的输出 $y(t)$, 只能获得残余误差 $\varepsilon(t)$(残余加速度或力). 因此, 无法使用 4.2.1 节中所述的预测量. 因此, 由于目标是将残余误差收敛到零, 可以将预测量的输出 (是可测量的) 视为 $y(t)$ 的近似值. 输出误差可调预测量 (即前馈补偿器) 的描述如下:

$$\hat{y}^{\circ}(t + 1) = -\hat{a}_1(t)\hat{y}(t) + \hat{b}_1(t)u(t) = \hat{\theta}^{\mathrm{T}}(t)\psi(t) \tag{4.12}$$

式中, $\hat{y}^{\circ}(t + 1)$ 是**先验输出预测量**, 并且

$$\hat{y}(t + 1) = -\hat{a}_1(t + 1)\hat{y}(t) + \widehat{b}_1(t + 1)u(t) = \hat{\theta}^{\mathrm{T}}(t + 1)\psi(t) \tag{4.13}$$

是**后验输出预测量**的. 定义向量

$$\hat{\theta}^{\mathrm{T}}(t) = [\hat{a}_1(t), \widehat{b}_1(t)], \quad \psi^{\mathrm{T}}(t) = [-\hat{y}(t), u(t)] \tag{4.14}$$

式中, $\hat{\theta}^{\mathrm{T}}(t)$ 是可调参数的向量, $\hat{\psi}^{\mathrm{T}}(t)$ 是观测向量. 由于 $\hat{y}(t)$ 应该渐近收敛到 $y(t)$, 因此 $\hat{y}(t)$ 是输出 $y(t)$ 的近似值, 它将随着时间的推移而得到改善.

先验预测误差可以用下式来表示:

$$\varepsilon^{\circ}(t+1) = y(t+1) - \hat{y}^{\circ}(t+1) = \theta^{\mathrm{T}}\phi(t) - \hat{\theta}^{\mathrm{T}}(t)\psi(t) \tag{4.15}$$

后验预测误差可以用下式来表示:

$$\varepsilon(t+1) = y(t+1) - \hat{y}(t+1) = \theta^{\mathrm{T}}\phi(t) - \hat{\theta}^{\mathrm{T}}(t+1)\psi(t) \tag{4.16}$$

两种类型的预测量之间的差异如图 4.4 所示. 相对于图 4.4 所示的构型, 方程误差预测量和输出误差预测量也分别叫做串行并行预测量和并行预测量.

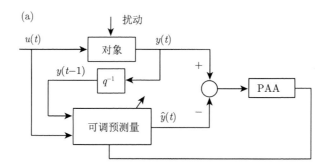

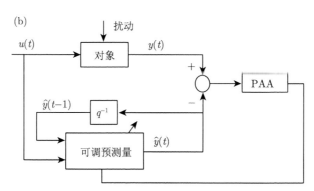

图 4.4  两种可调预测量结构之间的对比: (a) 方程误差 (递归最小二乘法预测量);
(b) 输出误差

## 4.3  基本参数自适应算法

可以考虑几种方法来推导参数自适应算法. 为便于教学, 我们将首先考虑梯度法, 然后考虑最小二乘法.

但是, 这是稳定性方法, 稍后将用于合成和分析 PAA.

### 4.3.1　基本梯度算法

基本梯度参数自适应算法的目的是根据先验预测误差最小化二次准则.

对于方程误差预测量, 我们将首先考虑这种方法, 见式 (4.1)—(4.9).

目的是找到具有记忆的递归参数自适应算法. 这种算法的结构是

$$\hat{\theta}(t+1) = \hat{\theta}(t) + \Delta\hat{\theta}(t+1) = \hat{\theta}(t) + f[\hat{\theta}(t),\ \phi(t),\ \varepsilon^{\circ}(t+1)] \tag{4.17}$$

校正项 $f[\hat{\theta}(t),\ \phi(t),\ \varepsilon^{\circ}(t+1)]$ 必须仅取决于 $t+1$ 时刻的可用信息, 且 $y(t+1)$ 是可获得的 (最后测量 $y(t+1)$, $\hat{\theta}(t)$ 和在 $t, t-1, t-2, \cdots, t-n$ 时刻的有限信息量). 校正项必须在每个步骤中最小化下面的准则:

$$\min_{\hat{\theta}(t)} J(t+1) = [\varepsilon^{\circ}(t+1)]^2 \tag{4.18}$$

梯度法提供了一个有效的解决方案.

如果等准则曲线 ($J = $ 常数) 可以在参数 $a_1$ 和 $b_1$ 所形成的平面中表达, 当该曲线递减到与受控对象模型参数相对应的点 $(a_1, b_1)$ 时, 该准则获得一个同心且封闭曲线的最小值. 当 $J$ 的常数值增大时, 等准则曲线则离最小值越来越远. 如图 4.5 所示.

为了使准则的数值最小化, 应沿梯度的相反方向移动, 并朝着等准则曲线方向移动. 这将获得 $J = $ 常数, 并且是一个较小的数值, 如图 4.5 所示. 相应的参数自适应算法将具有以下形式:

$$\hat{\theta}(t+1) = \hat{\theta}(t) - F\frac{\partial J(t+1)}{\partial\hat{\theta}(t)} \tag{4.19}$$

式中, $F = \alpha I (\alpha > 0)$ 是矩阵自适应增益 ($I$ 是酉对角矩阵), $\partial J(t+1)/\partial\hat{\theta}(t)$ 是 (4.18) 中和 $\hat{\theta}(t)$ 相关的准则梯度. 从 (4.18) 中可以得出

$$\frac{1}{2}\frac{\partial J(t+1)}{\partial\hat{\theta}(t)} = \frac{\partial\varepsilon^{\circ}(t+1)}{\partial\hat{\theta}(t)}\varepsilon^{\circ}(t+1) \tag{4.20}$$

但是

$$\varepsilon^{\circ}(t+1) = y(t+1) - \hat{y}^{\circ}(t+1) = y(t+1) - \hat{\theta}^{\mathrm{T}}(t)\phi(t) \tag{4.21}$$

同时

$$\frac{\partial\varepsilon^{\circ}(t+1)}{\partial\hat{\theta}(t)} = -\phi(t) \tag{4.22}$$

在 (4.20) 中引入 (4.22), (4.19) 中的参数自适应算法就变成了

$$\hat{\theta}(t+1) = \hat{\theta}(t) + F\phi(t)\varepsilon^\circ(t+1) \tag{4.23}$$

式中, $F$ 是矩阵自适应增益.

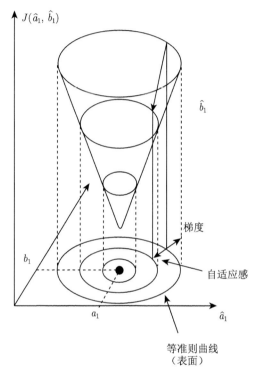

图 4.5  梯度方法的原则

自适应增益有主要两种选择:

(1) $F = \alpha I, \alpha > 0$;

(2) $F > 0$(正定矩阵)[①].

所得算法具有积分结构. 因此它有记忆性 (对于 $\varepsilon^\circ(t+1) = 0$, $\hat{\theta}(t+1) = \hat{\theta}(t)$).

对于自适应增益的两种选择, 图 4.6 中给出了 (4.23) 的 PAA 几何解释.

对于 $F = \alpha I, \alpha > 0$, 校正是在观测向量的方向 (这种情况下是测量向量) 或在 $F > 0$ 时在该方向周围的 $\pm 90^\circ$ 范围内进行的 (正定矩阵可能会导致向量旋转小于 $90^\circ$).

---

① 当 $x^{\mathrm{T}}Fx > 0, \forall x > 0, x \in R^n$ 时, 对称方阵 $F$ 称为正定矩阵. 此外: (i) 主对角线上所有项是正的; (ii) 所有主余子式的决定因子都是正的.

如果使用较大的自适应增益 (分别为较大的 $\alpha$), 则 (4.23) 中给出的参数自适应算法会带来不稳定的风险, 可以参考图 4.5 来理解. 如果自适应增益稍大于最优值, 则可以远离该最小值而不是靠近它. 稳定性的必要条件 (但不充分条件) 是对于自适应增益 $F = \alpha I$, $\alpha$ 应满足

$$\alpha < \frac{1}{\phi^{\mathrm{T}}(t)\phi(t)} \tag{4.24}$$

更详细的内容参见文献 [1].

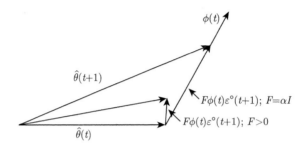

图 4.6   梯度自适应算法的几何解释

### 4.3.2   改进梯度算法

#### 4.3.2.1   方程误差预测量

为了在方程误差预测量的情况下确保对于自适应增益 $\alpha$ 的任何值 (或增益矩阵 $F$ 的特征值)PAA 都具有稳定性, 使用相同的梯度方法, 但使用不同的准则:

$$\min_{\hat{\theta}(t+1)} J(t+1) = [\varepsilon(t+1)]^2 \tag{4.25}$$

可获得方程:

$$\frac{1}{2}\frac{\partial J(t+1)}{\partial \hat{\theta}(t+1)} = \frac{\partial \varepsilon(t+1)}{\partial \hat{\theta}(t+1)}\varepsilon(t+1) \tag{4.26}$$

根据式 (4.6) 和 (4.8) 可以得出

$$\varepsilon(t+1) = y(t+1) - \hat{y}(t+1) = y(t+1) - \hat{\theta}^{\mathrm{T}}(t+1)\phi(t) \tag{4.27}$$

和

$$\frac{\partial \varepsilon(t+1)}{\partial \hat{\theta}(t+1)} = -\phi(t) \tag{4.28}$$

在 (4.26) 中代入 (4.28), (4.19) 中的参数自适应算法就变成了:

$$\hat{\theta}(t+1) = \hat{\theta}(t) + F\phi(t)\varepsilon(t+1) \tag{4.29}$$

该算法取决于 $\varepsilon(t+1)$, 它是关于 $\hat{\theta}(t+1)$ 的函数. 为了实现此算法, 必须将 $\varepsilon(t+1)$ 表示为 $\varepsilon^{\circ}(t+1)$ 的函数, 即 $\varepsilon(t+1) = f[\hat{\theta}(t), \phi(t), \varepsilon^{\circ}(t+1)]$.

方程 (4.27) 可以改写为

$$\varepsilon(t+1) = y(t+1) - \hat{\theta}^{\mathrm{T}}(t)\phi(t) - [\hat{\theta}(t+1) - \hat{\theta}(t)]^{\mathrm{T}}\phi(t) \tag{4.30}$$

右边的前两项对应于 $\varepsilon^{\circ}(t+1)$, 根据 (4.29) 可以得到

$$\hat{\theta}(t+1) - \hat{\theta}(t) = F\phi(t)\varepsilon(t+1) \tag{4.31}$$

则 (4.30) 可以改写为

$$\varepsilon(t+1) = \varepsilon^{\circ}(t+1) - \phi^{\mathrm{T}}(t)F\phi(t)\varepsilon(t+1) \tag{4.32}$$

从中可以得出 $\varepsilon(t+1)$ 和 $\varepsilon^{\circ}(t+1)$ 之间的期望关系:

$$\varepsilon(t+1) = \frac{\varepsilon^{\circ}(t+1)}{1 + \phi^{\mathrm{T}}(t)F\phi(t)} \tag{4.33}$$

(4.29) 的算法就变成了

$$\hat{\theta}(t+1) = \hat{\theta}(t) + \frac{F\phi(t)\varepsilon^{\circ}(t+1)}{1 + \phi^{\mathrm{T}}(t)F\phi(t)} \tag{4.34}$$

无论增益矩阵 $F$(正定) 的值是多少, 它都是**稳定算法**. 有关稳定性的分析, 请参见 4.4 节.

除以 $1 + \phi^{\mathrm{T}}(t)F\phi(t)$ 的目的是对 $F$ 和 $\phi(t)$ 进行归一化, 这就降低了算法对 $F$ 和 $\phi(t)$ 的敏感性.

#### 4.3.2.2 输出误差预测量

我们现在转向使用改进阶梯度算法来表示由 (4.12) 和 (4.13) 所描述的输出误差预测量. 为了将改进阶梯度算法应用于输出误差预测器, 我们首先需要一个后验预测误差的表达式, 该表达式明确地表征了未知和估计的参数向量之间的差值.

$$\begin{aligned}
\varepsilon(t+1) &= y(t+1) - \hat{y}(t+1) \\
&= -a_1 y(t) + b_1 u(t) - [-\hat{a}_1(t+1)\hat{y}(t) + \hat{b}_1(t+1)u(t)] \pm a_1 \hat{y}(t) \\
&= -a_1 \varepsilon(t) - [a_1 - \hat{a}_1(t+1)]\hat{y}(t) + [b_1 - \hat{b}_1(t+1)]u(t) \\
&= -a_1 \varepsilon(t) + [\theta - \hat{\theta}(t+1)]^{\mathrm{T}}\psi(t)
\end{aligned} \tag{4.35}$$

将 $-a_1\varepsilon(t)$ 项移到左边, 即得到

$$(1 + a_1 q^{-1})\varepsilon(t+1) = [\theta - \hat{\theta}(t+1)]^{\mathrm{T}}\psi(t) \tag{4.36}$$

定义

$$A(q^{-1}) = 1 + a_1 q^{-1} \tag{4.37}$$

得到

$$\varepsilon(t+1) = \frac{1}{A(q^{-1})}[\theta - \hat{\theta}(t+1)]^{\mathrm{T}} \psi(t) \tag{4.38}$$

改进梯度算法的梯度由 (4.26) 给出

$$\frac{1}{2}\frac{\partial J(t+1)}{\partial \hat{\theta}(t+1)} = \frac{\partial \varepsilon(t+1)}{\partial \hat{\theta}(t+1)}\varepsilon(t+1) \tag{4.39}$$

使用 (4.38) 即可得到

$$\frac{\partial \varepsilon(t+1)}{\partial \hat{\theta}(t+1)} = -\frac{1}{A(q^{-1})}\psi(t) = -\psi_f(t) \tag{4.40}$$

参数自适应算法就变成了

$$\hat{\theta}(t+1) = \hat{\theta}(t) + F\psi_f(t)\varepsilon(t+1) \tag{4.41}$$

式 (4.41) 的 PAA 是没有办法实施的, 这是因为 $A(q^{-1})$ 是未知的. 目前使用了几种近似方法. 但是, 必须建立确保算法渐近稳定性的条件. 下面将详细介绍各种近似方法.

(1) 输出误差算法 (OE).

在此算法中, 用 $\psi(t)$ 近似 $(1/A(q^{-1}))\psi(t)$, 即

$$\psi_f(t) = \psi(t) \tag{4.42}$$

即得

$$\hat{\theta}(t+1) = \hat{\theta}(t) + F\psi(t)\varepsilon(t+1) \tag{4.43}$$

(2) 输出误差的滤波观测器 (FOLOE).

定义一个滤波器 $L(q^{-1})$, 并假设它接近 $A(q^{-1})$. 忽略时变算子的不可交换性, 可以将后验预测的公式改写为

$$\varepsilon(t+1) = \frac{1}{A(q^{-1})}[\theta - \hat{\theta}(t+1)]^{\mathrm{T}} \psi(t) \tag{4.44}$$

$$= \frac{L(q^{-1})}{A(q^{-1})}[\theta - \hat{\theta}(t+1)]^{\mathrm{T}} \psi_f(t) \tag{4.45}$$

式中

$$\psi_f(t) = \frac{1}{L(q^{-1})}\psi(t) \tag{4.46}$$

由此, 准则的梯度变为

$$\frac{\partial \nu(t+1)}{\partial \hat{\theta}(t+1)} = -\frac{L(q^{-1})}{A(q^{-1})}\psi_f(t) \simeq -\psi_f(t) \tag{4.47}$$

考虑到 $L$ 和 $A$ 比较接近, 准则的梯度可以近似为 $-\psi_f(t)$.

(3) 输出误差的自适应滤波观测器.

由于在自适应算法的演变过程中, $\hat{A}(t, q^{-1})$ 的估值将接近于 $A(q^{-1})$, 因此将固定滤波器 $L$ 替换为

$$L(t, q^{-1}) = \hat{A}(t, q^{-1}) \tag{4.48}$$

对于所有的这些算法, 后验预测误差的计算公式如下:

$$\varepsilon(t+1) = \frac{\varepsilon^{\circ}(t+1)}{1 + \psi_f^{\mathrm{T}}(t)F\psi_f(t)} \tag{4.49}$$

(4) 固定补偿器的输出误差.

这种算法定义一个自适应误差作为滤波预测误差:

$$\nu(t+1) = D(q^{-1})\varepsilon(t+1) \tag{4.50}$$

式中

$$D(q^{-1}) = 1 + \sum_{i=1}^{n_D} d_i q^{-i} \tag{4.51}$$

是一个渐近稳定的多项式, $n_D \leqslant n_A(n_A$ 是多项式的次数), 我们希望像 (4.25) 中那样将准则最小化, 但对于 $\nu(t+1)$, 例如

$$\min_{\hat{\theta}(t+1)} J(t+1) = [\nu(t+1)]^2 \tag{4.52}$$

在这种情况下

$$\frac{\partial \nu(t+1)}{\partial \hat{\theta}(t+1)} = -\frac{D(q^{-1})}{A(q^{-1})}\psi(t) = -\psi_f(t) \tag{4.53}$$

假设 $D(q^{-1})$ 和 $A(q^{-1})$ 较接近[①], 则可以使用以下近似值:

$$\psi_f(t) \simeq \psi(t) \tag{4.54}$$

PAA 的近似值可表示为

$$\hat{\theta}(t+1) = \hat{\theta}(t) + F\psi(t)\nu(t+1) \tag{4.55}$$

---

① 如 4.4 节所示, 这种接近的特征是 $D(z^{-1})/A(z^{-1})$ 应该是一个严格正实数传递函数.

为了使算法 (4.55) 可实现, 必须给出 (4.50) 中给出的后验自适应误差和定义如下的先验自适应误差之间的关系:

$$\nu^\circ(t+1) = \varepsilon^\circ(t+1) + \sum_{i=1}^{n_D} d_i \varepsilon(t+1-i) \tag{4.56}$$

注意, 后验预测误差 $\varepsilon(t), \varepsilon(t-1), \cdots$ 在 $t+1$ 时可用. 将 (4.50) 减去 (4.56), 得到

$$\nu(t+1) - \nu^\circ(t+1) = \varepsilon(t+1) - \varepsilon^\circ(t+1)$$
$$= -\left[\hat{\theta}(t+1) - \hat{\theta}(t)\right]^{\mathrm{T}} \psi(t) \tag{4.57}$$

但是, 根据 (4.55) 可以得出

$$\hat{\theta}(t+1) - \hat{\theta}(t) = F\psi(t)\nu(t+1) \tag{4.58}$$

(4.57) 就变成了

$$\nu(t+1) + (F\psi(t)\nu(t+1))^{\mathrm{T}} \psi(t) = \nu^\circ(t+1) \tag{4.59}$$

从中可以得出

$$\nu(t+1) = \frac{\nu^\circ(t+1)}{1 + \psi^{\mathrm{T}}(t)F\psi(t)} \tag{4.60}$$

### 4.3.3　递归最小二乘算法

当使用改进梯度算法时, 每一步都使 $\varepsilon^2(t+1)$ 最小, 或者更准确地说, 沿准则的最快下降方向移动, 步长取决于 $F$. 每个步骤中 $\varepsilon^2(t+1)$ 的最小值不一定会使下式最小值化:

$$\sum_{i=1}^{t} \varepsilon^2(i+1)$$

如图 4.7 所示. 实际上, 在最优值附近, 如果增益不够低, 则可能在最小值附近发生振荡. 另一方面, 为了在最优值距离较远开始时获得令人满意的收敛速度, 应优先选择较大的自适应增益. 实际上, 最小二乘法算法为自适应增益提供了这种变化特性. 对于受控对象、预测模型和预测误差, 使用与方程误差构型的梯度算法中相同的方程, 即式 (4.1)—(4.8).

目的是找到 (4.9) 形式的递归算法, 该算法使最小二乘法准则最小化:

$$\min_{\hat{\theta}(t)} J(t) = \sum_{i=1}^{t} [y(i) - \hat{\theta}^{\mathrm{T}}(t)\phi(i-1)]^2 \tag{4.61}$$

$\hat{\theta}(t)^{\mathrm{T}}\phi(i-1)$ 项可表示为

$$\hat{\theta}^{\mathrm{T}}(t)\phi(i-1) = -\hat{a}_1(t)y(i-1) + \hat{b}_1(t)u(i-1) = \hat{y}[i|\hat{\theta}(t)] \tag{4.62}$$

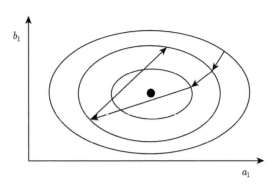

图 4.7　梯度型自适应算法的演变

因此, 这是基于使用 $t$ 测量获得的 $t$ 时刻的参数估计值对 $i$ 时刻 $(i \leqslant t)$ 的输出的预测.

首先, 必须在 $t$ 时刻估算参数 $\theta$, 以使其在水平 $t$ 测量上最小化受控对象输出与预测模型输出之间差值的平方和. 通过寻求抵消 $\partial J(t)/\partial\hat{\theta}(t)$ 的值, 可以获得使准则 (4.61) 最小化的 $\hat{\theta}(t)$ 值:

$$\frac{\partial J(t)}{\partial\hat{\theta}(t)} = -2\sum_{i=1}^{t}[y(i) - \hat{\theta}^{\mathrm{T}}(t)\phi(i-1)]\phi(i-1) = 0 \tag{4.63}$$

根据 (4.63), 考虑到

$$[\hat{\theta}^{\mathrm{T}}(t)\phi(i-1)]\phi(i-1) = \phi(i-1)\phi^{\mathrm{T}}(i-1)\hat{\theta}(t)$$

得到

$$\left[\sum_{i=1}^{t}\phi(i-1)\phi^{\mathrm{T}}(i-1)\right]\hat{\theta}(t) = \sum_{i=1}^{t}y(i)\phi(i-1)$$

左乘[1]下式:

$$\left[\sum_{i=1}^{t}\phi(i-1)\phi^{\mathrm{T}}(i-1)\right]^{-1}$$

---

① 假设矩阵 $\sum\limits_{i=1}^{t}\phi(i-1)\phi^{\mathrm{T}}(i-1)$ 是可逆的. 这与激励条件相对应.

得到

$$\hat{\theta}(t) = \left[\sum_{i=1}^{t} \phi(i-1)\phi^{\mathrm{T}}(i-1)\right]^{-1} \sum_{i=1}^{t} y(i)\phi(i-1) = F(t)\sum_{i=1}^{t} y(i)\phi(i-1) \quad (4.64)$$

式中

$$F(t)^{-1} = \sum_{i=1}^{t} \phi(i-1)\phi^{\mathrm{T}}(i-1) \quad (4.65)$$

这种估值算法不是递归的. 为了得到递归算法, 考虑到 $\hat{\theta}(t+1)$ 的估计:

$$\hat{\theta}(t+1) = F(t+1)\sum_{i=1}^{t+1} y(i)\phi(i-1) \quad (4.66)$$

其中

$$F(t+1)^{-1} = \sum_{i=1}^{t+1} \phi(i-1)\phi^{\mathrm{T}}(i-1) = F(t)^{-1} + \phi(t)\phi^{\mathrm{T}}(t) \quad (4.67)$$

现在我们可以将 $\hat{\theta}(t+1)$ 表达为 $\hat{\theta}(t)$ 的函数:

$$\hat{\theta}(t+1) = \hat{\theta}(t) + \Delta\hat{\theta}(t+1) \quad (4.68)$$

由 (4.66) 有

$$\hat{\theta}(t+1) = F(t+1)\left[\sum_{i=1}^{t} y(i)\phi(i-1) + y(t+1)\phi(t)\right] \quad (4.69)$$

考虑 (4.64), (4.69) 可以改写为

$$\hat{\theta}(t+1) = F(t+1)[F(t)^{-1}\hat{\theta}(t) + y(t+1)\phi(t)] \quad (4.70)$$

(4.67) 两边乘以 $\hat{\theta}(t)$, 得到

$$F(t)^{-1}\hat{\theta}(t) = F(t+1)^{-1}\hat{\theta}(t) - \phi(t)\phi^{\mathrm{T}}(t)\hat{\theta}(t) \quad (4.71)$$

(4.70) 就变成了

$$\hat{\theta}(t+1) = F(t+1)(F(t+1)^{-1}\hat{\theta}(t) + \phi(t)[y(t+1) - \hat{\theta}^{\mathrm{T}}(t)\phi(t)]) \quad (4.72)$$

考虑到 (4.21) 中 $\varepsilon^{\circ}(t+1)$ 的表达式, 因此可得到

$$\hat{\theta}(t+1) = \hat{\theta}(t) + F(t+1)\phi(t)\varepsilon^{\circ}(t+1) \quad (4.73)$$

(4.73) 的自适应算法具有类似于 (4.23) 中给出的基本梯度算法的递归形式, 不同之处在于增益矩阵 $F(t+1)$ 随时间发生改变了, 因为它取决于测量值 (它会自动校正梯度方向和步长). $F(t+1)$ 的递归公式仍有待从 (4.67) 中给出的递归公式 $F^{-1}(t+1)$ 给出. 这是通过使用矩阵求逆引理得到的.

**矩阵求逆引理** 设 $F$ 为 $(n \times n)$ 维非奇异矩阵, $R$ 为 $(m \times m)$ 非奇异矩阵, $H$ 为 $(n \times m)$ 最大秩矩阵, 则以下等式成立:

$$(F^{-1} + HR^{-1}H^{\mathrm{T}})^{-1} = F - FH(R + H^{\mathrm{T}}FH)^{-1}H^{\mathrm{T}}F \tag{4.74}$$

**证明** 通过矩阵乘法, 可发现

$$[F - FH(R + H^{\mathrm{T}}FH)^{-1}H^{\mathrm{T}}F][F^{-1} + HR^{-1}H^{\mathrm{T}}] = I$$

结束证明.

对于 (4.67) 的情况, 选择 $H = \phi(t)$, $R = 1$, 根据式 (4.67) 和 (4.74) 得到

$$F(t+1) = F(t) - \frac{F(t)\phi(t)\phi^{\mathrm{T}}(t)F(t)}{1 + \phi^{\mathrm{T}}(t)F(t)\phi(t)} \tag{4.75}$$

将不同的方程放在一起, 下面给出递归最小二乘法 (RLS) 参数自适应算法 (PAA) 的第一个公式:

$$\hat{\theta}(t+1) = \hat{\theta}(t) + F(t+1)\phi(t)\varepsilon^{\circ}(t+1) \tag{4.76}$$

$$F(t+1) = F(t) - \frac{F(t)\phi(t)\phi^{\mathrm{T}}(t)F(t)}{1 + \phi^{\mathrm{T}}(t)F(t)\phi(t)} \tag{4.77}$$

$$\varepsilon^{\circ}(t+1) = y(t+1) - \hat{\theta}^{\mathrm{T}}(t)\phi(t) \tag{4.78}$$

实际上, 通过选择以下选项, 可在 $t = 0$ 时启动算法:

$$F(0) = \frac{1}{\delta}I = (GI)I, \quad 0 < \delta \ll 1 \tag{4.79}$$

通过在 (4.76) 中引入由 (4.77) 给出的 $F(t+1)$ 的表达式, 可以得出这种算法的等效形式, 式中

$$\hat{\theta}(t+1) - \hat{\theta}(t) = F(t+1)\phi(t)\varepsilon^{\circ}(t+1) = F(t)\phi(t)\frac{\varepsilon^{\circ}(t+1)}{1 + \phi^{\mathrm{T}}(t)F(t)\phi(t)} \tag{4.80}$$

但是, 从根据 (4.7), (4.8) 和 (4.80) 可以得出

$$\begin{aligned}
\varepsilon(t+1) &= y(t+1) - \hat{\theta}^{\mathrm{T}}(t+1)\phi(t) \\
&= y(t+1) - \hat{\theta}(t)\phi(t) - [\hat{\theta}(t+1) - \hat{\theta}(t)]^{\mathrm{T}}\phi(t) \\
&= \varepsilon^{\circ}(t+1) - \phi^{\mathrm{T}}(t)F(t)\phi(t)\frac{\varepsilon^{\circ}(t+1)}{1 + \phi^{\mathrm{T}}(t)F(t)\phi(t)} = \frac{\varepsilon^{\circ}(t+1)}{1 + \phi^{\mathrm{T}}(t)F(t)\phi(t)}
\end{aligned} \tag{4.81}$$

上式表达了后验预测误差和先验预测误差之间的关系. 在 (4.80) 中利用这个关系, 就得到了递归最小二乘法的参数自适应算法的等效形式:

$$\hat{\theta}(t+1) = \hat{\theta}(t) + F(t)\phi(t)\varepsilon(t+1) \tag{4.82}$$

$$F(t+1)^{-1} = F(t)^{-1} + \phi(t)\phi^{\mathrm{T}}(t) \tag{4.83}$$

$$F(t+1) = F(t) - \frac{F(t)\phi(t)\phi^{\mathrm{T}}(t)F(t)}{1 + \phi^{\mathrm{T}}(t)F(t)\phi(t)} \tag{4.84}$$

$$\varepsilon(t+1) = \frac{y(t+1) - \hat{\theta}^{\mathrm{T}}(t)\phi(t)}{1 + \phi^{\mathrm{T}}(t)F(t)\phi(t)} \tag{4.85}$$

递归最小二乘算法是自适应增益递减的算法. 如果考虑单个参数的估计, 则可以清楚地看到这点. 因此, $F(t)$ 和 $\phi(t)$ 是标量, (4.84) 就变成了

$$F(t+1) = \frac{F(t)}{1 + \phi(t)^2 F(t)} \leqslant F(t), \quad \phi(t), F(t) \in R^1$$

通过观察 $F(t+1)^{-1}$ 是积分器的输出时, 该积分器的输入为 $\phi(t)\phi^{\mathrm{T}}(t)$, 也可以得到相同的结论. 由于 $\phi(t)\phi^{\mathrm{T}}(t) \geqslant 0$, 因此得出结论: 如果 $\phi(t)\phi^{\mathrm{T}}(t)$ 平均大于 0, 则 $F(t)^{-1}$ 趋于无穷大, 即 $F(t)$ 趋于零.

实际上, 递归最小二乘算法对新的预测误差的权重越来越小并因此对新的测量的权重也越来越小. 因此, 这种类型的自适应增益的变化特性不适用于时变参数的估计, 必须考虑其他变化特性的自适应增益.

到目前为止, 上述针对二维的 $\hat{\theta}(t)$ 和 $\phi(t)$ 提出的最小二乘算法可以推广到任意维度的离散时间系统的形式:

$$y(t) = \frac{q^{-d}B(q^{-1})}{A(q^{-1})}u(t) \tag{4.86}$$

式中

$$A(q^{-1}) = 1 + a_1 q^{-1} + \cdots + a_{n_A} q^{-n_A} \tag{4.87}$$

$$B(q^{-1}) = b_1 q^{-1} + \cdots + b_{n_B} q^{-n_B} \tag{4.88}$$

方程 (4.86) 可以改写为如下形式:

$$y(t+1) = -\sum_{i=1}^{n_A} a_i y(t+1-i) + \sum_{i=1}^{n_B} b_i u(t-d-i+1) = \theta^{\mathrm{T}}\phi(t) \tag{4.89}$$

式中

$$\theta^{\mathrm{T}} = [a_1, \cdots, a_{n_A}, b_1, \cdots, b_{n_B}] \tag{4.90}$$

$$\phi^{\mathrm{T}}(t) = [-y(t), \cdots, -y(t - n_A + 1), u(t - d), \cdots, u(t - d - n_B + 1)] \quad (4.91)$$

在一般情况下, 先验可调预测量由以下公式给出:

$$\hat{y}^\circ(t + 1) = -\sum_{i=1}^{n_A} \hat{a}_i(t) y(t + 1 - i) + \sum_{i=1}^{n_B} \hat{b}_1(t) u(t - d - i + 1) = \hat{\theta}^{\mathrm{T}}(t) \phi(t) \quad (4.92)$$

式中

$$\hat{\theta}^{\mathrm{T}}(t) = [\hat{a}_1(t), \cdots, \hat{a}_{n_A}(t), \hat{b}_1(t), \cdots, \hat{b}_{n_B}(t)] \quad (4.93)$$

对于 $\hat{\theta}(t)$ 的估计, 使用 (4.82) 至 (4.85) 中给出的算法, 并为 $\hat{\theta}(t)$, $\phi(t)$ 和 $F(t)$ 设置适当的维数.

### 4.3.4 自适应增益的选择

由 (4.83) 给出的自适应增益 $F(t + 1)^{-1}$ 的逆函数的递归公式通过引入两个加权序列 $\lambda_1(t)$ 和 $\lambda_2(t)$ 来概括, 如下所示:

$$F(t + 1)^{-1} = \lambda_1(t) F(t)^{-1} + \lambda_2(t) \phi(t) \phi^{\mathrm{T}}(t)$$
$$0 < \lambda_1(t) \leqslant 1; \quad 0 \leqslant \lambda_2(t) < 2; \quad F(0) > 0 \quad (4.94)$$

注意, (4.94) 中的 $\lambda_1(t)$ 和 $\lambda_2(t)$ 具有相反的作用. $\lambda_1(t) < 1$ 趋向于增加自适应增益 (增益的倒数减小); $\lambda_2(t) > 0$ 趋向于降低自适应增益 (增益的倒数增加). 对于每个序列的选择, $\lambda_1(t)$ 和 $\lambda_2(t)$ 各自对应于自适应增益的变化曲线, 并根据误差准则进行了解释, 通过 PAA 将其最小化. 方程 (4.94) 可以将自适应增益的倒数解释为滤波器 $\lambda_2 / (1 - \lambda_1 q^{-1})$ 的输出, 滤波器 $\phi(t)/\phi^{\mathrm{T}}(t)$ 和 $F(0)^{-1}$ 作为初始条件输入.

使用 (4.74) 给出的矩阵求逆引理, 从 (4.94) 可以得到

$$F(t + 1) = \frac{1}{\lambda_1(t)} \left[ F(t) - \frac{F(t) \phi(t) \phi^{\mathrm{T}}(t) F(t)}{\dfrac{\lambda_1(t)}{\lambda_2(t)} + \phi^{\mathrm{T}}(t) F(t) \phi(t)} \right] \quad (4.95)$$

接下来, 将介绍 $\lambda_1(t)$ 和 $\lambda_2(t)$ 的数值的合理选择并给出解释.

**A1. 递减增益 (消失)(基本 RLS)**

在下面的算例中:

$$\lambda_1(t) = \lambda_1 = 1; \quad \lambda_2(t) = 1 \quad (4.96)$$

$F(t + 1)^{-1}$ 由 (4.83) 给出, 将引起自适应增益减小. 最小化准则为 (4.61). 这种类型的曲线适用于静态系统参数的估计或适用于自适应控制器或自适应前馈补偿器的自调谐操作.

**A2. 常数遗忘因子**

在下面的算例中:

$$\lambda_1(t) = \lambda_1; \quad 0 < \lambda_1 < 1; \quad \lambda_2(t) = \lambda_2 = 1 \tag{4.97}$$

$\lambda_1$ 典型值为

$$\lambda_1 = 0.95 \text{ 到 } 0.99$$

要最小化的准则为

$$J(t) = \sum_{i=1}^{t} \lambda_1^{(t-i)}[y(i) - \hat{\theta}^{\mathrm{T}}(t)\phi(i-1)]^2 \tag{4.98}$$

$\lambda_1(t) < 1$ 的作用是对旧数据 $(i < t)$ 的加权越来越弱. 这就是 $\lambda_1$ 被称为遗忘因子的原因. 最大的权重是相对比较近的误差.

这种类型的曲线适用于估计慢速时变系统的参数.

**备注**　如果 $\{\phi(t)\phi^{\mathrm{T}}(t)\}$ 序列在均值 (稳态) 情况下为空, 使用常数遗忘因子而不监测 $F(t)$ 的最大值会导致问题, 自适应增益将趋于无限.

在这种情况下:

$$F(t+i)^{-1} = (\lambda_1)^i F(t)^{-1}$$

$$F(t+i) = (\lambda_1)^{-i} F(t)$$

对于 $\lambda_1 < 1$, $\lim_{i \to \infty}(\lambda_1)^{-i} = \infty$, $F(t+i)$ 逐渐地变为无界.

**A3. 可变遗忘因子**

在下面的算例中:

$$\lambda_2(t) = \lambda_2 = 1 \tag{4.99}$$

给出遗忘因子 $\lambda_1(t)$:

$$\lambda_1(t) = \lambda_0 \lambda_1(t-1) + 1 - \lambda_0, \quad 0 < \lambda_0 < 1 \tag{4.100}$$

典型值为

$$\lambda_1(0) = 0.95 \text{ 到 } 0.99; \quad \lambda_0 = 0.5 \text{ 到 } 0.99$$

($\lambda_1(t)$ 可解释为具有单位稳态增益和初始条件为 $\lambda_1(0)$ 的一阶滤波器 $(1 - \lambda_0)/(1 - \lambda_0 q^{-1})$ 的输出).

式 (4.100) 将产生一个渐近趋于 1 的遗忘因子 (自适应增益趋于减小).

建议将这种类型的曲线用于静态系统的模型辨识, 因为它避免了自适应增益的过快下降, 所以通常会导致收敛加速 (通过在离估值达到最大值很远时就开始保持较高的增益).

**A4. 常数迹**

在下面的算例中, 每一步都会自动选择 $\lambda_1(t)$ 和 $\lambda_2(t)$, 以确保增益矩阵是一个常数迹 (对角项的常数和):

$$\mathrm{tr}F(t+1) = \mathrm{tr}F(t) = \mathrm{tr}F(0) = nGI \tag{4.101}$$

式中, $n$ 是参数个数, $GI$ 是初始增益 (典型值: 0.01 到 4), 矩阵 $F(0)$ 的形式为

$$F(0) = \begin{bmatrix} GI & & 0 \\ & \ddots & \\ 0 & & GI \end{bmatrix} \tag{4.102}$$

使用这种方法, 在每个步骤中都有沿 RLS 最优方向的运动, 但增益基本保持恒定. $\lambda_1(t)$ 和 $\lambda_2(t)$ 的值由以下公式确定:

$$\mathrm{tr}F(t+1) = \frac{1}{\lambda_1(t)}\mathrm{tr}\left[ F(t) - \frac{F(t)\phi(t)\phi^{\mathrm{T}}(t)F(t)}{\alpha(t) + \phi^{\mathrm{T}}(t)F(t)\phi(t)} \right] \tag{4.103}$$

固定比率 $\alpha(t) = \lambda_1(t)/\lambda_2(t)((4.103)$ 从 $(4.95)$ 获得$)$.

这种类型的曲线适用于具有时变参数的系统的模型辨识以及适用于具有非消失自适应的自适应控制.

**A5. 递减增益 + 常数迹**

在下面的算例中, 当

$$\mathrm{tr}F(t) \leqslant nG; \quad G = 0.01 \text{ 到 } 4 \tag{4.104}$$

时, 将 A1 切换为 A4, 其中预先选择了 $G$. 此曲线适用于时变系统的模型辨识, 并且适用于在初始信息缺少有关参数的情况下的自适应控制.

**A6. 可变遗忘因子 + 常数迹**

在下面的算例中, 当

$$\mathrm{tr}F(t) \leqslant nG \tag{4.105}$$

时, 将 A3 切换为 A4, 功能和 A5 相似.

**A7. 常数增益 (改进梯度算法)**

在下面的算例中:

$$\lambda_1(t) = \lambda_1 = 1; \quad \lambda_2(t) = \lambda_2 = 0 \tag{4.106}$$

根据 $(4.95)$, 得到

$$F(t+1) = F(t) = F(0) \tag{4.107}$$

然后就得到了由 (4.29) 或 (4.34) 给出的改进梯度算法.

这种类型的自适应增益所导致的性能通常不如由 A1, A2, A3 和 A4 曲线提供的性能, 但实现起来更简单.

**初始增益 $F(0)$ 的选择**

初始增益 $F(0)$ 通常选择 (4.79) 或 (4.102) 给出的对角矩阵形式.

在没有预估计参数的初始信息的情况下 (初始估计的典型值 = 0), 选择了较高的初始增益 $(GI)$①. 典型值为 $GI=1000$(但可以选择更高的值). 如果初始参数估计可获得 (从先前的辨识中得出), 则选择较低的初始增益. 通常, 在这种情况下, $GI \leqslant 0.1$. 一般而言, 在自适应规则方案中, 自适应增益的初始迹 ($n \times GI$, $n=$ 参数数量) 选择得较大, 但与所需的常数迹的数量级相同.

### 4.3.4.1　参数自适应算法的标量自适应增益

对于 $\alpha > 1$ 的情况 (参见高阶梯度算法 4.3.2 节), $\alpha(t) = 1/\beta(t)$, 这涉及具有 $F = \alpha I$ 形式的常数自适应增益的 PAA 的扩展, 即

$$F(t) = \alpha(t)I = \frac{1}{\beta(t)}I \tag{4.108}$$

接下来会提到这种类型的 PAA:

(1) 改进梯度

$$\beta(t) = \text{const} = 1/\alpha \ > 0 \Rightarrow F(t) = F(0) = \alpha I \tag{4.109}$$

(2) 随机近似

$$\beta(t) = t \Rightarrow F(t) = \frac{1}{t}I \tag{4.110}$$

这是具有时间递减的自适应增益的最简单的 PAA(对于存在随机扰动时的 PAA 分析非常有用).

(3) 受控的自适应增益

$$\begin{aligned}&\beta(t+1) = \lambda_1(t)\beta(t) + \lambda_2(t)\phi^{\mathrm{T}}(t)\phi(t)\\&\beta(0) \ > 0; \quad 0 < \lambda_1(t) \leqslant 1; \quad 0 \leqslant \lambda_2(t) < 2\end{aligned} \tag{4.111}$$

与使用矩阵自适应增益更新的算法相比, 使用这些算法的主要特点在于更易于实现. 它们的缺点是它们的性能通常比使用矩阵自适应增益的 PAA 的性能低一些.

---

① 可见, 自适应增益的大小与参数误差有关[1].

### 4.3.5　案例

自适应增益曲线选择的影响将会在第 12, 13, 15, 16 章的应用中进行说明. 下面的案例将说明在存在测量噪声 (系统辨识中遇到的情况) 的情况下, 自适应增益曲线对未知但恒定参数的估计的影响. 仿真系统的形式如下:

$$G(q^{-1}) = \frac{q^{-1}(b_1 q^{-1} + b_2 q^{-2})}{1 + a_1 q^{-1} + a_2 q^{-2}} \tag{4.112}$$

T2.mat 文件 (可在本书网站上找到) 包含 256 个输入/输出数据. 系统的输出受到测量噪声的扰动. 使用方程误差预测量并结合参数自适应算法来估计参数, 其中参数自适应算法来自式 (4.76) 和 (4.78), 但使用方程 (4.94) 生成的自适应增益的各种曲线. 众所周知, 在存在噪声的情况下使用此预测器对参数估计会产生偏差 (会有误差)[2]①, 但是这里的目的只是说明自适应增益对估计参数的演化的影响.

图 4.8 显示了使用与经典 RLS 算法相对应的递减的自适应增益 (A1) 时估计参数的收敛过程. 可以看到, 尽管存在测量噪声, 但参数会收敛到恒定值. 自适应增益曲线的收敛如图 4.9 所示. 在此图中, 还可以看到使用可变遗忘因子 (A3) 时自适应增益曲线的收敛. 它会暂时保持稍高的增益, 这将稍微影响估计参数的收敛速度.

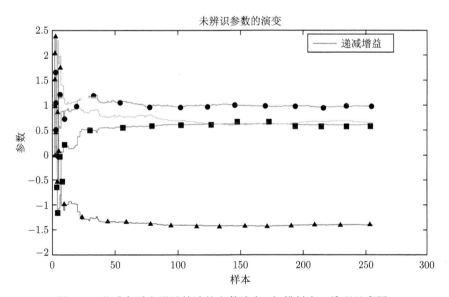

图 4.8　递减自适应增益算法的参数演变 (扫描封底二维码见彩图)

---

① 在第 5 章中, 我们将说明如何修正预测器以获得无偏估计参数.

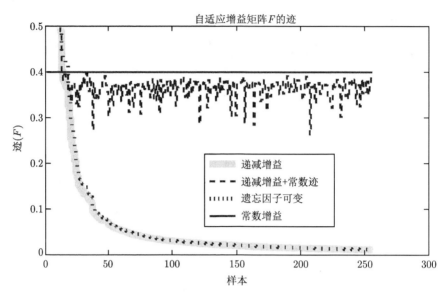

图 4.9　自适应增益矩阵迹的演变 (纵坐标在 0 到 0.5 内局部放大)

图 4.10 显示了使用递减自适应增益 + 常数迹 (A5) 时估计参数的收敛过程.
由于自适应增益永远不会为零, 因此存在噪声的情况下参数不会收敛到恒定值, 但
可以确保追踪参数变化的能力. 图 4.9 还显示了这种情况下的自适应增益曲线的
收敛过程.

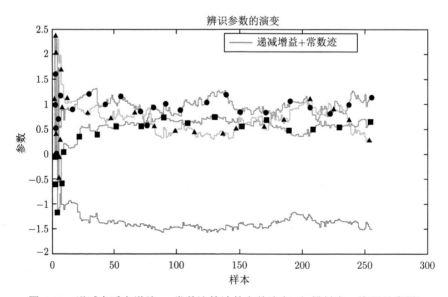

图 4.10　递减自适应增益 + 常数迹算法的参数演变 (扫描封底二维码见彩图)

图 4.11 显示了使用对角恒定自适应增益矩阵 (A7) 时对应于高阶梯度算法的估计参数的演变. 可见, 自适应瞬变的时间比递减自适应增益 + 常数迹的时间长, 当然, 估计的参数也不会收敛到恒定值.

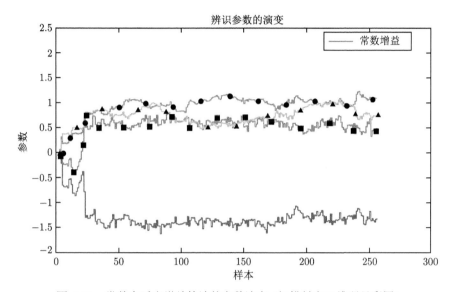

图 4.11　常数自适应增益算法的参数演变 (扫描封底二维码见彩图)

## 4.4　参数自适应算法的稳定性

从实时辨识和自适应控制的角度来看, 参数自适应算法可以用于大数据的测试 $(t \to \infty)$. 因此, 检测 $t \to \infty$ 时参数自适应算法的特性是有必要的. 具体来说, 研究应该保证以下的条件:

$$\lim_{t \to \infty} \varepsilon(t+1) = 0 \qquad (4.113)$$

这与参数自适应算法的稳定性研究相对应. 相反, 从稳定性条件出发, 可以推导出其他 PAA.

全参数估计方案的等效反馈表示一方面对于推导稳定性条件非常有帮助, 另一方面对于理解稳定性条件的意义也非常有帮助.

### 4.4.1　自适应预测量的等效反馈表示

为了说明这种方法, 我们将引入输出误差算法. 可调输出误差预测量的基本描述已经在式 (4.35)—(4.41) 陈述过.

现在的目标是引入后验预测误差方程, 作为参数误差的函数. 根据 (4.38) 得到

$$\varepsilon(t+1) = -\frac{1}{A(q^{-1})}(\hat{\theta}(t+1) - \theta)^{\mathrm{T}}\psi^{\mathrm{T}}(t) \tag{4.114}$$

$$= \frac{1}{A(q^{-1})}(-\psi^{\mathrm{T}}(t)\tilde{\theta}(t+1)) \tag{4.115}$$

式中

$$\tilde{\theta}(t+1) = \tilde{\theta}(t+1) - \theta \tag{4.116}$$

即使将 $a_1$ 替换为 $A^*(q-1) = a_1 + a_2 q^{-1} + \cdots + a_{n_A} q^{-n_A}$ 的高阶预测量, 该结果仍然有效. 换句话说, 后验预测误差是以传递函数 $1/A(z^{-1})$ 为特征的线性块的输出, 其输入为 $-\psi^{\mathrm{T}}(t)\tilde{\theta}(t+1)$. 当得到了后验预测误差的方程, PAA 综合问题就可以表述为稳定性问题.

PAA 具有以下的形式:

$$\hat{\theta}(t+1) = \hat{\theta}(t) + f_\theta[\psi(t), \hat{\theta}(t), \varepsilon(t+1)] \tag{4.117}$$

$$\varepsilon(t+1) = f_\varepsilon[\psi(t), \hat{\theta}(t), \varepsilon^\circ(t+1)] \tag{4.118}$$

其中, $\lim_{t\to\infty}\varepsilon(t+1) = 0$ 满足 $\varepsilon(0), \hat{\theta}(0)$(或 $\tilde{\theta}(0)$) 等这些所有初始条件.

注意, (4.117) 的结构保证了 PAA 的记忆性 (具有积分形式), 但是可以考虑其他结构. (4.118) 的结构确保了该算法的因果关系.

从 (4.117) 两边减去 $\theta$, 得到

$$\tilde{\theta}(t+1) = \tilde{\theta}(t) + f_\theta[\psi(t), \hat{\theta}(t), \varepsilon(t+1)] \tag{4.119}$$

并将两边乘以 $\psi^{\mathrm{T}}(t)$, 得出

$$\psi^{\mathrm{T}}(t)\tilde{\theta}(t+1) = \psi^{\mathrm{T}}(t)\tilde{\theta}(t) + \psi^{\mathrm{T}}(t)f_\theta[\psi(t), \hat{\theta}(t), \varepsilon(t+1)] \tag{4.120}$$

式 (4.115), (4.119) 和 (4.120) 定义了与输出误差预测量关联的等效反馈系统, 如图 4.12 所示.

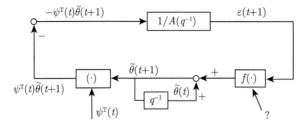

图 4.12　与输出误差预测量关联的等效反馈系统

　　输出预测量估计器的稳定性与图 4.12 所示的等效非线性时变反馈系统的稳定性直接相关. 分析此构型的稳定性时, 主要复杂性来自前馈通路上存在一个不同于 1(单位) 的线性传递函数. 对方程误差预测量的分析同样表明, 前馈块具有等于 1 的传递函数.

　　因此, 既要考虑自适应增益的各种时变曲线, 又要考虑等效系统前馈通路中传递函数的可能存在, 有必要采取一种稳定性方法来综合和分析各种预测量构型的自适应算法.

### 4.4.2　PAA 的一般结构和稳定性

　　自适应方案的分析具有两个至关重要的因素:
- 参数自适应算法的结构;
- 控制自适应误差产生的方程结构.

可以将 PAA(积分类型) 视为一种通用结构:

$$\hat{\theta}(t+1) = \hat{\theta}(t) + F(t)\Phi(t)\nu(t+1) \tag{4.121}$$

$$\nu(t+1) = \frac{\nu^\circ(t+1)}{1 + \Phi^{\mathrm{T}}(t)F(t)\Phi(t)} \tag{4.122}$$

$$F(t+1)^{-1} = \lambda_1(t)F(t)^{-1} + \lambda_2(t)\Phi(t)\Phi^{\mathrm{T}}(t) \tag{4.123}$$

$$0 < \lambda_1(t) \leqslant 1; \quad 0 \leqslant \lambda_2(t) < 2$$

$$F(0) > 0; \quad F^{-1}(t) > \alpha F^{-1}(0); \quad \infty > \alpha > 0$$

式中, $\hat{\theta}(t)$ 是可调参数向量, $F(t)$ 是自适应增益, $\Phi(t)$ 是回归 (观测) 向量, $\nu^\circ(t+1)$ 是先验自适应误差, 而 $\nu(t \mid 1)$ 是后验自适应误差 (它是预测误差的函数). 先验自适应误差 $\nu^\circ(t+1)$ 仅取决于直到 $i = t$ 的可调参数向量. $\nu^\circ(t+1)$ 实际上是基于这些 $\hat{\theta}(i)$ 的 $\nu(t+1)$ 的预测, 即

$$\nu^\circ(t+1) = \nu(t+1|\hat{\theta}(t), \hat{\theta}(t-1), \cdots)$$

　　自适应增益矩阵 $F(t)$ 使用矩阵求逆引理递归计算, (4.123) 就变成了

$$F(t+1) = \frac{1}{\lambda_1(t)}\left[ F(t) - \frac{F(t)\Phi(t)\Phi^{\mathrm{T}}(t)F(t)}{\dfrac{\lambda_1(t)}{\lambda_2(t)} + \Phi^{\mathrm{T}}(t)F(t)\Phi(t)} \right] \tag{4.124}$$

　　要实现该算法的实时性需要使用数值鲁棒性更新公式, 以保证矩阵 $F(t)$ 的正定性. 矩阵 $F(t)$ 的 U-D 分解为这个问题提供了解决方案, 细节在附录 B 中给出.

综合考虑 (4.121)—(4.123) 的 PAA, 并进一步考虑自适应系统的类型, 后验自适应误差满足以下方程形式:

$$\nu(t+1) = H(q^{-1}) \left[ \theta - \hat{\theta}(t+1) \right]^{\mathrm{T}} \Phi(t) \tag{4.125}$$

式中

$$H(q^{-1}) = \frac{H_1(q^{-1})}{H_2(q^{-1})} \tag{4.126}$$

式中

$$H_i(q^{-1}) = 1 + q^{-1} H_j^*(q^{-1}) = 1 + \sum_{i=1}^{n_j} h_i^j q^{-i}, \quad j = 1, 2 \tag{4.127}$$

式中, $\theta$ 是未知参数向量的固定值.

(4.122) 中给出先验和后验自适应误差之间的关系, 可以换用 (4.121) 来表示:

$$\nu(t+1) = \left[ \hat{\theta}(t) - \hat{\theta}(t+1) \right]^{\mathrm{T}} \Phi(t) + \nu^{\circ}(t+1) \tag{4.128}$$

根据 (4.125) 和 (4.126) 得到

$$\nu(t+1) = \left[ \theta - \hat{\theta}(t+1) \right]^{\mathrm{T}} \Phi(t) - H_2^*(q^{-1})\nu(t)$$
$$+ H_1^*(q^{-1}) \left[ \theta - \hat{\theta}(t) \right]^{\mathrm{T}} \Phi(t-1) \tag{4.129}$$

在 (4.129) 右边加上和减去 $\hat{\theta}^{\mathrm{T}}(t)\Phi(t)$ 项, 得到

$$\nu(t+1) = \left[ \hat{\theta}(t) - \hat{\theta}(t+1) \right]^{\mathrm{T}} \Phi(t)$$
$$+ \left( \left[ \theta - \hat{\theta}(t) \right]^{\mathrm{T}} \Phi(t) + H_1^*(q^{-1}) \left[ \theta - \hat{\theta}(t) \right]^{\mathrm{T}} \Phi(t-1) - H_2^*(q^{-1})\nu(t) \right) \tag{4.130}$$

比较 (4.128) 和 (4.130), 观察到

$$\nu^{\circ}(t+1) = \left[ \theta - \hat{\theta}(t) \right]^{\mathrm{T}} \Phi(t) + H_1^*(q^{-1}) \left[ \theta - \hat{\theta}(t) \right]^{\mathrm{T}} \Phi(t-1)$$
$$- H_2^*(q^{-1})\nu(t) \tag{4.131}$$

可以清楚看到当 $i \leqslant t$ 时, $\nu^{\circ}(t+1)$ 取决于 $\hat{\theta}(i)$.

式 (4.121)—(4.123) 以及 (4.125) 共同定义了一个等效反馈系统, 该系统具有线性定常前馈模块和/或非线性时变反馈模块 (图 4.13(a)). 对于恒定自适应增益

($\lambda_2 = 0$), 图 4.13(a) 的反馈通路是无源的[①]. 但是, 对于随时间变化的自适应增益 ($\lambda_2 > 0$), 必须考虑图 4.13(b) 所示的等效反馈表示, 其中新的等效反馈通路是无源的.

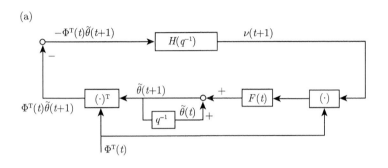

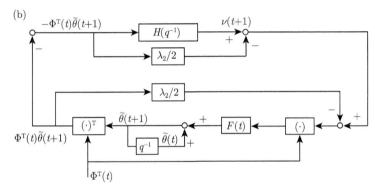

图 4.13 与具有时变增益的 PAA 关联的等效反馈系统: (a) 标准表示形式; (b) 变形的等效反馈形式

利用等效反馈和前馈模块的输入/输出特性, 可以得出以下一般结果 (有关证明, 请参见文献 [1]).

**定理 4.1** 考虑式 (4.121)—(4.123) 给出的参数自适应算法, 假设后验自适应误差满足 (4.125), 式中 $\Phi(t)$ 是有界或无界向量序列, $H(z^{-1})$ 是有理离散传递函数 (首一多项式的比率), $\theta$ 是常数项量. 假设

$$H'(z^{-1}) = H(z^{-1}) - \frac{\lambda_2}{2} \tag{4.132}$$

是严格正实数 (SPR), 式中

$$\max_t [\lambda_2(t)] \leqslant \lambda_2 < 2, \tag{4.133}$$

---

① 无源系统的特征是在任何时间范围内输入/输出的总和大于一个有限的常负数.

对任意边界 $\nu(0)$, $\hat{\theta}(0)$, 式 (4.134)—(4.137) 均成立:

$$\lim_{t_1 \to \infty} \sum_{t=0}^{t_1} \nu^2(t+1) < C\left(\nu(0), \hat{\theta}(0)\right), \quad 0 < C < \infty \tag{4.134}$$

$$\lim_{t \to \infty} \nu(t+1) = 0 \tag{4.135}$$

$$\lim_{t \to \infty} \left[\theta - \hat{\theta}(t+1)\right]^{\mathrm{T}} \Phi(t) = 0 \tag{4.136}$$

$$\lim_{t \to \infty} \left[\hat{\theta}(t+1) - \hat{\theta}(t)\right]^{\mathrm{T}} F(t)^{-1} \left[\hat{\theta}(t+1) - \hat{\theta}(t)\right] = 0 \tag{4.137}$$

#### 4.4.2.1　结果解释

(1) 严格正实数 (SPR) 传递函数具有以下基本属性 (还有其他属性见文献 [1]):

- 它是渐近稳定的.
- 传递函数的实部在所有频率上均为正.

图 4.14 的上部显示了连续时间系统的 SPR 传递函数的概念, 下部显示了离散时间系统的 SPR 传递函数的概念.

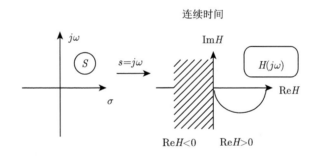

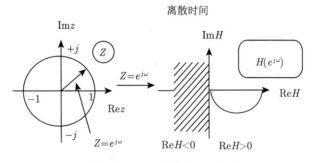

图 4.14　严格正实数传递函数

(2) $\lim_{t \to \infty} \nu(t+1) = 0$ 可以解释为渐近趋于 0 的等效线性块的输出.

(3) 由于 $H(z^{-1})$ 是 SPR, 因此它是渐近稳定的, 而且它的逆也是稳定的. 所以, 它的输入也将趋于零, 当考虑注释时可得到式 (4.136).

(4) 方程 (4.137) 表明, 如果 $F(t) > 0$, 则可调参数的渐近变化趋于零.

(5) 对于恒定自适应增益 ($\lambda_1 = 1$, $\lambda_2 = 0$), (4.132) 的条件变为

$$H'(z^{-1}) = H(z^{-1}) \tag{4.138}$$

是 SPR.

(6) 公式 (4.132) 中存在 $-\lambda_2/2$ 这一项的解释与使用时变自适应增益时等效反馈路径的无源性损失有关. 这就需要考虑图 4.13(b) 所示的变换后的等效反馈系统.

**备注** 请注意, $\lim_{t\to\infty} \nu(t+1) = 0$ 并不意味着 $\lim_{t\to\infty} \nu^\circ(t+1) = 0$, 因为

$$\nu(t+1) = \frac{\nu^\circ(t+1)}{1 + \Phi^{\mathrm{T}}(t)F(t)\Phi(t)}$$

如果 $\Phi(t)$ 无界, 那么当 $\nu^\circ(t+1) \neq 0$ 时, $\nu(t+1)$ 可以为零. 为了得出 $\lim_{t\to\infty} \nu^\circ(t+1) = 0$ 的结论, 应该证明 $\Phi(t)$ 是有界的 (假设 $F(t)$ 有界).

### 4.4.3 输出误差算法——稳定性分析

将定理 4.1 应用于 4.3.2.2 节中介绍的输出误差构型 (具有恒定的自适应增益), 将导致以下稳定性条件.

**输出误差**

在这种情况下, $\nu(t+1) = \varepsilon(t+1)$, $\Phi(t) = \psi(t)$, 离散时间传递函数:

$$H(z^{-1}) - \frac{1}{A(z^{-1})} \tag{4.139}$$

应该是 SPR. 这种条件在某些情况下可能是有限制的. 为了克服这一困难, 在 PAA 中可以考虑在后验预测误差之前对其进行滤波, 或者对观测向量进行滤波 (请参见 4.3.2 节).

**固定补偿器的输出误差**

使用 (4.115), $\nu(t+1)$ 可以表示为

$$\nu(t+1) = \frac{D(q^{-1})}{A(q^{-1})}[\theta - \hat{\theta}\,(t+1)]^{\mathrm{T}}\psi(t) \tag{4.140}$$

$\Phi(t) = \psi(t)$. 在这种情况下:

$$H(z^{-1}) = \frac{D(z^{-1})}{A(z^{-1})} \tag{4.141}$$

应该是 SPR.

**滤波观测器的输出误差**

在这种情况下, $\nu(t+1) = \varepsilon(t+1), \Phi(t) = \psi_f(t)$. (4.38) 中给出了后验预测误差 (忽略时变算子的非可交换性) 的方程

$$\varepsilon(t+1) = \frac{1}{A(q^{-1})}[\theta - \hat{\theta}(t+1)]^\mathrm{T}\psi(t) = \frac{L(q^{-1})}{A(q^{-1})}[\theta - \hat{\theta}(t+1)]^\mathrm{T}\psi_f(t) \quad (4.142)$$

将定理 4.1 应用到 PAA 的稳定性, 得出的结论是

$$H(z^{-1}) = \frac{L(z^{-1})}{A(z^{-1})} \quad (4.143)$$

应该是 SPR, 在文献 [1, 5.5.3 节] 中给出了具有滤波观测器的输出误差的精确算法.

### 4.4.3.1  交换结果

含有滤波观测器的输出误差的上述推导使用了以下关系:

$$\nu(t+1) = H(q^{-1})\left[\theta - \hat{\theta}(t+1)\right]^\mathrm{T}\phi(t) = \left[\theta - \hat{\theta}(t+1)\right]^\mathrm{T}\phi_f(t) + O \quad (4.144)$$

式中

$$\phi_f(t) = H(q^{-1})\phi(t) \quad (4.145)$$

误差项 $O$ 可以忽略不计. 可以开发出精确的算法[1], 但实际上并不必要. 因此为了将定理 4.1 应用于稳定自适应算法的综合, 系统地使用关系式 (4.144) 来忽略误差项 (交换误差).

## 4.5  参 数 收 敛

### 4.5.1  问题

如下文即将叙述的, 自适应误差或预测误差趋于零的收敛, 并不意味着在每种情况下所估计的参数都朝着真实参数收敛. 目标是确定在什么条件下, 自适应 (预测) 误差的收敛将意味着朝着真实参数收敛. 我们将假设这样的参数向量存在.

为了说明激励信号对参数收敛的影响, 我们考虑以下离散系统模型:

$$y(t+1) = -a_1 y(t) + b_1 u(t) \quad (4.146)$$

并考虑以下的估算模型:

$$\hat{y}(t+1) = -\hat{a}_1 y(t) + \hat{b}_1 u(t) \quad (4.147)$$

式中 $\hat{y}(t+1)$ 是由具有恒定参数 $a_1$, $b_1$ 的估算模型估算出的输出值.

现在假设 $u(t)=$ 常数, 参数为 $a_1$, $b_1$, $\hat{a}_1$, $\hat{b}_1$, 验证以下关系:

$$\frac{b_1}{1+a_1} = \frac{\hat{b}_1}{1+\hat{a}_1} \tag{4.148}$$

即使 $\hat{b}_1 \neq b_1$ 并且 $\hat{a}_1 \neq a_1$, 系统和估算模型的稳态增益也相等. 在恒定输入 $u(t)=u$ 的影响下, 受控对象的输出将由下式给出:

$$y(t+1) = y(t) = \frac{b_1}{1+a_1}u \tag{4.149}$$

估算模型的输出将由下式给出:

$$\hat{y}(t+1) = \hat{y}(t) = \frac{\hat{b}_1}{1+\hat{a}_1}u \tag{4.150}$$

然而, 考虑到 (4.148), 结果是

$$\varepsilon(t+1) = y(t+1) - \hat{y}(t+1) = 0 \tag{4.151}$$

$$\text{对于 } u(t)= \text{常数}; \quad \hat{a}_1 \neq a_1; \quad \hat{b}_1 \neq b_1$$

因此, 从这个例子可以得出, 常数输入的应用不能够区分这两个模型, 这是因为这两个模型具有相同的稳态增益.

如果表示两个系统的频率特性, 它们将在零频率处相叠加, 并且由于两个系统的极点不同, 它们之间的差异将出现在非零频率处. 这种情况如图 4.15 所示.

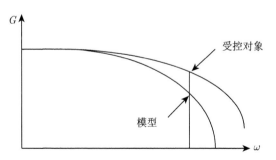

图 4.15　具有相同稳态增益的两个系统的增益频率特性

图 4.15 表明, 为了突出显示两个模型之间的差异 (即参数之间的差异), 必须施加信号 $u(t) = \sin\omega t(\omega \neq 0)$, 而不是让信号 $u(t)=$ 常数.

让我们更详细地分析该现象. 从 (4.146) 和 (4.147) 中, 可以得到

$$\varepsilon(t+1) = y(t+1) - \hat{y}(t+1) = (a_1 - \hat{a}_1)y(t) + (b_1 - \hat{b}_1)u(t) = 0 \tag{4.152}$$

根据 (4.146), $y(t)$ 可以用系统转换算子表示为 $u(t)$ 的一个函数:

$$y(t) = \frac{b_1 q^{-1}}{1 + a_1 q^{-1}} u(t) \tag{4.153}$$

在 (4.152) 中引入由 (4.153) 给出的 $y(t)$ 表达式, 乘以 $1 + a_1 q^{-1}$ 后, 得到

$$\varepsilon(t+1) = \left[ (a_1 - \hat{a}_1) b_1 q^{-1} + (b_1 - \hat{b}_1)(1 + a_1 q^{-1}) \right] u(t)$$

$$= \left[ (b_1 - \hat{b}_1) + q^{-1}(b_1 \hat{a}_1 - a_1 \hat{b}_1) \right] u(t) = 0 \tag{4.154}$$

我们关心的是找到 $u(t)$ 的特征, 以便 (4.154) 表示零参数误差. 表示:

$$b_1 - \hat{b}_1 = \alpha_0; \quad b_1 \hat{a}_1 - a_1 \hat{b}_1 = \alpha_1 \tag{4.155}$$

方程 (4.154) 因此写为

$$(\alpha_0 + \alpha_1 q^{-1}) u(t) = 0 \tag{4.156}$$

它是具有离散指数解的差分方程.

考虑下式:

$$u(t) = z^t = e^{s T_s t} \tag{4.157}$$

式中 $T_s$ 是采样周期. 然后写出方程:

$$(\alpha_0 + z^{-1} \alpha_1) z^t = (z \alpha_0 + \alpha_1) z^{t-1} = 0 \tag{4.158}$$

并对其进行 $z$ 变换, 可得特征方程的解:

$$z \alpha_0 + \alpha_1 = 0 \tag{4.159}$$

得到

$$z = -\frac{\alpha_1}{\alpha_0} = e^{\sigma T_s} \tag{4.160}$$

$$\sigma = 实数 \quad \left( \frac{\alpha_1}{\alpha_0} < 0 \right)$$

和非周期性的解:

$$u(t) = e^{\sigma T_s t} \tag{4.161}$$

分别验证 (4.156) 和 (4.154) 而不需要满足 $\hat{b}_1 = b_1$ 和 $\hat{a}_1 = a_1$. 实际上, 之前考虑过信号 $u(t) =$ 常数, 对应于 $\sigma = 0$, 即 $-\alpha_1 = \alpha_0$; 但是

$$-\alpha_1 = \alpha_0 \Rightarrow b_1 - \hat{b}_1 = a_1 \hat{b}_1 - b_1 \hat{a}_1 \Rightarrow \frac{b_1}{1 + a_1} = \frac{\hat{b}_1}{1 + \hat{a}_1} \tag{4.162}$$

总之, 如果 $u(t)=$ 常数, 则仅可以正确估计系统的稳态增益. 为了正确估计系统模型参数, 必须找到 $u(t)$, 使得 $\varepsilon(t)=0$, 这意味着 $\hat{b}_1=b_1$ 和 $\hat{a}_1=a_1$. 如果 $u(t)$ 不是 (4.156) 的可能解, 这将得到满足.

设

$$u(t)=e^{j\omega T_s t} \quad \text{或} \quad e^{-j\omega T_s t} \tag{4.163}$$

对于 $u(t)=e^{j\omega T_s t}$, (4.156) 变成了

$$(e^{j\omega T_s}\alpha_0+\alpha_1)e^{j\omega T_s(t-1)}=0 \tag{4.164}$$

由于 $\alpha_0$ 和 $\alpha_1$ 是实数, 因此 $e^{j\omega T_s t}$ 不能为特征方程 (4.164) 的根, 因此 $\varepsilon(t+1)=0$ 只有在以下情况下可得

$$\alpha_0=\alpha_1=0 \Rightarrow \hat{b}_1=b_1; \quad \hat{a}_1=a_1 \tag{4.165}$$

当对两种模型的频率特性进行分析时, 使用上文提出的这类输入 ($\sin\omega t = (e^{j\omega t}-e^{-j\omega t})/2j$). 因此, 需要一个非零频率的正弦信号来辨识这两个参数. 在这种情况下信号 $u(t)$ 是一个正弦波的信号, 它是一个**持续 2 阶激励信号** (允许估计 2 个参数).

这种确定输入 $u(t)$ 的方法可获得较好的辨识模型参数, 也可以应用于一般形式的系统:

$$y(t)=-\sum_{i=1}^{n_A}a_i y(t-i)+\sum_{i=1}^{n_B}b_i u(t-d-i) \tag{4.166}$$

要辨识的参数总数为

$$\text{参数数量} - n_A + n_B$$

在这种情况下, $u(t)$ 可作为不同频率的 $p$ 正弦的总和:

$$u(t)=-\sum_{i-1}^{p}\sin(\omega_i T_e t) \tag{4.167}$$

由下式, 可以很好地辨识参数的值 $p$:

$$\begin{cases} p\geqslant\dfrac{n_A+n_B}{2}, & \text{对于 } n_A+n_B \text{ 是偶数} \\[2mm] p\geqslant\dfrac{n_A+n_B+1}{2}, & \text{对于 } n_A+n_B \text{ 是奇数} \end{cases} \tag{4.168}$$

换句话说, 为了正确辨识模型, 必须应用丰富的频谱成分的输入. 实践中的准则解决方案是通过使用 "伪随机二进制序列" 实现的. 伪随机二进制序列是矩形

脉冲序列, 在宽度上进行了调制, 近似于离散时间白噪声, 因此具有丰富的频谱成分 (请参见 5.2 节).

以上结果还可用于分析具有窄带扰动的自适应反馈控制方案中的参数收敛 (请参见第 12 章).

## 4.6  参数自适应算法的 LMS 群

PAA 的最小均方 (LMS) 群起源于 Widrow 和 Hoff 的文献[3]. 该算法对应于 4.3.1 节中讨论的 "基本梯度算法", 该算法具体针对 FIR 结构 ($a_i \equiv 0$) 和常数对角自适应增益矩阵而设计. 从这个初始算法开始, 与自适应滤波相关的信号处理领域和与主动噪声 (振动) 控制相关的领域已经进行了大量的发展和应用, 并且还致力于分析算法结果的行为. 这些发展一直被忽略, 直到 20 世纪 90 年代中期 (除了一些例外, 如 [4]), 随着系统辨识和自适应控制技术的发展, 控制界才开发了参数自适应算法.

为了在 LMS 算法群和控制界 (本书介绍) 开发的算法之间架起一座桥梁, 我们必须描述 PAA 的以下几个方面:

- 估计模型的结构;
- 自适应误差的类型 (先验或后验);
- 自适应增益的类型;
- 生成回归向量;
- 算法的性质 (确定性环境下的稳定性, 随机环境下的收敛性).

自适应滤波和自适应前馈噪声/振动补偿中的大多数应用都与 4.3.2.2 节中考虑的 "输出误差" 结构有关. 只要考虑了 FIR 结构, "输出误差" 构型和 "方程误差" 构型之间就没有区别. 当考虑 IIR 结构时, LMS 方法的扩展会得到 "输出误差" 构型. 这个扩展归功于 Feintuch(1976)[5], 被称为 ULMS 或 RLMS[6](FIR 构型的标准 LMS 被称为 XLMS); 然而, 在自适应参数估计领域, 已经在 1971 年提出了一种基于稳定性考虑 (但也可以从改进的梯度角度解释) 的 IIR 输出误差构型算法[7]. 它使用后验自适应误差和常数自适应增益的概念, 而文献 [5] 则使用先验自适应误差. 对于较小的自适应增益, 可以将 Feintuch ULMS 算法视为文献 [7] 中给出的算法的近似值. 在文献 [8] 中针对时变自适应增益的情况扩展了文献 [7] 中给出的算法, 并与文献 [9] 中的其他算法进行了比较. 均值的渐近无偏性已在 [10,11] 中得到证明. 在文献 [12] 中建立了概率为 1 的收敛条件.

使用后验预测 (自适应) 误差对于自适应算法的稳定性至关重要. 当考虑了这种方法后, 稳定性分析就变得容易得多, 并且为了保证稳定性, 需要传递函数的严格实正性.

进一步比较 LMS 类型算法与本章中介绍的算法, 必须考虑两种情况:

- 标量常数自适应增益;
- 矩阵时变自适应增益.

换句话说, 除了结构 (算法的名称) 和所使用的自适应误差的类型之外, 还必须指定使用自适应增益的类型. 这两种自适应增益均可用于 LMS 算法和本章给出的算法.

在本章的输出误差算法开发中, 从一开始就指出, 对于次级通路的传递函数 (见第 1 章) 等于 1(或非常接近) 的情况, 如 $G = 1$(或非常接近), "输出误差" 可以用于自适应前馈补偿.

然而, 在时间中 $G \neq 1$ 会使算法的分析 (特别是稳定性方面) 变得复杂. 这个问题在第 15 章中有详细介绍. LMS 算法群中采用的一种流行的解决方案是使用 $G$ 来滤波回归向量. 当使用 FIR 结构时, 该解决方案生成了 FXLMS 算法[13,14], 而当考虑 IIR 结构时, 该解决方案生成了 FULMS 算法[15]. 这些实际上对应于将在第 15 章中提出的用于自适应前馈补偿算法群的特殊情况. 当存在内部正反馈时, FXLMS 和 FULMS 在稳定性和收敛性方面存在严重缺陷[16,17]. 第 15 章将介绍 FULMS 与书中提出的算法的试验比较. 与其他相关算法的比较也可以在 15.5 节中找到.

## 4.7　结　束　语

在本章中, 我们介绍了离散时间参数自适应算法 (PAA), 并研究了它们的性质. 我们需要强调以下基本观点.

(1) PAA 通常具有以下递归形式 (积分自适应):

$$\theta(t+1) = \theta(t) + F(t)\phi(t)\nu(t+1)$$

式中 $\theta(t)$ 是可调参数向量. 在每一步, 校正项是由自适应误差 $\nu(t+1)$、回归 (观测) 向量 $\phi(t)$ 和自适应增益矩阵 $F(t)$ 的相乘形成的. 自适应误差 $\nu(t+1)$ 是根据直到 $t+1$ 的测量值和直到 $t$ 的估计参数计算得出的.

(2) 可以使用几种方法来导出 PAA, 其中一些我们讨论过:

- 根据自适应误差递归最小化准则;
- 将离线参数估计值转换为递归参数估计;
- 稳定性的考量.

但是, 若生成的系统是非线性的, 稳定性分析是必需的.

(3) 在自适应误差方程具有明确参数误差时, 等效反馈系统 (EFR) 可以与 PAA 关联. 通过利用在反馈中连接的无源系统的特性, 使用 EFR 极大地简化了

稳定性分析 (或综合).

（4）对于一般的自适应误差方程和 PAA, 给出了自适应系统的稳定性条件.

（5）自适应增益的时间曲线可能有多种选择, 选择取决于具体的应用.

# 4.8  注释和参考资料

本章重点介绍在实践中使用最多的具有积分结构的 PAA. 其他结构参见文献 [1]. 对于主动振动控制而言, 积分 + 比例 PAA 特别令人关注, 详见附录 E.

本书文献 [1, 18—22] 从确定性环境下的稳定性角度和随机环境中的收敛角度, 广泛介绍了离散时间 PAA. 本书文献 [6] 从 LMS 算法开始介绍了 PAA. LMS 的开发和分析可参考文献 [13,14](滤波-X LMS), 文献 [15,23](滤波-U LMS), 文献 [24](全梯度算法) 和文献 [16,25].

## 参 考 文 献

[1] Landau ID, Lozano R, M'Saad M, Karimi A (2011) Adaptive control, 2nd edn. Springer, London

[2] Landau I, Zito G (2005) Digital control systems-design, identifification and implementation. Springer, London

[3] Widrow B, Hoff M (1960) Adaptive swithching circuits. Oric IRE WESCON Conv Rec 4(Session 16): 96-104

[4] Johnson C Jr (1979) A convergence proof for a hyperstable adaptive recursive fifilter (corresp.). IEEE Trans Inf Theory 25(6): 745-749. doi: 10.1109/TIT.1979.1056097

[5] Feintuch P (1976) An adaptive recursive LMS fifilter. Proc IEEE 64(11): 1622-1624. doi: 10. 1109/PROC.1976.10384

[6] Elliott S (2001) Signal processing for active control. Academic Press, San Diego

[7] Landau I (1972) Synthesis of hyperstable discrete model reference adaptive systems. In: Proceedings of 5th Asilomar conference on circuits and systems (8—10 November 1971), pp 591-595

[8] Landau I (1973) Algorithme pour l'identifification à l'aide d'un modèle ajustable parallèle. Comptes Rendus de l'Académie des Sciences 277(Séria A): 197-200

[9] Landau I (1974) A survey of model reference adaptive techniques-theory and applications. Automatica 10: 353-379

[10] Landau I (1974) An asymptotic unbiased recursive identififier for linear systems. In: Proceedings of IEEE conference on decision and control, pp 288-294

[11] Landau I (1976) Unbiased recursive identifification using model reference adaptive techniques. IEEE Trans Autom Control 21(2): 194-202. doi: 10.1109/TAC.1976.1101195

[12] Ljung L (1977) Analysis of recursive stochastic algorithms. IEEE Trans Autom Control 22(4): 551-575. doi: 10.1109/TAC.1977.1101561

[13] Burgess J (1981) Active adaptive sound control in a duct: a computer simulation. J Acoust Soc Am 70: 715-726

[14] Widrow B, Shur D, Shaffer S (1981) On adaptive inverse control. In: Proceedings of the 15th Asilomar conference on circuits, systems and computers. Pacific Grove, CA, USA

[15] Eriksson L (1991) Development of the filtered-U LMS algorithm for active noise control. J Acoust Soc Am 89(1): 257-261

[16] Wang A, Ren W (2003) Convergence analysis of the fifiltered-U algorithm for active noise control. Signal Process 83: 1239-1254

[17] Landau I, Alma M, Airimitoaie T (2011) Adaptive feedforward compensation algorithms for active vibration control with mechanical coupling. Automatica 47(10): 2185-2196. doi: 10.1016/j.automatica.2011.08.015

[18] Goodwin G, Sin K (1984) Adaptive filtering prediction and control. Prentice Hall, New Jersey

[19] Ljung L, Söderström T (1983) Theory and practice of recursive identification. The MIT Press, Cambridge

[20] Landau I (1979) Adaptive control: the model reference approach. Marcel Dekker, New York

[21] Astrom KJ, Hagander P, Sternby J (1984) Zeros of sampled systems. Automatica 20(1): 31-38. doi: 10.1109/CDC.1980.271968

[22] Anderson B, Bitmead R, Johnson C, Kokotovic P, Kosut R, Mareels I, Praly L, Riedle B (1986) Stability of adaptive systems. The MIT Press, Cambridge

[23] Eriksson L, Allie M, Greiner R (1987) The selection and application of an IIR adaptive fifilter for use in active sound attenuation. IEEE Trans Acoust Speech Signal Process 35(4): 433-437. doi: 10.1109/TASSP.1987.1165165

[24] Crawford D, Stewart R (1997) Adaptive IIR filtered-V algorithms for active noise control. J Acoust Soc Am 101(4)

[25] Fraanje R, Verhaegen M, Doelman N (1999) Convergence analysis of the filtered-U LMS algorithm for active noise control in case perfect cancellation is not possible. Signal Process 73: 255-266

# 第 5 章　主动振动控制系统的辨识——基础

## 5.1　引　言

为了设计主动控制系统, 需要补偿器的动力学系统模型 (从控制应用到残余加速度或力的测量)[①]. 根据试验数据进行**模型辨识**是一种成熟的方法[1,2]. 动力学系统的辨识是一种确定系统动力学模型的试验方法. 它包括四个步骤:

(1) 试验方案下进行输入/输出数据采集.

(2) 模型复杂度 (结构) 的估计.

(3) 模型参数的估计.

(4) 已辨识模型的验证 (模型结构和参数值).

完整的辨识工作必须包括上述四个步骤. 系统辨识应视为如图 5.1 所示的迭

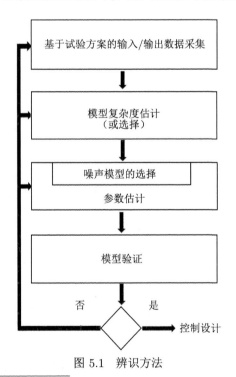

图 5.1　辨识方法

---

[①] 线性反馈调节器的设计也需要扰动模型. 线性前馈补偿器的设计还需要主通路模型. 设计自适应调节器或前馈补偿器只需要次级通路模型.

代过程, 其目的是获得**通过模型验证测试的模型**, 然后可以安全地用于控制设计.

典型的输入激励序列是 PRBS(伪随机二进制序列). 将被辨识的模型类型是**离散时间参数模型**, 允许稍后直接设计一个控制算法, 并可直接在计算机上实现. **模型验证**是最后一个关键点. **模型参数的估计**是在噪声环境下进行的. 需要强调的是, 没有一种算法可以在所有情况下提供良好的模型 (即通过模型验证测试的模型). 因此, 必须使用适当的算法来获得**通过验证测试的模型**.

接下来, 我们将总结一些系统辨识的基本事实. 有关这一主题的详细报道, 请参见 [1,3].

图 5.2 显示了离散时间模型的参数估计原理. 建立了离散化受控对象的可调模型. 它的参数由参数自适应算法驱动, 以使预测误差 (模型真实输出与预测输出之间的误差) 在某种准则意义上最小化.

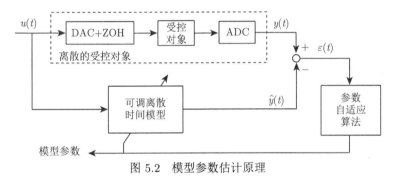

图 5.2 模型参数估计原理

当使用这种方法时会进行一些假设:
• 表示系统的离散时间模型的阶次已知;
• 在无噪声的情况下, 自适应算法将使预测误差逼近于零;
• 在存在噪声的情况下, 估计的参数将渐近于无偏[1](即噪声不会渐近地影响参数估计的精度);
• 系统的输入 (测试信号) 是这样的, 即零预测误差意味着零参数误差 (持续激励特性).

图 5.1 中所示的各个步骤是为了保证参数估计算法能够提供良好的参数估计.

## 5.2 输入/输出数据采集和预处理

### 5.2.1 根据试验方案进行输入/输出数据采集

试验方案应确保对要估计的参数数量的持续激励. 可以看出 (见 4.5 节和 [1]), 为了辨识 $2n$ 个参数, 激励信号应至少包含 $n+1$ 个不同频率的正弦信号. 为了克

---
① 由测量噪声引起的参数估计误差称为 "偏差".

服这一限制, 通常使用伪随机二进制序列 (PRBS), 因为它们包含大量正弦波, 这些正弦波的能量均匀分布在频域上. 另外, 信号的大小是恒定的, 相对于受控对象输入的大小限制, 它是容易选择的.

### 5.2.2　伪随机二进制序列

伪随机二进序列是由宽度调制的矩形脉冲序列组成的, 其近似于离散时间白噪声, 因而具有丰富的频谱成分. 它们之所以称为伪随机, 是因为它们的特征是序列长度, 在该序列长度内脉冲宽度的变化是随机的, 但是在较大的时间范围内, 它们是周期性的, 周期由序列的长度定义. 在系统辨识的实践中, 通常只使用一个完整的序列, 我们应该检查这种序列的特性.

PRBS 是由带反馈的移位寄存器 (以硬件或软件实现) 生成[①]的. 序列的最大长度为 $L = 2^N - 1$, 式中 $N$ 是移位寄存器的单元数.

图 5.3 展示了通过 $N=5$ 单元移位寄存器获得的长度为 $31 = 2^5 - 1$ 的 PRBS 的生成. 注意, 移位寄存器的 $N$ 个单元中至少有一个的初始逻辑值不应该为零 (通常取 $N$ 个单元的所有初始值等于逻辑值 1).

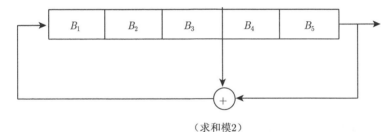

（求和模2）

图 5.3　长度为 $2^5 - 1 = 31$ 采样周期的 PRBS 的生成

表 5.1 给出了能够为不同数量的单元生成最大长度 PRBS 的结构. 还要注意 PRBS 的一个非常重要的特征元素: PRBS 脉冲的最大持续时间为 $N$(单元数). 选择用于系统标识的 PRBS 时要考虑此属性[②].

**表 5.1　最大长度的 PRBS 的生成**

| 单元数 $N$ | 序列长度 $L = 2N - 1$ | 增加 $B_i$ 和 $B_j$ 位 |
| --- | --- | --- |
| 5 | 31 | 3 和 5 |
| 6 | 63 | 5 和 6 |
| 7 | 127 | 4 和 7 |

---

① 可以从以下网站下载生成 PRBS 的教程: http://www.gipsa-lab.grenoble-inp.fr/~ioandore.landau/adaptivecontrol/adaptivevibrationcontrol/index.html 和 http://www.gipsa-lab. grenoble-inp.fr/~ioandore.landau/identificationandcontrol/.

② 可以在以下网站上找到函数 prbs.m 和 prbs.c 用于生成各种长度和大小的 PRBS: http://www.gipsa-lab.grenoble-inp.fr/~ioandore.landau/ adaptivecontrol/adaptivevibrationcontrol/index.html 和 http://www.gipsa-lab. grenoble-inp.fr/~ioandore.landau/identificationandcontrol/.

续表

| 单元数 $N$ | 序列长度 $L = 2N - 1$ | 增加 $B_i$ 和 $B_j$ 位 |
|---|---|---|
| 8 | 255 | 2,3,4 和 8 |
| 9 | 511 | 5 和 9 |
| 10 | 1023 | 7 和 10 |

为了覆盖特定 PRBS 产生的整个频谱, 测试的长度必须至少等于序列的长度. 在许多情况下, 选择测试的持续时间 $L$ 等于序列的长度. 通过将分频器用于 PRBS 的时钟频率, 可以调整频域中的能量分布. 这就是为什么在许多实际情况下, 选择采样频率的约数作为 PRBS 的时钟频率的原因. 请注意, 分割 PRBS 的时钟频率将缩小高频对应的一个恒定的频谱密度的频率范围, 而增加低频的频谱密度. 通常, 这不会影响辨识的质量, 因为在许多情况下, 使用此解决方案时, 被辨识的对象具有低频带通, 或因为使用适当的辨识技术可补偿高频的信号/噪声比的影响或降低. 但是, 建议选择 $p \leqslant 4$, 式中 $p$ 是分频器.

图 5.4 显示了对于 $p=1,2,3$, $N=8$ 时生成的 PRBS 序列的频谱密度. 可以看到, 频谱的能量在高频部分较低, 在低频部分较高. 此外, 对于 $p = 3$, 在 $f_s/3$ 处出现一个凹陷区.

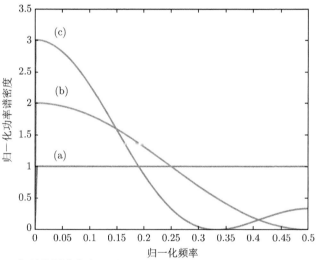

图 5.4 PRBS 序列的频谱密度: (a) $N = 8, p = 1$; (b) $N = 8, p = 2$; (c) $N = 8, p = 3$
(扫描封底二维码见彩图)

到目前为止, 我们仅关注 PRBS 的长度和时钟频率的选择. 但是, 还必须考虑 PRBS 的大小. 尽管 PRBS 的幅度可能非常低, 但它会导致输出变化大于残余噪声水平. 如果信噪比过低, 为了获得满意的参数估计, 必须增加测试的长度.

请注意, 在大量应用中, 由于要辨识的受控对象的非线性特征, PRBS 水平的显著增加可能是不可取的 (我们关注的是工作点附近的线性模型的辨识).

### 5.2.3　数据预处理

首先使用中心数据 (实际数据的变化), 因此第一个操作是通过减去输入/输出数据的平均值来确定它们的中心.

当辨识主动振动控制系统中的补偿器系统时, 必须考虑双重微分器的特性. 这意味着模型的一部分是已知的, 我们应该只辨识未知部分. 为此, 对应用于实际系统的输入进行滤波的双离散时间微分滤波器可表示为

$$(1 - q^{-1})^2 = 1 - 2q^{-1} + q^{-2} \tag{5.1}$$

然后, 将这个新的输入/输出序列中心化, 并与测量的输出数据一起用于辨识模型的未知部分. 在模型的未知部分被辨识完之后, 双重微分器应该被包括在最终的模型中 (两个转移算子将被相乘).

# 5.3　根据数据估计模型阶次

能够根据输入/输出数据估计系统的阶次非常重要, 因为从物理模型上推导很难获得系统阶次的可靠估计. 为了介绍根据数据进行阶次估计的问题, 我们将从一个示例开始. 假定可以通过以下方式描述受控对象模型:

$$y(t) = -a_1 y(t-1) + b_1 u(t-1) \tag{5.2}$$

而且数据是无噪声的. 该模型的阶次 $n = n_A = n_B = 1$.

问题: 如果阶次假设正确, 有什么方法可以根据数据进行测试? 为此, 构造以下矩阵:

$$\begin{bmatrix} y(t) & \vdots & y(t-1) & u(t-1) \\ y(t-1) & \vdots & y(t-2) & u(t-2) \\ y(t-2) & \vdots & y(t-3) & u(t-3) \end{bmatrix} = \begin{bmatrix} Y(t) \vdots R(1) \end{bmatrix} \tag{5.3}$$

显然, 如果等式 (5.2) 中给出的模型的阶次是正确的, 向量 $Y(t)$ 将是 $R(1)$ ($Y(t) = R(1)\theta$ 且 $\theta^{\mathrm{T}}(t) = [-a_1, b_1]$) 的列的线性组合, 矩阵的秩将为 2(而不是 3). 如果受控对象模型是 2 阶或者更高阶的, 那么 (5.3) 中的矩阵将是满秩的. 当然, 可以通过测试矩阵 $[Y(t), R(\hat{n})]$ 的秩来扩展此过程以测试模型的阶次, 式中

$$R(\hat{n}) = [Y(t-1), U(t-1), Y(t-2), U(t-2), \cdots, Y(t-\hat{n}), U(t-\hat{n})] \tag{5.4}$$

$$Y^{\mathrm{T}}(t) = [y(t), y(t-1), \cdots], \quad U^{\mathrm{T}}(t) = [u(t), u(t-1), \cdots] \tag{5.5}$$

遗憾的是, 由于存在噪声, 该过程不能直接应用于实践中.

一种更实用的方法是, 可以通过搜索 $\hat{\theta}$ 来解决秩的测试问题, 采用以下准则获得阶次 $\hat{n}$ 的估计值:

$$V_{\mathrm{LS}}(\hat{n}, N) = \min_{\hat{\theta}} \frac{1}{N} \parallel Y(t) - R(\hat{n})\hat{\theta} \parallel^2 \tag{5.6}$$

式中, $N$ 是样本数. 但是这个准则不过是最小二乘法的等效表述[4]. 如果满足最小二乘法无偏估计的条件, 则 (5.6) 是评估模型阶次的有效方法, 因为当 $\hat{n} \geqslant n$ 时 $V_{\mathrm{LS}}(\hat{n}) - V_{\mathrm{LS}}(\hat{n}+1) \to 0$.

同时, 辨识的目的是估计低阶模型 (简约性原理), 因此, 在准则 (5.6) 中添加一个惩罚模型复杂度的术语是合理的. 因此, 阶次估计的惩罚准则将采用以下形式:

$$J_{\mathrm{LS}}(\hat{n}, N) = V_{\mathrm{LS}}(\hat{n}, N) + S(\hat{n}, N) \tag{5.7}$$

其中特别地是

$$S(\hat{n}, N) = 2\hat{n}X(N) \tag{5.8}$$

式中 $V_{\mathrm{LS}}$ 表示非惩罚准则. (5.8) 中的 $X(N)$ 是随 $N$ 减小的函数. 例如, 在所谓的 $\mathrm{BIC}_{\mathrm{LS}}(\hat{n}, N)$ 准则中, $X(N) = \dfrac{\log N}{N}$ (其他选择也是可能的, 参见 [3—5]). 阶次 $\hat{n}$ 作为 (5.7) 的目标函数 $J_{\mathrm{LS}}$ 的最小化值. 不幸的是, 结果在实践中并不令人满意, 因为在大多数情况下, 使用最小二乘法进行无偏参数估计的条件不满足.

文献 [5,6] 提出了用工具变量矩阵 $Z(\hat{n})$ 代替矩阵 $R(\hat{n})$, 其元素与测量噪声不相关. 可以通过在矩阵 $R(n)$ 中将列 $Y(t-1), Y(t-2), Y(t-3)$ 替换为 $U(t-L-i)$ 的时滞版本来获得这样的工具矩阵 $Z(\hat{n})$. 式中 $L > n$:

$$Z(\hat{n}) = [U(t-L-1), U(t-1), U(t-L-2), U(t-2), \cdots] \tag{5.9}$$

所以, 用于阶次估计的复杂度惩罚准则为

$$J_{\mathrm{IV}}(\hat{n}, N) = \min_{\hat{\theta}} \frac{1}{N} \parallel Y(t) - Z(\hat{n})\hat{\theta} \parallel^2 + \frac{2\hat{n}\log N}{N} \tag{5.10}$$

$$\hat{n} = \min_{\hat{n}} J_{\mathrm{IV}}(\hat{n}) \tag{5.11}$$

作为 $\hat{n}$ 函数的准则 (5.10) 随 $\hat{n}$ 的变化的典型曲线如图 5.5 所示.

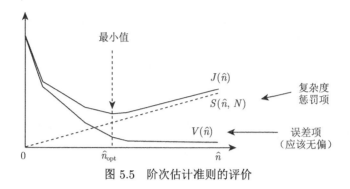

图 5.5　阶次估计准则的评价

文献 [5] 中表明, 使用该准则, 在轻微的噪声条件下 (即 $\lim_{N \to \infty} \mathrm{Pr}(\hat{n} = n) = 1$, 式中 Pr 表示概率) 可以得到阶次 $\hat{n}$ 的一致估计. 在此参考资料中还提供了与其他阶次估计准则的比较.

一旦选择了估计阶次 $\hat{n}$, 就可以应用类似的流程来估计 $\hat{n}_A, \hat{n} - \hat{d}, \hat{n}_B + \hat{d}$, 从中得出 $\hat{n}_A, \hat{n}_B$ 和 $\hat{d}$[①].

## 5.4　参数估计算法

用于参数估计的算法将取决于对扰动测量的噪声所作的假设, 这些假设必须由模型验证来加以证实.

需要强调的是, 没有任何一个受控对象 + 噪声结构可以描述实践中遇到的所有情况, 这点很重要. 此外, 没有一种唯一参数估计算法可用于所有可能的受控对象 + 噪声结构, 以使估计的参数始终是无偏的. 最典型的受控对象 + 噪声结构如图 5.6 所示.

图 5.6 显示的各种 "受控对象 + 噪声" 模型可以描述为

$$y(t) = \frac{q^{-d}B(q^{-1})}{A(q^{-1})}u(t) + \eta(t) \tag{5.12}$$

结构 S1:

$$\eta(t) = \frac{1}{A(q^{-1})}e(t) \tag{5.13}$$

式中, $e(t)$ 是离散时间的高斯白噪声 (零均值和标准偏差 $\sigma$).

结构 S2:

$$\eta(t) = w(t) \tag{5.14}$$

---

① 与此方法相对应的 MATLAB(estorderiv.m) 和 Scilab(estorderiv.sci) 例程可从以下网站中下载: http://www.gipsa-lab.grenoble-inp.fr/~ioandore.landau/ adaptivecontrol/adaptivevibrationcontrol/index.html 和 http://www.gipsa-lab. grenoble-inp.fr/~ioandore.landau/identificationandcontrol/.

有限功率且与输入 $u(t)$ 不相关的中心噪声.

结构 S3:

$$\eta(t) = \frac{C(q^{-1})}{A(q^{-1})} e(t) \tag{5.15}$$

结构 S4:

$$\eta(t) = \frac{1}{C(q^{-1})A(q^{-1})} e(t) \tag{5.16}$$

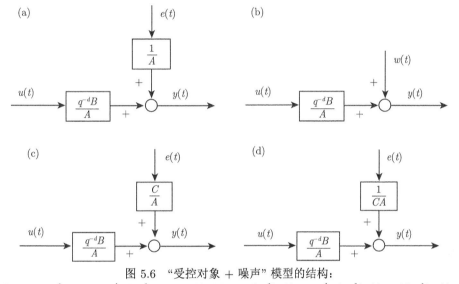

图 5.6 "受控对象 + 噪声" 模型的结构:

(a) S1:$A(q^{-1})y(t) = q^{-d}B(q^{-1})u(t) + e(t)$; (b) S2:$A(q^{-1})y(t) = q^{-d}B(q^{-1})u(t) + A(q^{-1})w(t)$;

(c) S3:$A(q^{-1})y(t) = q^{-d}B(q^{-1})u(t) + C(q^{-1})e(t)$;

(d) S4:$A(q^{-1})y(t) = q^{-d}B(q^{-1})u(t) + (1/C(q^{-1}))e(t)$

　　根据作者在辨识主动振动控制系统方面的经验, 可以说, 在大多数情况下, ARMAX 模型 (结构 S3) 可以正确地表示它们. 因此, ARMAX 模型的参数估计算法很可能会提供良好的结果 (需要通过模型验证来确认). 因此, 最有可能的是, 用于估计 ARMAX 模型参数的算法将提供良好的结果 (应通过模型验证加以确认). 辨识主动振动控制系统的最简单且通常最有效的算法是 "扩展递归最小二乘法" 和 "扩展预测模型的输出误差"[1]. 接下来将详细给出这两种算法. 然

① 这些算法的例程可从以下网站下载: http://www.gipsa-lab.grenoble-inp.fr/~ioandore.landau/ adaptivecontrol/adaptivevibrationcontrol/index.html 和 http://www.gipsa-lab. grenoble-inp.fr/~ioandore.landau/identificationandcontrol/.

而, 不能保证 ARMAX 模型是在实践中可能遇到的所有可能构型都是好的. 因此, 如果使用上述算法对所辨识的模型进行验证失败, 则必须使用其他参数估计算法[①]进行辨识.

所有的递归参数估计算法都使用相同的参数自适应算法:

$$\hat{\theta}(t+1) = \hat{\theta}(t) + F(t)\Phi(t)\nu(t+1) \tag{5.17}$$

$$F(t+1)^{-1} = \lambda_1(t)F(t)^{-1} + \lambda_2(t)\Phi(t)\Phi^{\mathrm{T}}(t)$$
$$0 < \lambda_1(t) \leqslant 1; \quad 0 \leqslant \lambda_2(t) < 2; \quad F(0) > 0 \tag{5.18}$$
$$F^{-1}(t) > \alpha F^{-1}(0); \quad 0 < \alpha < \infty$$

$$\nu(t+1) = \frac{\nu^{\circ}(t+1)}{1 + \Phi^{\mathrm{T}}(t)F(t)\Phi(t)} \tag{5.19}$$

从一种辨识算法到另一种辨识算法是如何变化的:
- 可调预测器的结构;
- 自适应误差是如何产生的;
- 如何生成回归向量;
- 自适应误差是如何产生的;
- 可调参数向量的大小 (参数数量).

在 4.3.4 节中已经讨论了 (5.19) 中选择自适应增益 $F(t)$ 的时间曲线的各种选项. 对于线性定常模型的系统辨识, 可采用递减自适应增益类型的算法或具有可变遗忘因子的算法. 接下来, 我们将介绍 "扩展递归最小二乘法" 和 "扩展预测模型的输出误差".

### 5.4.1　扩展递归最小二乘法 (RELS)

为了辨识无偏受控对象 + 噪声模型 (ARMAX 模型), 已经开发出这种方法:

$$A(q^{-1})y(t) = q^{-d}B(q^{-1})u(t) + C(q^{-1})e(t) \tag{5.20}$$

其思想是同时辨识受控对象模型和噪声模型, 以获得渐近为白噪声的预测 (自适应) 误差.

生成数据的模型可以表示为

$$\begin{aligned} y(t+1) &= -A^*(q^{-1})y(t) + B^*(q^{-1})u(t-d) + C^*(q^{-1})e(t) + e(t+1) \\ &= \theta^{\mathrm{T}}\phi_0(t) + e(t+1) \end{aligned} \tag{5.21}$$

---

① 交互式独立软件 iReg(http://www.gipsa-lab.fr/~tudor-bogdan.airimitoaie/iREG/index.html) 提供了所有提到的 "受控对象 + 噪声" 结构的参数估计算法, 以及涵盖系统辨识所有阶段的自动辨识程序. 它已被广泛用于辨识主动振动控制系统.

式中

$$\theta^{\mathrm{T}} = [a_1, \cdots, a_{n_A}, b_1, \cdots, b_{n_B}, c_1, \cdots, c_{n_C}] \tag{5.22}$$

$$\phi_0^{\mathrm{T}}(t) = [-y(t), \cdots, -y(t - n_A + 1), u(t - d), \cdots, u(t - d - n_B + 1),$$
$$e(t), \cdots, e(t - n_c + 1)] \tag{5.23}$$

假设参数已知, 构造一个将给出白噪声预测误差的预测器:

$$\hat{y}(t + 1) = -A^*(q^{-1})y(t) + B^*(q^{-1})u(t - d) + C^*(q^{-1})e(t) \tag{5.24}$$

此外, 该预测器会最小化 $E\{[y(t+1) - \hat{y}(t+1)]^2\}$[1].

在参数已知的情况下, 预测误差由下式给出:

$$\varepsilon(t + 1) = y(t + 1) - \hat{y}(t + 1) = e(t + 1) \tag{5.25}$$

这将能改写式 (5.24) 为

$$\hat{y}(t + 1) = -A^*(q^{-1})y(t) + B^*(q^{-1})u(t - d) + C^*(q^{-1})\varepsilon(t) \tag{5.26}$$

从 (5.21) 中减去 (5.26), 得到

$$\varepsilon(t + 1) = -C^*(q^{-1})[\varepsilon(t) - e(t)] + e(t) \tag{5.27}$$

即

$$C(q^{-1})[\varepsilon(t + 1) - e(t + 1)] = 0 \tag{5.28}$$

由于 $C(q^{-1})$ 是一个渐近稳定的多项式, 因此将导致 $\varepsilon(t+1)$ 渐近变为白噪声.

该预测器的自适应版本如下. 先验可调预测量将采用以下形式:

$$\hat{y}^{\circ}(t + 1) = -\hat{A}^*(q^{-1}, t)y(t) + \hat{B}^*(q^{-1}, t)u(t) + \hat{C}^*(q^{-1}, t)\varepsilon(t) = \hat{\theta}^{\mathrm{T}}(t)\phi(t) \tag{5.29}$$

式中

$$\hat{\theta}^{\mathrm{T}} = [\hat{a}_1(t), \cdots, \hat{a}_{n_A}(t), \hat{b}_1(t), \cdots, \hat{b}_{n_A}(t), \hat{c}_1(t), \cdots, \hat{c}_{n_A}(t)] \tag{5.30}$$

$$\phi^{\mathrm{T}}(t) = [-y(t), \cdots, -y(t - n_A + 1), u(t - d), \cdots, u(t - d - n_B + 1),$$
$$\varepsilon(t), \cdots, \varepsilon(t - n_c + 1)] \tag{5.31}$$

后验可调预测量将由下式给出:

$$\hat{y}(t + 1) = \theta^{\mathrm{T}}(t + 1)\phi(t) \tag{5.32}$$

进入预测量观测向量的后验预测误差 $\varepsilon(t)$ 由下式给出:

$$\varepsilon(t) = y(t) - \hat{y}(t) \tag{5.33}$$

(式中 $\hat{y}(t)$ 现在是可调预测量的后验输出), 先验预测误差由下式给出:

$$\varepsilon^\circ(t+1) = y(t+1) - \hat{y}^\circ(t+1) \tag{5.34}$$

从 (5.21) 中减去 (5.32) 可以得到后验预测方程, 观察到 (5.21) 可以另外表示为

$$y(t+1) = \theta^\mathrm{T}\phi(t) - C^*(q^{-1})\varepsilon(t) + C(q^{-1})e(t) \tag{5.35}$$

(通过加上和减去项 $\pm C^*(q^{-1})\varepsilon(t)$). 得到

$$\varepsilon(t+1) = -C^*(q^{-1})\varepsilon(t) + \left[\theta - \hat{\theta}(t+1)\right]^\mathrm{T}\phi(t) + C(q^{-1})e(t) \tag{5.36}$$

从中可以得出

$$\varepsilon(t+1) = \frac{1}{C(q^{-1})}\left[\theta - \hat{\theta}(t+1)\right]^\mathrm{T}\phi(t) + e(t) \tag{5.37}$$

在确定性情况下, $C(q^{-1}) = 1$, $e(t) \equiv 0$, 可以看出 (5.37) 具有对应于定理 4.1 的格式. 可得出结论, 使用 (5.17) 至 (5.19) 中给出的 PAA, 式中 $\Phi(t) = \phi(t)$, $\nu(t) = \varepsilon(t)$, $\nu^\circ(t) = \varepsilon^\circ(t)$, 在确定性情况下, 可以确保全局渐近稳定性, 而无需任何正实条件. 在随机条件下, 无论是使用 ODE 还是使用鞅, 都可以证明[7]只要满足下面条件, 就可以确保收敛:

$$H'(z^{-1}) = \frac{1}{C(z^{-1})} - \frac{\lambda_2}{2} \tag{5.38}$$

对于 $2 > \lambda_2 \geqslant \max_t \lambda_2(t)$, 是严格正实数传递函数.

### 5.4.2　扩展预测模型的输出误差 (XOLOE)

该算法可用于辨识 ARMAX 形式的受控对象 + 噪声模型. 它最初是为了消除输出误差算法所需的正实条件而开发的. 事实证明, XOLOE 可以解释为 ELS 的变体. 要看到这一点, 请考虑 ELS(5.29) 的可调预测量的先验输出, 可以通过加上和减去项 $\pm \hat{A}^*(q^{-1}, t)\hat{y}(t)$ 来改写为以下内容:

$$\begin{aligned}
\hat{y}^\circ(t+1) = &- \hat{A}^*(q^{-1}, t)\hat{y}(t) + \hat{B}^*(q^{-1}, t)u(t-d) \\
&+ \left[\hat{C}^*(q^{-1}, t)\varepsilon(t) - \hat{A}^*(q^{-1}, t)[y(t) - \hat{y}(t)]\right]
\end{aligned} \tag{5.39}$$

定义：

$$\hat{H}^*(q^{-1}, t) = \hat{C}^*(q^{-1}, t) - \hat{A}^*(q^{-1}, t) = h_1(t) + q^{-1}h_2(t) + \cdots$$

式中

$$\hat{h}_i(t) = \hat{c}_i(t) - \hat{a}_i(t), \quad i = 1, 2, \cdots, \max(n_A, n_C)$$

等式 (5.39) 可以改写为

$$\hat{y}^\circ(t+1) = -\hat{A}^*(q^{-1}, t)\hat{y}(t) + \hat{B}^*(q^{-1}, t)u(t-d) + \hat{H}^*(q^{-1}, t)\varepsilon(t) \tag{5.40}$$

$$= \theta^{\mathrm{T}}(t)\phi(t) \tag{5.41}$$

式中

$$\theta^{\mathrm{T}}(t) = \left[\hat{a}_1(t), \cdots, \hat{a}_{n_A}(t), \widehat{b}_1(t), \cdots, \widehat{b}_{n_B}(t), \widehat{h}_1(t), \cdots, \widehat{h}_{n_H}(t)\right]$$
$$\phi^{\mathrm{T}}(t) = [-\hat{y}(t), \cdots, \hat{y}(t-n_A+1), u(t-d), \cdots, u(t-d-n_B+1),$$
$$\varepsilon(t), \cdots, \varepsilon(t-n_C+1)]$$

公式 (5.40) 对应于扩展预测模型的输出误差的可调预测器. 可得出结论, 使用 (5.17) 至 (5.19) 中给出的 PAA, 式中 $\Phi(t) = \phi(t)$, $\nu(t) = \varepsilon(t)$ 和 $\nu^\circ(t) = \varepsilon^\circ(t)$(分别在等式 (5.33) 和 (5.34) 中定义), 在确定性情况下, 可以确保全局渐近稳定性, 而无需任何正实条件. 在随机条件下, (足够) 收敛条件: $H'(z^{-1}) = \dfrac{1}{C(z^{-1})} - \dfrac{\lambda_2}{2}$ 应该是 SPR($2 > \lambda_2 \geqslant \max_t \lambda_2(t)$), 类似于 ELS.

尽管它们具有相似的渐近性质, 但观测向量 $\phi(t)$ 的前 $n_A$ 个分量有所不同. RELS 算法使用测量值 $y(t), y(t-1), \cdots$ 直接受噪声影响. XOLOE 算法使用预测后验输出 $\hat{y}(t), y(t-1)$, 它们仅通过 PAA 间接取决于噪声. 这就解释了为什么在短期或中期时间内, 使用 XOLOE 比使用 RELS 可以获得更好的估值 (它可以更快地消除偏差).

## 5.5 已辨识模型的验证

上面考虑的辨识方法 (扩展递归最小二乘法 (RELS) 和扩展预测量输出误差 (XOLOE)) 属于基于残差白化的方法, 即如果残差是白噪声, 则辨识出的 AR-MAX 预测器是最优预测器. 如果残留预测误差是白噪声序列, 则除了获得无偏参数估计值外, 这还意味着从最小化预测误差方差的意义上说, 所辨识的模型将为受控对象输出提供最优预测. 另一方面, 由于残差为白噪声, 并且白噪声与任何其他变量均不相关, 因此, 受控对象的输入和输出之间的所有相关性均由已辨识的模型表示, 并且未建模部分的内容不依赖于输入.

验证方法的原理如下:

· 选择的受控对象 + 噪声结构是不是正确的, 即代表真实;

· 是否已对所选结构采用了合适的参数估算方法;

· 多项式 $A(q^{-1}), B(q^{-1}), C(q^{-1})$ 的阶次和 $d$(延迟) 的结果是否选择正确 (受控对象模型在模型集合中).

然后, 预测误差 $\varepsilon(t)$ 渐近趋于白噪声, 这意味着

$$\lim_{t\to\infty} E\{\varepsilon(t)\varepsilon(t-i)\} = 0, \quad i = 1,2,3,\cdots; -1,-2,-3,\cdots$$

验证方法实现了这一原理[①]. 它由以下几个步骤组成:

(1) 为已辨识的模型创建一个输入/输出文件 (使用与系统相同的输入序列).

(2) 为已辨识的模型创建残余预测误差文件.

(3) 对残余预测误差序列进行白噪声 (不相关) 检验.

### 5.5.1 白噪声检验

令 $\{\varepsilon(t)\}$ 为残余预测误差的中心序列 (中心: 测量值-均值). 计算:

$$R(0) = \frac{1}{N}\sum_{t=1}^{N}\varepsilon^2(t), \quad RN(0) = \frac{R(0)}{R(0)} = 1 \tag{5.42}$$

$$R(i) = \frac{1}{N}\sum_{t=1}^{N}\varepsilon(t)\varepsilon(t-i), \quad RN(i) = \frac{R(i)}{R(0)}, \quad i = 1,2,3,\cdots,n_A,\cdots \tag{5.43}$$

$i_{\max} \geqslant n_A$(多项式 $A(q^{-1})$ 的度) 是 (归一化) 自相关的估计.

如果残余预测误差序列为纯白噪声 (理论情况), 并且样本数量非常大 ($N \to \infty$), 则 $RN(0) = 1, RN(i) = 0, i \geqslant 1$[②].

但是, 在实际情况下, 永远不会这样 (即 $RN(i) = 0, i \geqslant 1$), 因为一方面 $\varepsilon(t)$ 包含残余结构误差 (阶次误差、非线性效应、非高斯噪声), 另一方面, 在某些情况下, 样本数量可能会相对较少. 同样, 应该记住, 我们总是试图辨识良好的简单模型 (参数较少).

人们认为这是一种实用的验证标准 (已在应用程序上进行了广泛的测试):

$$RN(0) = 1; \quad |RN(i)| \leqslant \frac{2.17}{\sqrt{N}}, \quad i \geqslant 1 \tag{5.44}$$

---

① 与此方法相对应的 MATLAB 和 Scilab 例程可从以下网站中下载: http://www.gipsa-lab.grenoble-inp.fr/~ioandore.landau/adaptivecontrol/adaptivevibrationcontrol/index.html 和 http://www.gipsa-lab.grenoble-inp.fr/~ioandore.landau/identificationandcontrol/.

② 相反, 对于高斯数据, 不相关意味着独立. 在这种情况下, $RN(i) = 0, i \geqslant 1$ 表示 $\varepsilon(t), \varepsilon(t-1), \cdots$ 之间的独立性, 即残余序列 $\{\varepsilon(t)\}$ 是高斯白噪声.

式中 $N$ 是样本数量.

定义该测试时要考虑到以下事实: 白噪声序列 $RN(i), i \neq 0$ 具有渐近的高斯 (正态) 分布, 均值为零, 标准差为

$$\sigma = \frac{1}{\sqrt{N}}$$

如果 $RN(i)$ 服从高斯分布 $(0, 1/N)$, 则 $RN(i)$ 大于 $2.17/\sqrt{N}$ 或 $RN(i)$ 小于 $-2.17/\sqrt{N}$ 的可能性只有 $1.5\%$. 因此, 如果计算值 $RN(i)$ 落在置信区间的范围之外, 则假设 $\varepsilon(t)$ 和 $\varepsilon(t-i)$ 是独立的, 应予以拒绝, 即 $\{\varepsilon(t)\}$ 不是白噪声序列.

以下说明很重要:

• 如果几个已辨识的模型具有相同的复杂性 (参数数量), 则选择使 $|RN(i)|$ 最小的方法给出的模型.

• 太好的验证准则表明模型的简化是可能的.

• 在某种程度上, 考虑到各种非高斯分布的相对权重和建模误差 (建模误差随着样本数量的增加而增加), 对于小 $N$ 而言, 验证准则可能会稍微收紧, 对于大 $N$ 而言, 验证准则可能会略微放松. 因此, 可以将验证准则值视为一个基本的实用数值:

$$|RN(i)| \leqslant 0.15, \quad i \geqslant 1$$

还要注意的是, 完整的模型验证意味着在使用辨识的输入/输出序列进行验证之后, 还需要使用不同于辨识的受控对象的输入/输出序列进行验证.

## 5.6 结 束 语

本章介绍了用于动态系统离散时间模型辨识的基本要素. 必须强调以下事实.

(1) 系统辨识包括四个基本步骤:

• 根据试验方案获取输入/输出数据采集;

• 模型复杂度的估计或选择;

• 模型参数的估计;

• 验证已辨识的模型 (模型的结构和参数值).

如果模型验证失败, 则必须重复此过程 (在每个步骤进行适当的更改).

(2) 递归或离线参数估计算法可用于辨识受控对象的模型参数.

(3) 各种递归参数估计算法对 PAA 使用相同的结构. 但它们在以下方面有不同之处:

• 可调预测器的结构;

• 观测向量的组成;

- 生成自适应误差的方法.

(4) 随机噪声会影响测量的输出, 可能会导致参数估计值 (偏差) 出现误差. 对于特定类型的噪声, 使用渐近无偏估计作为递归辨识算法是可行的.

(5) 能够描述实际中遇到的所有情况的受控对象 + 噪声模型结构并不存在, 也没有一种独特的辨识方法可在所有情况下提供令人满意的参数估计 (无偏估计).

## 5.7　注释和参考资料

在文献 [1] 中可以找到关于该主题的更详细的讨论. 用于系统辨识的 MAT-LAB 和 scilab 函数, 以及用于训练的仿真和真实的输入/输出数据可从以下王网站中下载:http://www.gipsa-lab.grenoble-inp.fr/∼ioandore.landau/adaptivecontrol/adaptivevibrationcontrol/index.html 和 http://www.gipsa-lab.grenoble-inp.fr/∼ioandore.landau/identificationandcontrol/.

有关系统辨识的一些通用知识, 请参见文献 [3,4].

### 参 考 文 献

[1] Landau I, Zito G (2005) Digital control systems-design, identification and implementation. Springer, London

[2] Ljung L, Söderström T (1983) Theory and practice of recursive identification. The MIT Press, Cambridge

[3] Ljung L (1999) System identification-theory for the user, 2nd edn. Prentice Hall, Englewood Cliffs

[4] Soderstrom T, Stoica P (1989) System Identification. Prentice Hall

[5] Duong HN, Landau ID (1996) An IV based criterion for model order selection. Automatica 32(6): 909-914

[6] Duong HN, Landau I (1994) On statistical properties of a test for model structure selection using the extended instrumental variable approach. IEEE Trans Autom Control 39(1): 211-215. doi: 10.1109/9.273371

[7] Landau ID, Lozano R, M'Saad M, Karimi A (2011) Adaptive control, 2nd edn. Springer, London

# 第 6 章　开环运行中试验平台的辨识

## 6.1　开环运行中主动液压悬架的辨识

主动液压悬架已经在 2.1 节中介绍过. 它将用于增强被动阻尼器在 25—50Hz 频率范围内的阻尼特性. 在相同的频率范围内, 还考虑了主动振动控制. 在该区域之外, 被动部件具有良好的隔振性能. 对于主动阻尼, 频域的技术指标可高达 150Hz. 在此频率以上系统几乎在开环下运行. 采样频率为 800Hz.

主通路和次级通路的框图如图 6.1 所示, 图中 $u(t)$ 是次级通路的激励, 而 $u_p$ 是主通路的激励.

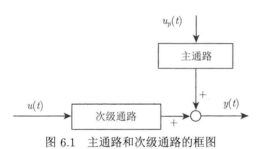

图 6.1　主通路和次级通路的框图

用于控制器设计的次级通路线性定常 (LTI) 离散时间模型具有以下形式:

$$G(z^{-1}) = \frac{z^{-d} R(z^{-1})}{A(z^{-1})} \tag{0.1}$$

式中

$$A(z^{-1}) = 1 + a_1 z^{-1} + \cdots + a_{n_A} z^{-n_A} \tag{6.2}$$

$$B(z^{-1}) = b_1 z^{-1} + \cdots + b_{n_B} z^{-n_B} \tag{6.3}$$

$d$ 是采样周期数中的次级通路纯时间延迟[①].

主通路的线性定常离散时间模型具有以下形式:

$$D(z^{-1}) = \frac{q^{-d_D} B_D(z^{-1})}{A_D(z^{-1})} \tag{6.4}$$

接下来将介绍次级通路和主通路的辨识. 在本书中, 次级通路的模型将用于控制器设计, 而主通路的模型仅用于仿真.

---

① 复变量 $z^{-1}$ 将用于表征系统在频域中的行为, 而延迟运算符 $q^{-1}$ 将用于时域分析.

### 6.1.1 次级通路辨识

#### 6.1.1.1 数据采集

由于控制的主要频率范围在 25Hz 到 50Hz 之间, 因此使用具有时钟分频器为 4 的伪随机二进制序列 (PRBS), 以提高低频输入激励的能量.

因该系统几乎可以在 150Hz 以上的频率下以开环方式运行, 所以错过 200Hz 左右动态的风险并不重要. 使用的 PRBS 具有以下特征:

- 幅值 $=0.2\text{V}$;
- 单元数: $N = 9$ (序列长度: $L = 2^N - 1 = 511$);
- 分频器: $p = 4$;
- 采集的样本数: 2048.

由于次级通路具有如 5.2.3 节中所述的双重微分器的特性 (输入: 位置, 输出: 力), 这将被视为系统的 "已知" 部分, 目标是仅辨识 "未知" 部分. 为此, 如图 6.2 所示, 输入序列将通过离散时间双重微分器 (即 $(1 - q^{-1})^2$) 进行滤波, 即 $B(q^{-1}) = (1 - q^{-1})^2 \cdot B'(q^{-1})$.

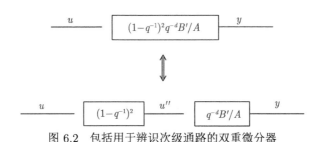

图 6.2　包括用于辨识次级通路的双重微分器

一旦辨识了 $B'$, 则离散时间双重微分器将包含在最终完整模型中.

在本书网站上提供了输入/输出数据文件 data_identActiveSusp_SecPath. mat(输入已通过离散时间双重微分滤波器来滤波).

#### 6.1.1.2 阶次估计

5.3 节中介绍的算法可用于阶次估计, 该算法基于工具变量方法[①]. 用于估计 $n$(系统阶次) 的非惩罚准则 $V_{\text{IV}}$(虚线) 和复杂度惩罚准则 $J_{\text{IV}}$(实线), 如图 6.3 所示. 可见, $J_{\text{IV}}$ 的最小值不是很突出, 但是能辨识. 其中 $n = 14$.

进一步对多项式 $A$, $B'$ 和延迟 $d$ 的阶次进行估计, 得到的值为 $n_A = 13$, $n'_B = 11$, $d = 3$. 从图 6.4(局部过大图) 可以看出, $n_A$ 的选取准则对于 $n_A = 13$ 和 $n_A = 14$ 具有较接近的结果. 结果发现, $n_A = 14$ 在统计模型验证方面有更好

---

① 请参阅本书网站上的 estorderiv.m 函数.

的结果. 对于参数估计, 由于设计的控制器的复杂度取决于 $n_B + d$, 因此决定采用 $n'_B = 14$, $d = 0$($n'_B = 11$ 且 $d = 3$ 的模型有非常接近的结果).

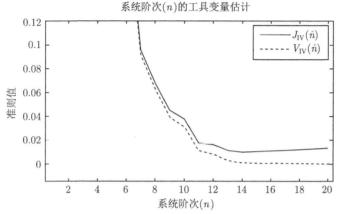

图 6.3　系统阶次 $(n)$ 的工具变量估计 (主动液压悬架)

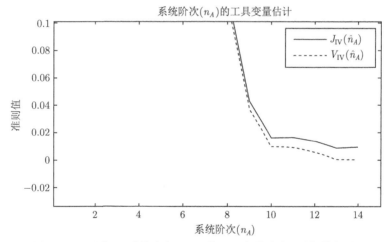

图 6.4　多项式 $A$ 系统阶次 $(n_A)$ 的工具变量估计 (局部放大图)

### 6.1.1.3　参数估计

已经确定了阶次为 $n_A = 13$, $n_A = 14$ 且 $d = 0$ 的模型. 如 5.4 节中所述, 在该系统以及其他 AVC 上进行的广泛验证测试 (请参阅后续部分) 表明, "受控对象 + 噪声" 的 ARMAX 显示出了最好的效果. 可采用多种 ARMAX 模型参数估计方法 (扩展递归最小二乘、扩展预测模型的输出误差、递归最大似然[1]). 这些算法还可与可变遗忘因子相结合

$$\lambda_1(t) = \lambda_0 \lambda_1(t-1) + 1 - \lambda_0, \quad 0 < \lambda_0 < 1 \tag{6.5}$$

其中, $\lambda_1(0) = 0.97$, $\lambda_0 = 0.97$. 所获得的各种模型已经在验证质量方面进行了验证和比较.

### 6.1.1.4　模型验证

对具有 $n_A = 14, n_{B'} = 14, d = 0$ 和 $n_A = 13, n_{B'} = 14, d = 0$ 的模型使用白噪声检验对其进行比较, 这些模型是由各种参数估计而获得的. 采用 $n_A = 14, n_{B'} = 14, d = 0$ 的估计模型并使用扩展递归最小二乘 (RELS) 或扩展预测模型的输出误差 (XOLOE) 来参数估计, 可以获得最优结果. 两者都已与可变遗忘因子一起使用. 图 6.5 显示了 RELS 模型的验证结果, 图 6.6 显示了 XOLOE 模型的验证结果 (WRN$(i)$ 对应于式 (5.43) 定义的归一化自相关).

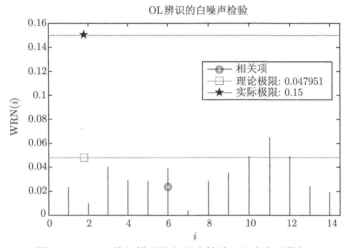

图 6.5　RELS 辨识模型的白噪声检验 (主动液压悬架)

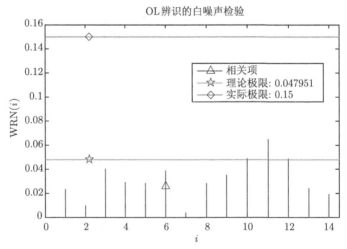

图 6.6　XOLOE 辨识模型的白噪声检验 (主动液压悬架)

表 6.1 总结了验证结果.

**表 6.1 白噪声检验验证总结 (主动液压悬架)**

| 算法 | 误差能量 | $RN(i)$ 最大值 | $RN(i)$ 超出极限数量 |
|---|---|---|---|
| RELS | 0.0092 | 0.0647 ($i = 11$) | 3 |
| XOLOE | 0.0090 | 0.0540 ($i = 3$) | 2 |

除了非常低的频率外, 这两个模型的频率特性是无法区分的. 最后选择了 RELS 模型, 因为 $i$ 较低的值的 $RN(i)$ 都比 XOLOE 模型的 $RN(i)$ 小. 表 6.2 中给出的模型参数都在本书网站的 SecPath_activeSusp.mat 文件中. 表 6.3 给出了次级通路辨识模型 (RELS) 的极点的频率和阻尼.

**表 6.2 已辨识次级通路模型 (RELS) 的参数 (主动液压悬架)**

| 参数 | 值 | 参数 | 值 | 参数 | 值 | 参数 | 值 |
|---|---|---|---|---|---|---|---|
| $a_0$ | 1.0000 | $a_9$ | 0.5008 | $b_0$ | 0.0000 | $b_9$ | $-2.3676$ |
| $a_1$ | $-0.0586$ | $a_{10}$ | 0.2481 | $b_1$ | 0.0251 | $b_{10}$ | 2.3658 |
| $a_2$ | 0.4092 | $a_{11}$ | $-0.4152$ | $b_2$ | 0.0647 | $b_{11}$ | 2.5058 |
| $a_3$ | $-0.9164$ | $a_{12}$ | $-0.0154$ | $b_3$ | $-0.1246$ | $b_{12}$ | 2.8960 |
| $a_4$ | $-0.5737$ | $a_{13}$ | $-0.3473$ | $b_4$ | $-0.4606$ | $b_{13}$ | $-0.5826$ |
| $a_5$ | $-0.5834$ | $a_{14}$ | $-0.0795$ | $b_5$ | 2.7988 | $b_{14}$ | 0.1619 |
| $a_6$ | $-0.3110$ | | | $b_6$ | 1.2316 | $b_{15}$ | $-2.5355$ |
| $a_7$ | 0.6052 | | | $b_7$ | $-3.3935$ | $b_{16}$ | 0.4735 |
| $a_8$ | 0.6965 | | | $b_8$ | $-3.0591$ | | |

**表 6.3 次级通路辨识模型 (RELS) 的极点的频率和阻尼 (主动液压悬架)**

| 极点 | 阻尼 | 频率/Hz |
|---|---|---|
| $0.955993 + 0.000000i$ | 1.000000 | 5.730231 |
| $0.950132 - 0.242697i$ | 0.077941 | 31.939243 |
| $0.950132 + 0.242697i$ | 0.077941 | 31.939243 |
| $0.265498 - 0.920456i$ | 0.033259 | 164.335890 |
| $0.265498 + 0.920456i$ | 0.033259 | 164.335890 |
| $0.162674 - 0.753066i$ | 0.188593 | 176.071865 |
| $0.162674 + 0.753066i$ | 0.188593 | 176.071865 |
| $-0.301786 - 0.925822i$ | 0.014095 | 240.144314 |
| $-0.301786 + 0.925822i$ | 0.014095 | 240.144314 |
| $-0.547208 - 0.798935i$ | 0.014803 | 276.492803 |
| $-0.547208 + 0.798935i$ | 0.014803 | 276.492803 |
| $-0.869136 - 0.255155i$ | 0.034615 | 363.860597 |
| $-0.869136 + 0.255155i$ | 0.034615 | 363.860597 |
| $-0.217701 + 0.000000i$ | 0.436606 | 444.616040 |

图 6.7 给出了次级通路的 RELS 模型的极点和零点图. 次级通路模型的特征是存在几个非常低的阻尼复极点和不稳定零点. 次级通路的频率特性如图 6.8 所示.

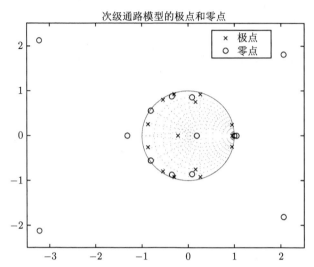

图 6.7   次级通路辨识模型 (RELS) 极点和零点图 (主动液压悬架)

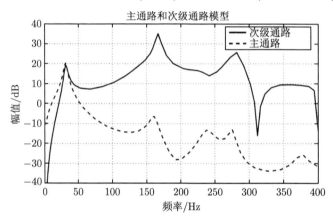

图 6.8   主通路和次级通路辨识模型的频率特性

### 6.1.2   主通路辨识

用于次级通路模型的辨识方法同样可用于辨识主通路模型. 在没有补偿作用的情况下, 在振动器 $u_p$ 的激励和残余加速度之间的模型进行了辨识. 阶次估计为: $n_{A_p} = 12, n_{B_p} = 9, d_p = 3$. 激励是一个 PRBS 序列, 该移位序列是由 $N = 9$ 个单元且没有分频器 (即 $p = 1$) 的移位寄存器产生的. 像次级通路一样, 也考虑了双重微分器的作用. 使用具有可变遗忘因子 ($\lambda_1(0) = \lambda_0 = 0.97$) 的自适应增益的 RELS 算法获得了验证方面的最优模型. 已辨识的主通路模型的频率特性如图 6.8 所示. 主通路模型显示在 31.59 Hz 处有很强的共振, 需要衰减. 还有其他超过 160 Hz 的低阻尼复零点. 表 6.4 中给出了模型的参数, 这些参数可在文件 PrimPath_activeSusp.mat 中找到, 该文件可从本书网站下载.

表 6.4 主通路辨识模型的参数

| 参数 | 值 | 参数 | 值 | 参数 | 值 | 参数 | 值 |
|---|---|---|---|---|---|---|---|
| $a_0$ | 1.0000 | $a_7$ | 0.7709 | $b_0$ | 0.0000 | $b_7$ | 0.1325 |
| $a_1$ | $-0.3862$ | $a_8$ | 0.2417 | $b_1$ | $-0.1016$ | $b_8$ | 0.0552 |
| $a_2$ | $-0.2391$ | $a_9$ | $-0.0932$ | $b_2$ | $-0.2085$ | | |
| $a_3$ | $-0.6875$ | $a_{10}$ | $-0.1747$ | $b_3$ | $-0.1375$ | | |
| $a_4$ | $-0.3052$ | $a_{11}$ | $-0.4845$ | $b_4$ | $-0.0393$ | | |
| $a_5$ | 0.4003 | $a_{12}$ | 0.2735 | $b_5$ | 0.0985 | | |
| $a_6$ | $-0.1430$ | | | $b_6$ | 0.1536 | | |

## 6.2　基于惯性作动器的反馈补偿 AVC 系统的辨识

使用惯性作动器的 AVC 系统已经在 2.2 节中进行了描述. 主通路和次级通路的框图与主动液压悬架的框图相同, 如图 6.1 所示, 图中, $u(t)$ 是次级通路的激励, $u_p$ 是主通路的激励.

下面介绍开环运行中主通路和次级通路的辨识. 开环辨识过程在没有控制器和扰动的情况下完成. 辨识主通路仅用于仿真目的. 采样频率为 800Hz.

### 6.2.1　次级通路辨识

#### 6.2.1.1　数据采集

作为持续激励信号, 使用由具有 $N = 10$ 个单元和分频器 $p = 2$ 的移位寄存器生成的 PRBS. 使用的幅值为: 0.085V. 输入/输出数据文件为 data_identSAAI_SecPath.mat, 可在本书网站上找到.

由于两条通路都具有双重微分器功能, 这种 "已知" 的动态不需要在开环辨识过程中进行估计, 而目标只是辨识 "未知" 部分. 这个过程已经在 6.1 节中使用过, 并在图 6.2 中说明. 将辨识没有双重微分器的系统模型, 并将双重微分器包含在最终完整模型中.

#### 6.2.1.2　阶次估计

次级通路模型的阶次估计使用 5.3 节中描述的过程. 假设测量受到非白噪声的影响, 则使用 estororderiv.m[①]算法进行复杂度估计, 该算法使用延迟工具变量来实现估计过程.

图 6.9 显示了次级通路模型阶次 $n = \max\{n_A, n_B + d\}$ 的复杂度估计准则. 用于估计阶次 $\hat{n}$ 函数的非惩罚准则 $V_{IV}$ 用虚线表示, 复杂度惩罚准则 $J_{IV}$ 的用实线表示. 复杂度惩罚准则的局部放大图如图 6.10 所示. 可以看出, 惩罚准则在 20—23 时几乎都处于谷底且数值差别不大, 这表明这些值中的任何一个都将得到一个好的结果.

---

① 可在本书网站上找到.

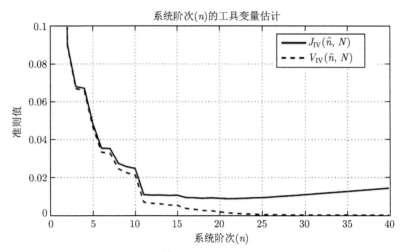

图 6.9　次级通路系统阶次 ($n$) 的工具变量估计 (全局放大图)(惯性作动器 AVC)

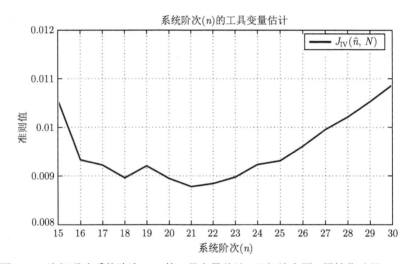

图 6.10　次级通路系统阶次 ($n$) 的工具变量估计 (局部放大图)(惯性作动器 AVC)

　　在验证了从 20 到 23 之间的各种 $\hat{n}$ 所获得的各种阶次的估计模型并将其与输出的功率谱密度 (PSD) 进行比较之后, 得出的结论是, 次级通路模型的复杂度和质量之间的最优折中方案是 $\hat{n} = 22$.

　　一旦估计了系统的阶次, 便使用与系统阶次估计相同的准则对 $n - d$, $n_B + d$ 和 $n_A$ 进行估计. 从图 6.11 中可以得出, 次级通路的估计延迟为 $\hat{d} = 0$, 因为准则的最小值是根据 $n - d = 22(n = 22)$ 获得的. 根据图 6.12 中 $n_B + d$ 的估计, 考虑到 $d = 0$, 得出的结果是分子阶次的估计为 $\hat{n}_{B'} = 19$(不带双重微分器). 最后, 根据图 6.13 估计受控对象的分母阶次为 $\hat{n}_A = 18$.

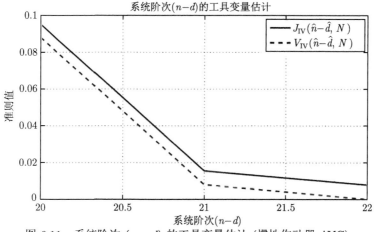

图 6.11 系统阶次 $(n-d)$ 的工具变量估计 (惯性作动器 AVC)

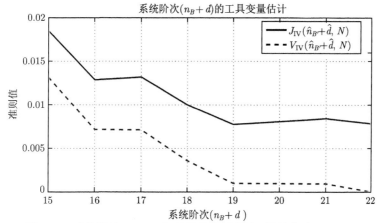

图 6.12 系统阶次 $(n_B+d)$ 的工具变量估计 (惯性作动器 AVC)

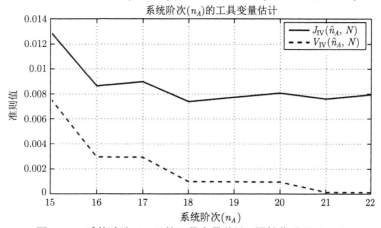

图 6.13 系统阶次 $(n_A)$ 的工具变量估计 (惯性作动器 AVC)

### 6.2.1.3  参数估计

对于主动液压悬架, 采用 ARMAX"模型 + 噪声" 结构的参数估计方法可得到最优的验证结果. 这些方法包括扩展递归最小二乘 (RELS)、扩展估计模型的输出误差 (XOLOE) 和递归最大似然 (RML)[1]. 使用这些算法后自适应增益在降低.

### 6.2.1.4  模型验证

RELS, XOLOE 和 RML 方法的归一化自相关分别如图 6.14—图 6.16 所示; 次级通路 (WRN($i$)) 的估计模型与等式 (5.43) 中定义的归一化自相关相对应. 表 6.5 给出了每种方法的最大归一化自相关项和误差方差. RELS 算法为辨识次级通路提供了最优结果.

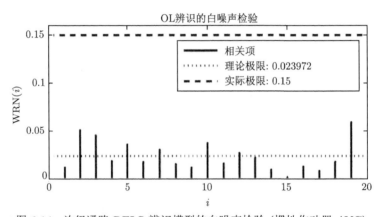

图 6.14  次级通路 RELS 辨识模型的白噪声检验 (惯性作动器 AVC)

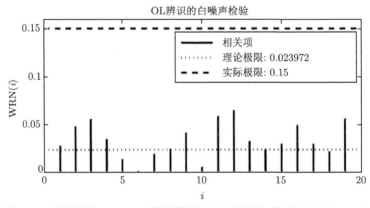

图 6.15  次级通路 XOLOE 辨识模型的白噪声检验 (惯性作动器 AVC)

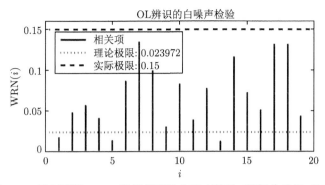

图 6.16 次级通路 RML 辨识模型的白噪声检验 (惯性作动器 AVC)

表 6.5 RELS, XOLOE 和 RML 验证结果总结 (惯性作动器 AVC)

| 算法 | 最大 WRN($i$) | 误差方差 |
|------|------------|----------|
| RELS | 0.059 | 9.7e−06 |
| XOLOE | 0.0642 | 1.0024e−05 |
| RML | 0.1367 | 7.9383e−06 |

表 6.6 给出了次级通路的参数, 文件 SecPath_SAAI.mat 可以在本书网站上找到. 表 6.7 和表 6.8 给出了次级通路的极点和零点的频率和阻尼. 图 6.17 给出了次级通路的零点-极点图. 次级通路的频率特性如图 6.18 所示. 开环辨识模型中有几个低阻尼复极点和零点. 也有非常紧密的共振和反共振. 工作区域定义在 50Hz 至 95Hz 之间.

表 6.6 次级通路模型的辨识参数 (惯性作动器 AVC)

| 参数 | 值 | 参数 | 值 | 参数 | 值 | 参数 | 值 |
|------|-----|------|-----|------|-----|------|-----|
| $a_0$ | 1 | $a_{11}$ | −0.6107 | $b_0$ | 0 | $b_{11}$ | −0.0179 |
| $a_1$ | −1.7074 | $a_{12}$ | 0.5858 | $b_1$ | −0.0127 | $b_{12}$ | 0.0164 |
| $a_2$ | 1.2791 | $a_{13}$ | −0.2963 | $b_2$ | −0.0876 | $b_{13}$ | −0.0425 |
| $a_3$ | −0.8861 | $a_{14}$ | 0.5336 | $b_3$ | 0.0812 | $b_{14}$ | 0.0031 |
| $a_4$ | 1.2235 | $a_{15}$ | −0.9736 | $b_4$ | 0.0157 | $b_{15}$ | 0.0089 |
| $a_5$ | −1.1388 | $a_{16}$ | 0.7849 | $b_5$ | 0.0103 | $b_{16}$ | 0.0166 |
| $a_6$ | 0.6129 | $a_{17}$ | −0.3860 | $b_6$ | 0.0380 | $b_{17}$ | 0.0717 |
| $a_7$ | −0.7381 | $a_{18}$ | 0.1902 | $b_7$ | −0.0580 | $b_{18}$ | −0.0508 |
| $a_8$ | 1.0485 | | | $b_8$ | −0.0064 | $b_{19}$ | −0.0012 |
| $a_9$ | −0.3791 | | | $b_9$ | 0.0195 | $b_{20}$ | −0.0093 |
| $a_{10}$ | 0.2289 | | | $b_{10}$ | 0.0188 | $b_{21}$ | −0.0139 |

表 6.7   开环次级通路辨识模型的极点 (惯性作动器 AVC)

| 极点 | 阻尼 | 频率/Hz |
|---|---|---|
| $0.8982 \pm 0.2008$ | 0.3530 | 29.9221 |
| $0.9280 \pm 0.3645$ | 0.0079 | 47.6491 |
| $0.6642 \pm 0.7203$ | 0.0247 | 105.1909 |
| $0.5260 \pm 0.8050$ | 0.0395 | 126.4064 |
| $0.0623 \pm 0.5832$ | 0.3423 | 198.4441 |
| $-0.1229 \pm 0.9689$ | 0.0139 | 216.0790 |
| $-0.4533 \pm 0.8394$ | 0.0228 | 263.1134 |
| $-0.7524 \pm 0.6297$ | 0.0078 | 311.2826 |
| $-0.8965 \pm 0.2856$ | 0.0215 | 360.8163 |

表 6.8   开环次级通路辨识模型的零点 (惯性作动器 AVC)

| 零点 | 阻尼 | 频率/Hz |
|---|---|---|
| 1 | 0 | 0 |
| 1 | 0 | 0 |
| $0.9292 \pm 0.3559$ | 0.0135 | 46.5756 |
| $0.7097 \pm 0.7037$ | 0.0008 | 99.4567 |
| $0.2359 \pm 0.9201$ | 0.0389 | 168.1703 |
| $0.1054 \pm 0.6063$ | 0.3279 | 188.5135 |
| $-0.1100 \pm 1.0087$ | $-0.0087$ | 213.8383 |
| $-0.4362 \pm 0.8273$ | 0.0325 | 261.9247 |
| $-0.8085 \pm 0.5713$ | 0.0040 | 321.6776 |
| $-0.9753 \pm 0.1243$ | 0.0056 | 383.8647 |
| $-0.4908$ | 0.2209 | 410.1361 |
| $-7.7152$ | $-0.5452$ | 477.1543 |

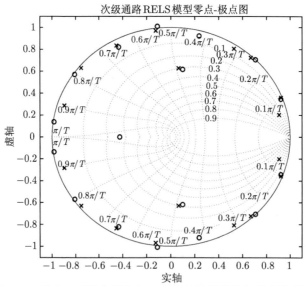

图 6.17   没有双重微分器和在 $-7.71$ 处为零的次级通路模型的
零点-极点图 (惯性作动器 AVC)

### 6.2.2 主通路辨识

主通路模型也进行了类似的辨识. 主通路阶次为: $\hat{n} = 14$, $\hat{n}_{A_D} = 13$, $\hat{n}_{B'_D} = 14$, 其受控对象的延迟为 $d_D = 0$. 已辨识的主通路模型参数文件为 PrimPath_S AAI.mat. 主通路的频率特性如图 6.18 所示.

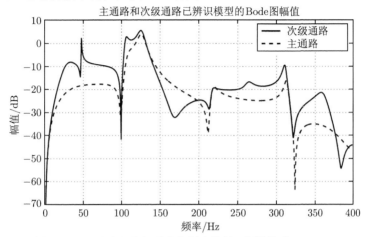

图 6.18　主通路和次级通路的频率特性 (惯性作动器 AVC)

## 6.3　基于前馈-反馈补偿的主动分布式柔性机械结构的辨识

基于前馈-反馈补偿的 AVC 系统已在 2.3 节中进行了描述. 在本节中, 将介绍次级通路、正反馈耦合 (反向) 和主通路的开环辨识结果. 还要注意, 尽管对于自适应控制来说, 估算次级通路和反向通路就足够了, 但是对于仿真和基于模型的控制器设计有必要辨识主通路.

主通路的渐近稳定的传递函数为

$$D(z^{-1}) = \frac{B_D(z^{-1})}{A_D(z^{-1})} \tag{6.6}$$

式中

$$B_D(z^{-1}) = b_1^D z^{-1} + \cdots + b_{n_{BD}}^D z^{-n_{BD}} \tag{6.7}$$

$$A_D(z^{-1}) = 1 + a_1^D z^{-1} + \cdots + a_{n_{AD}}^D z^{-n_{AD}} \tag{6.8}$$

主通路输出的不可测量值 (激活补偿时) 表示为 $x(t)$. 次级通路的渐近稳定的传递函数为

$$G(z^{-1}) = \frac{B_G(z^{-1})}{A_G(z^{-1})} \tag{6.9}$$

式中

$$B_G(z^{-1}) = b_1^G z^{-1} + \cdots + b_{n_{BG}}^G z^{-n_{BG}} = z^{-1} B_G^*(z^{-1}) \tag{6.10}$$

$$A_G(z^{-1}) = 1 + a_1^G z^{-1} + \cdots + a_{n_{AG}}^G z^{-n_{AG}} \tag{6.11}$$

正反馈耦合 (反向通路) 的渐近稳定的传递函数为

$$M(z^{-1}) = \frac{B_M(z^{-1})}{A_M(z^{-1})} \tag{6.12}$$

式中

$$B_M(z^{-1}) = b_1^M z^{-1} + \cdots + b_{n_{BM}}^M z^{-n_{BM}} = q^{-1} B_M^*(q^{-1}) \tag{6.13}$$

$$A_M(z^{-1}) = 1 + a_1^M z^{-1} + \cdots + a_{n_{AM}}^M z^{-n_{AM}} \tag{6.14}$$

整数延迟 (如果有) 包含在多项式 $B_X$ 中.

　　用于参数系统辨识的方法与前面各节中介绍的方法相似. 采样频率为 800Hz.

　　主通路、次级通路和反向通路的辨识是在没有补偿器的情况下完成的 (图 2.11). 对于次级通路和反向通路, 在惯性作动器 II 的输入端施加了具有 $N = 12$ 个单元的移位寄存器的 PRBS 激励信号 (无分频器, $p = 1$)[①], 在该输入处施加了控制信号 $\hat{u}(t)$(图 2.9 和 2.10). 对于主通路, 在惯性作动器 I 的输入端施加了 $N = 10$ 和分频器 $p = 4$ 的不同 PRBS 信号.

　　对于次级通路 $G(q^{-1})$, 输出为残余加速度测量值, 如图 2.11(b) 中的 $e^{\circ}(t)$. 辨识所需的输入/输出数据在 data_identif_G.mat 文件中给出, 可在本书网站上找到. 假设输入是惯性作动器 II 的位置, 而输出是加速度, 则可以得出存在双重微分器的结论. 如 6.1 节和 6.2 节中所述的, 系统的先验已知特性可以通过先验已知动力学的滤波器对输入 $u(t)$ 滤波. 然后, 所得信号 $u''(t)$ 将作为辨识程序的输入. 最后, 将双重微分器包含在模型中.

　　次级通路模型的阶次估计 (没有双重微分器) 为 $n_{B_G} = 12, n_{A_G} = 14$. 在验证方面, 采用降低自适应增益的递推扩展最小二乘法获得了最优结果. 白噪声检验验证的结果如图 6.19 所示 (WRN($i$) 与方程 (5.43) 中定义的归一化自相关相对应). 估计模型的参数在表 6.9 中给出, 文件 SecPathModel.mat 在本书网站上可查. 次级通路的频率特性如图 6.20(实线) 所示. 它具有几种非常低的阻尼共振和反共振现象, 分别从表 6.10 和表 6.11 可以看出. 由于双重微分器作用, 在 $z = 1$ 处也存在双零点.

---

　　① 在以前的出版物 [2,3] 中, 使用了以 $N = 10$ 和 $p = 4$ 的辨识模型. 所辨识的模型频率特性的误差可以忽略不计.

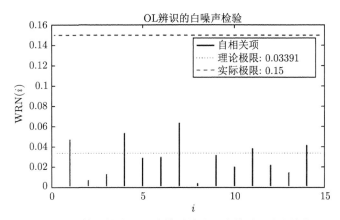

图 6.19 RELS 辨识的次级通路模型的白噪声检验 (带前馈的 AVC)

**表 6.9 次级通路辨识模型的参数**

| 参数 | 值 | 参数 | 值 | 参数 | 值 | 参数 | 值 |
|------|------|------|------|------|------|------|------|
| $a_0$ | 1 | $a_8$ | 0.0212 | $b_0$ | 0 | $b_8$ | $-0.7000$ |
| $a_1$ | $-2.6416$ | $a_9$ | 0.0761 | $b_1$ | $-0.1923$ | $b_9$ | 0.7212 |
| $a_2$ | 3.4603 | $a_{10}$ | 1.0527 | $b_2$ | 0.2225 | $b_{10}$ | 0.0451 |
| $a_3$ | $-2.4405$ | $a_{11}$ | $-1.3628$ | $b_3$ | 0.4228 | $b_{11}$ | $-0.4273$ |
| $a_4$ | 1.5221 | $a_{12}$ | 0.7597 | $b_4$ | $-0.9161$ | $b_{12}$ | $-0.0306$ |
| $a_5$ | $-1.8122$ | $a_{13}$ | $-0.1076$ | $b_5$ | 0.4604 | $b_{13}$ | 0.4383 |
| $a_6$ | 2.3666 | $a_{14}$ | 0.0462 | $b_6$ | 0.2332 | $b_{14}$ | $-0.2270$ |
| $a_7$ | $-1.3779$ | | | $b_7$ | $-0.0502$ | | |

**表 6.10 次级通路已辨识模型的极点的频率和阻尼 (带前馈的 AVC)**

| 极点 | 阻尼 | 频率/Hz |
|------|------|---------|
| $0.9323 \pm 0.3443$ | 0.0176 | 45.0468 |
| $0.7850 \pm 0.6099$ | 0.0090 | 84.1065 |
| $0.6131 \pm 0.7794$ | 0.0093 | 115.1355 |
| $0.3128 \pm 0.9443$ | 0.0042 | 159.2716 |
| $0.0097 \pm 0.2646$ | 0.6547 | 258.4384 |
| $-0.5680 \pm 0.8006$ | 0.0085 | 278.5733 |
| $-0.7640 \pm 0.3690$ | 0.0609 | 343.3584 |

**表 6.11 次级通路已辨识模型的零点的频率和阻尼 (带前馈的 AVC)**

| 零点 | 阻尼 | 频率/Hz |
|------|------|---------|
| 1 | 0 | 0 |
| 1 | 0 | 0 |
| $0.9272 \pm 0.3245$ | 0.0528 | 42.9288 |
| $0.6624 \pm 0.7295$ | 0.0176 | 106.1476 |
| $0.3105 \pm 0.9452$ | 0.0040 | 159.5853 |
| $-0.6275 \pm 0.7404$ | 0.0131 | 289.5403 |
| $-0.7728 \pm 0.3688$ | 0.0574 | 343.8781 |
| $-1.8425$ | $-0.1910$ | 407.4983 |

对于反向通路 $M(q^{-1})$, 输出是主传感器 (加速度计)$\hat{y}_1(t)$ 的信号. 辨识所需的输入/输出数据在文件 data_identif_M.mat 中给出, 可在本书网站上找到. 与次级通路类似, 反向通路的输入是位置信号, 而输出是加速度信号. 显然, 存在双重微分器. 该模型的复杂度估计为 $n_{B_M} = 11$, $n_{A_M} = 13$(没有双重微分器). 在验证方面, 采用适应增益降低的递推扩展最小二乘法得到了最优结果 (图 6.21). 本书网站上的 ReversePathModel.mat 文件给出了估计的模型分子和分母的参数. 反向通路的频率特性如图 6.20(细虚线) 所示. 有几种非常低的阻尼共振和反共振现象, 如表 6.12 和表 6.13 所示. 单位圆上还有两个零点, 分别对应于双重微分器行为.

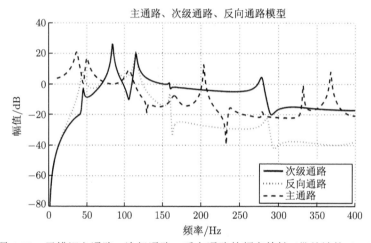

图 6.20　已辨识主通路、次级通路、反向通路的频率特性 (带前馈的 AVC)

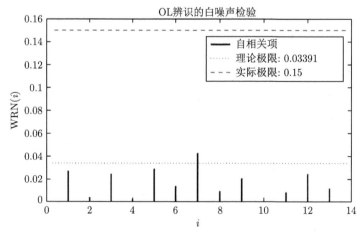

图 6.21　RELS 辨识的反向通路模型的白噪声检验 (带前馈的 AVC)

表 6.12 反向通路辨识模型的极点 (带前馈的 AVC)

| 极点 | 阻尼 | 频率/Hz |
|---|---|---|
| $0.9287 \pm 0.3361$ | 0.0357 | 44.2370 |
| $0.7863 \pm 0.6087$ | 0.0086 | 83.8780 |
| $0.6139 \pm 0.7784$ | 0.0096 | 114.9852 |
| $0.3112 \pm 0.9453$ | 0.0039 | 159.5034 |
| $-0.6093 \pm 0.7671$ | 0.0092 | 285.4759 |
| $-0.3781 \pm 0.3018$ | 0.2822 | 327.5534 |
| $-0.8967$ | 0.0347 | 400.2411 |

表 6.13 反向通路辨识模型的零点 (带前馈的 AVC)

| 零点 | 阻尼 | 频率/Hz |
|---|---|---|
| 1 | 0 | 0 |
| 1 | 0 | 0 |
| 0.3853 | 1.0000 | 121.4376 |
| $1.0198 \pm 1.5544$ | $-0.5307$ | 148.7535 |
| $0.2883 \pm 0.9522$ | 0.0040 | 162.5682 |
| $-0.6527 \pm 0.7248$ | 0.0108 | 293.3561 |
| $-0.8467$ | 0.0529 | 400.5609 |
| $-0.6375$ | 0.1418 | 404.0855 |
| $-3.6729$ | $-0.3826$ | 432.9424 |

反向通路的增益与次级通路的增益具有相同的数量级, 最高可达 150Hz, 表明在这个频率区有很强的正反馈.

在没有补偿器的情况下, 主通路在 $w(t)$ 和 $e^\circ(t)$ 之间被辨识出 (图 2.11). 信号 $w(t)$ 是激励 $s(t)$(通过 $N = 10$ 位移位寄存器和分频器 $p = 4$ 设计的 PRBS) 通过传递函数 $W(z^{-1})$ 的结果.

主通路模型的阶次估计为 $n_{B_D} = 20, n_{A_D} = 20$. 使用具有可变遗忘因子 $\lambda_1(0) = \lambda_0 = 0.95$ 的 FOLOE 算法, 获得了验证方面的最优结果.

在 FOLOE$(L = \hat{A})$ 中使用的固定滤波器是通过先运行具有相同自适应增益的 AFOLOE 算法获得的 (请参见本书 4.3.2.2 节, 有关 FOLOE 和 AFOLOE 的更多详细信息, 请参见 [1,4]). 本书网站上的文件 PrimPathModel.mat 中给出了辨识的主通路模型的参数. 本书网站上也提供了用于获取这些参数的数据文件 data_identif_D.mat. 主通路频率特性如图 6.20(粗虚线) 所示.

主通路模型用于仿真, 详细的性能评估以及线性前馈补偿器的设计参见第 14 章. 请注意, 主通路在 106Hz 处具有很强的共振现象, 正好在次级通路具有一对低阻尼复零 (几乎没有增益) 的位置. 因此, 不能指望在该频率附近会有很好的衰减性能.

出于辨识目的, 表征扰动 $w(t)$ 的频谱也很有意义. 从图 6.22 中信号 $w(t)$ 的功率谱密度可以观察到它在 40Hz 到 275Hz 的频带中具有足够的能量. 这对应于次级通路也具有足够增益的频带. 这样, 所辨识的主通路模型将是相关的, 并且补偿信号可以有效地影响残余加速度.

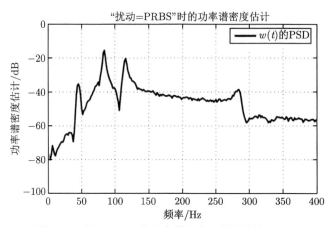

图 6.22    扰动 $w(t)$ 的功率谱密度 (带前馈的 AVC)

## 6.4    结　束　语

• 第 5 章讨论的方法已成功用于辨识开环运行试验平台的动力学模型.

• 对于所有三个试验平台来说, 阶次估计的准则是一个相对平坦的最小值. 这就需要对不同阶次的模型进行比较检验, 其值对应于准则的最小值.

• 基于对几个试验平台的辨识, 可以说 AVC 的动力学模型在大多数情况下可以通过 ARMAX 模型来表示.

• 在可用于 ARMAX 模型结构的各种算法中, 我们发现 RELS 和 XOLOE 算法为所考虑的具体问题提供了最优结果.

## 6.5    注释和参考资料

本书的网站提供了所有三个试验平台的输入/输出数据和模型. 试验平台的模型已在 [2,5—7] 和其他论文中使用. 有关另一个试验平台的辨识, 请参见 [8].

### 参 考 文 献

[1]  Landau I, Zito G (2005) Digital control systems-design, identiffication and implemen-
     tation. Springer, London

[2] Landau I, Alma M, Airimitoaie T (2011) Adaptive feedforward compensation algorithms for active vibration control with mechanical coupling. Automatica 47(10): 2185-2196. doi: 10.1016/ j.automatica.2011.08.015

[3] Landau ID, Airimitoaie TB, Alma M (2013) IIR Youla-Kučera parameterized adaptive feedforward compensators for active vibration control with mechanical coupling. IEEE Trans Control Syst Technol 21(3): 765-779

[4] Landau ID, Lozano R, M'Saad M, Karimi A (2011) Adaptive control, 2nd edn. Springer, London

[5] Landau I, Constantinescu A, Rey D (2005) Adaptive narrow band disturbance rejection applied to an active suspension-an internal model principle approach. Automatica 41(4): 563-574

[6] Landau I, Karimi A, Constantinescu A (2001) Direct controller order reduction by identifification in closed loop. Automatica 37: 1689-1702

[7] Landau ID, Silva AC, Airimitoaie TB, Buche G, Noé M (2013) Benchmark on adaptive regulation-rejection of unknown/time-varying multiple narrow band disturbances. Eur J Control 19(4): 237-252. doi: 10.1016/j.ejcon.2013.05.007

[8] Landau I, Alma M, Martinez J, Buche G (2011) Adaptive suppression of multiple time-varying unknown vibrations using an inertial actuator. IEEE Trans Control Syst Technol 19(6): 1327-1338. doi: 10.1109/TCST.2010.2091641

# 第 7 章　主动振动控制的数字控制策略——基础

## 7.1　数字控制器

用于主动振动控制的多项式数字控制器 (以下称为 RS 控制器) 的基本公式为 (图 7.1)

$$S(q^{-1})u(t) = -R(q^{-1})y(t) \tag{7.1}$$

式中, $u(t)$ 是受控对象的输入, $y(t)$ 是被测量受控对象的输出,

$$S(q^{-1}) = s_0 + s_1 q^{-1} + \cdots + s_{n_S} q^{-n_S} = s_0 + q^{-1} S^*(q^{-1}) \tag{7.2}$$

$$R(q^{-1}) = r_0 + r_1 q^{-1} + \cdots + r_{n_R} q^{-n_R} \tag{7.3}$$

分别是控制器的分母和分子,

$$K(q^{-1}) = \frac{R(q^{-1})}{S(q^{-1})} \tag{7.4}$$

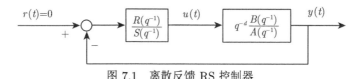

图 7.1　离散反馈 RS 控制器

公式 (7.1) 也可以写成

$$u(t) = \frac{1}{s_0} \left[ -S^*(q^{-1})u(t-1) - R(q^{-1})y(t) \right] \tag{7.5}$$

注意对于许多控制算法 (如极点配置), (7.2) 中的 $s_0 = 1$.

考虑

$$G(q^{-1}) = \frac{q^{-d} B(q^{-1})}{A(q^{-1})} \tag{7.6}$$

作为级联 DAC+ZOH+ 连续时间系统 +ADC 的脉冲转换算子, 则开环系统的传递函数为

$$H_{\mathrm{OL}}(z^{-1}) = K(z^{-1})G(z^{-1}) = \frac{B(z^{-1})R(z^{-1})}{A(z^{-1})S(z^{-1})} \tag{7.7}$$

使用控制器 (7.4) 在参考信号 $r(t)$ 和输出 $y(t)$ 之间的闭环传递函数具有以下表达式

$$S_{yr}(z^{-1}) = \frac{KG}{1+KG} = \frac{B(z^{-1})R(z^{-1})}{A(z^{-1})S(z^{-1}) + B(z^{-1})R(z^{-1})} = \frac{B(z^{-1})R(z^{-1})}{P(z^{-1})} \quad (7.8)$$

式中

$$P(z^{-1}) = A(z^{-1})S(z^{-1}) + z^{-d-1}B^*(z^{-1})R(z^{-1}) \quad (7.9)$$

$$= A(z^{-1})S(z^{-1}) + z^{-d}B(z^{-1})R(z^{-1}) \quad (7.10)$$

是定义闭环系统极点的闭环传递函数的分母, $S_{yr}$ 也被称为**互补灵敏度函数**.

在存在扰动的情况下 (图 7.2), 将扰动与受控对象的输出和输入相关联时还有其他重要的传递函数需要考虑.

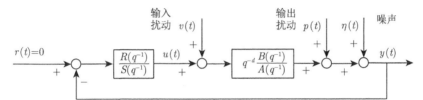

图 7.2　具有输入/输出扰动和测量噪声的离散反馈 RS 控制器

扰动 $p(t)$ 和输出 $y(t)$ 之间的传递函数 (输出灵敏度函数) 由下式给出:

$$S_{yp}(z^{-1}) = \frac{1}{1+KG} = \frac{A(z^{-1})S(z^{-1})}{P(z^{-1})} \quad (7.11)$$

扰动 $p(t)$ 和受控对象的输入 $u(t)$ 之间的传递函数 (输入灵敏度函数) 由下式给出:

$$S_{up}(z^{-1}) = -\frac{K}{1+KG} = -\frac{A(z^{-1})R(z^{-1})}{P(z^{-1})} \quad (7.12)$$

另一个重要的传递函数描述了扰动 $v(t)$ 对受控对象输入的影响. 该灵敏度函数 (输入扰动-输出灵敏度函数) 由下式给出

$$S_{yv}(z^{-1}) = \frac{G}{1+KG} = \frac{B(z^{-1})S(z^{-1})}{P(z^{-1})} \quad (7.13)$$

当且仅当全部四个灵敏度函数 $S_{yr}$, $S_{yp}$, $S_{up}$ 和 $S_{yv}$ 都渐近稳定时, 图 7.2 中所示的反馈系统才是渐近稳定的.

很快我们就会看到, 要完全消除已知特征的扰动, 或相反地为某些扰动打开回路, 将需要在 $S$ 和 $R$ 中引入一些固定的预先指定的多项式.

$S$ 和 $R$ 的一般结构是这种形式:

$$S(z^{-1}) = S'(z^{-1})H_S(z^{-1}) \tag{7.14}$$

$$R(z^{-1}) = R'(z^{-1})H_R(z^{-1}) \tag{7.15}$$

式中 $H_S(z^{-1})$ 和 $H_R(z^{-1})$ 是一元固定多项式, 将其引入控制器中以实现与扰动有关的某些性能. 使用这种参数化方法, 闭环极点将由下式给出

$$P(z^{-1}) = A(z^{-1})H_S(z^{-1})S'(z^{-1}) + z^{-d-1}B^*(z^{-1})H_R(z^{-1})R'(z^{-1}) \tag{7.16}$$

请注意, $H_S(z^{-1})$ 和 $H_R(z^{-1})$ 可以解释为受控对象模型的 "扩充"(出于计算目的).

RS 控制器的设计可以在频域中使用传递函数 (算子) 完成.

## 7.2　极　点　配　置

极点配置策略适用于等式 (7.6) 形式的受控对象模型.

我们将根据等式 (7.6) 形式的受控对象模型做出以下假设:

(H1) 对多项式 $A(z^{-1})$, $B(z^{-1})$ 的阶次和延迟 $d$ 的值没有限制.

(H2) 阶次 $n_A$, $n_B$, 延迟 $d$ 以及 $A(z^{-1})$ 和 $B(z^{-1})$ 的系数是已知的.

(H3) $B(z^{-1})$ 的零点可以在单位圆的内部或外部.

(H4) $A(z^{-1})$ 和 $B(z^{-1})$(或 $AH_S$ 和 $BH_R$) 没有公因式.

(H5) $A(z^{-1})$ 的零点可以在单位圆的内部或外部.

控制策略的形式是 (7.1), 多项式 $S(z^{-1})$ 和 $R(z^{-1})$ 有式 (7.14) 和 (7.15) 的结构.

闭环行为定义为:

(1) 所需的闭环极点;

(2) 固定部分 $H_R(z^{-1})$ 和 $H_S(z^{-1})$ 的选择.

所需的闭环极点根据以下形式选择:

$$P(z^{-1}) = P_D(z^{-1}) \cdot P_F(z^{-1}) \tag{7.17}$$

式中 $P_D(z^{-1})$ 定义了主极点, $P_F(z^{-1})$ 定义了辅助极点.

通常选择 $P_D(z^{-1})$ 来包括开环受控对象中以所有稳定极点, 并最终修改复极点的阻尼.

$P_F(z^{-1})$ 的作用是一方面在特定频率上引入滤波效果, 另一方面提高控制器的鲁棒性.

定义符号:

$$n_A = \deg A; \quad n_B = \deg B$$

$$n_{H_S} = \deg H_S; \quad n_{H_R} = \deg H_R$$

在 (H1) 至 (H5) 的假设下, (7.16) 对 $S'$ 和 $R'$ 有唯一解, 且最小自由度为

$$n_P = \deg P(z^{-1}) \leqslant n_A + n_{H_S} + n_B + n_{H_R} + d - 1 \tag{7.18}$$

$$n_{S'} = \deg S'(z^{-1}) = n_B + n_{H_R} + d - 1 \tag{7.19}$$

$$n_{R'} = \deg R'(z^{-1}) = n_A + n_{H_S} - 1 \tag{7.20}$$

式中

$$S'(z^{-1}) = 1 + s'_1 z^{-1} + \cdots + s'_{n_S} z^{-n_S} \tag{7.21}$$

$$R'(z^{-1}) = r'_0 + r'_1 z^{-1} + \cdots + r'_{n_R} z^{-n_R} \tag{7.22}$$

有关证明, 请参见 [1,2]. 可以使用多种方法来求解该方程式[①].

### 7.2.1 $H_R$ 与 $H_S$ 的选择——案例

#### 开环

在许多应用中, 被测信号可能包含特定的频率, 这些频率不应被调节器衰减. 在这种情况下, 系统应在这些频率下处于开环状态.

根据 (7.12), 在没有参考的情况下, 受控对象的输入为

$$u(t) = S_{up}(q^{-1})p(t) = \frac{A(q^{-1})H_R(q^{-1})R'(q^{-1})}{P(q^{-1})}p(t) \tag{7.23}$$

因此, 为了使输入灵敏度函数在给定的频率 $f$ 下为零, 应在 $H_R(q^{-1})$ 中引入一对无阻尼的零点, 即

$$H_R(q^{-1}) = 1 + \beta q^{-1} + q^{-2} \tag{7.24}$$

式中

$$\beta = -2\cos(\omega T_s) = -2\cos\left(2\pi \frac{f}{f_s}\right)$$

在许多情况下, 希望控制器不对频率接近 $0.5f_s$ 的信号做出反应 (系统的增益通常非常低). 在这种情况下, 使用

$$H_R(q^{-1}) = (1 + \beta q^{-1}) \tag{7.25}$$

---

① 请参见本书网站上的函数 bezoutd.m (MATLAB®) 或 bezoutd.sci (Scilab).

式中

$$0 < \beta \leqslant 1$$

请注意, $(1+\beta q^{-1})^2$ 对应于一个二阶阻尼共振频率 $\omega_s/2$, 如下所示:

$$\omega_0\sqrt{1-\zeta^2} = \frac{\omega_s}{2}$$

并且相应的阻尼 $\zeta$ 与 $\beta$ 的关系为

$$\beta = e^{-\frac{\zeta}{\sqrt{1-\zeta^2}}\pi}$$

对于 $\beta = 1$, 系统在开环下以 $f_s/2$ 运行.

在主动振动控制系统中, 次级通路在 0Hz 处的增益为零 (双重微分器的作用). 因此, 以该频率发送控制信号是不合理的. 系统应在此频率下以开环方式运行. 为了实现这一目标, 使用

$$H_R(q^{-1}) = (1 - q^{-1}) \tag{7.26}$$

**对谐波扰动的完全抑制**

扰动 $p(t)$ 可以表示为狄拉克函数 $\delta(t)$ 通过滤波器 $D(q^{-1})$(扰动模型) 的结果

$$D(q^{-1})p(t) = \delta(t) \tag{7.27}$$

在谐波扰动的情况下, 模型为

$$(1 + \alpha q^{-1} + q^{-2})p(t) = \delta(t) \tag{7.28}$$

式中

$$\alpha = -2\cos(\omega T_s) = -2\cos\left(2\pi\frac{f}{f_s}\right) \tag{7.29}$$

根据 (7.11), 在没有参考的情况下, 有

$$y(t) = \frac{A(q^{-1})H_S(q^{-1})S'(q^{-1})}{P(q^{-1})}p(t) \tag{7.30}$$

可以将问题看作对 $H_S(q^{-1})$ 的选择, 使 $p(t)$ 和 $y(t)$ 之间的传递函数的增益在该频率下为零.

要实现这一目标, 应选择

$$H_S(q^{-1}) = (1 + \alpha q^{-1} + q^{-2}) \tag{7.31}$$

在这种情况下, 考虑到 (7.28), (7.30) 和 (7.31), $y(t)$ 表达式变为

$$y(t) = \frac{A(q^{-1})S'(q^{-1})}{P(q^{-1})}\delta(t) \tag{7.32}$$

结果表明, 由于 $P(q^{-1})$ 渐近稳定, 因此 $y(t)$ 是趋于零的. 这个结果就是下面将要介绍的内模原理.

### 7.2.2 内模原理 (IMP)

假设 $p(t)$ 是确定性扰动, 可以写成

$$p(t) = \frac{N_p(q^{-1})}{D_p(q^{-1})} \cdot \delta(t) \tag{7.33}$$

式中 $\delta(t)$ 是狄拉克脉冲函数, $N_p(z^{-1})$, $D_p(z^{-1})$ 是 $z^{-1}$ 中的互质多项式, 它们的自由度分别是 $n_{N_p}$ 和 $n_{D_p}$(另请参见图 7.1). 在平稳扰动的情况下, $D_p(z^{-1})$ 的根在单位圆上. 扰动的能量本质上由 $D_p$ 表示. $N_p$ 项的贡献在渐近性上与 $D_p$ 的相比较弱, 因此在稳态分析扰动对系统的影响时, 可以忽略 $N_p$ 项的作用.

**内模原理**

(7.33) 中给出的扰动对输出的作用:

$$y(t) = \frac{A(q^{-1})S(q^{-1})}{P(q^{-1})} \cdot \frac{N_p(q^{-1})}{D_p(q^{-1})} \cdot \delta(t) \tag{7.34}$$

式中 $D_p(z^{-1})$ 是在单位圆上具有根的多项式, 而 $P(z^{-1})$ 是一个渐近稳定的多项式, 当且仅当 RS 控制器中的多项式 $S(z^{-1})$ 具有如下形式时, 它渐近收敛于零:

$$S(z^{-1}) = D_p(z^{-1})S'(z^{-1}) \tag{7.35}$$

换句话说, 应将 $S(z^{-1})$ 的预设定部分选择为 $H_S(z^{-1}) = D_p(z^{-1})$, 并使用 (7.16) 计算控制器, 式中 $P$, $D_p$, $A$, $B$, $H_R$ 和 $d$ 已在 (7.16) 中给出[①].

内模控制原理是：为了渐近地完全抑制扰动 (即处于稳态), 控制器应包括扰动模型.

### 7.2.3 Youla-Kučera 参数化

使用所有稳定控制器的 Youla-Kučera 参数化 ($Q$ 参数化)[0,4], 控制器多项式 $R(z^{-1})$ 和 $S(z^{-1})$ 得到以下形式

$$R(z^{-1}) = R_0(z^{-1}) + A(z^{-1})Q(z^{-1}) \tag{7.36}$$

$$S(z^{-1}) = S_0(z^{-1}) - z^{-d}B(z^{-1})Q(z^{-1}) \tag{7.37}$$

式中 $(R_0, S_0)$ 是中央控制器, $Q$ 是 YK 或 $Q$ 滤波器, $Q$ 滤波器可以是 FIR 或 IIR 滤波器. 图 7.3 表示了 RS 控制器的 Youla-Kučera 参数化. 中央控制器 $(R_0, S_0)$ 可以通过极点配置来计算 (也可以使用任何其他的设计技术). 要给定受控对象模型 $(A, B, d)$ 和期望闭环极点指定的根 $P(z^{-1})$, 必须求解

$$P(z^{-1}) = A(z^{-1})S_0(z^{-1}) + z^{-d}B(z^{-1})R_0(z^{-1}) \tag{7.38}$$

---

① 当然, 假设 $D_p$ 和 $BH_R$ 没有公共因子.

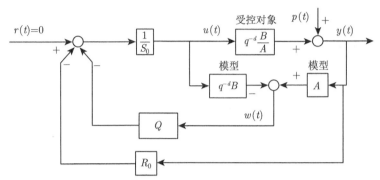

图 7.3  RS 数字控制器的 Youla-Kučera 参数化

假设 $Q(z^{-1})$ 被认为是以下形式 (FIR 滤波器) 的多项式:

$$Q(z^{-1}) = q_0 + q_1 z^{-1} + \cdots + q_{n_Q} z^{-n_Q} \tag{7.39}$$

公式 (7.36) 和 (7.37) 描述了所有可稳定控制器的集合, 这些控制器分配了由 $P(z^{-1})$ 定义的闭环极点. 通过简单计算可以很容易地验证闭环极点保持不变. 但是, YK 参数化的特殊意义在于, 通过适当选择滤波器 $Q$, 可以将扰动的内模合并到控制器中. 该滤波器应使多项式 $S$ 具有 $S = S'D_p$ 的形式, 即

$$S'(z^{-1})D_p(z^{-1}) = S_0(z^{-1}) - z^{-d}B(z^{-1})Q(z^{-1}) \tag{7.40}$$

为了使 (7.37) 给出的多项式 $S(z^{-1})$ 包含扰动的内模 (7.33), 要计算 $Q(z^{-1})$, 必须解决以下**丢番图方程**:

$$S'(z^{-1})D_p(z^{-1}) + z^{-d}B(z^{-1})Q(z^{-1}) = S_0(z^{-1}) \tag{7.41}$$

式中 $D_p(z^{-1})$, $d$, $B(z^{-1})$ 和 $S_0(z^{-1})$ 已知, $S'(z^{-1})$ 和 $Q(z^{-1})$ 未知. 方程 (7.41) 对于 $S'(z^{-1})$ 和 $Q(z^{-1})$ 有唯一解, 式中 $n_{S_0} \leqslant n_{D_p} + n_B + d - 1$, $n_{S'} = n_B + d - 1$, $n_Q = n_{D_p} - 1$. 多项式 $Q$ 的阶次 $n_Q$ 取决于扰动模型的结构.

现在考虑一个 $Q$ 滤波器作为有理多项式 (IIR 滤波器) 的比率, 其分母渐近稳定如下:

$$Q(z^{-1}) = \frac{B_Q(z^{-1})}{A_Q(z^{-1})} \tag{7.42}$$

YK 控制器有以下结构:

$$R(z^{-1}) = A_Q(z^{-1})R_0(z^{-1}) + A(z^{-1})B_Q(z^{-1}) \tag{7.43}$$

$$S(z^{-1}) = A_Q(z^{-1})S_0(z^{-1}) - z^{-d}B(z^{-1})B_Q(z^{-1}) \tag{7.44}$$

但在这种情况下, 闭环的极点将由

$$P(z^{-1})_{QIIR} = P(z^{-1})A_Q(z^{-1}) \tag{7.45}$$

给出.

对于 $Q$ IIR 滤波器, $Q$ 分母的极点将作为闭环的附加极点出现. 此参数化将在 7.4 节和 12.2 节中介绍, 并结合控制器 $H_R$ 和 $H_S$ 的预设定部分的保存进行详细讨论.

### 7.2.4 鲁棒性裕度

开环传递函数的奈奎斯特图允许评估建模误差的影响, 并得出合理的控制器设计性能指标, 以确保闭环系统对某些类受控对象模型不确定性的鲁棒稳定性.

与使用 RS 控制器相对应的开环传递函数为

$$H_{\mathrm{OL}}(z^{-1}) = \frac{z^{-d}B(z^{-1})R(z^{-1})}{A(z^{-1})S(z^{-1})} \tag{7.46}$$

通过使 $z = e^{j\omega}$, 式中 $\omega$ 是归一化频率 ($\omega = \omega T_s = 2\pi f/f_s$, $f_s$ 采样频率, $T_s$ 采样周期), 可以绘出开环传递函数 $H_{\mathrm{OL}}(e^{-j\omega})$ 的奈奎斯特图. 通常, 对于归一化频率 $\omega$, 人们考虑在 0 和 $\pi$ 之间的域 (即在 0 和 $0.5f_s$ 之间). 需要注意的是, $\pi$ 和 $2\pi$ 之间的奈奎斯特图与 0 和 $\pi$ 之间的奈奎斯特图是关于实轴对称的. 图 7.4 给出了奈奎斯特图的一个例子.

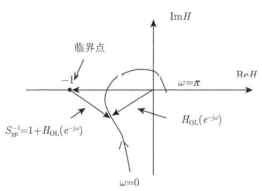

图 7.4 离散时间传递函数的奈奎斯特图和临界点

对于特定的归一化频率, 连接奈奎斯特图的点与原点的向量对应于 $H_{\mathrm{OL}}(e^{-j\omega})$. 图 7.4 上的点 $(-1, j0)$ 对应于临界点. 从图 7.4 可以看出, 将临界点与 $H_{\mathrm{OL}}(e^{-j\omega})$ 的奈奎斯特图连接的向量具有以下表达式:

$$1 + H_{\mathrm{OL}}(z^{-1}) = \frac{A(z^{-1})S(z^{-1}) + z^{-d}B(z^{-1})R(z^{-1})}{A(z^{-1})S(z^{-1})} = S_{yp}^{-1}(z^{-1}) \tag{7.47}$$

　　该向量对应于由方程式 (7.11) 给出的输出灵敏度函数 $S_{yp}(z^{-1})$ 的逆. $S_{yp}^{-1}$ 的零点是闭环系统的极点. 为了使闭环系统渐近稳定, 必须使 $S_{yp}^{-1}$ 的所有零点都在单位圆内.

　　奈奎斯特判据给出了闭环系统渐近稳定的频域充要条件. 对于开环稳定系统 (在我们的例子中, 这对应于 $A(z^{-1}) = 0$ 且 $S(z^{-1}) = 0 \Rightarrow |z| < 1$), 奈奎斯特判据表示如下.

### 稳定性判据 (开环稳定系统)

　　$H_{\mathrm{OL}}(e^{-j\omega})$ 的奈奎斯特图遍历了不断增长的频率 (从 $\omega = 0$ 到 $\omega = \pi$) 的意义是在左边留下了临界点 $(-1, j0)$.

　　使用极点配置, 奈奎斯特判据将满足受控对象模型, 因为 $R(z^{-1})$ 和 $S(z^{-1})$ 使用公式 (7.10) 计算使得定义期望闭环极点 ($P(z^{-1}) = 0 \Rightarrow |z| < 1$) 的多项式 $P(z^{-1})$ 渐近稳定. 当然, 我们假设在此阶段所得的 $S(z^{-1})$ 也是稳定的[①].

　　$H_{\mathrm{OL}}(e^{-j\omega})$ 的奈奎斯特图与临界点之间的最小距离定义为稳定裕度. 公式 (7.47) 的最小距离取决于输出灵敏度函数的最大模量.

　　这个稳定裕度, 我们随后将称为模量裕度, 可以与受控对象模型的不确定性相关联.

　　以下指标用于表征 $H_{\mathrm{OL}}(z^{-1})$ 的奈奎斯特图与临界点 $(-1, j0)$ 之间的距离 (图 7.5):

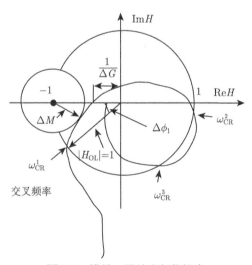

图 7.5　模量、增益和相位裕度

(1) 模量裕度 ($\Delta M$);

---

(2) 时滞裕度 ($\Delta\tau$);

(3) 相位裕度 ($\Delta\phi$);

(4) 增益裕度 ($\Delta G$).

下面是将用于鲁棒控制设计的模量裕度和时滞裕度的定义 (有关增益裕度和相位裕度的定义, 请参见任何经典控制文献).

**模量裕度($\Delta M$)**

模量裕度 ($\Delta M$) 定义为以 $(-1, j0)$ 为中心并与 $H_{\mathrm{OL}}(z^{-1})$ 的奈奎斯特图相切的圆的半径. 根据将临界点 $(-1, j0)$ 与 $H_{\mathrm{OL}}(z^{-1})$ 的奈奎斯特图连接的向量的定义 (请参见等式 (7.47)), 得出

$$\Delta M = |1 + H_{\mathrm{OL}}(e^{-j\omega})|_{\min} = (|S_{yp}(e^{-j\omega})|_{\max})^{-1} = (\| S_{yp} \|_{\infty})^{-1} \qquad (7.48)$$

因此, $|S_{yp}(e^{-j\omega})|_{\max}$ 的减小 (或最小化) 将意味着模量裕度 $\Delta M$ 的增加 (或最大化).

换句话说, 模量裕度 $\Delta M$ 等于输出灵敏度函数 $S_{yp}(z^{-1})$ 的最大模量的倒数 (即 $S_{yp}(z^{-1})$ 的 $H_{\infty}$ 范数的倒数). 如果 $S_{yp}(z^{-1})$ 的模量以 dB 表示, 则有如下关系:

$$|S_{yp}(e^{-j\omega})|_{\max}(\mathrm{dB}) = (\Delta M)^{-1}(\mathrm{dB}) = -\Delta M(\mathrm{dB}) \qquad (7.49)$$

模量裕度非常重要, 因为:

(1) 它定义了输出灵敏度函数的模量的最大允许值.

(2) 它为闭环系统所能允许的非线性和时变元素的特征提供了界限 (它对应于非线性系统稳定性的圆准则)[6].

**时滞裕度($\Lambda\tau$)**

对于某个频率, 由纯时间延迟 $\tau$ 引起的相位滞后为

$$\angle\phi(\omega) = \omega\tau$$

如果奈奎斯特图仅穿过单位圆一次, 则可将相位裕度转换为时滞裕度, 即计算会导致不稳定的额外延迟. 公式为

$$\Delta\tau = \frac{\Delta\phi}{\omega_{cr}} \qquad (7.50)$$

式中 $\omega_{cr}$ 是交叉频率 (奈奎斯特图与单位圆相交), 而 $\Delta\phi$ 是相位裕度. 如果奈奎斯特图以几个频率 $\omega_{cr}^{i}$ 与单位圆相交 (图 7.5), 其特征是相关的相位裕度 $\Delta\phi_i$, 则相位裕度定义为

$$\Delta\phi = \min_{i} \Delta\phi_i \qquad (7.51)$$

时滞裕度定义为

$$\Delta\tau = \min_i \frac{\Delta\phi_i}{\omega_{cr}^i} \tag{7.52}$$

**备注** 这种情况在纯时滞系统和多振型系统中出现.

鲁棒控制器设计的鲁棒性裕度的典型值为:

(1) 模量裕度: $\Delta M \geqslant 0.5(-6\mathrm{dB})[\min: 0.4(-8\mathrm{dB})]$;

(2) 时滞裕度: $\Delta\tau \geqslant T_s[\min:0.75T_s]$,

式中 $T_s$ 是采样周期.

重要备注:

(1) 模量裕度 $\Delta M \geqslant 0.5$ 意味着 $\Delta G \geqslant 2(6\mathrm{dB}), \Delta\phi > 29°$. 反之通常是不正确的. 具有令人满意的增益和相位裕度的系统可能具有非常小的模量裕度.

(2) 根据等式 (7.50), 相位裕度可能会引起误导. 如果 $\omega_{cr}$ 高, 良好的相位裕度可能会导致很小的容许附加延迟.

模量裕度是稳定性裕度的一种内在度量, 随后将与时滞裕度一起用于鲁棒控制器的设计 (而不是相位和增益裕度).

### 7.2.5 模型不确定性与鲁棒稳定性

图 7.6 说明了不确定性或名义模型参数变化对开环传递函数的奈奎斯特图的影响. 通常, 对应于名义模型的奈奎斯特图位于通道内, 该通道对应于受控对象模型的参数变化 (或不确定性) 的可能 (或接受) 误差.

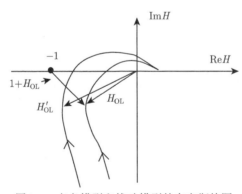

图 7.6 名义模型和扰动模型的奈奎斯特图

我们将考虑与名义传递函数不同的开环传递函数 $H'_{\mathrm{OL}}(z^{-1})$. 为简单起见, 假设名义传递函数 $H_{\mathrm{OL}}(z^{-1})$ 以及 $H'_{\mathrm{OL}}(z^{-1})$ 都是稳定的 (一般假设两者具有相同数量的不稳定极点, 请参见 [7,8]).

为了确保对开环传递函数 $H'_{\mathrm{OL}}(z^{-1})$ 具有闭环系统的稳定性, 该传递函数不同于名义传递函数 $H_{\mathrm{OL}}(z^{-1})$, 从频率增长的意义上 $H'_{\mathrm{OL}}(z^{-1})$ 的奈奎斯特图应使

临界点 $(-1, j0)$ 在开环传递函数 $H'_{\text{OL}}$ 曲线的左侧. 从图 7.6 可以看出, 一个充分条件是, 在每个频率下 $H'_{\text{OL}}(z^{-1})$ 和 $H_{\text{OL}}(z^{-1})$ 之间的距离小于名义开环传递函数和临界点之间的距离. 这表示为

$$|H'_{\text{OL}}(z^{-1}) - H_{\text{OL}}(z^{-1})| < |1 + H_{OL}(z^{-1})| = |S_{yp}^{-1}(z^{-1})| = \left| \frac{P(z^{-1})}{A(z^{-1})S(z^{-1})} \right| \quad (7.53)$$

换句话说, 曲线 $|S_{yp}(e^{-j\omega})|^{-1}$dB (通过对称性从 $|S_{yp}(e^{-j\omega})|$ 获得) 将以每个频率为实际开环传递函数与名义开环传递函数之间的容许误差模量提供充分条件以保证稳定性.

通常, 该误差在低频时较高, 而在 $|S_{yp}(e^{-j\omega})|$ 频率达到最大值 $(=\Delta M^{-1})$ 时较低. 因此, 低模量裕度将意味着在指定频率区域内, 对参数不确定性具有较小的容忍度.

公式 (7.53) 用开环传递函数 (控制器 + 受控对象) 的变化表示鲁棒性条件. 用受控对象模型的变化表示这一点很有趣. 一种方法是, 观察到 (7.53) 可以改写为

$$\left| \frac{B'(z^{-1})R(z^{-1})}{A'(z^{-1})S(z^{-1})} - \frac{B(z^{-1})R(z^{-1})}{A(z^{-1})S(z^{-1})} \right| = \left| \frac{R(z^{-1})}{S(z^{-1})} \right| \cdot \left| \frac{B'(z^{-1})}{A'(z^{-1})} - \frac{B(z^{-1})}{A(z^{-1})} \right|$$

$$< \left| \frac{P(z^{-1})}{A(z^{-1})S(z^{-1})} \right| \quad (7.54)$$

等式 (7.54) 两边同乘以 $\left| \dfrac{S(z^{-1})}{R(z^{-1})} \right|$, 得到

$$\left| \frac{B'(z^{-1})}{A'(z^{-1})} - \frac{B(z^{-1})}{A(z^{-1})} \right| \leqslant \left| \frac{P(z^{-1})}{A(z^{-1})R(z^{-1})} \right| = |S_{up}^{-1}(z^{-1})| \quad (7.55)$$

等式 (7.55) 左侧实际上表示名义受控对象模型的附加不确定性. 输入灵敏度函数的模量的倒数将为名义受控对象模型的可容许加性变化 (或不确定性) 提供充分条件, 以确保稳定性. 在某频率范围内, 输入灵敏度函数的模量较大, 这意味着对该频率范围内的不确定性具有较低的容忍度. 这也意味着在这些频率下, 高活动性的输入将产生扰动的影响.

### 7.2.6 灵敏度函数模板

频域中的鲁棒性裕度和性能指标很容易在各种灵敏度函数的模板中转换[2,5]. 图 7.7 给出了 $S_{yp}$ 的基本模板, 用于确保模量裕度约束 $(\Delta M \geqslant 0.5)$ 和时滞裕度约束 $(\Delta \tau \geqslant T_s)$. 时滞裕度模板是一个近似值 (有关更多详细信息, 请参见 [2]). 违反下模板或上模板并不一定意味着违反时滞裕度 (可以有效地计算出任何延迟).

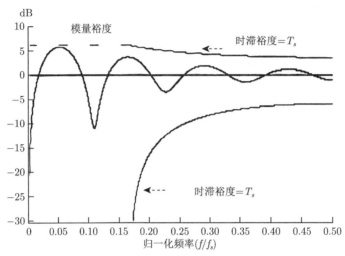

图 7.7　输出灵敏度函数模量裕度 $\Delta M = 0.5$ 和时滞裕度 $\Delta \tau = T_s$ 的模板

可以在此模板上施加有关强制衰减和"水床"效应约束的性能指标 (请参见 7.3 节中的示例). 还可以考虑输入灵敏度函数 $S_{up}$ 的模量模板. 特别是在控制器运行的频带之外, 期望 $S_{up}$ 较低时. 输入灵敏度函数的模量值低, 意味着控制器相对于附加性模型不确定性而言具有良好的鲁棒性. 图 7.8 给出了输入灵敏度函数期望模板的示例. 有关更多详细信息, 请参见 7.3 节中给出的示例.

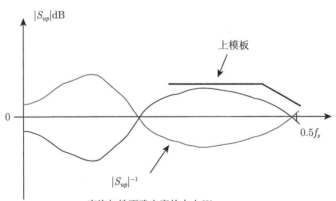

图 7.8　输入灵敏度函数期望模板的示例

### 7.2.7　灵敏度函数的性质

#### 7.2.7.1　输出灵敏度函数

使用 RS 控制器, 输出灵敏度函数由下式给出:

$$S_{yp}(z^{-1}) = \frac{A(z^{-1})S(z^{-1})}{A(z^{-1})S(z^{-1}) + z^{-d}B(z^{-1})R(z^{-1})} \tag{7.56}$$

式中

$$R(z^{-1}) = H_R(z^{-1})R'(z^{-1}) \tag{7.57}$$

$$S(z^{-1}) = H_S(z^{-1})S'(z^{-1}) \tag{7.58}$$

$$A(z^{-1})S(z^{-1}) + z^{-d}B(z^{-1})R(z^{-1}) = P_D(z^{-1}) \cdot P_F(z^{-1}) = P(z^{-1}) \tag{7.59}$$

在等式 (7.58) 和 (7.59) 中, $H_R(z^{-1})$ 和 $H_S(z^{-1})$ 分别对应于 $R(z^{-1})$ 和 $S(z^{-1})$ 的预设定部分. $S'(z^{-1})$ 和 $R'(z^{-1})$ 是方程 (7.16) 的解, 式中 $P(z^{-1})$ 表示极点配置控制策略中的期望闭环极点. 对多项式 $P(z^{-1})$ 进行分解, 以获得由 $P_D(z^{-1})$ 定义的主极点和由 $P_F(z^{-1})$ 定义的辅助极点.

**性质 1**　在特定频率下输出灵敏度函数的模量会放大或减小扰动.

在频率 $|S_{yp}(\omega)| = 1\,(0\mathrm{dB})$ 中, 扰动没有被衰减也没有被放大 (开环运行). 在频率 $|S_{yp}(\omega)| < 1\,(0\mathrm{dB})$ 中, 扰动被衰减. 在频率 $|S_{yp}(\omega)| > 1\,(0\mathrm{dB})$ 中, 扰动被放大.

**性质 2** (Bode 积分)　闭环是渐近稳定的, 对于稳定的开环系统, 输出灵敏度函数的模量的对数在 0 到 $0.5f_s$ 之间的积分等于 $0^{①}$:

$$\int_0^{0.5f_s} \log|S_{yp}(e^{-j2\pi f/f_s})|df = 0$$

换句话说, 输出灵敏度函数的模量曲线和带其符号的 0dB 轴之间的面积之和为零. 结果, 某个频率范围内扰动的衰减必然意味着其他频率范围内扰动的放大.

**性质 3**　灵敏度函数的模量的最大值的倒数对应于模量裕度 $\Delta M$:

$$\Delta M = (|S_{yp}(e^{-j\omega})|_{\max})^{-1} \tag{7.60}$$

从性质 2 和性质 3 得出的结果是, 衰减频带的增加或某个频带中的衰减通常意味着 $|S_{yp}(e^{-j\omega})|_{\max}$ 的增加, 因此模量裕度减少 (因此鲁棒性较低).

图 7.9 显示了闭环系统的输出灵敏度函数, 对应于受控对象模型 $A(z^{-1}) = 1 - 0.7z^{-1}$, $B(z^{-1}) = 0.3z^{-1}$, $d = 2$. 控制器是通过极点配置的方法设计的. 期望的闭环极点对应于离散化二阶系统固有频率 $\omega_0 = 0.1f_s$ rad/s 和阻尼 $\zeta = 0.8$. 该系统会受到 $0.15f_s$ 或 $0.151f_s$ 的音调扰动的影响, 已在控制器固定部件 $H_S$ 中引入了与这些频率相对应的双内模. 在第一种情况下, 设置阻尼 $\zeta = 0.3$ 会导致 8dB 的衰减; 在第二种情况下, 为完全抑制扰动, 采用 $\zeta = 0$ 的内模, 从而导致超过 60dB 的衰减$^{②}$.

---

① 在 [9] 中可以看到证明过程. 当开环系统不稳定但闭环系统稳定时, 这个积分是正的.
② $H_S$ 的结构为 $H_S = (1 + \alpha_1 q^{-1} + \alpha_2 q^{-2})(1 + \alpha_1' q^{-1} + \alpha_2' q^{-2})$.

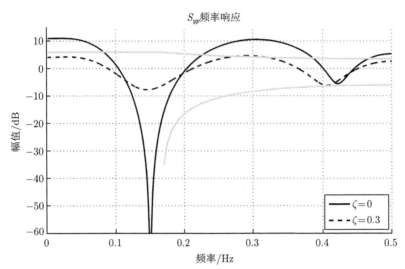

图 7.9  阻尼为 0 和 0.3 的双内模的输出灵敏度函数的模量

可以清楚地看到, 在特定频率区域内衰减的增加必然意味着衰减带外扰动的增强. 这是性质 2 的直接结果. 如果对于给定的衰减进行扩展, 也会产生类似的现象.

### 7.2.8  输入灵敏度函数

输入灵敏度函数在线性控制器的设计中非常重要. 输入灵敏度函数的模量在高频时应较低, 以确保系统对于位于高频区域[①]的附加非结构不确定性具有良好的鲁棒性.

使用由 (7.57) 和 (7.58) 给出的 $R$ 和 $S$ 的 RS 控制器的输入灵敏度函数的表达式为

$$S_{up}(z^{-1}) = -\frac{A(z^{-1})H_R(z^{-1})R'(z^{-1})}{A(z^{-1})H_S(z^{-1})S'(z^{-1}) + q^{-d}B(z^{-1})H_R(z^{-1})R'(z^{-1})} \tag{7.61}$$

**性质 1**  输出扰动对输入的影响被消除 (即 $S_{up} = 0$), 在以下频率时:

$$A(e^{-j\omega})H_R(e^{-j\omega})R'(e^{-j\omega}) = 0 \tag{7.62}$$

在这些频率下, $S_{yp} = 1$(开环运行). 保证在某些频率下 $S_{up} = 0$ 的预设定与使 $S_{yp} = 1$ 时具有相同的形式.

图 7.10 说明了预设定 $H_R(z^{-1})$ 对 $S_{up}$ 的影响:

$$H_R(z^{-1}) = 1 + \alpha z^{-1}, \quad 0 < \alpha \leqslant 1$$

① 即使在自适应控制中也确实如此, 因为高频区域中的不确定性通常不会由自适应控制器处理.

对于 $\alpha = 1$, 在 $0.5f_s$ 时 $S_{up} = 0^{①}$. 使用 $0 < \alpha < 1$ 可以在 $0.5f_s$ 左右或多或少地降低输入灵敏度函数. $H_R(z^{-1})$ 的这种结构被系统地用于降低高频区域中输入灵敏度函数的幅度.

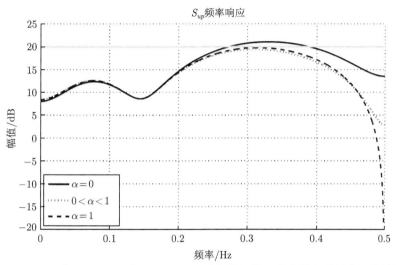

图 7.10 $H_R(z^{-1}) = 1 + \alpha z^{-1}$, $0 < \alpha \leqslant 1$ 对各种参数 $\alpha$ 值的输入灵敏度函数的影响

**性质 2**

在这些频率中：

$$A(e^{-j\omega})H_S(e^{-j\omega})S'(e^{-j\omega}) = 0$$

输出扰动被完全抑制 (在这些频率中 $S_{yp} = 0$).

$$\left|S_{up}(e^{-j\omega})\right| = \left|\frac{A(e^{-j\omega})}{B(e^{-j\omega})}\right| \tag{7.63}$$

即输入灵敏度函数的模量等于该频率下受控对象增益的倒数.

这意味着仅在系统增益足够大的频率范围内, 才能完全消除扰动 (或更一般地说, 减少扰动). 如果增益太低, $|S_{yp}|$ 在这些频率下将非常大. 因此, 针对附加受控对象模型不确定性的鲁棒性将降低, 作动器上的应力将变得很重要[10]. 这也表明如果 $B$ 在单位圆附近具有复零点 (稳定或不稳定), 则会出现问题. 在这些频率下, 应避免抑制扰动.

### 7.2.9 构造主动振动控制的灵敏度函数

主动振动控制中以下两个灵敏度函数需要特别关注.

---

① 输入灵敏度函数对应于先前的系统, 该系统在控制器中包括一个内模, 该模型的零阻尼位于 $0.15f_s$.

(1) 输出灵敏度函数 (扰动 $p(t)$ 和系统输出 $y(t)$ 之间的传递函数):

$$S_{yp}(z^{-1}) = \frac{A(z^{-1})S(z^{-1})}{P(z^{-1})} \tag{7.64}$$

(2) 输入灵敏度函数 (扰动 $p(t)$ 和系统输出 $u(t)$ 之间的传递函数):

$$S_{up}(z^{-1}) = -\frac{A(z^{-1})R(z^{-1})}{P(z^{-1})} \tag{7.65}$$

在主动振动控制中, 必须构造这些灵敏度函数以达到性能指标和鲁棒性的目的. 一旦完成了 "性能指标" 确定后 (某些复极点的阻尼, 扰动内模的引入, 在某些频率下打开环路), 构造灵敏度函数第一个工具就是引入辅助极点.

引入辅助渐近稳定实极点 $P_F(z^{-1})$ 通常会引起灵敏度函数的模量在 $1/P_F(z^{-1})$ 衰减域内减小.

从等式 (7.56) 和 (7.59) 可以看出, 如果辅助极点 $P_F(z^{-1})$ 是实数 (非周期性) 且渐近稳定, $1/(P_D(z^{-1})P_F(z^{-1}))$ 项将在频域中比 $1/P_D(z^{-1})$ 项获得更强的衰减. 但是, 由于 $S'(z^{-1})$ 取决于等式 (7.16) 的极点, 我们不能保证 $P_F(z^{-1})$ 的所有值都具有该性质.

辅助极点通常选择为高频实极点, 形式如下:

$$P_F(z^{-1}) = (1 - p_1 z^{-1})^{n_F}, \quad 0.05 \leqslant p_1 \leqslant 0.5$$

式中

$$n_F \leqslant n_p - n_D; \quad n_p = (\deg P)_{\max}; \quad n_D = \deg P_D$$

引入辅助极点的效果如图 7.11 所示, 该系统在控制器中采用了包含一个在 $0.05\,f_s$ 时阻尼为 0 的内模, 其他部分与之前的系统类似. 可见由于在 0.5Hz 处引入了 5 个辅助实极点, 高频范围区域 0dB 轴附近的输出灵敏度函数的模量被 "抬高" 了.

注意, 在许多应用中, 高频辅助极点的引入可以满足鲁棒性裕度的要求.

同时引入固定部分 $H_{S_i}$ 和一对辅助极点 $P_{F_i}$, 具有以下形式:

$$\frac{H_{S_i}(z^{-1})}{P_{F_i}(z^{-1})} = \frac{1 + \beta_1 z^{-1} + \beta_2 z^{-2}}{1 + \alpha_1 z^{-1} + \alpha_2 z^{-2}} \tag{7.66}$$

它们源自以下形式的连续时间带阻滤波器 (BSF) 的离散化:

$$F(s) = \frac{s^2 + 2\zeta_{\text{num}}\omega_0 s + \omega_0^2}{s^2 + 2\zeta_{\text{den}}\omega_0 s + \omega_0^2} \tag{7.67}$$

使用双线性变换[①]

$$s = \frac{2}{T_s}\frac{1 - z^{-1}}{1 + z^{-1}} \tag{7.68}$$

---

① 双线性变换确保在频域中通过离散时间模型更好地近似连续时间模型, 而不是用差分代替微分, 即 $s = (1 - z^{-1})T_s$ (参见 [6]).

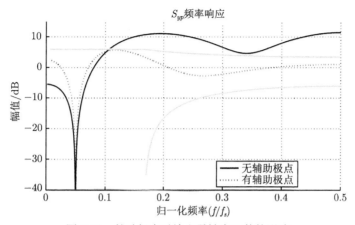

图 7.11  辅助极点对输出灵敏度函数的影响

在归一化离散频率处引入衰减 ("极点")

$$\omega_{\mathrm{disc}} = 2\arctan\left(\frac{\omega_0 T_s}{2}\right) \tag{7.69}$$

作为比值 $\zeta_{\mathrm{num}}/\zeta_{\mathrm{den}} < 1$ 的函数. $\omega_{\mathrm{disc}}$ 处的衰减由下式给出:

$$M_t = 20\log\left(\frac{\zeta_{\mathrm{num}}}{\zeta_{\mathrm{den}}}\right)\quad (\zeta_{\mathrm{num}} < \zeta_{\mathrm{den}}) \tag{7.70}$$

在频率 $f \ll f_{\mathrm{disc}}$ 和 $f \gg f_{\mathrm{disc}}$ 时, 对 $S_{yp}$ 频率特性的影响可以忽略.

图 7.12 说明了固定部件 $H_S$ 和 $P$ 中的一对极点同时引入的效果, 这对应于 (7.67) 形式的谐振滤波器的离散化. 观察到它对 $S_{yp}$ 频率特性的影响微弱, 远离滤波器的谐振频率.

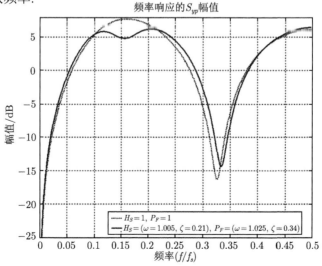

图 7.12  谐振滤波器 $H_{S_i}/P_{F_i}$ 对输出灵敏度函数的影响

这种零极滤波器 (带阻滤波器) 对于精确地构造不同频率区域的灵敏度函数的模量以满足约束是必不可少的. 它可以减少在不同区域中调谐之间的相互作用.

**带阻滤波器 $H_{S_i}/P_{F_i}$ 的设计**

$H_{S_i}$ 和 $P_{F_i}$ 系数的计算方法如下.

技术指标:

(1) 中心归一化频率 $f_{\text{disc}}(\omega_{\text{disc}} = 2\pi f_{\text{disc}})$;

(2) 频率 $f_{\text{disc}}$ 处的期望衰减：$M_t$ (dB);

(3) 辅助极点的最小可接受阻尼

$$P_{F_i} : (\zeta_{\text{den}})_{\min} \geqslant 0.3$$

步骤一：设计连续时间滤波器

$$\omega_0 = \frac{2}{T_s}\tan\left(\frac{\omega_{\text{disc}}}{2}\right) 0 \leqslant \omega_{\text{disc}} \leqslant \pi\zeta_{\text{num}} = 10^{M_t/20}\zeta_{\text{den}}$$

步骤二：根据双线性变换 (7.68) 设计离散时间滤波器.

根据 (7.68), 得到

$$F(z^{-1}) = \frac{a_{z0} + a_{z1}z^{-1} + a_{z2}z^{-2}}{a_{z0} + a_{z1}z^{-1} + a_{z2}z^{-2}} = \gamma\frac{1 + \beta_1 z^{-1} + \beta_2 z^{-2}}{1 + \alpha_1 z^{-1} + \alpha_2 z^{-2}} \tag{7.71}$$

其将被有效地应用为[1]

$$F(z^{-1}) = \frac{H_S(z^{-1})}{P_i(z^{-1})} = \frac{1 + \beta_1 z^{-1} + \beta_2 z^{-2}}{1 + \alpha_1 z^{-1} + \alpha_2 z^{-2}}$$

式中系数由下式给出[2]

$$b_{z0} = \frac{4}{T_s^2} + 4\frac{\zeta_{\text{num}}\omega_0}{T_s} + \omega_0^2; \quad b_{z1} = 2\omega_0^2 - \frac{8}{T_s^2}$$

$$b_{z2} = \frac{4}{T_s^2} - 4\frac{\zeta_{\text{num}}\omega_0}{T_s} + \omega_0^2 \tag{7.72}$$

$$a_{z0} = \frac{4}{T_s^2} + 4\frac{\zeta_{\text{den}}\omega_0}{T_s} + \omega_0^2; \quad a_{z1} = 2\omega_0^2 - \frac{8}{T_s^2}$$

$$a_{z2} = \frac{4}{T_s^2} - 4\frac{\zeta_{\text{den}}\omega_0}{T_s} + \omega_0^2$$

---

[1] 因子 $\gamma$ 对最终结果 ($R$ 和 $S$ 的系数) 没有影响. 但是, 可以在不对分子系数进行归一化的情况下实现滤波器.

[2] 这些滤波器可以使用函数 filter22. sci (Scilab) 和 filter22.m(MATLAB®) 计算, 可从本书网站下载.

$$\gamma = \frac{b_{z0}}{a_{z0}}$$

$$\beta_1 = \frac{b_{z1}}{b_{z0}}; \quad \beta_2 = \frac{b_{z2}}{b_{z0}} \tag{7.73}$$

$$\alpha_1 = \frac{a_{z1}}{a_{z0}}; \quad \alpha_2 = \frac{a_{z2}}{a_{z0}}$$

**备注** 对于低于 $0.17f_s$ 的频率, 可以直接在离散时间内以非常好的精度直接完成设计. 在这种情况下, $\omega_0 = \omega_{0\text{den}} = \omega_{0\text{num}}$, 离散时间滤波器 $H_{S_i}$ 和 $P_{F_i}$ 的阻尼直接使用等式 (7.70) 作为衰减的函数进行计算.

**备注** 虽然 $H_S$ 在控制器中得到了有效的实现, 但 $P_F$ 仅间接使用. $P_F$ 已在 (7.17) 中引入, 其效果反映在公式 (7.59) 的解所得的 $R$ 和 $S$ 系数中.

如果 $S$ 多项式包含正弦波扰动的内模, 即 $S = S'D_p$ 且 $D_p$ 是具有零阻尼和谐振频率 $\omega$ 的二阶多项式, 则输出灵敏度函数的模量在该频率下将为零, 即表示完全排斥正弦波扰动. 如果不对灵敏度函数进行任何调整, 则在该频率附近将出现 "水床" 效应. 但是, 如果目标是仅引入一定程度的衰减, 则应考虑引入具有零点和极点的 "带阻" 滤波器. 分子将在 $S$ 多项式中实现, 而极点将添加到期望闭环极点. 在这种情况下, "水床" 效应就不那么重要.

对于 $n$ 窄带扰动, 将使用 $n$ 带阻滤波器:

$$\frac{S_{\text{BSF}}(z^{-1})}{P_{\text{BSF}}(z^{-1})} = \frac{\prod\limits_{i=1}^{n} S_{\text{BSF}_i}(z^{-1})}{\prod\limits_{i=1}^{n} P_{\text{BSF}_i}(z^{-1})} \tag{7.74}$$

可以使用类似的过程来调整输入灵敏度函数 (如将等式 (7.66) 中的 $H_S$ 替换为 $H_R$).

## 7.3　实时控制案例：使用惯性作动器的主动振动控制系统的窄带扰动衰减

本节通过一个示例说明了用于衰减窄带扰动的方法. 在 2.2 节中介绍的带有惯性作动器的主动振动控制系统将作为试验平台. 在 6.2 节中已对此系统进行了开环辨识, 采样频率为 $f_s = 800\text{Hz}$.

在系统上施加了一个 70Hz 的正弦波扰动. 扰动由主通路滤波, 其影响由残余力传感器进行测量. 目的是强烈消除这种扰动对残余力的影响. 内模原理以及灵敏度函数的创建将用于设计线性鲁棒控制器.

技术指标如下:

- 控制器应消除 70Hz 时的扰动 (至少衰减 40dB).
- 输出灵敏度函数的最大允许放大率为 6dB(即模量裕度为 $\Delta M \geqslant 0.5$).
- 应至少达到一个采样周期的时滞裕度.
- 控制器的增益在 0 Hz 时必须为零 (因为系统具有双重微分器特性).
- 当系统增益较低且存在不确定性时, 控制器的增益应在 $0.5f_s$ 时为零.
- 扰动对控制输入的影响在 100Hz 以上时应衰减, 以提高对非模型动力学的鲁棒性 ($S_{up}(e^{j\omega}) < -40$dB, $\forall \omega \in [100, 400]$Hz).

线性控制器的设计步骤为:

(1) 在闭环特征多项式中包含所有 (稳定的) 次级通路极点.

(2) 设计控制器分母的固定部分, 以消除 70Hz 扰动 (IMP)

$$H_S(q^{-1}) = 1 + a_1 q^{-1} + q^{-2} \tag{7.75}$$

式中 $a_1 = -2\cos(2\pi f/f_s)$, $f = 70$Hz. 输出灵敏度函数的模量如图 7.13(曲线 IMP) 所示. 可以看出, 输出灵敏度函数的最大模量大于 6dB.

(3) 在 0Hz 和 400Hz 时打开环路, 将控制器分子的固定部分设置为

$$H_R = (1 + q^{-1}) \cdot (1 - q^{-1}) = 1 - q^{-2} \tag{7.76}$$

最终的输出灵敏度函数也在图 7.13 中 (曲线 IMP +Hr) 所示. 可以看出, 它在 250 Hz 附近有一个不可接受的值 (违反了时滞裕度的约束).

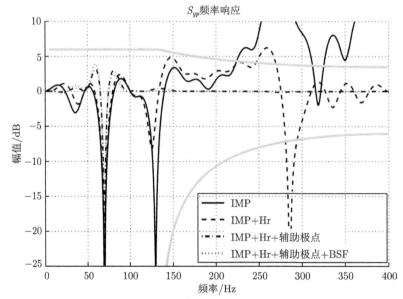

图 7.13　各种控制器的输出灵敏度函数 (灰色线代表模量裕度和时滞裕度的模板)

(4) 为了提高鲁棒性, 在特征多项式中设置了两个复共轭极点, 一个在 65Hz, 另一个在 75Hz, 它们的阻尼因子均为 0.2. 所得的输出灵敏度函数 (曲线 IMP+Hr + 辅助极点) 具有所需的特性; 但是, 如图 7.14 所示 (曲线 IMP+Hr+ 辅助极点), 在 100Hz 至 400Hz 之间, 输入灵敏度函数的模量高于 −40dB.

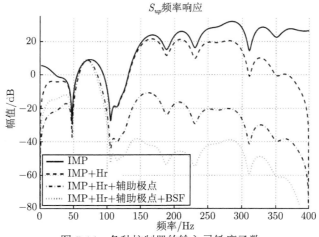

图 7.14　各种控制器的输入灵敏度函数

(5) 在输入灵敏度函数上设置带阻滤波器 (BSF): 一个为 160Hz, 另一个为 210Hz, 分别衰减 −20dB 和 −15dB. 两者的分母的阻尼因子均为 0.9. 可以看到, 这对输入灵敏度函数具有所需的性能指标, 而对输出灵敏度函数没有影响.

所得的模数裕度为 0.637, 所得的时滞裕度为 $2.012T_s$. 最终控制器在性能和鲁棒性两方面都满足所需的性能指标.

**实时结果**

开环 $(y_{OL}(t))$ 和闭环 $(y_{CL}(t))$ 的时域结果如图 7.15 所示. 频域分析的结果如图 7.16 和图 7.17 所示. 可以看出, 控制器达到了所有所需的特性. 在控制器的作用下, 残余力几乎与系统噪声相当.

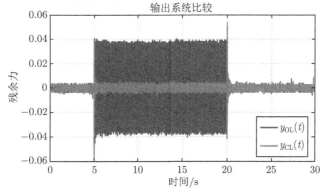

图 7.15　开环和闭环中 70Hz 扰动的时域响应结果 (扫描封底二维码见彩图)

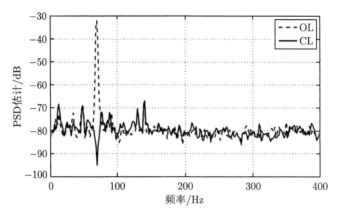

图 7.16　开环扰动的 PSD(虚线) 和 70Hz 时闭环的有效衰减 (实线)

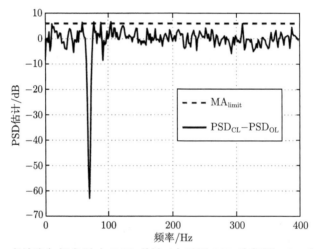

图 7.17　有效残余衰减/放大 PSD 估计 (由开环 PSD 和闭环 PSD 之差所得)

## 7.4　通过凸优化构造灵敏度函数的极点配置

文献 [11] 表明, 可以将在极点配置的情况下对构造灵敏度函数的问题表述为凸优化问题, 可以使用凸优化程序 (可在工具箱 OPTREG①中找到).

我们将介绍这种方法, 该方法将在主动阻尼的背景下使用. 这种方法首先利用了 Youla-Kučera 参数化技术. 假设:

- 已经定义了控制器 $H_R$ 和 $H_S$ 的固定部分 (以实现某些性能);
- 已经设计了中央稳定控制器;

———————————
① 可从本书网站下载.

• 已经定义了输出和输入灵敏度函数的模板 (以便获得所需的鲁棒性裕度和性能指标).

考虑控制器的 Youla-Kučera 参数化如下:

$$R = H_R(R_0 + AH_SQ) \tag{7.77}$$

$$S = H_S(S_0 - z^{-d}BH_RQ) \tag{7.78}$$

式中 $(H_R, H_S)$ 是控制器的固定部分, $(A, B)$ 是关于 $z^{-1}$ 的多项式 ($z^{-d}B/A$ 是名义模型), $Q$ 是一个有理传递函数, 它是固有的且渐近稳定的[①].

中央控制器 $R_0/S_0(Q = 0)$ 可以通过求解关于 $R_0$ 和 $S_0$ 的 Bezout 方程获得:

$$AH_SS_0 + z^{-d}BH_RR_0 = P_D \tag{7.79}$$

式中 $P_D$ 是由设计人员定义的渐近稳定多项式, 它包含闭环系统的期望主极点. 将 $Q$ 表示为关于 $z^{-1}$ 的合理的传递函数的比值:

$$Q(z^{-1}) = \frac{B_Q(z^{-1})}{A_Q(z^{-1})} \tag{7.80}$$

可得

$$\frac{R}{S} = \frac{H_R(R_0A_Q + AH_SB_Q)}{H_S(S_0A_Q - z^{-d}BH_RB_Q)} \tag{7.81}$$

闭环系统的极点将由下式给出

$$P = AS + z^{-d}BR = P_DA_Q$$

式中 $P_D$ 的零点是闭环的固定极点 (由中央控制器定义), $A_Q$ 的零点是优化过程中加入的附加极点. 输出灵敏度函数和输入灵敏度函数可以写成:

$$S_{yp} = \frac{AS}{AS + z^{-d}BR} = \frac{AH_S}{P_D}\left(S_0 - B_{\text{nom}}H_R\frac{B_Q}{A_Q}\right) \tag{7.82}$$

$$S_{up} = \frac{AH_R}{P_D}\left(R_0 + A_{\text{nom}}H_S\frac{B_Q}{A_Q}\right) \tag{7.83}$$

如 (7.82) 和 (7.83) 所示, 灵敏度函数可以显式地表示为 $T_1 + T_2\frac{\beta}{\alpha}$ 的形式.

---

[①] 这种特殊的 YK 参数化方法可以允许在式 (7.4) 的控制器中将固定部分 $H_R$ 和 $H_S$ 保留.

在灵敏度函数的模量 (衰减频带, 模量裕度, 时滞裕度, 对输入灵敏度函数的限制) 上施加一定的频率相关极限 $W$(模板) 从而得到形式的一个条件:

$$\left| T_1 \arg z + T_2 \arg z \frac{\beta' \ \arg z}{\alpha' \ \arg z} \right| \leqslant |W \arg z|, \quad \forall |z| = 1 \tag{7.84}$$

(7.84) 等价于条件

$$\left\| \overline{T}_1 + \overline{T}_2 \frac{\beta'}{\alpha'} \right\|_{\infty} < 1 \tag{7.85}$$

因此, 等式 (7.84) 显示存在 $\alpha$ 和 $\beta$, 因此通过设置 $\overline{T}_1 = W^{-1}T_1$, $\overline{T}_2 = W^{-1}T_2$, 得到

$$\left| W^{-1}T_1\alpha + W^{-1}T_2\beta \right| \leqslant \text{Re}\{\alpha\} \tag{7.86}$$

这显然是 $\alpha$ 和 $\beta$ 的凸条件. 可以在文献 [11,12] 中找到详细的信息.

为了对条件逐点测试, 对频率进行网格化操作 (即在 $f = 0$ 和 $f = 0.5f_s$ 之间的 32 个点).

对于优化过程, 多项式 $A_Q$ 和 $B_Q$ 将采用 (Ritz 方法) 的形式:

$$A_Q(x_a) = 1 + \sum_{k=1}^{N} x_{ak}\alpha_k \tag{7.87}$$

$$B_Q(x_b) = x_{b0} + \sum_{k=1}^{N} x_{bk}\beta_k \tag{7.88}$$

式中 $\alpha_k$, $\beta_k$ 是稳定的多项式 ($x_{ak}$ 和 $x_{bk}$ 的仿射), $N$ 是参数化的阶次 (即必须验证约束的灵敏度函数上的点数). 优化参数为 $x_{ak}$ 和 $x_{bk}$.

对于离散时间的情况, 可以选择 $\alpha_k$ 和 $\beta_k$ 为

$$\alpha_k = \beta_k = \left( \frac{z_0 - z^{-1}}{1 - z_0 z^{-1}} \right)^k$$

式中 $z_0$ 是参数化的时间常数 (可以调整).

使用上面指出的参数化和约束条件, 可通过凸优化获得具有期望属性的 (RS) 控制器. 有关优化过程的更多详细信息, 请参见文献 [13,14].

MATLAB® 工具箱 Optreg 提供了用于指定约束条件和寻找最优控制器的案例. 该方法将在第 10 章中用于主动阻尼.

# 7.5  结  束  语

- 本章讨论了用于主动振动控制系统的多项式 RS 控制器的设计.
- 控制器的设计需要受控对象模型的相关知识 (主动振动控制中的次级通路).
- 可以使用 "内模原理" 来实现对音调扰动进行渐近抑制 (需要知道扰动的频率).
- 控制器的 Youla-Kučera 参数化实现了扰动补偿和反馈稳定这两个问题相分离.
- 鲁棒性不是控制策略的固有属性. 它是合理选择了与灵敏度函数有关的控制目标而产生的.
- 有两个灵敏度函数需要受关注：输出灵敏度函数和输入灵敏度函数.
- 模量裕度和时滞裕度是鲁棒性的基本指标.
- 构造灵敏度函数是主动振动控制中的关键问题, 以实现期望性能和鲁棒性目标.
- 性能和鲁棒性指标会转换为灵敏度函数的期望模板.
- 极点配置与构造灵敏度函数的工具相结合是设计主动振动控制系统的有效方法.
- 通过选择辅助极点和使用带阻滤波器, 可以方便地实现灵敏度函数的构造.
- 一旦定义了灵敏度函数的期望模板, 极点配置与凸优化相结合就可以为设计问题提供几乎自动的解决方案.

# 7.6  注释和参考资料

AVC 系统设计中的第一个问题 (假设受控对象模型已知) 是在灵敏度函数的期望模板中转换性能和鲁棒性指标. 然后可以使用任何能实现期望灵敏度函数的设计方法, 例如极点配置[1,6,7,15]、线性二次控制[6,7,15]、$H_\infty$ 控制[8,16]、CRONE 控制[17-19]、广义预测控制[2,20].

灵敏度函数的构造问题可以转化为凸优化问题[12], 该方法的使用详见 [11, 13,14].

在文献 [21,22] 中讨论了 AVC 的 Bode 积分约束问题.

## 参 考 文 献

[1] Goodwin G, Sin K (1984) Adaptive fifiltering prediction and control. Prentice Hall, Englewood Cliffs

[2]  Landau ID, Lozano R, M'Saad M, Karimi A (2011) Adaptive control, 2nd edn. Springer, London

[3]  Anderson B (1998) From Youla-Kučera to identifification, adaptive and nonlinear control. Automatica 34(12): 1485-1506. doi: 10.1016/S0005-1098(98)80002-2, http://www. sciencedirect.com/science/article/pii/S0005109898800022

[4]  Tsypkin Y (1997) Stochastic discrete systems with internal models. J Autom Inf Sci 29(4&5):156-161

[5]  Landau I, Constantinescu A, Rey D (2005) Adaptive narrow band disturbance rejection applied to an active suspension-an internal model principle approach. Automatica 41(4): 563-574

[6]  Landau I, Zito G (2005) Digital control systems - design, identifification and implementation. Springer, London

[7]  Astrom KJ, Wittenmark B (1984) Computer controlled systems. Theory and design. PrenticeHall, Englewood Cliffs

[8]  Doyle JC, Francis BA, Tannenbaum AR (1992) Feedback control theory. Macmillan, New York

[9]  Sung HK, Hara S (1988) Properties of sensitivity and complementary sensitivity functions in single-input single-output digital control systems. Int J Control 48(6): 2429-2439. doi: 10.1080/00207178808906338

[10]  Landau ID, Alma M, Constantinescu A, Martinez JJ, Noë M (2011) Adaptive regulation-rejection of unknown multiple narrow band disturbances (a review on algorithms and applications) Control Eng Pract 19(10): 1168-1181. doi: 10.1016/j.conengprac. 2011.06.005

[11]  Larger J, Constantinescu A (1979) Pole placement design using convex optimisation criteria for the flflexible transmission benchmark. Eur J Control 5(2): 193-207

[12]  Rantzer A, Megretski A (1981) A convex parametrization of robustly stabilizig controllers. IEEE Trans Autom Control 26: 301-320

[13]  Langer J, Landau I (1999) Combined pole placement/sensitivity function shaping method using convex optimization criteria. Automatica 35: 1111-1120

[14]  Langer J (1998) Synthèse de régulateurs numériques robustes. Application aux structures souples. Ph.D. thesis, INP Grenoble, France

[15]  Franklin GF, Powell JD, Workman ML (1998) Digital control of dynamic systems, vol 3. Addison-Wesley, Menlo Park

[16]  Zhou K, Doyle J (1998) Essentials of robust control. Prentice-Hall International, Upper Saddle River

[17]  Oustaloup A, Mathieu B, Lanusse P (1995) The CRONE control of resonant plants: application to a flflexible transmission. Eur J Control 1(2): 113-121. doi: 10.1016/S0947-3580(95)70014-0, http://www.sciencedirect.com/science/article/pii/ 0947358095700140

[18]  Lanusse P, Poinot T, Cois O, Oustaloup A, Trigeassou J (2004) Restricted-complexity controller with CRONE control-system design and closed-loop tuning. Eur J Con-

trol 10(3): 242-251. doi:10.3166/ejc.10.242-251, http://www.sciencedirect.com/ cience/
article/pii/S0947358004703647

[19] Oustaloup A, Cois O, Lanusse P, Melchior P, Moreau X, Sabatier J (2006) The CRONE
aproach: theoretical developments and major applications. In: IFAC Proceedings 2nd
IFAC workshop o fractional differentiation and its applications, vol 39(11), pp 324-
354. doi: 10.3182/20060719-3-PT-4902.00059, http://www.sciencedirect.com/science/
rticle/pii/1474667015365228

[20] Camacho EF, Bordons C (2007) Model predictive control. Springer, London

[21] Hong J, Bernstein DS (1998) Bode integral constraints, collocation, and spillover in
active noise and vibration control. IEEE Trans Control Syst Technol 6(1): 111-120

[22] Chen X, Jiang T, Tomizuka M (2015) Pseudo Youla-Kučera parametcrization with
control of the waterbed effect for local loop shaping. Automatica 62: 177-183

# 第 8 章　闭环运行中的辨识

## 8.1　引　　言

在主动振动控制系统中, 考虑在闭环运行中辨识的原因有两个:

- 获得用于控制器再设计的改进系统模型;
- 在不打开回路的情况下重新调整控制器.

闭环辨识的目的是获得受控对象模型, 该模型尽可能精确地描述给定控制器的实际闭环系统的特性. 换句话说, 闭环系统辨识的目的是寻找一个受控对象模型, 该受控对象模型的反馈控制器作用于真实的受控对象模型使得闭环传递函数 (灵敏度函数) 尽可能接近真实的闭环系统. 如果闭环系统的性能令人不满意, 那么期望在闭环中辨识该模型从而能够对控制器进行重新设计, 以提高实时控制系统的性能.

在文献 [1,2] 以及许多其他参考文献中已经表明, 闭环辨识 (如果使用适当的辨识算法) 通常会得到用于控制器设计的更好的模型.

为了了解闭环辨识的潜力以及可能遇到的困难, 我们考虑在闭环中对受控对象模型进行辨识, 将外部激励加入到控制器输出中 (图 8.1(a)). 图 8.1(b) 显示了一个等效方案, 该方案突出了外部激励 $r_u$ 和受控对象的输入 $u$ 之间的传递函数, 以及测量噪声对受控对象输入的影响. 假设外部激励是 PRBS, 其频谱在 0 到 $0.5f_s$ 之间几乎恒定.

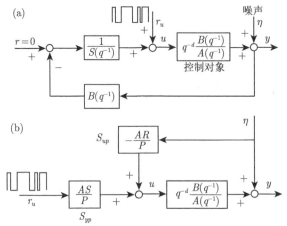

图 8.1　闭环辨识：(a) 加入到控制输出的激励; (b) 等效表示

观察到, 有效的受控对象的输入可由输出灵敏度函数 $S_{yp}$(参见 7.1 节) 外部激励滤波后得到, 其幅度在接近临界点 $(-1, j0)$ 的频率区域中最大值 (参见 7.2.4 节). 因此, 受控对象的有效输入的频谱在这些频率区域将会被增强. 因此, 已辨识模型在这些临界区域中的稳定性和性能将得到提高. 不幸的是, 与此同时, 反馈使得测量噪声和受控对象输入之间存在相关性. 如果要使用开环技术辨识受控对象模型, 则会对估计参数产生重大偏差.

因此, 为了在闭环运行中进行良好的辨识, 需要辨识方法, 这些方法应利用施加到受控对象输入的有效激励信号的 "改进" 特性, 但不受反馈环境中的噪声影响. 下面介绍的 "闭环输出误差" 方法 (CLOE) 为这个问题提供了一个有效的解决方案.

## 8.2 闭环输出误差辨识方法

### 原理

闭环输出误差辨识算法的原理如图 8.2 所示. (a) 代表真实的闭环系统, 采用激励与控制输出叠加进行闭环输出误差辨识; (b) 代表可调的闭环预测器, 采用激励与参考叠加进行闭环输出误差辨识. 该闭环预测器采用了与实时系统相同的控制器.

实时闭环系统的输出与闭环预测器之间的预测误差 (闭环输出误差) 是对真实受控对象模型与估计模型之间误差的一种度量. 该误差可用于调整估计的受控对象模型, 以使闭环预测误差最小化 (在某种准则的意义上). 换句话说, 闭环辨识的目标是找到使真实闭环系统的实测输出与预测闭环输出之间的预测误差最小的最优受控对象模型. 使用这些方法需要控制器的知识.

从图 8.2 可以看出, 最小化闭环预测误差将使真实灵敏度函数与估计灵敏度函数的误差最小化. 对于将激励添加到控制器输出的情况,

$$S_{yv} = \frac{q^{-d}BS}{AS + q^{-d}BR} \tag{8.1}$$

和

$$\hat{S}_{yv} = \frac{q^{-d}\hat{B}S}{\hat{A}S + q^{-d}\hat{B}R} \tag{8.2}$$

之间的误差将会被最小化. 式中 $\hat{A}$ 和 $\hat{B}$ 是 $A$ 和 $B$ 多项式的估计值[①].

---

① 在这种情况下, $S_{yv}$ 对应于 $r_u(t)$ 和 $y(t)$ 之间的传递函数.

对于将激励添加到参考的情况, 当 $T = R$ 时,

$$S_{yr} = \frac{q^{-d}\hat{B}R}{AS + q^{-d}BR} \tag{8.3}$$

和

$$\hat{S}_{yr} = \frac{q^{-d}\hat{B}R}{\hat{A}S + q^{-d}\hat{B}R} \tag{8.4}$$

之间的误差将会被最小化. 由于 $|S_{yr} - \hat{S}_{yr}| = |S_{yp} - \hat{S}_{yp}|$, 实际和估计的输出灵敏度函数之间的误差也将最小化.

在主动振动控制的背景下, 我们通常希望得到一个能更好地估计输出灵敏度函数的模型. 因此, 图 8.2(b) 的配置经常与 $T = R$[①]一起使用.

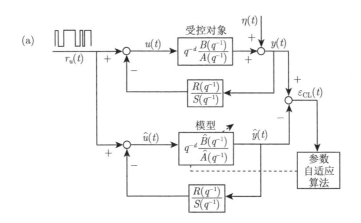

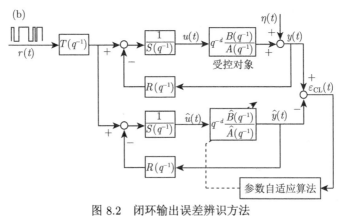

图 8.2　闭环输出误差辨识方法

(a) 激励与控制输出叠加；(b) 激励与参考叠加

---

① 这等效于将激励发送到图 8.2(b) 中的滤波器 $R$ 的输入.

**算法**

$$G(q^{-1}) = \frac{q^{-d}B(q^{-1})}{A(q^{-1})} \tag{8.5}$$

式中

$$B(q^{-1}) = b_1 q^{-1} + \cdots + b_{n_B} q^{-n_B} = q^{-1}B^*(q^{-1}) \tag{8.6}$$

$$A(q^{-1}) = 1 + a_1 q^{-1} + \cdots + a_{n_A} q^{-n_A} = 1 + q^{-1}A^*(q^{-1}) \tag{8.7}$$

为不失通用性, 该受控对象使用 RST 数字控制器进行闭环运行. 闭环运行的受控对象的输出由下式给出 (图 8.2(a)):

$$y(t+1) = -A^*y(t) + B^*u(t-d) + A\eta(t+1) = \theta^{\mathrm{T}}\varphi(t) + A\eta(t+1) \tag{8.8}$$

式中 $u(t)$ 是受控对象输入, $y(t)$ 是受控对象输出, $\eta(t)$ 是输出噪声.

$$\theta^{\mathrm{T}} = [a_1, \cdots, a_{n_A}, b_1, \cdots, b_{n_B}] \tag{8.9}$$

$$\varphi^{\mathrm{T}}(t) = [-y(t), \cdots, -y(t-n_A+1), u(t-d), \cdots, u(t-n_B+1-d)] \tag{8.10}$$

$$u(t) = -\frac{R}{S}y(t) + r_u \tag{8.11}$$

式中 $r_u$ 是施加到控制器输出的外部激励(如果外部激励如图 8.2(b) 所示应用于参考, 则 $r_u$ 等于 $\frac{T}{S}r$).

对于估计参数的固定值, 闭环 (设计系统) 预测器可以表示为

$$\hat{y}(t+1) = -\hat{A}^*\hat{y}(t) + \hat{B}^*\hat{u}(t-d) = \hat{\theta}^{\mathrm{T}}\phi(t) \tag{8.12}$$

式中

$$\hat{\theta}^{\mathrm{T}} = [\hat{a}_1, \cdots, \hat{a}_{n_A}, \hat{b}_1, \cdots, \hat{b}_{n_B}] \tag{8.13}$$

$$\phi^{\mathrm{T}}(t) = [-\hat{y}(t), \cdots, -\hat{y}(t-n_A+1), \hat{u}(t-d), \cdots, \hat{u}(t-n_B+1-d)] \tag{8.14}$$

$$\hat{u}(t) = -\frac{R}{S}\hat{y}(t) + r_u \tag{8.15}$$

闭环预测 (输出) 误差定义为

$$\varepsilon_{\mathrm{CL}}(t+1) = y(t+1) - \hat{y}(t+1) \tag{8.16}$$

从图 8.2(a) 可以明显看出, 对于定值的估计参数, 预测回归量向量 $\phi(t)$ 仅取决于外部激励. 因此, 假设外部激励 ($r$ 或 $r_u$) 和随机噪声 $\eta$ 是独立的, 则 $\phi(t)$ 和 $\eta(t)$ 不相关 ($\phi(t)$ 和 $\varepsilon_{\mathrm{CL}}(t+1)$ 也不相关), 该方案具有输出误差预测的结构.

如果在估计的受控对象模型中应包括已知的固定部分, 则必须修改闭环预测器方程, 以保持输入/输出特性. 有关详细信息, 请参见 8.2.4 节和 [3]. 对于所有方法, 参数自适应算法 (PAA) 具有一般形式

$$\hat{\Theta}(t+1) = \hat{\Theta}(t) + F(t)\Phi(t)\nu(t+1) \tag{8.17}$$

$$F(t+1)^{-1} = \lambda_1(t)F(t)^{-1} + \lambda_2(t)\Phi(t)\Phi^{\mathrm{T}}(t) \tag{8.18}$$

$$0 < \lambda_1(t) \leqslant 1; \quad 0 \leqslant \lambda_2(t) < 2$$

$$F(0) > 0; \quad F(t)^{-1} > \alpha F^{-1}(0); \quad 0 < \alpha < \infty \tag{8.19}$$

$$F(t+1) = \frac{1}{\lambda_1(t)}\left[ F(t) - \frac{F(t)\Phi(t)\Phi^{\mathrm{T}}(t)F(t)}{\frac{\lambda_1(t)}{\lambda_2(t)} + \Phi^{\mathrm{T}}(t)F(t)\Phi(t)} \right] \tag{8.20}$$

$$\nu(t+1) = \frac{\nu^\circ(t+1)}{1 + \Phi^{\mathrm{T}}(t)F(t)\Phi(t)} \tag{8.21}$$

式中 $\nu^\circ(t+1) = f_1(\hat{\Theta}(t), \hat{\Theta}(t-1), \cdots, y(t+1), \nu(t), \nu(t-1), \cdots)$ 是先验自适应误差, $\nu(t+1) = f_2(\hat{\Theta}(t+1), \hat{\Theta}(t), \cdots, y(t+1), \nu(t), \nu(t-1), \cdots)$ 是后验自适应误差, $\Phi(t)$ 是观测向量.

对每种递归辨识算法, $\Theta, \Phi$ 和 $\nu^\circ(t+1)$ 会有特定的表达式. 注意, 序列 $\lambda_1(t)$ 和 $\lambda_2(t)$ 能够定义自适应增益 $F(t)$ 的时间曲线. 对于随机环境中的收敛性分析, 假设使用自适应增益降低的 PAA(即 $\lambda_1(t) \equiv 1, \lambda_2(t) = \lambda_2 > 0$).

关于开环输出误差辨识算法的根本区别来自可调预测器和观测向量的结构.

### 8.2.1　闭环输出误差算法 (CLOE)

现在将式 (8.12) 中给出的闭环的固定预测器替换为可调预测器, 得到:

• 先验预测输出:

$$\hat{y}^\circ(t+1) = \hat{y}(t+1|\hat{\theta}(t)) = \hat{\theta}^{\mathrm{T}}(t)\phi(t) \tag{8.22}$$

• 后验预测输出:

$$\hat{y}(t+1) = \hat{y}(t+1|\hat{\theta}(t+1)) = \hat{\theta}^{\mathrm{T}}(t+1)\phi(t) \tag{8.23}$$

• 先验预测误差:

$$\varepsilon^\circ_{\mathrm{CL}}(t+1) = y(t+1) - \hat{y}^\circ(t+1) \tag{8.24}$$

• 后验预测误差:

$$\varepsilon_{\mathrm{CL}}(t+1) = y(t+1) - \hat{y}(t+1) \tag{8.25}$$

后验预测误差的公式是在确定性环境 (无噪声环境, 具体请参见 [4]) 下得到的:

$$\varepsilon_{\mathrm{CL}}(t+1) = \frac{S}{P}[\theta - \hat{\theta}(t+1)]^{\mathrm{T}}\phi(t) \tag{8.26}$$

第 4 章给出的规则建议 PAA 具有

$$\hat{\Theta}(t) = \hat{\theta}(t)$$

$$\Phi(t) = \phi(t)$$

$$\nu^\circ(t+1) = \varepsilon_{\mathrm{CL}}^\circ(t+1)$$

这称为闭环输出误差 (CLOE) 算法[1,2,4]. 可以证明 (见 [2,4]), 在确定性和随机环境下, 稳定和渐近无偏收敛的充分条件是

$$H'(z^{-1}) = \frac{S(z^{-1})}{P(z^{-1})} - \frac{\lambda_2}{2} \tag{8.27}$$

应该是严格正实数 (式中 $\max_t \lambda_2(t) \leqslant \lambda_2 < 2$).

为了放松这一条件, 提出了以下两种解决方案.

## 8.2.2 滤波闭环输出误差算法 (F-CLOE) 和自适应滤波闭环输出误差算法 (AF-CLOE)

对于 $\hat{\theta} =$ 常数, 式 (8.26) 可以改写为

$$\varepsilon_{\mathrm{CL}}(t+1) = \frac{S}{P} \cdot \frac{\hat{P}}{S}[\theta - \hat{\theta}]\frac{S}{\hat{P}}\phi(t) = \frac{\hat{P}}{P}[\theta - \hat{\theta}]\phi_f(t) \tag{8.28}$$

式中

$$\phi_f(t) = \frac{S}{\hat{P}}\phi(t) \tag{8.29}$$

$$\hat{P} = \hat{A}S + q^{-d}\hat{B}R \tag{8.30}$$

在式 (8.30) 中, $\hat{P}$ 是基于受控对象模型的真实闭环极点的估计 (例如使用开环试验). 这公式得到滤波闭环输出误差 (F-CLOE) 算法[2], 该算法使用与 CLOE 相同的可调预测器 (请参见公式 (8.22) 和 (8.23)) 以及 PAA 为

$$\hat{\Theta}(t) = \hat{\theta}(t)$$

$$\Phi(t) = \phi_f(t)$$

$$\nu^\circ(t+1) = \varepsilon_{\mathrm{CL}}^\circ(t+1)$$

可以证明, 通过忽略时变算子的非可交换性 (但是可以得出精确的算法), 在充分条件下:

$$H'(z^{-1}) = \frac{\hat{P}(z^{-1})}{P(z^{-1})} - \frac{\lambda_2}{2} \tag{8.31}$$

是严格正实数. 在确定性环境中的渐近稳定性和随机环境中的渐近无偏性都得到了保证[2].

通过时变滤波器 $S/\hat{P}(t)$ 来对 $\phi(t)$ 滤波, 可以进一步放松公式 (8.31) 的条件, 其中 $\hat{P}(t)$ 对应于由 $\hat{P}(t) = \hat{A}(t)S + q^{-d}\hat{B}(t)R$ 给出的闭环的当前估计值, 式中 $\hat{A}$ 和 $\hat{B}$ 是 $A$ 和 $B$ 多项式的当前估计值 (AF-CLOE 算法).

### 8.2.3　扩展闭环输出误差算法 (X-CLOE)

对于噪声模型是 $\eta(t+1) = \frac{C}{A}e(t+1)$ 的情况, 式中 $e(t+1)$ 是零均值高斯白噪声, $C(q^{-1}) = 1 + q^{-1}C^*(q^{-1})$ 是渐近稳定的多项式, 扩展输出误差预测模型可以定义为

$$\begin{aligned}\hat{y}(t+1) &= -\hat{A}^*\hat{y}(t) + \hat{B}^*\hat{u}(t-d) + \hat{H}^*\frac{\varepsilon_{\mathrm{CL}}(t)}{S} \\ &= \hat{\theta}^{\mathrm{T}}\phi(t) + \hat{H}^*\frac{\varepsilon_{\mathrm{CL}}(t)}{S} = \hat{\theta}_e^{\mathrm{T}}\phi_e(t)\end{aligned} \tag{8.32}$$

在这种情况下, 受控对象的输出的公式 (8.8) 变为

$$y(t+1) = \theta^{\mathrm{T}}\phi(t) + H^*\frac{\varepsilon_{\mathrm{CL}}(t)}{S} - C^*\varepsilon_{\mathrm{CL}}(t) + Ce(t+1) \tag{8.33}$$

$$= \theta_e^{\mathrm{T}}\phi e(t) - C^*\varepsilon_{\mathrm{CL}}(t) + Ce(t+1) \tag{8.34}$$

式中

$$H^* = h_1 + h_2 q^{-1} + \cdots + h_{n_H}q^{-n_H+1} = C^*S - A^*S - q^{-d}B^*R \tag{8.35}$$

$$H = 1 + q^{-1}H^* = 1 + CS - P \tag{8.36}$$

$$\theta_e^{\mathrm{T}} = [\theta^{\mathrm{T}}, h_1, \cdots, h_{n_H}] \tag{8.37}$$

$$\hat{\theta}_e^{\mathrm{T}} = [\hat{\theta}^{\mathrm{T}}, \hat{h}_1, \cdots, \hat{h}_{n_H}] \tag{8.38}$$

$$\phi_e^{\mathrm{T}}(t) = [\phi^{\mathrm{T}}(t), \varepsilon_{\mathrm{CL}}f(t), \cdots, \varepsilon_{\mathrm{CL}}f(t-n_H+1)] \tag{8.39}$$

$$\varepsilon_{\mathrm{CL}}f(t) = \frac{1}{S}\varepsilon_{\mathrm{CL}}(t) \tag{8.40}$$

从 (8.34) 中减去 (8.32) 可得出闭环预测误差的表达式 (有关详细信息, 请参见 [5]):

$$\varepsilon_{\mathrm{CL}}(t+1) = \frac{1}{C}[\theta_e - \hat{\theta}_e]^{\mathrm{T}}\phi_e(t) + e(t+1) \tag{8.41}$$

公式 (8.41) 清楚地表明对于 $\hat{\theta}_e = \theta_e$, 闭环预测误差向 $e(t+1)$ 渐近收敛.

用可调预测器代替固定预测器 (8.32), 用 PAA 得到递归辨识算法 (X-CLOE):

$$\hat{\Theta}(t) = \hat{\theta}_e(t)$$

$$\Phi(t) = \phi_e(t)$$

$$\nu^{\circ}(t+1) = \varepsilon_{\mathrm{CL}}^{\circ}(t+1) = y(t+1) - \hat{\theta}_e^{\mathrm{T}}(t)\phi_e(t)$$

使用定理 4.1 在确定性情况下的分析 $(C = 1, e = 0)$, 在不存在任何正实条件的情况下, 确保了系统的全局渐近稳定性 (因为这种情况下的后验闭环预测误差方程为 $\varepsilon_{\mathrm{CL}} = [\theta_e - \hat{\theta}_e(t+1)]^{\mathrm{T}}\phi_e(t)$).

在充分条件[2,5]下可以获得的随机环境中的渐近无偏估计:

$$H'(z^{-1}) = \frac{1}{C(z^{-1})} - \frac{\lambda_2}{2} \tag{8.42}$$

是严格正实数 (式中 $\max_t \lambda_2(t) \leqslant \lambda_2 < 2$).

### 8.2.4 考虑模型中已知的固定部分

在主动振动控制系统中, 例如在开环运行中进行辨识时, 明智的做法是考虑到次级通路有已知的双微分特性. 这将需要修改闭环预测器中使用的控制器. 考虑到当外部激励叠加到控制器的输入端 (在滤波器 $R$ 的输入端) 时的双微分器特性, 应修改如图 8.3 所示的 CLOE 配置①.

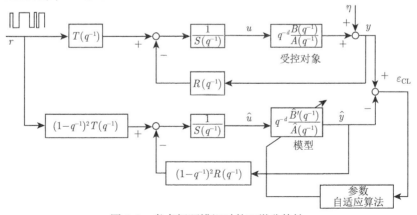

图 8.3 考虑闭环辨识时的双微分特性

① 通过在 $R$ 中对信号进行滤波并将其添加到图 8.3 上部的滤波器 $R$ 的输出中等效地获得外部激励效果. 使用 CLID 工具箱中的算法, 应根据图 8.3 修改 $T$ 和 $R$.

### 8.2.5 估计模型的性质

在频域中评估估计模型的性质非常重要. 这能够知道在哪些频率范围内, 实际受控对象的逼近效果最优 (预计在设计的关键区域尤其如此). 然而, 估计模型的性质将取决于施加外部激励的点. 有几种选择. 当激励叠加到控制器的输出时 (如图 8.2(a) 所示), 估计模型的频域特性 (偏置分布) 由下式得出[2]:

$$\hat{\theta}^* = \arg \min_{\hat{\theta} \in D} \int_{-\pi}^{\pi} |S_{yp}|^2 [|G - \hat{G}|^2 |\hat{S}_{yp}|^2 \phi_{ru}(\omega) + \phi_\eta(\omega)] d\omega \qquad (8.43)$$

式中 $\phi_{ru}(\omega)$ 和 $\phi_\eta(\omega)$ 分别是激励和测量噪声的功率谱密度. 该表达式表明

- 当 $G$ 在模型组中时[①], 受控对象模型参数的估计是无偏的.
- 偏置分布不受噪声频谱的影响 (使用 (滤波) 开环辨识方法时就是这种情况[2]);
- 实际模型的逼近不仅通过灵敏度函数加权, 而且通过估计的输出灵敏度函数进一步加权.
- 估计模型的质量在设计的关键区域得到提高[②].

相比之下, 开环输出误差在频域中的偏置分布由下式给出:

$$\hat{\theta}^* = \arg \min_{\hat{\theta} \in D} \int_{-\pi}^{\pi} [|G - \hat{G}|^2 \phi_{ru}(\omega) + \phi_\eta(\omega)] d\omega \qquad (8.44)$$

可以看到, 基本区别在于使用输出误差算法进行开环辨识时, 所有频率的权重均相等. (8.43) 和 (8.44) 之间的比较解释了为什么闭环辨识可以为设计提供更好的模型.

当外部激励信号叠加到控制器的输入时, $T = R$, 渐近偏置分布由下式给出:

$$\hat{\theta}^* = \arg \min_{\hat{\theta} \in D} \int_{-\pi}^{\pi} |S_{yp}|^2 [|G - \hat{G}|^2 |\hat{S}_{up}|^2 \phi_{ru}(\omega) + \phi_\eta(\omega)] d\omega \qquad (8.45)$$

式中 $\hat{S}_{up} = -\hat{A}R/\hat{P}$ 是估计输入灵敏度函数.

### 8.2.6 闭环运行中辨识模型的验证

就像在开环辨识中一样, 模型验证一方面会告诉我们所辨识的模型是否可接受, 另一方面将使我们能够从各种辨识方法提供的模型中选择最优模型.

---

① 实际受控对象模型和估计受控对象模型具有相同的阶次.
② 回想一下, 输出灵敏度函数的最大值对应于相对于奈奎斯特图的最小距离.

闭环运行中模型验证的目的是找到与当前控制器相结合的受控对象模型, 以提供对闭环系统特性的最优预测. 闭环模型验证的结果将取决于所使用的控制器.

可以定义四个验证程序:

(1) 闭环输出误差的统计验证检验 ($\varepsilon_{\mathrm{CL}}(t+1)$ 和 $\hat{y}(t)$ 之间的不相关检验).

(2) 闭环系统的计算极点和辨识极点的接近度.

(3) 闭环系统的计算灵敏度函数和已辨识灵敏度函数的接近度.

(4) 时间响应验证 (比较实际闭环系统和闭环预测器的时间响应).

**统计验证**

统计验证遵循与开环模型辨识相同的原则; 然而, 在这种情况下, 应考虑在闭环运行的受控对象输出与闭环预测器输出之间的残余预测误差. 将使用不相关检验.

使用图 8.2(b)(或图 8.3) 中所示的方案, 其中预测器通过等式 (8.15) 由等式 (8.12) 给出, 计算出辨识的参数值:

· 残余闭环输出误差 $\varepsilon_{\mathrm{CL}}(t+1)$ 与预测输出 $\hat{y}(t)$ 之间的相关性;

· 残余闭环输出误差的协方差.

这种类型的检验一方面是由于预测输出与残差闭环预测误差之间的不相关导致了参数估计的偏差; 另一方面, 这种不相关意味着闭环输出误差与外部激励之间的不相关. 这意味着残余预测误差不包含任何依赖于外部激励的信息, 因此, 外部激励与闭环系统输出之间的所有相关性都被闭环预测器所捕获.

计算

$$R_\varepsilon(0) = \frac{1}{N} \sum_{t=1}^{N} \varepsilon_{\mathrm{CL}}^2(t) \tag{8.46}$$

$$R_{\hat{y}}(0) = \frac{1}{N} \sum_{t=1}^{N} \hat{y}^2(t) \tag{8.47}$$

$$R_{\varepsilon\hat{y}}(i) = \frac{1}{N} \sum_{t=1}^{N} \varepsilon_{\mathrm{CL}}(t)\hat{y}(t-i), \quad i = 1, 2, \cdots, n_A \tag{8.48}$$

$$RN_{\varepsilon\hat{y}}(i) = \frac{R_{\varepsilon\hat{y}}(i)}{[R_{\hat{y}}(0) \cdot R_\varepsilon(0)]^{1/2}} \tag{8.49}$$

作为置信度检验, 可以使用准则

$$|RN(i)| \leqslant \frac{2.17}{\sqrt{N}} \tag{8.50}$$

式中 $N$ 是数据数量 (另请参见 5.5 节), 以及实际的标准 $|RN(i)| \leqslant 0.15$.

在许多实际情况下, 要么在开环中确定了以前的受控对象模型, 要么对闭环中收集的数据使用了几种辨识算法. 然后完成对比验证, 并由 $R_\varepsilon(0)$ 和 $\max |RN_{\varepsilon\hat{y}}|$ 为每个模型提供有用的对比指标 (但是可以考虑其他对比准则).

**极点接近度验证**

如果在闭环反馈中辨识的模型与在辨识过程中使用的控制器允许为实际系统构造良好的预测器, 这意味着闭环系统的极点和闭环预测器的极点接近 (假设持续激励已用于辨识). 因此, 闭环预测器的极点 (可以计算) 与实际闭环系统的极点 (可以通过外部激励和输出之间的开环类型辨识来确定) 的接近度将表征所辨识模型的质量.

两组极点的接近度可以通过对极点图来直观判断, 也可以对接近度进行量化 (请参阅下一节).

**灵敏度函数接近度验证**

上面相同的参数结果表明, 如果所辨识的模型良好, 则闭环预测器的灵敏度函数 (可以计算) 接近于实际系统的敏感度函数 (可以通过外部激励和输出之间的开环类型辨识确定).

在某种程度上, 灵敏度函数的接近度可以通过目测来评估. 此外, 可以通过计算 Vinnicombe 距离来严格量化两个传递函数之间的距离 (请参阅附录 A).

大量的仿真和试验结果表明, 统计验证、极点接近度和灵敏度函数接近度给出了一致的结果, 并能够在多个模型之间进行清晰的比较[1].

**时域验证**

在时域验证方面, 比较了闭环系统和闭环预测器的时间响应. 不过, 在实践中, 通常使用这种技术精确地比较几个模型并不容易. 实际上, 通过极点接近度或灵敏度函数接近度来进行检验, 意味着时域响应的良好叠加, 但反之并不总是正确的.

## 8.3　实时控制案例: 使用惯性作动器的主动控制系统在闭环中的辨识和控制器再设计

使用惯性作动器的主动控制系统的第一个控制器已在 7.3 节中进行了设计, 该控制器使用开环辨识的受控对象模型, 并且已对该控制器进行了实时测试. 本节的目的是介绍闭环运行中的辨识过程. 为了在闭环运行中进行辨识, 将采用基于开环辨识模型设计的控制器. 辨识试验是在没有窄带输出扰动的情况下进行的.

在本例中, 闭环辨识的目的是在接近奈奎斯特点附近的频率区域中, 对估计模型和实际模型之间的误差进行权重估计. 这是通过将激励信号施加到控制信号

来实现的 (见 8.2.5 节).

考虑到次级通路模型的双微分特性, 使用了图 8.3 中所示的解决方案, 即将双微分器添加到多项式 $T(q^{-1}) = S(q^{-1})$ 和 $R(q^{-1})$ 中.

在运行辨识算法之前, 输入和输出信号已中心化. 闭环运行中用于辨识的模型的阶次与开环中辨识的模型相同 ($n_B = 23, n_A = 22$). 加入已知的固定部分后, 次级通路分子的最终阶次为 $n_B = 25$.

所有的辨识方法都采用了递减增益的参数自适应算法. 使用 X-CLOE 方法进行验证, 得到了最优的结果. 闭环辨识的不相关性验证检验结果如图 8.4 所示. 可以看出该模型是有效的. 损失函数为 $7.7 \times 10^{-5}$, 与测量输出相比非常小.

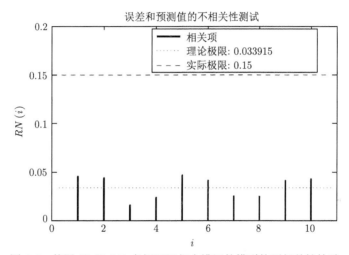

图 8.4　使用 X-CLOE 在闭环运行中辨识的模型的不相关性检验

与闭环的开环辨识进行了比较, 验证了模型的有效性. 开环模型未通过闭环数据的不相关性检验; 开环辨识模型在闭环数据上的损失函数为 $1.3 \times 10^{-3}$(远高于闭环辨识模型的损失函数). 可以得出的结论是, 闭环运行中辨识的模型比开环运行中辨识的模型更好.

6.2 节的开环辨识模型和在 7.3 节中设计的控制器的闭环辨识模型的 Bode 图幅值对比如图 8.5 所示. 可以观察到, 这两个模型在关心的频率区域 (50—95Hz) 非常接近. 注意, 两个传递函数之间的误差出现在 150Hz 以上的频率区域中, 其中输入灵敏度函数的幅值很低 (图 7.14), 因此对性能的影响很小.

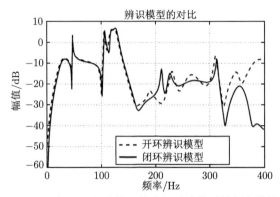

图 8.5　开环和闭环运行中辨识的次级通路模型的频率特性比较

　　两个模型之间的进一步比较需要估计闭环传递函数. 利用 X-OLOE 方法将激励和测量之间的闭环辨识为输入/输出模型. 所辨识的闭环模型通过了白噪声检验 (即它是有效模型). 这样就可以使用在开环和闭环运行中辨识的两个模型辨识出的闭环极点与计算出的闭环极点进行比较. 已辨识闭环模型的极点和采用开环辨识模型和闭环辨识模型计算得到的极点之间的极点接近度如图 8.6 所示, 可见闭环辨识的模型给出了更好的结果.

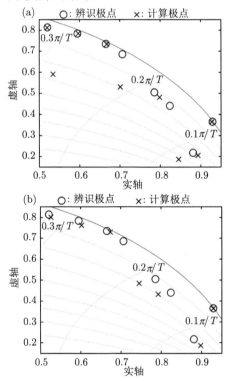

图 8.6　闭环极点接近度比较：(a) 闭环运行中辨识的模型; (b) 开环运行中辨识的模型

使用与 7.3 节中所述相同的性能指标和控制器设计步骤, 根据在闭环运行中辨识的模型获得了新的控制器. 对控制器使用与之前一样的步骤进行测试. 开环和闭环的时域结果如图 8.7 所示. 频域分析的结果如图 8.8 和图 8.9 所示. 可以看出, 控制器有效地减少了扰动, 并且残余力处于系统噪声相当的水平. 这些图必须与图 7.15—图 7.17 进行比较.

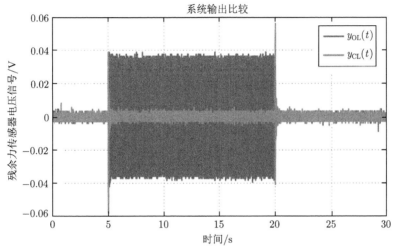

图 8.7 再设计的控制器在开环和闭环中产生 70 Hz 扰动的响应结果 (扫描封底二维码见彩图)

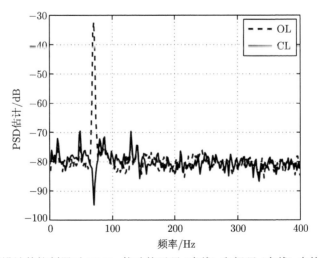

图 8.8 使用再设计的控制器对 70 Hz 扰动的开环 (虚线) 和闭环 (实线) 中的残余力的 PSD

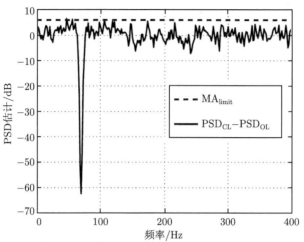

图 8.9　使用再设计控制器的有效残差衰减/放大 PSD 估计

(由开环 PSD 与闭环 PSD 之差所得)

再设计控制的全局衰减了 49dB, 而第一个控制器的全局衰减了 48.4dB. 对于第一个控制器, 最大增益不超过 6dB 的极限 (图 7.17 和图 8.9 中的虚线). 再设计控制的扰动衰减了 62.4dB, 名义控制器的扰动衰减了 63dB. 考虑到它们是基于单次试验获得的 (随机过程的实现)①, 它们之间的误差可以忽略不计. 可以得出结论, 在这种特殊的情况下, 在开环中辨识的模型的质量已经足以得到一个好的控制器. 因此, 将在 9.4 节使用基于开环辨识模型的名义控制器来设计降阶控制器.

## 8.4　结 束 语

· 闭环运行中的受控对象模型的辨识为改进开环辨识的模型或对现有控制器进行再设计和调整提供了有效的工具.

· 在闭环运行中进行辨识的目的是获得给定控制器的受控对象模型, 该模型允许对闭环系统的行为进行最优描述.

· 闭环辨识是基于对闭环的自适应预测器的使用, 该预测器根据要辨识的受控对象模型重新参数化.

· 根据闭环预测误差, 估计参数渐近地使准则最小化.

· 至于开环辨识的情况, 没有一种算法可以在所有情况下提供最优的结果.

· 已辨识模型的比较验证对于最优辨识模型的选择至关重要.

· 除了统计验证外, 基于已辨识模型的实际闭环极点 (通过闭环辨识而获得) 与计算出的极点之间的极点接近度验证也是一个非常有用的验证工具.

---

① 对于这个例子, 进行足够多的测量是不可能的.

# 8.5 注释和参考资料

长期以来, 闭环运行中的受控对象模型辨识一直被认为是一个非常困难的问题, 参见文献 [7] 的综述.

在 "控制辨识" 和 "迭代辨识与控制器再设计" 这两个主题上所做的工作有助于将闭环运行的辨识问题置于合适的情境中, 有关详细信息, 请参见文献 [8—13].

闭环输出误差的原始参考文献为 [4], 进一步的细节和比较评估可以在文献 [1,2,6,14] 中找到.

## 参 考 文 献

[1] Landau I, Karimi A (1997) Recursive algorithms for identifification in closed loop. A unifified approach and evaluation. Automatica 33(8): 1499-1523

[2] Landau ID, Lozano R, M'Saad M, Karimi A (2011) Adaptive control, 2nd edn. Springer, London

[3] Landau I, Zito G (2005) Digital control systems-Design, identifification and implementation. Springer, London

[4] Landau ID, Karimi A (1997) An output error recursive algorithm for unbiased identifification in closed loop. Automatica 33(5): 933-938. doi: 10.1016/S0005-1098(96)00223-3

[5] Landau ID, Karimi A (1996) An extended output error recursive algorithm for identifification in closed loop. In: Proceedings of the 35th IEEE conference on decision and control, vol 2, pp 1405-1410. doi: 10.1109/CDC.1996.572708

[6] Karimi A, Landau I (1998) Comparison of the closed loop identifification methods in terms of the bias distribution. Syst Control Lett 4: 159-167

[7] Soderstrom T, Stoica P (1989) System identifification. Prentice Hall, New York

[8] Gevers M (1993) Towards a joint design of identifification and control. In: Trentelman HL, Willems JC (eds) Essays on control: perspectives in the theory and its applications. Birkhäuser, Boston, pp 111-152

[9] Gevers, M (1995) Identifification for control. In: Prepr. IFAC Symposium ACASP 95. Budapest, Hungary

[10] Van den Hof P, Schrama R (1993) An indirect method for transfer function estimation from closed loop data. Automatica 29(6): 1751-1770

[11] Van den Hof P, Schrama R (1995) Identifification and control—closed-loop issues. Automatica 31(12): 1751-1770

[12] Zang Z, Bitmead RR, Gevers M (1991) Iterative weighted model refifinement and control robustness enhancement. In: Proceedings of the 30th IEEE-CDC. Brighton, UK

[13] Zang Z, Bitmead RR, Gevers M (1995) Iterative weighted least-squares identifification and weighted LQG control design. Automatica 31(11): 1577-1594

[14] Landau ID, Karimi A (1999) A recursive algorithm for ARMAX model identifification in closed loop. IEEE Trans Autom Control 44(4): 840-843

# 第 9 章　降低控制器复杂度

## 9.1　引　　言

根据辨识模型设计的控制器的复杂度 (多项式 $R$ 和 $S$ 的阶次) 取决于:

- 辨识模型的复杂度;
- 技术指标;
- 鲁棒性约束.

控制器的最小复杂度等于受控对象模型的最小复杂度, 但是由于性能规格和鲁棒性约束, 这种复杂度会增加 (通常在参数数量方面达到模型数量的两倍, 就参数的数量而言, 有些情况下甚至更多). 在许多应用中, 简化控制器复杂度的必要性是由于实时计算资源的限制 (减少加法和乘法的次数).

因此, 我们提出这样一个问题: 能否获得一种更简单的控制器, 该控制器几乎具有与名义控制器相同的性能和鲁棒性 (基于受控对象模型进行设计)?

考虑图 9.1 所示的系统, 其中受控对象模型的传递函数为

$$G(z^{-1}) = \frac{z^{-d}B(z^{-1})}{A(z^{-1})} \tag{9.1}$$

名义控制器为

$$K(z^{-1}) = \frac{R(z^{-1})}{S(z^{-1})} \tag{9.2}$$

式中

$$R(z^{-1}) = r_0 + r_1 z^{-1} + \cdots + r_{n_R} z^{-n_R} \tag{9.3}$$

$$S(z^{-1}) = 1 + s_1 z^{-1} + \cdots + s_{n_S} z^{-n_S} = 1 + z^{-1}S^*(z^{-1}) \tag{9.4}$$

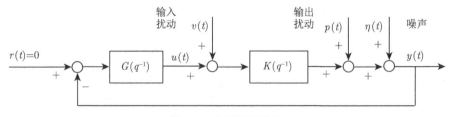

图 9.1　实际闭环系统

对于图 9.1 中给出的系统, 在 7.1 节中定义了不同的灵敏度函数.

图 9.1 中给出的系统被称为 "实际闭环系统". 在本章中, 将考虑使用 $G$ 的估计 (表示为 $\hat{G}$) 或 $K$ 的降阶估计 (表示为 $\hat{K}$) 的反馈系统.

对应的灵敏度函数将如下表示为:

- $S_{xy}$——实际闭环系统 $(K, G)$ 的灵敏度函数.
- $\hat{S}_{xy}$——名义模拟闭环系统的灵敏度函数 (名义控制器 $K+$ 估计受控对象模型 $\hat{G}$).
- $\hat{\hat{S}}_{xy}$——使用降阶控制器的模拟闭环系统的灵敏度函数 (降阶控制器 $\hat{K}+$ 估计受控对象模型 $\hat{G}$).

当使用 $K$ 和 $\hat{G}$ 时, 类似的符号用于 $P(z^{-1})$ 和 $\hat{P}(z^{-1})$; 当使用 $\hat{K}$ 和 $\hat{G}$ 时, 类似的符号用于 $\hat{\hat{P}}(z^{-1})$.

具体目标是简化控制器多项式 $R$ 和 $S$ 的阶次 $n_R$ 和 $n_S$.

开发用于降低控制器复杂度程序的基本原则是寻找尽可能保持闭环特性的降阶控制器. 用传统方法技术直接降低控制器的传递函数 (消除接近的极点和零点、频域中的近似、平衡截断等), 因没有考虑闭环的特性通常会导致令人不满意的结果 (请参考 [1,2]).

关于降低控制器的复杂度, 可以考虑两种方法.

(1) 间接方法.

此方法由三个步骤实现:

(a) 降低用于设计的模型的复杂度, 尝试在设计的临界频域区域保持模型的基本特征.

(b) 基于降低复杂度的模型的控制器设计.

(c) 在名义模型上检验最终控制器.

(2) 直接方法.

寻找保持闭环特性的名义控制器的降阶近似.

间接方法有许多缺点:

- 不保证最终控制器的复杂度 (因为使用降阶模型时, 鲁棒性性能指标会更加严格).

- 由模型降阶而产生的误差将在控制器的设计中传播.

直接方法似乎最适合降阶控制器的复杂度, 因为逼近是在设计的最后阶段进行的, 所以可以很容易地评估结果的性能. 两种方法相结合也是可能的 (请参阅第 10 章), 即在名义受控对象模型上经过测试后, 通过直接方法进一步简化.

## 9.2   直接降阶控制器的准则

直接降低控制器复杂度可以考虑两项准则:

• 闭环输入匹配 (CLIM). 在这种情况下, 希望降阶控制器在闭环中生成的控制尽可能接近名义控制器在闭环中生成的控制.

• 闭环输出匹配 (CLOM). 在这种情况下, 希望由降阶控制器获得的闭环输出尽可能接近由名义控制器获得的闭环输出.

这两项准则如图 9.2 所示, 其中名义控制器由 $K$ 表示, 并在式 (9.2) 中给出. 简化的控制器由 $\hat{K}$ 表示, 并由以下式给出:

$$\hat{K}(z^{-1}) = \frac{\hat{R}(z^{-1})}{\hat{S}(z^{-1})} \tag{9.5}$$

式中

$$\hat{R}(z^{-1}) = r_0 + r_1 z^{-1} + \cdots + r_{n_R} z^{-n_R} \tag{9.6}$$

$$\hat{S}(z^{-1}) = 1 + s_1 z^{-1} + \cdots + s_{n_S} z^{-n_S} = 1 + z^{-1}\hat{S}^*(z^{-1}) \tag{9.7}$$

(a)

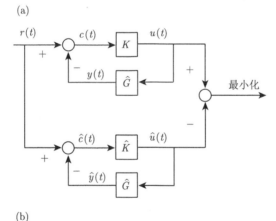

(b)

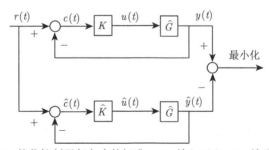

图 9.2   简化控制器复杂度的标准: (a) 输入匹配; (b) 输出匹配

闭环输入匹配等于使用等效于以下范数的最小化:

$$\left\| \hat{S}_{up} - \hat{\hat{S}}_{up} \right\| = \left\| \frac{K}{1+K\hat{G}} - \frac{\hat{K}}{1+\hat{K}\hat{G}} \right\| \tag{9.8}$$

式中 $\hat{S}_{up}$ 是名义模拟闭环的输入灵敏度函数, $\hat{\hat{S}}_{up}$ 是使用降阶控制器时的输入灵敏度函数. 因此, 最优降阶控制器将由下式给出:

$$\hat{K}^* = \arg\min_{\hat{K}} \left\| \hat{S}_{up} - \hat{\hat{S}}_{up} \right\| = \arg\min_{\hat{K}} \left\| \hat{S}_{yp}(K - \hat{K})\hat{\hat{S}}_{yp} \right\| \tag{9.9}$$

可以看出, 两个控制器之间的误差很大程度上是由输出灵敏度函数决定的. 其模量的最大值对应于设计的临界区域. 因此, 降阶控制器将很好地逼近该临界频率区域的名义控制器.

如果现在考虑使用闭环输出匹配来保持追踪性能, 则降阶控制器应使以下范数最小化:

$$\left\| \hat{S}_{yr} - \hat{\hat{S}}_{yr} \right\| = \left\| \frac{K\hat{G}}{1+K\hat{G}} - \frac{\hat{K}\hat{G}}{1+\hat{K}\hat{G}} \right\| \tag{9.10}$$

为了保持输出扰动抑制的性能, 降阶控制器应最小化:

$$\left\| \hat{S}_{yr} - \hat{\hat{S}}_{yr} \right\| = \left\| \frac{1}{1+K\hat{G}} - \frac{1}{1+\hat{K}\hat{G}} \right\| \tag{9.11}$$

幸运的是, 这两个范数是相等的, 可以使用以下表达式获得降阶控制器:

$$\hat{K}^* = \arg\min_{\hat{K}} \left\| \hat{S}_{yr} - \hat{\hat{S}}_{yr} \right\| = \arg\min_{\hat{K}} \left\| \hat{S}_{yr}(K - \hat{K})\hat{\hat{S}}_{yr} \right\| \tag{9.12}$$

公式 (9.9) 和 (9.12) 表明, 应将加权的 $K - \hat{K}$ 范数最小化.

对于闭环输入匹配 (图 9.2(a)), 我们试图找到一种降阶控制器, 该控制器使名义仿真系统的输入灵敏度函数与使用降阶控制器的仿真系统的输入灵敏度函数之间的误差最小化. 这等效于寻找一个降阶控制器, 该控制器将白噪声类型激励 (如 PRBS) 的两个环路之间的误差最小化 (在某种标准的意义上).

为了追踪名义输出 (图 9.2(b)), 原理是相同的, 只是在这种情况下, 试着使名义互补灵敏度函数 (7.8) 和由 $\hat{K}$ 和 $\hat{G}$ 计算的降阶互补灵敏度函数之间的误差最小化.

可以立即看出, 在两种情况下找到降阶控制器的问题都可以归结为闭环中的辨识 (请参见第 8 章), 其中受控对象模型替换为待估计的降阶控制器, 将控制器替换为受控对象的估计模型 (对偶问题).

接下来介绍的降阶控制器的简化程序和验证技术可在 MATLAB® 工具箱 REDUC®[3](可从本书网站下载) 中获得, 也可在独立的软件 iReg 中获得, 该软件包括用于控制器复杂度降阶的模块①.

## 9.3　通过闭环辨识降阶控制器的估计

### 9.3.1　闭环输入匹配

闭环输入匹配方法的原理如图 9.3 所示.

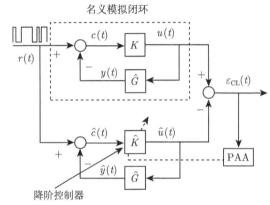

图 9.3　通过闭环输入匹配方法估计降阶控制器 (使用仿真数据)

上部为名义模拟闭环系统. 它由名义控制器 $(K)$ 和最优辨识受控对象模型 $(\hat{G})$ 组成. 该模型应确保实际闭环系统和名义模拟系统的最优接近性能. 如果可以实施名义控制器, 则可以考虑在闭环中辨识该受控对象模型.

下部由估计的降阶控制器 $(\hat{K})$ 与名义仿真系统中使用的受控对象模型 $(\hat{G})$ 反馈连接组成. 参数自适应算法 (PAA) 尝试寻找最优的降阶控制器, 该控制器使闭环输入误差最小化. 闭环输入误差是名义模拟闭环系统生成的受控对象输入与使用降阶控制器由模拟闭环生成的受控对象输入之间的误差.

名义控制器的输出由下式给出:

$$u(t+1) = -S^*(q^{-1})u(t) + R(q^{-1})c(t+1) = \theta^{\mathrm{T}}\psi(t) \tag{9.13}$$

式中

$$c(t+1) = r(t+1) - y(t+1) \tag{9.14}$$

$$y(t+1) = -\hat{A}^*y(t) + \hat{B}^*u(t-d) \tag{9.15}$$

---

① 参见网站: http://www.gipsa-lab.fr/~tudor-bogdan.airimitoaie/iREG/index.html.

$$\psi^{\mathrm{T}}(t) = [-u(t), \cdots, -u(t - n_S + 1), c(t+1), \cdots, c(t - n_R + 1)] \tag{9.16}$$

$$\theta^{\mathrm{T}} = [s_1, \cdots, s_{n_S}, r_0, \cdots, r_{n_R}] \tag{9.17}$$

为了实现和分析该算法, 我们需要分别估计降阶控制器 ($n_{\hat{S}}$ 和 $n_{\hat{R}}$ 阶) 的先验 (基于 $\hat{\theta}(t)$) 和后验 (基于 $\hat{\theta}(t+1)$) 预测输出. 由下式给出 (见图 9.3 的下部).

先验预测输出:

$$\hat{u}^{\circ}(t+1) = \hat{u}(t+1|\hat{\theta}(t)) = -\hat{S}^*(t, q^{-1})\hat{u}(t) + \hat{R}(t, q^{-1})\hat{c}(t+1)$$
$$= \hat{\theta}^{\mathrm{T}}(t)\phi(t) \tag{9.18}$$

后验预测输出:

$$\hat{u}(t+1) = \hat{\theta}^{\mathrm{T}}(t+1)\phi(t) \tag{9.19}$$

式中

$$\hat{\theta}^{\mathrm{T}}(t) = [\hat{s}_1(t), \cdots, \hat{s}_{n_{\hat{S}}}(t), \hat{r}_0(t), \cdots, \hat{r}_{n_{\hat{R}}}(t)] \tag{9.20}$$

$$\phi^{\mathrm{T}}(t) = [-\hat{u}(t), \cdots, -\hat{u}(t - n_{\hat{S}} + 1), \hat{c}(t+1), \cdots, \hat{c}(t - n_{\hat{R}} + 1)] \tag{9.21}$$

$$\hat{c}(t+1) = r(t+1) - \hat{y}(t+1) = r(t+1) + \hat{A}^*\hat{y}(t) - \hat{B}^*\hat{u}(t - d) \tag{9.22}$$

闭环输入误差由下式给出:

先验闭环输入误差:

$$\varepsilon_{\mathrm{CL}}^{\circ}(t+1) = u(t+1) - \hat{u}^{\circ}(t+1) \tag{9.23}$$

后验闭环输入误差:

$$\varepsilon_{\mathrm{CL}}(t+1) - u(t+1) - \hat{u}(t+1) \tag{9.24}$$

控制后验预测误差的公式变为 (有关详细信息, 请参见 [4,5])

$$\varepsilon_{\mathrm{CL}}(t+1) = \frac{\hat{A}}{P}[\theta - \hat{\theta}(t+1)]^{\mathrm{T}}\phi(t) \tag{9.25}$$

参数自适应算法将由下式给出:

$$\theta(t+1) = \theta(t) + F(t)\Phi(t)\varepsilon_{\mathrm{CL}}(t+1) \tag{9.26}$$

$$F^{-1}(t+1) = \lambda_1(t)F^{-1}(t) + \lambda_2(t)\Phi(t)\Phi^{\mathrm{T}}(t) \tag{9.27}$$

$$0 < \lambda_1(t) \leqslant 1; \quad 0 \leqslant \lambda_2(t) < 2; \quad F(0) > 0$$

$$\varepsilon_{\mathrm{CL}}(t+1) = \frac{\varepsilon_{\mathrm{CL}}^{\circ}(t+1)}{1 + \Phi^{\mathrm{T}}(t)F(t)\Phi(t)} = \frac{u(t+1) - \hat{u}^{\circ}(t+1)}{1 + \Phi^{\mathrm{T}}(t)F(t)\Phi(t)} \tag{9.28}$$

从 (9.28) 中可以看出, 后验闭环输入误差 $\varepsilon_{\mathrm{CL}}(t+1)$ 可以用先验 (可测量) 闭环输入误差 $\varepsilon_{\mathrm{CL}}^{\circ}(t+1)$ 表示. 因此, (9.26) 的右侧将仅取决于 $t+1$ 处的可测量量.

通过选择适当的观测向量 $\Phi(t)$, 将获得具体的算法, 具体算法如下:

· CLIM：$\Phi(t) = \phi(t)$;

· F-CLIM：$\Phi(t) = \dfrac{\hat{A}(q^{-1})}{\hat{P}(q^{-1})}\phi(t)$,

式中

$$\hat{P}(q^{-1}) = \hat{A}(q^{-1})S(q^{-1}) + q^{-d}\hat{B}(q^{-1})R(q^{-1}) \tag{9.29}$$

引入 $\phi$ 滤波是为了消除正实性, 因此对于 CLIM 算法而言, 稳定性和收敛的充分条件取决于 $\hat{A}/\hat{P}$. 这些算法性质的详细分析可以在文献 [5] 中找到.

估计控制器在频域中的性质由以下表达式 (偏置分布) 得出[5]：

$$\hat{\theta}^* = \arg\min_{\hat{\theta}\in D}\int_{-\pi}^{\pi}|\hat{S}_{yp}|^2\left[|K-\hat{K}|^2|\hat{S}_{yp}|^2\phi_r(\omega) + \phi_\eta(\omega)\right]d\omega \tag{9.30}$$

式中 $\phi_r(\omega)$ 是激励频谱, $\phi_\eta(\omega)$ 是测量噪声频谱 (它对 $|K-\hat{K}|$ 的最小化没有影响).

使用实时数据也可以估算降阶控制器 (如果名义控制器的原型可以在实际系统中实现)[5].

### 9.3.2　闭环输出匹配

这种方法的原理如图 9.4 所示. 尽管施加外部激励和输出变量的点与图 9.2(b) 不同, 但图 9.4 中 $r(t)$ 和 $u(t)$ 之间的传递函数与图 9.2(b) 中 $r(t)$ 和 $u(t)$ 之间的传递函数相同. 这意味着在没有扰动的情况下 (在仿真中就是这种情况), 图 9.4 所示方案的上部生成的 $u(t)$ 等于图 9.2(b) 生成的 $y(t)$. 这样一来, 闭环输出就可以用于匹配 CLIM(或 F-CLIM) 算法. 为了有效地实施算法, 唯一的变化发

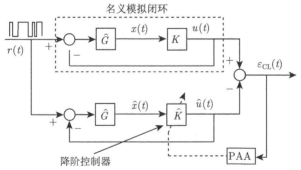

图 9.4　通过闭环输出匹配方法估计降阶控制器 (使用仿真数据)

生在等式 (9.13) 和 (9.18) 中, 其中 $c(t)$ 由下式替换:

$$x(t) = \hat{G}(r(t) - u(t)) \tag{9.31}$$

$\hat{c}(t)$ 由下式替换:

$$\hat{x}(t) = \hat{G}(r(t) - \hat{u}(t)) \tag{9.32}$$

应当注意, 图 9.4 上部的模块可以互换 (类似于图 9.2(b) 的上部), 而不会影响算法的运行.

### 9.3.3  考虑名义控制器的固定部分

通常要求降阶控制器包含一些名义控制器中包含的固定滤波器 (例如, 扰动模型在 $0.5f_s$ 或其他频率下的环路打开). 为此, 首先将名义控制器分解为 $K = K_F K'$ 的形式, 式中 $K_F$ 代表希望包含在降阶控制器中的所有固定部分. 降阶控制器分解为 $\hat{K} = K_F \hat{K}'$.

在 CLIM 算法中, 将控制器 $\hat{K}$ 的输入 $\hat{c}$ 替换为控制器 $\hat{K}'$ 的输入 $\hat{c}'$, $\hat{c}'$ 由下式给出:

$$\hat{c}' = K_F(q^{-1})\hat{c}(t) \tag{9.33}$$

在 $\Phi(t)$ 中, $\hat{c}(t)$ 由 $\hat{c}'(t)$ 替换. 在 CLOM 算法中, 用 $\hat{x}$ 由 $\hat{x}'$ 替换, $\hat{x}'$ 由下式给出:

$$\hat{x}'(t) = K_F(q^{-1})\hat{G}(q^{-1})(r(t) - \hat{u}(t)) \tag{9.34}$$

#### 9.3.3.1  降阶控制器的验证

一旦估计出降阶控制器, 就应先对其进行验证, 然后再考虑在实际系统上实施该控制器.

假定名义控制器稳定名义受控对象模型 (用于控制器降价). 在设计名义控制器时, 隐含地假设已经考虑了模型的不确定性. 降序控制器应满足以下条件:

· 它可以稳定名义受控对象模型.

· 在性能和鲁棒性方面, 降价灵敏度函数 (使用降阶控制器计算) 接近临界频率区域中的名义灵敏度函数. 特别是, 应检查输出和输入灵敏度函数.

· 使用降阶控制器的系统的广义稳定性裕度 (请参阅附录 A) 应接近名义闭环的广义稳定性裕度. 此条件表示为

$$|b(K, \hat{G}) - b(\hat{K}, \hat{G})| < \varepsilon, \quad \varepsilon > 0 \tag{9.35}$$

式中 $b(K, \hat{G})$ 和 $b(\hat{K}, \hat{G})$ 是分别对应于名义控制器和降阶控制器的广义稳定性裕度, 而 $\varepsilon$ 是一个小的正数. 两个稳定性裕度的接近性允许保持鲁棒性的初始设计.

名义灵敏度函数和降阶灵敏度函数的接近度可以直观地通过它们的频率特性来判断. 也可以通过计算这些传递函数之间的 Vinnicombe 距离 ($\nu$-gap) 来对此接近程度进行评估 (请参阅附录 A). Vinnicombe 距离能够用一个数字 (0 到 1 之间) 对简化的灵敏度函数和名义灵敏度函数的接近度进行评估.

## 9.4　实时控制案例：降低控制器复杂度

在 7.3 节中, 基于开环辨识模型的控制器已经被设计用于使用惯性作动器的主动振动控制系统 (请参见 2.2 节), 并进行了试验测试. 由 8.3 节可知, 基于开环辨识模型设计的控制器与基于闭环辨识模型设计的控制器具有相似的性能. 因此, 在本节中, 将考虑使用开环辨识模型设计的控制器的来降低控制器的复杂度 (达到技术指标).

考虑式 (9.8) 给出的准则, 该准则对应于 CLIM, 在控制器输入中加入外部激励. 采用了在闭环运行中辨识的受控对象模型. 所使用的激励是具有以下特性的PRBS: $N = 11$(单元数), $p = 2$(时钟分频器). 保留控制器的固定部分 (扰动的内模, 在 $0.5f_s$ 和 0Hz 时开环).

表 9.1 总结了各种 $n_R$ 和 $n_S$ 值下的控制器降阶结果. 第 1 列表示控制器编号 (编号为 00 的控制器表示初始名义控制器). 降阶的控制器的阶次显示在 $n_R$ 和 $n_S$ 列中. 第 4 列给出了名义控制器和降阶控制器之间的 Vinnicombe 距离 ($V_g$). 同样, 输入和输出灵敏度函数的 Vinnicombe 距离也分别在第 5 列和第 6 列中给出. $V_g$ 为 0 表示完美匹配, 而 $V_g$ 为 1 表示两个传递函数之间有非常大的误差. 稳定性裕度 (请参阅附录 A) 在第 7 列中给出. 出于鲁棒性的原因, 它应接近名义控制器获得的值. 第 8 列和第 9 列分别给出了输出灵敏度函数的最大值和对应的频率 (单位为 Hz). 最后, 闭环稳定性在最后一列中给出 (1 表示稳定的闭环, 0 表示不稳定).

**表 9.1　控制器降阶结果总结**

| 编号 | $n_R$ | $n_S$ | $V_g(R/S)$ | $V_g(S_{up})$ | $V_g(S_{yp})$ | 稳定性裕度 | 最大值 ($S_{yp}$) | $[f_{max}]$ | 稳定性 |
|---|---|---|---|---|---|---|---|---|---|
| 00 | 29 | 32 | 0 | 0 | 0 | 0.3297 | 3.92 | [60.0147] | 1 |
| 01 | 29 | 32 | 0 | 0 | 0 | 0.3297 | 3.92 | [60.0147] | 1 |
| 02 | 28 | 31 | 0.001 | 0.003 | 0 | 0.3297 | 3.92 | [60.0147] | 1 |
| 03 | 27 | 30 | 0.0101 | 0.0284 | 0.0031 | 0.3296 | 3.8742 | [60.0147] | 1 |
| 04 | 26 | 29 | 0.0095 | 0.0282 | 0.0035 | 0.3306 | 3.8958 | [60.0147] | 1 |
| 05 | 25 | 28 | 0.0096 | 0.0327 | 0.004 | 0.3286 | 3.8958 | [60.0147] | 1 |
| 06 | 24 | 27 | 0.0103 | 1 | 0.0017 | 0.3263 | 3.9329 | [60.0147] | 1 |
| 07 | 23 | 26 | 0.0154 | 0.0498 | 0.0041 | 0.3213 | 3.9459 | [60.0147] | 1 |
| 08 | 22 | 25 | 0.0153 | 0.0545 | 0.0048 | 0.3232 | 3.9548 | [60.0147] | 1 |
| 09 | 21 | 24 | 0.0159 | 0.0514 | 0.0045 | 0.3232 | 3.9406 | [60.0147] | 1 |

续表

| 编号 | $n_R$ | $n_S$ | $V_g(R/S)$ | $V_g(S_{up})$ | $V_g(S_{yp})$ | 稳定性裕度 | 最大值 $(S_{yp})$ | $[f_{\max}]$ | 稳定性 |
|---|---|---|---|---|---|---|---|---|---|
| 10 | 20 | 23 | 0.0253 | 0.0972 | 0.0109 | 0.3268 | 3.9676 | [60.0147] | 1 |
| 11 | 19 | 22 | 0.0604 | 0.2645 | 0.0328 | 0.3089 | 3.9345 | [59.3959] | 1 |
| 12 | 18 | 21 | 1 | 1 | 1 | 0 | 3.7477 | [59.3959] | 0 |

表中仅显示前 12 个降阶控制器[①]. 选择控制器 $11(n_R = 19, n_S = 22)$ 来进行试验评估.

图 9.5 和图 9.6 分别显示了用名义和降阶控制器获得的输出和输入灵敏度函数. 可以看出, 在关心的频率范围内误差很小 (除了 50Hz 时的输入灵敏度函数, 但这不会影响鲁棒性或性能). 在图 9.7 中, 显示了两个控制器的传递函数.

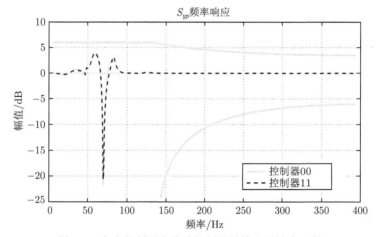

图 9.5 名义控制器和降阶控制器的输出灵敏度函数

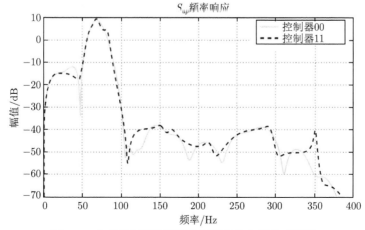

图 9.6 名义控制器和降阶控制器的输入灵敏度函数

① 这些结果已使用 iReg 软件获得. 使用 REDUC 工具箱中的 compcon.m 函数可以获得类似的结果.

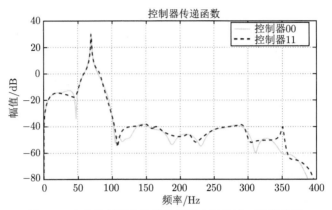

图 9.7　名义控制器和降阶控制器之间传递函数的比较

需要注意的是, 比较两个控制器的 Bode 特性并不能保证降阶控制器能够稳定系统或保证良好的性能. 只有通过灵敏度函数与稳定性试验的比较, 才能得到正确的答案.

最后, 该控制器已在 70Hz 正弦波扰动下进行了实时测试. 开闭环运行的时域结果如图 9.8 所示. 开环和闭环的两个功率谱密度之间的误差如图 9.9 所示[①].

对于降阶控制器, 已获得如下结果:

全局衰减了 48.2dB(而不是名义控制器的 48.4dB), 扰动衰减了 56.4dB(而非62.4dB, 仍远高于要求的衰减), 最大增益为 7.5dB(而不是规定的最大 6dB). 可以看到, 相对于初始的非简化控制器, 性能有所降低, 但参数数量已从 62 个减少到44 个. 以上给出的这些结果是通过单次试验获得的.

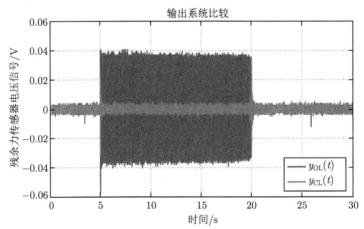

图 9.8　有 70 Hz 正弦扰动时使用降阶控制器在开环和闭环运行的时间响应 (扫描封底二维码见彩图)

---

① 图 9.8 和图 9.9 应与图 7.15 和图 7.17 进行比较.

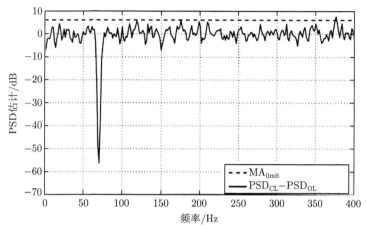

图 9.9　使用降阶控制器的有效残差衰减/放大 PSD 估计 (由开环 PSD 和闭环 PSD 之差所得)

# 9.5　结　束　语

· 控制器降阶的目的是找到一种降低了复杂度的控制器, 以便使用降阶控制器的闭环特性尽可能接近使用名义控制器的闭环特性.

· 考虑了两个具体准则

—闭环输入匹配 (CLIM);

—闭环输出匹配 (CLOM).

· CLOM(CLIM) 目标对应于降阶控制器的估计, 以便使用降阶控制器的闭环输出 (控制输入) 与使用名义控制器的闭环输出 (控制输入) 之间的误差, 从某种意义上说最小化.

· 控制器降阶可以看作闭环中关于被受控对象模型辨识的对偶问题 (将使用类似的算法).

· 降阶控制器在有效使用前应进行验证.

· 本章提供了用于验证降阶控制器的技术.

# 9.6　注释和参考资料

降阶控制器的问题在文献 [1,2] 中有详细的论述, 另可见文献 [6].

本章讨论的算法 (分析和评估) 的核心参考文献是 [5,7,8]. 闭环辨识和控制器降阶的统一观点可以在文献 [8] 中找到.

# 参 考 文 献

[1]　Anderson B, Liu Y (1989) Controller reduction: concepts and approaches. IEEE Trans Autom Control 34(8): 802-812

[2]　Anderson B (1993) Controller design: moving from theory to practice. IEEE Control Mag 13(4): 16-25

[3]　Adaptech (1999) Adaptech, 4 rue de la Tour de l'Eau, St. Martin dHères, France: REDUC® Controller order reduction by closed-loop identifification (Toolbox for MAT-LAB®)

[4]　Landau ID, Karimi A (1997) An output error recursive algorithm for unbiased identifification in closed loop. Automatica 33(5): 933-938. doi: 10.1016/S0005-1098(96)00223-3

[5]　Landau I, Karimi A, Constantinescu A (2001) Direct controller order reduction by identifification in closed loop. Automatica 37: 1689-1702

[6]　Zhou K, Doyle J (1998) Essentials of robust control. Prentice-Hall International, Upper Saddle River

[7]　Constantinescu A, Landau I (2003) Controller order reduction by identifification in closed-loop applied to a benchmark problem. Eur J Control 9(1): 84-99. doi:10.3166/ejc. 9.84-99

[8]　Landau I, Karimi A (2002) A unifified approach to model estimation and controller reduction (duality and coherence). Eur J Control 8(6): 561-572

# 第三篇
# 主动阻尼控制技术

# 第 10 章 主 动 阻 尼

## 10.1 引　　言

如本书 1.3 节的引言所述, 被动阻尼器尽管在宽频带上提供了良好的衰减, 但它们始终在工作频率范围内的某个频率处具有显著的共振峰. 要消除这一现象, 考虑使用主动隔振 (控制). 2.1 节所述的试验平台属于这一类别. 这种系统具有主通路, 通过该主通路, 扰动在某些频率范围内被衰减并在系统的共振峰附近被放大. 通过适当使用反馈控制, 可以预测到次级通路在频率区域中将纠正主通路的行为, 在该频率区域中, 主通路显示出明显的共振 (此区域中的振动放大). 反馈的使用应衰减主通路工作的影响, 而不会恶化主通路在其他频率下提供的衰减. 这意味着应谨慎构造灵敏度函数以避免由 Bode 积分引起的 "水床" 效应. 还要记得主动阻尼是由不改变谐振模式频率的阻尼组成的.

设计主动阻尼系统的方法通过参考 2.1 节中描述的主动液压悬架来说明.

设计的第一步包括定义控制指标. 控制目标大致如图 10.1 所示, 其中残余力的 PSD (功率谱密度) 用细线表示. 我们想衰减共振, 但与此同时, 在其他频率下相对于开环特性的容许增益应该很低[①]. 所需要的 PSD 模板如图 10.1

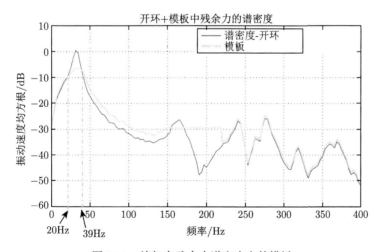

图 10.1　施加在残余力谱密度上的模板

---

① 由于 Bode 积分, 所施加的衰减水平与其他频率下的容许增益水平有关.

所示的粗灰线曲线. 设计的最终目标是找到复杂度最低的控制器, 使其能够满足性能指标.

一旦制定了性能指标, 设计方法就如图 10.2 所示. 它包括多个步骤:

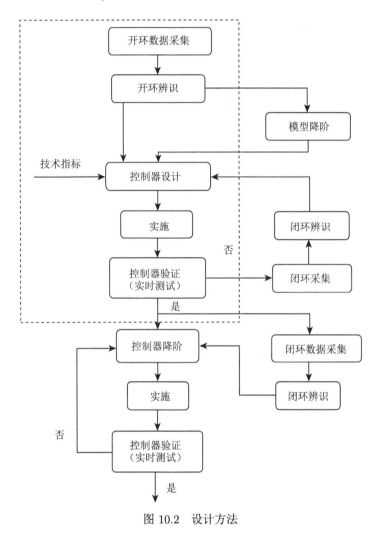

图 10.2   设计方法

- 次级通路的开环辨识 (控制器设计需要次级通路模型).
- 设计符合性能指标的鲁棒控制器 (该设计使用开环运行中辨识的模型).
- 实施和测试.
- 闭环运行中次级通路模型的辨识 (需要改进的模型).
- 根据闭环运行中辨识的模型重新设计 (调整) 控制器.
- 新控制器的试验和验证.

- 降阶控制器以保持系统的稳定性和性能.
- 降阶控制器的试验和验证.

在实践中, 可能会发生以下情况：根据开环运行中辨识的次级通路模型设计的控制器在测试后可能会停止; 但是, 一旦控制器完成了, 就很容易在闭环中进行辨识, 并且程序可以向下一步. 在某些情况下, 如果计算机能力或控制成本没有限制, 降阶控制器的复杂性是不必要的.

## 10.2  性能指标

在主动阻尼中, 所期望的性能是在频域中设定的. 必须定义用于残余力或加速度的预期功率谱密度 (PSD) 的模板. 对于 2.1 节中描述的主动液压悬架, 期望模板如图 10.1 所示, 详细信息如下：

- 对于 20Hz 以下的频率, 相对于开环的最大增益：1dB;
- 在 20Hz 时, 最大增益 0dB;
- 在 31.25Hz (共振) 时至少衰减 6.6dB;
- 在 39Hz 时, 最大增益 0dB;
- 相对于开环 PSD, 在 39Hz 至 150Hz 之间最大增益 3dB;
- 相对于共振时的开环 PSD 值, 在的 150Hz 至 220Hz 范围内的放大/衰减要低于 $-30$dB;
- 从 220Hz 以上开始, 相对于开环 PSD 的最大增益为 1dB.

此外, 对于任何反馈控制系统, 应考虑鲁棒性能指标：

- 模量裕度 $\geqslant -6$dB;
- 时滞裕度 $\geqslant 1.25$ms (一个采样周期);

$S_{up} < 10$dB, 在 0Hz 到 35Hz 之间; $S_{up} < 0$dB, 在 40Hz 到 150Hz 之间; $S_{up} < -20$dB, 在 150Hz 到 220Hz 之间; $S_{up} < -30$dB, 高于 220Hz;

- 以 $0.5f_s$ 打开环路.

$S_{up}$ 的幅度减小与附加不确定性的鲁棒性以及系统在高频中的增益较低有关 (鲁棒性要求在系统没有增益的频率上执行低电平控制, 参见 7.2 节). 以 $0.5f_s$ 打开环路将大大降低控制器在接近 $0.5f_s$ 的高频下增益.

设计过程中的步骤之一是转换图 10.1 所示的目标, 并在上面详细说明了反馈系统的设计性能指标. 主动阻尼可以解释为作用在系统上的扰动 (振动) 的附加衰减/放大. 换句话说, 开环运行中残余力的 PSD 与期望 PSD 之间的误差将为次级通路中的反馈回路提供期望衰减和容许的增益. 反馈系统引入的衰减/放大由输出灵敏度函数 $S_{yp}$ 的频域特性来表征. 因此, 残余加速度 (力) 的开环 PSD 与期望 PSD 之间的误差将为输出灵敏度函数的模量生成期望模板. 图 10.3 显示了开环 PSD、主动阻尼工作时的期望 PSD, 以及它们的误差构成了期望输出灵敏度函数的第一个模板.

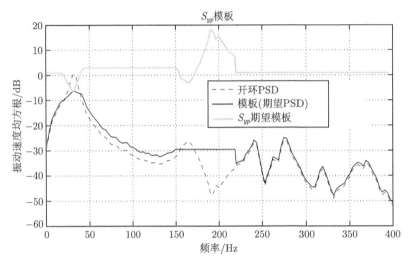

图 10.3   输出灵敏度函数 $S_{yp}$ 的期望模板 (无鲁棒性约束)

然而, 该模板还必须考虑在模量裕度和时滞裕度方面施加鲁棒性约束. 模量裕度最大为 6dB, 由于时滞裕度的限制, 该最大值在高频中会降低. 图 10.4 显示了期望模板以及经过调整的模板, 其中考虑了模量裕度和时滞裕度. 图 10.5 显示了用于调整输入灵敏度函数的模板, 该模板是由先前定义的性能指标得出的 (名义模板).

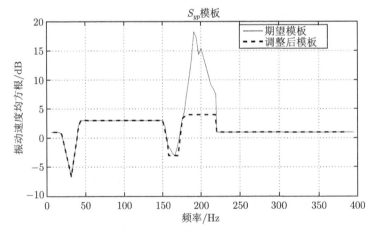

图 10.4   输出灵敏度函数 $S_{yp}$ 的期望模板和考虑到鲁棒性约束的调整后模板

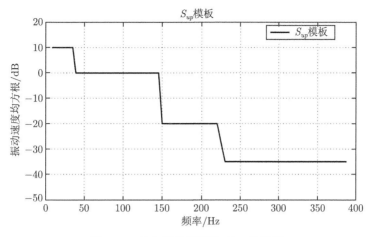

图 10.5 输入灵敏度函数 $S_{up}$ 的模板

## 10.3 使用凸优化构造灵敏度函数的控制器设计

控制器设计的凸优化过程已在 7.4 节中介绍. 由于目标是获得低复杂度的控制器, 因此在此方法中第一步考虑的是使用降阶次级通路模型, 同时考虑到根据控制目标, 控制将不必在高频下有效. 最常用和最有效的模型降阶的方法之一是平衡. 因为在主动液压悬架的情况下, 我们关心的是特定的频率范围, 所以模型降阶所考虑的方法是频率加权平衡的方法, 该方法适用于某个特定频率范围的情况. 给定名义全阶模型 $G$ 以及输入和输出加权矩阵 $W_i$ 和 $W_o$, 目标是找到一个稳定且相位最小的低阶模型 $G_r$, 以使加权误差

$$\|W_o(G - G_r)W_i\|_\infty \tag{10.1}$$

最小化.

次级通路辨识的模型已在 6.1.1 节中介绍了. 通过使用 "平衡截断" 技术已经获得了 $n_A=8$, $n_B=11$, $d=0$ 的降阶模型, 其中低频已得到适当加权. 表 10.1 给出了降阶模型的参数. 名义和降阶模型的频率特性如图 10.6 所示.

然而, 一旦降阶模型设计完成, 则在实施之前必须在全阶模型上测试所得的控制器. 经过试验发现, 为了使降阶模型上设计的控制器与原模型在名义全阶模型下匹配, 必须对基本模板进行频率范围的修改.

为了初始化控制器设计的优化程序, 已分配在共振频率 $f=31.939\text{Hz}$ 处具有阻尼 $\xi = 0.8$ 的一对极点, 以及对应于系统最低频率极点的固定实极点 (位于 $5.73\text{Hz}$ 时曲线与实轴的交点). 极点的优化区域被认为是半径为 0.99 的圆. 为了在 $0.5f_s$ 时打开环路, 引入了控制器 $H_R=1+q^{-1}$ 的固定部分.

表 10.1   降阶模型的参数

| 系数 | A | 系数 | B |
|---|---|---|---|
| $a_0$ | 1.0000 | $b_0$ | 0.0000 |
| $a_1$ | −2.1350 | $b_1$ | 0.1650 |
| $a_2$ | 2.1584 | $b_2$ | −1.0776 |
| $a_3$ | −2.2888 | $b_3$ | 3.6137 |
| $a_4$ | 2.2041 | $b_4$ | −8.1978 |
| $a_5$ | −1.8433 | $b_5$ | 15.4346 |
| $a_6$ | 1.4035 | $b_6$ | −19.4427 |
| $a_7$ | −0.2795 | $b_7$ | 14.2604 |
| $a_8$ | −0.2057 | $b_8$ | −10.8390 |
| $a_9$ | — | $b_9$ | 11.9027 |
| $a_{10}$ | — | $b_{10}$ | −7.2010 |
| $a_{11}$ | — | $b_{11}$ | 1.3816 |

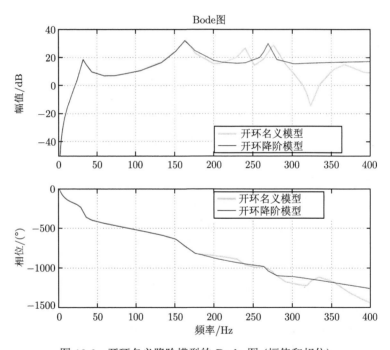

图 10.6   开环名义降阶模型的 Bode 图 (幅值和相位)

为了方便起见, 将设计的控制器标记为 OLBC (基于开环的控制器——使用开环辨识模型设计的控制器). 表 10.2 给出了所得 OLBC 控制器的参数 ($n_R$=27, $n_S$=30).

在图 10.7 中, 显示了使用完整名义模型获得的灵敏度函数. 显然, 控制器能够满足性能指标. 实现的模量裕度为 −2.775dB, 时滞裕度为 $4.1T_s$ ($T_s$=1.25ms).

表 10.2  基于降阶开环辨识模型 (OLBC) 的控制器参数

| 系数 | $R$ | 系数 | $S$ | 系数 | $R$ | 系数 | $S$ |
|---|---|---|---|---|---|---|---|
| $r_0$ | 0.0162 | $s_0$ | 1.0000 | $r_{16}$ | 0.0071 | $s_{16}$ | $-0.1070$ |
| $r_1$ | $-0.0515$ | $s_1$ | $-5.1406$ | $r_{17}$ | $-0.0111$ | $s_{17}$ | 0.1031 |
| $r_2$ | 0.0695 | $s_2$ | 11.9134 | $r_{18}$ | $-0.0068$ | $s_{18}$ | $-0.0384$ |
| $r_3$ | $-0.0255$ | $s_3$ | $-15.9616$ | $r_{19}$ | 0.0263 | $s_{19}$ | 0.1284 |
| $r_4$ | $-0.0666$ | $s_4$ | 12.7194 | $r_{20}$ | $-0.0198$ | $s_{20}$ | $-0.0601$ |
| $r_5$ | 0.1315 | $s_5$ | $-4.5490$ | $r_{21}$ | 0.0032 | $s_{21}$ | $-0.0939$ |
| $r_6$ | $-0.1245$ | $s_6$ | $-2.0666$ | $r_{22}$ | $-0.0059$ | $s_{22}$ | 0.0027 |
| $r_7$ | 0.0570 | $s_7$ | 3.1609 | $r_{23}$ | 0.0188 | $s_{23}$ | 0.1820 |
| $r_8$ | 0.0485 | $s_8$ | 0.7437 | $r_{24}$ | $-0.0180$ | $s_{24}$ | $-0.1586$ |
| $r_9$ | $-0.1405$ | $s_9$ | $-6.0665$ | $r_{25}$ | 0.0066 | $s_{25}$ | 0.0457 |
| $r_{10}$ | 0.1456 | $s_{10}$ | 8.5544 | $r_{26}$ | 0.0003 | $s_{26}$ | $-0.0534$ |
| $r_{11}$ | $-0.0610$ | $s_{11}$ | $-6.8795$ | $r_{27}$ | $-0.0007$ | $s_{27}$ | 0.1081 |
| $r_{12}$ | $-0.0242$ | $s_{12}$ | 3.6997 | $r_{28}$ | — | $s_{28}$ | $-0.0901$ |
| $r_{13}$ | 0.0422 | $s_{13}$ | $-1.8094$ | $r_{29}$ | — | $s_{29}$ | 0.0345 |
| $r_{14}$ | $-0.0212$ | $s_{14}$ | 1.0885 | $r_{30}$ | — | $s_{30}$ | $-0.0049$ |
| $r_{15}$ | 0.0051 | $s_{15}$ | $-0.4045$ | — | — | — | — |

名义模型的输出灵敏度函数$(S_{yp})$

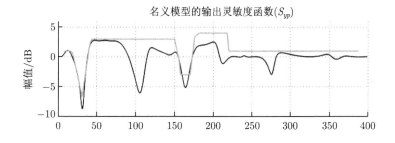

名义模型的输出灵敏度函数$(S_{yp})$

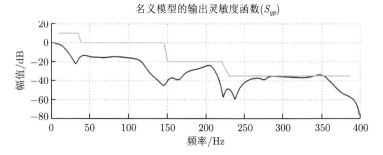

图 10.7  使用 OLBC 控制器和名义模型获得的灵敏度函数 (黑线)

实际系统上的性能如图 10.8 所示. 可以看出, 满足了性能指标.

尽管如此, 在下面这些特定情况下, 还需给出完整的设计程序:

- 使用基于开环模型设计的控制器获得的结果不一定完全令人满意;
- 必须降低控制器的复杂度.

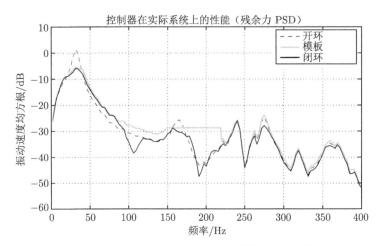

图 10.8   实际系统中 OLBC 控制器的性能 (残余力的 PSD)

## 10.4    基于开环辨识模型设计的控制器闭环辨识主动液压悬架

闭环运行中的辨识方法在第 8 章进行了介绍. 将辨识出 $n_A = 14$, $n_B = 16$ 和 $d = 0$ 的模型 (与在开环运行中辨识的模型阶次相同).

我们希望找到一种模型, 该模型使真实输出灵敏度函数和估计灵敏度函数之间的误差最小化, 同时考虑到受控对象模型具有双重微分器. 为实现这一点, 激励已被添加到滤波器 $R$ 的输入中 (有关详细信息, 请参见第 8 章). 在这种情况下, 数据采集是用与开环辨识相同的 PRBS 序列完成的 (由 9 位移位寄存器和 $f_s/4$ 的时钟频率生成).

在统计验证方面, 最好的辨识模型是使用**扩展闭环输出误差递归算法 (X-CLOE)** 辨识的模型, 该模型使用随时间变化的遗忘因子, 其中 $\lambda_0 = \lambda_1 = 0.95$. 表 10.3 给出了该模型的参数.

**表 10.3   闭环辨识模型的参数**

| 系数 | $A$ | 系数 | $B$ | 系数 | $A$ | 系数 | $B$ |
|---|---|---|---|---|---|---|---|
| $a_0$ | 1.0000 | $b_0$ | 0.0000 | $a_9$ | 0.6201 | $b_9$ | 0.2716 |
| $a_1$ | $-0.3003$ | $b_1$ | $-0.1556$ | $a_{10}$ | $-0.1095$ | $b_{10}$ | 1.8255 |
| $a_2$ | 0.3504 | $b_2$ | 0.1843 | $a_{11}$ | 0.1593 | $b_{11}$ | 1.1575 |
| $a_3$ | $-0.6740$ | $b_3$ | 0.5518 | $a_{12}$ | $-0.1580$ | $b_{12}$ | 1.3638 |
| $a_4$ | $-0.2478$ | $b_4$ | $-1.4001$ | $a_{13}$ | $-0.0957$ | $b_{13}$ | $-0.8958$ |
| $a_5$ | $-0.4929$ | $b_5$ | 3.4935 | $a_{14}$ | $-0.2030$ | $b_{14}$ | 1.6724 |
| $a_6$ | $-0.3217$ | $b_6$ | $-0.3536$ | $a_{15}$ | — | $b_{15}$ | $-1.7691$ |
| $a_7$ | 0.6157 | $b_7$ | $-2.7181$ | $a_{16}$ | — | $b_{16}$ | $-0.2240$ |
| $a_8$ | 0.1459 | $b_8$ | $-3.0041$ | — | — | — | — |

在使用**基于开环辨识模型设计的控制器 (OLBC)** 描述闭环系统的特性时,
评估闭环辨识模型是否优于开环辨识模型是非常重要的. 图 10.9 显示了已辨识
的闭环极点 (使用 RELS 算法将闭环系统辨识视为从激励到残余力的输入/输出
映射) 以及使用**开环辨识的模型 (OLID-M)** 和 OLBC 控制器计算出的闭环极
点. 图 10.10 显示了相同类型的比较, 但计算闭环极点是使用**闭环中辨识的模型
(CLID-M)** 计算的. 目测可以直观地发现, CLID-M 模型使用 OLBC 控制器可以

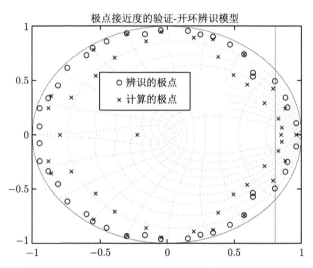

图 10.9  全阶开环辨识模型的极点接近度验证: 辨识和计算的闭环极点

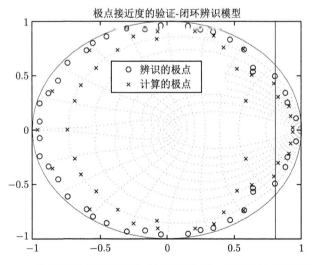

图 10.10  全阶闭环辨识模型的极点接近度验证: 辨识和计算的闭环极点

更好地描述实际的闭环系统 (这在低频范围内很明显, 该低频范围定义了闭环系统的主要性能).

实时结果与通过 OLID-M 模型和 CLID-M 模型获得的仿真结果的比较也证实了这一点 (图 10.11). 观察到有一定的性能提升.

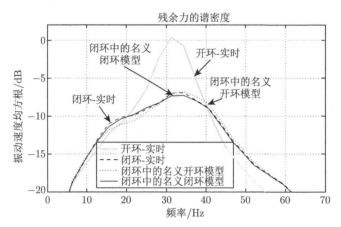

图 10.11　仿真和实时闭环输出的谱密度 (局部放大图)

## 10.5　基于闭环辨识模型的控制器再设计

类似于开环情况, 将使用通过平衡截断获得的降阶模型. 该模型的维数为 $n_A=8$, $n_B=11$, $d=0$. 该降阶模型的频率特性和闭环中辨识的全阶模型的频率特性如图 10.12 所示[1]. 可以观察到, 降阶模型非常接近低频范围内闭环中辨识的名义模型的频率特性.

采用同样的基于凸优化的设计方法, 但现在使用从闭环中辨识的名义模型获

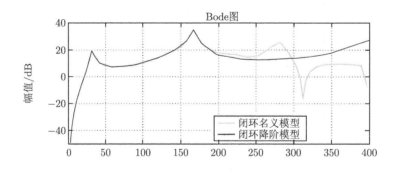

--------

① 在闭环中使用辨识降阶模型而非名义阶次模型, 再使用平衡截断进行降阶的方法得到的效果并不太好. 有关详细信息, 请参见 [1].

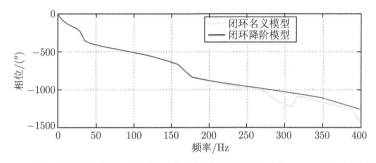

图 10.12   在闭环运行中辨识的名义模型和相应的降阶模型的 Bode 图 (幅值和相位)

得的降阶模型, 获得了新控制器 (**基于闭环辨识模型设计的控制器, CLBC**), 其参数在表 10.4 中给出. 名义 CLID-M 模型的灵敏度函数如图 10.13 所示. 鲁棒性裕度为: 模量裕度 $=-3.702\text{dB}$; 时滞裕度 $=1.834T_s$.

**表 10.4   基于闭环运行中辨识的模型 (降阶模型) (CLBC) 的控制器参数**

| 系数 | $R$ | 系数 | $S$ | 系数 | $R$ | 系数 | $S$ |
|---|---|---|---|---|---|---|---|
| $r_0$ | 0.0195 | $s_0$ | 1.0000 | $r_{16}$ | $-0.0488$ | $s_{16}$ | 0.8567 |
| $r_1$ | $-0.0618$ | $s_1$ | $-4.5610$ | $r_{17}$ | 0.0446 | $s_{17}$ | $-0.6306$ |
| $r_2$ | 0.1030 | $s_2$ | 9.4917 | $r_{18}$ | $-0.0495$ | $s_{18}$ | 0.3005 |
| $r_3$ | $-0.1238$ | $s_3$ | $-12.4447$ | $r_{19}$ | 0.0437 | $s_{19}$ | $-0.1080$ |
| $r_4$ | 0.1263 | $s_4$ | 12.6103 | $r_{20}$ | $-0.0255$ | $s_{20}$ | 0.0162 |
| $r_5$ | $-0.1087$ | $s_5$ | $-11.5883$ | $r_{21}$ | 0.0078 | $s_{21}$ | 0.1348 |
| $r_6$ | 0.0581 | $s_6$ | 9.8694 | $r_{22}$ | 0.0055 | $s_{22}$ | $-0.2960$ |
| $r_7$ | 0.0050 | $s_7$ | $-7.4299$ | $r_{23}$ | $-0.0178$ | $s_{23}$ | 0.3737 |
| $r_8$ | $-0.0389$ | $s_8$ | 5.3112 | $r_{24}$ | 0.0254 | $s_{24}$ | $-0.3835$ |
| $r_9$ | 0.0499 | $s_9$ | $-4.0129$ | $r_{25}$ | $-0.0215$ | $s_{25}$ | 0.3633 |
| $r_{10}$ | $-0.0648$ | $s_{10}$ | 2.9544 | $r_{26}$ | 0.0102 | $s_{26}$ | $-0.3058$ |
| $r_{11}$ | 0.0727 | $s_{11}$ | $-2.1480$ | $r_{27}$ | $-0.0022$ | $s_{27}$ | 0.2004 |
| $r_{12}$ | $-0.0602$ | $s_{12}$ | 1.9636 | $r_{28}$ | — | $s_{28}$ | $-0.0883$ |
| $r_{13}$ | 0.0511 | $s_{13}$ | $-1.9125$ | $r_{29}$ | — | $s_{29}$ | 0.0218 |
| $r_{14}$ | $-0.0597$ | $s_{14}$ | 1.4914 | $r_{30}$ | — | $s_{30}$ | $-0.0019$ |
| $r_{15}$ | 0.0616 | $s_{15}$ | $-1.0471$ | — | | — | |

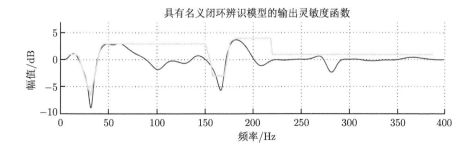

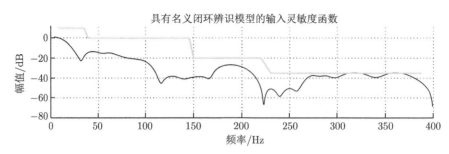

图 10.13    使用 CLBC 控制器和在闭环运行中辨识的名义模型获得的灵敏度函数 (黑色细线)

图 10.14 显示了使用 OLBC 控制器和 CLBC 控制器 (基于闭环辨识模型的控制器) 获得的实时结果的比较. 结果非常接近, 表明开环辨识模型非常好.

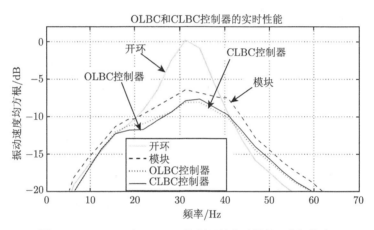

图 10.14    OLBC 和 CLBC 控制器的实时性能 (详细信息)

## 10.6    降低控制器的复杂度

一旦 CLBC 控制器被测试并且性能结果令人满意 (参见 10.5 节), 就可以进入图 10.2 所示设计方法的最后一步, 即降低控制器的复杂度.

这里将使用第 9 章中描述的通过在闭环中辨识降阶控制器来降低控制器复杂度的技术.

在降低控制器的复杂度时, 非常重要的一个方面是控制器的降阶应尽可能地保持期望的闭环特性. 在不考虑闭环特性的情况下, 使用标准技术 (在特定半径内消除极点-零点, 平衡减小) 直接降阶控制器通常会产生令人不满意的结果[2,3].

要降阶的名义 CLBC 控制器的阶次为 $n_R$=27, $n_S$=30, 其系数已在表 10.4 中给出. 将用于降阶控制器的模型是名义闭环辨识模型 CLID-M (请参见 10.4 节).

表 10.3 给出了模型的参数 (请参见 10.4 节).

由于在主动阻尼中我们更关注扰动的衰减, 因此降阶控制器的主要目的是获得一个降阶控制器的输出灵敏度函数, 该输出灵敏度函数应尽可能接近名义降阶控制器. 如第 9 章和文献 [4] 所示, 为了实现这一点, 必须使用 CLOM 程序. 并用仿真数据进行降阶计算.

在控制器参数估计算法中使用了一个可变遗忘因子, 可变遗忘因子为 $\lambda_1(0) = 0.95$ 和 $\lambda_0 = 0.9(\lambda_1(t) = \lambda_0\lambda_1(t-1) + 1 - \lambda_0)$. 外部输入是一个 PRBS, 它由一个带有 $p=4$ 分频器的 9 位移位寄存器生成 (4096 个样本). 此外, 已将固定部分 $H_R=1+q^{-1}$ 引入降阶控制器 ($R = H_R R'$), 该控制器将环路的开路保持在 $0.5f_s$.

### 10.6.1 使用仿真数据的 CLOM 算法

已计算出两个降阶控制器: $n_R=14$, $n_S=16$ 的 CLBC-CLOM16 和 $n_R=4$, $n_S=5$ 的 CLBC-CLOM5.

名义 CLBC 控制器和两个降阶控制器 CLBC-CLOM16 和 CLBC-CLOM5 的输出和输入灵敏度函数 ($S_{yp}$ 和 $S_{up}$) 的频率特性分别如图 10.15 和图 10.16 所示.

请注意, 降阶的 CLBC-CLOM16 控制器对应于带有固定部分 $H_R$ 的极点配置控制器的复杂度, 而 CLBC-CLOM5 控制器的复杂度更低.

表 10.5 汇总了各种控制器的 $\nu$ 距离值 (最后两行给出实时结果). 可以看出, 使用名义 CLID-M 模型为各种降阶控制器计算的 Vinnicombe 稳定性裕度 $b(K_i, G)$ 与使用名义控制器获得的稳定性裕度的接近度.

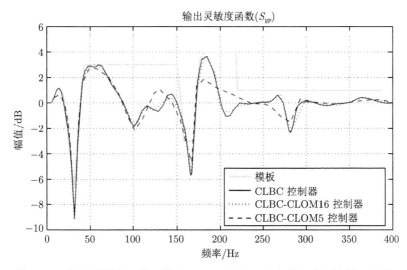

图 10.15 输出灵敏度函数 (使用 CLOM 算法和仿真数据降低控制器阶次)

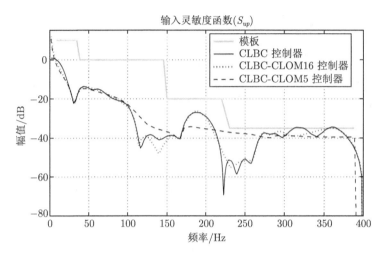

图 10.16　输入灵敏度函数 (使用 CLOM 算法和仿真数据降低控制器阶次)

**表 10.5　名义控制器和降阶控制器的比较 (使用 CLOM 算法和仿真数据降低控制器阶次)**

| 控制器 | CLBC<br>$n_R = 27$<br>$n_S = 30$ | CLBC-CLOM16<br>$n_R = 14$<br>$n_S = 16$ | CLBC-CLOM5<br>$n_R = 4$<br>$n_S = 5$ |
|---|---|---|---|
| $\delta_\nu(K_n, K_i)$ | 0 | 0.6577 | 0.6511 |
| $\delta_\nu(S_{up}^n, S_{up}^i)$ | 0 | 0.6577 | 0.6511 |
| $\delta_\nu(S_{yp}^n, S_{yp}^i)$ | 0 | 0.0386 | 0.1308 |
| $b(K_i, G)$ | 0.0303 | 0.0135 | 0.0223 |
| $\delta_\nu(\mathrm{CL}(K_n), \mathrm{CL}(K_i))$ | 0.2610 | 0.2963 | 0.4275 |
| 闭环误差方差 | 0.13582 | 0.14755 | 0.17405 |

　　表 10.5 的最后两行给出实时结果. 第 6 行给出了 $\nu$ 距离, 它是实际闭环系统的输入灵敏度函数 $S_{up}$ (通过输入 $r$ 和输出 $y$ 之间的系统辨识获得) 相对应的输入/输出传递函数与模拟闭环系统 $(\hat{S}_{up})$ 的输入/输出传递函数 (包括使用仿真数据获得的名义值和降阶值) 之间的距离, 前者是由名义设计的控制器与实际受控对象组成的, 后者是由各种控制器组成的, 并反馈连接到受控对象模型. $\nu$ 距离由 $\delta_\nu(\mathrm{CL}(K_n), \mathrm{CL}(K_i))$ 来表示. 它是一个实时验证降阶控制器的很好的量化指标. 可以看出, CLBC-CLOM16 控制器的结果与名义 CLBC 控制器的结果非常接近. 第 7 行给出了实际系统和仿真系统之间的残余闭环输入误差的方差. 由第 7 行的结果可得出与第 6 行结果相同的结论, 即 CLBC-CLOM16 控制器的性能非常接近名义控制器的性能.

### 10.6.2　名义控制器和降阶控制器的实时性能对比

　　图 10.17 给出了与名义 CLBC 控制器和用**闭环输出匹配 (CLOM)** 方法得到的降阶控制器 (CLBC-CLOM16 和 CLBC-CLOM5) 对应的开环和闭环残余力

的谱密度.

可以看出, 降阶控制器的性能非常接近使用闭环辨识模型的降阶模型设计的名义控制器的性能. 还请注意, 就参数数量而言, 降幅很大. 使用**闭环输入匹配 (CLIM)** 降阶程序已获得非常接近的结果 (请参见 [1, 5]).

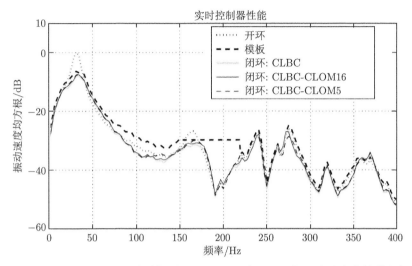

图 10.17　名义控制器和降阶控制器 (CLOM) 在开环和闭环中残余力的谱密度

## 10.7　基于带阻滤波器构造灵敏度函数的控制器设计

本部分的目的是提供另一种设计主动阻尼的程序, 该程序不需要使用凸优化过程, 而只使用为了构造灵敏度函数而反复引入的带阻滤波器, 此方法已在 7.2.9 节中介绍. 开环辨识模型极点的频率和阻尼在表 6.3 中给出.

所有渐近稳定的极点都将作为初始期望闭环极点被包括在内. 只有一个位于 $-0.2177$ 的极点不包括在内, 该极点实际上对应于一对接近于 $0.5f_s$ 的阻尼振荡极点. 除了位于 31.939Hz 的复极点 (在闭环中施加的阻尼为 $\xi=0.8$) 和位于 164.34Hz 的复极点 (其要选择的阻尼为 0.167) 以外, 所有极点在阻尼方面均保持不变. 这两个阻尼极点将有助于满足输出灵敏度函数上的期望模板. 将 16 个实际辅助极点分配为 0.15 (这不会增加所得控制器的大小)[①].

图 10.18 (曲线 "控制器 1") 显示了所得的输出灵敏度函数 $S_{yp}$. 可以看出, 它几乎满足了对模量裕度和时滞裕度的鲁棒性约束 (它在除 55Hz 左右的其他所有频率都在鲁棒性的基本模板内). 但是, 与图 10.19 (曲线 "控制器 1") 中的输出

---

① 使用 iReg 软件完成了使用 BSF 的设计, 该软件提供了便利的交互环境.

灵敏度函数的性能指标相比, 可以观察到扰动衰减不满足期望. 输入灵敏度函数满足指定的模板, 请参见图 10.20.

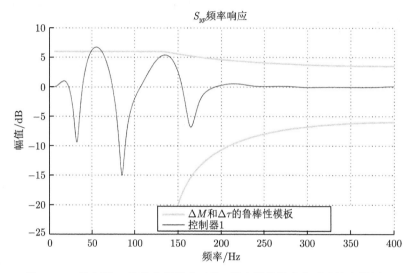

图 10.18　控制器 1 的输出灵敏度函数 (带有模量裕度和时滞裕度模板)

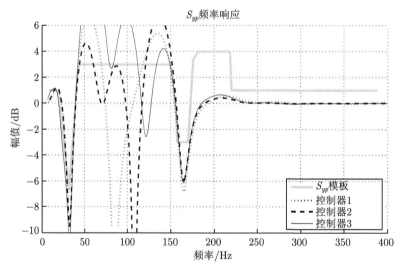

图 10.19　三个名义控制器的输出灵敏度函数

为了使输入灵敏度函数在 $0.5f_s$ 的增益为零, 通过将一阶多项式 $(1+q^{-1})$ 包含到 $H_R$ 中, 将 $-1$ 处的零点添加到控制器分子的固定部分. 然后添加一个在 $0.15$ 处的特征极点 (这不会增加控制器的阶次, 但避免将极点分配到 $0$). 结果可以在

图 10.19 和图 10.20 "控制器 2" 曲线中看到. 可以看到, 该模板在多个频率区域中仍然存在扰动.

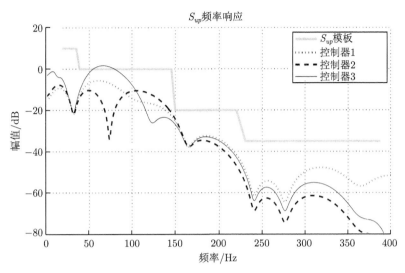

图 10.20　三个名义控制器的输入灵敏度函数

为了构造输出灵敏度函数在 30Hz 附近的频率范围出现第一衰减模态, 在 14Hz, 24Hz 和 38.7Hz 处添加了三个 BSF, 衰减分别为 −2.5dB, −7dB 和 −5.5dB. 所得的控制器灵敏度函数如图 10.19 和图 10.20 所示 (曲线 "控制器 3"). 使用图 10.21 可以更好地评估 30Hz 附近的第一衰减模态区域中的结果, 其中对 10Hz 到

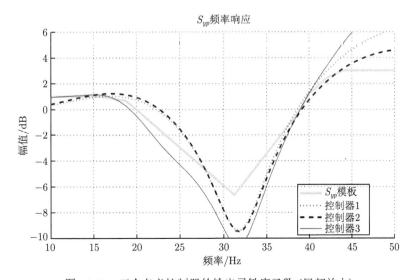

图 10.21　三个名义控制器的输出灵敏度函数 (局部放大)

50Hz 范围进行了局部放大. 对于所有三个 BSF, 分母阻尼选择为 0.5. 可以看出, "控制器 3" 在 30Hz 以下的低频区域中满足所施加的模板.

最后的设计步骤是改善灵敏度函数在其他频率处的形状. 增加了 2 个 BSF 用于构造输出灵敏度函数, 这 2 个新增 BSF 和原来的 3 个 BSF 都用于构造输入灵敏度函数. 此外, 由于每个新增加的 BSF 对相邻频率都有轻微影响, 因此对最初的三个 BSF 进行了轻微修改. 表 10.6 和表 10.7 总结了各种 BSF 的特性. 在图 10.22

**表 10.6   使用带阻滤波器的输出灵敏度函数**

| 控制器编号 | 频率/Hz | 衰减/dB | 分母阻尼 |
|---|---|---|---|
| 1 | 14 | −9.1 | 0.95 |
| 2 | 23.5 | −14.759 | 0.95 |
| 3 | 41.158 | −5.2 | 0.5 |
| 4 | 69.45 | −15.11 | 0.95 |
| 5 | 132.5 | −14.759 | 0.95 |

**表 10.7   使用带阻滤波器的输入灵敏度函数**

| 控制器编号 | 频率/Hz | 衰减/dB | 分母阻尼 |
|---|---|---|---|
| 1 | 51.5 | −16 | 0.95 |
| 2 | 70.74 | −14.052 | 0.5 |
| 3 | 92.6 | −15.1 | 0.95 |
| 4 | 115.76 | −9.1 | 0.5 |
| 5 | 313.826 | −2.733 | 0.95 |

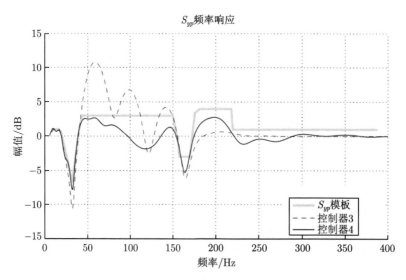

图 10.22   "控制器 3" 和 "控制器 4" 输出灵敏度函数的比较

(输出灵敏度函数) 和图 10.23 (输入灵敏度函数) 中给出了 "控制器 3" 和 "控制器 4" 之间的灵敏度函数比较.

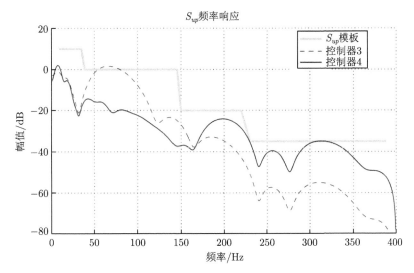

图 10.23 "控制器 3" 和 "控制器 4" 输入灵敏度函数的比较

最后, 图 10.24 和图 10.25 给出了 "控制器 4" 和使用凸优化设计的控制器 (请参见前面的部分) 的比较. 图 10.26 对 10—50Hz 范围进行了局部放大, 用于比较评估第一衰减区域的特性. 可以看出, 两个控制器在低频区域都满足模板, 而在高频区域 (35—40Hz), 使用凸优化设计的控制器和 "控制器 4" 稍微超过了所施加的

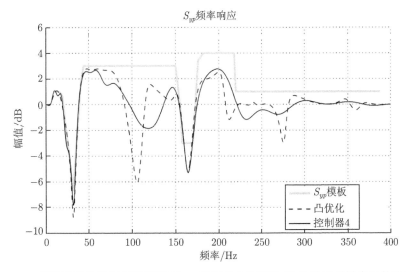

图 10.24 使用凸优化控制器和使用 iReg 获得的 "控制器 4" 的输出灵敏度函数的比较

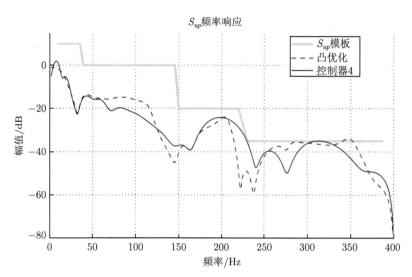

图 10.25　使用凸优化控制器和使用 iReg 获得的 "控制器 4" 的输入灵敏度函数的比较

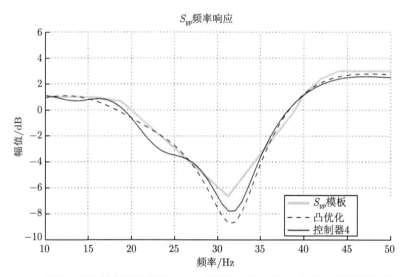

图 10.26　使用凸优化控制器和使用 iReg 获得的 "控制器 4" 的输出灵敏度函数比较
(局部放大)

模板. 关于它们的复杂度, 使用 BSF 滤波器设计的 "控制器 4" 有 71 个参数 ($n_R=34$ 和 $n_S=36$), 而通过凸优化设计的控制器有 58 个参数 ($n_R=27$ 和 $n_S=30$).

## 10.8　结　束　语

• 主动阻尼系统的设计包括以下主要步骤:

——定义频域中控制性能指标.

——设计控制器, 保证满足期望性能.

——验证控制器.

• 主动阻尼控制器的设计包括几个步骤:

——次级通路的开环辨识.

——在开环运行中次级通路辨识模型的控制器设计.

——控制器的试验和验证.

• 如果性能不令人满意, 则必须遵循以下步骤:

——在闭环运行中辨识次级通路的新模型, 并验证所辨识的模型.

——在闭环辨识模型的基础上重新设计控制器.

——试验和验证在闭环运行中辨识模型设计的控制器.

• 控制器的有效设计需要构造灵敏度函数.

• 使用凸优化或带阻滤波器结合极点配置来构造灵敏度函数.

• 如果存在对计算负载的限制, 则设计的最后一步是降低控制器的复杂度, 以保持闭环性能.

• 试验并验证降阶控制器.

# 10.9  注释和参考资料

用于扰动衰减和轻阻尼结构的主动阻尼控制具有不同目标, 但是使用了类似的反馈技术[6].

悬索桥和斜拉桥需要主动阻尼, 以降低各种振动现象的影响, 针对该问题的主动阻尼解决方案已在文献 [7—14] 中提出. 在文献 [11] 中还考虑了采用液压悬架对斜拉桥的主动拉索控制.

主动阻尼中的一个重要问题是要能构造出主动阻尼的物理系统. 在许多应用中, 使用压电器件是一种非常有效的方法. 关于压电器件的有关文献综述, 请参见文献 [14], 有关此类设备的详细建模, 请参见文献 [8]. 压电器件在主动阻尼中的应用已有说明: ① 大空间结构[14]; ② 光刻中的晶片步进[15]; ③ 空间索结构中的主动拉索控制[16,17].

其他与主动阻尼相关的参考文献 [18—21].

主动阻尼的另一个关键问题是灵敏度函数的精心构造. 可以使用本章中介绍的方法. 灵敏度函数的构造还可以考虑转换为以加权频率准则最小化的 $H_\infty$ 控制[22,23]. 也可以考虑具有频率加权的线性二次控制[24].

# 参 考 文 献

[1]   Constantinescu A (2001) Commande robuste et adaptative d'une suspension active. Thèse de doctorat, Institut National Polytechnique de Grenoble

[2]   Anderson B, Liu Y (1989) Controller reduction: concepts and approaches. IEEE Trans Autom Control 34(8): 802-812

[3]   Anderson B (1993) Controller design: moving from theory to practice. IEEE Control Mag 13: 16-25

[4]   Landau I, Karimi A (2002) A unified approach to model estimation and controller reduction (duality and coherence). Eur J Control 8(6): 561-572

[5]   Landau I, Karimi A, Constantinescu A (2001) Direct controller order reduction by identification in closed loop. Automatica 37: 1689-1702

[6]   Karkosch HJ, Preumont A (2002) Recent advances in active damping and vibration control. Actuator 2002, 8th International Conference on New ActuatorsBremen, Germany, pp 248-253

[7]   Cannon RJ, Rosenthal D (1984) Experiments in control of flexible structures with non-colocated sensors and actuators. J Guid Control Dyn 7(5): 546-553

[8]   Preumont A (2011) Vibration control of active structures-an introduction. Springer, Berlin

[9]   Achkire Y, Preumont A (1996) Active tendon control of cable-stayed bridges. Earthq Eng Struct Dyn 25(6): 585-597

[10]  Achkire Y, Bossens F, Preumont A (1998) Active damping and flutter control of cable-stayed bridges. J Wind Eng Ind Aerodyn 74-76: 913-921

[11]  Bossens F, Preumont A (2001) Active tendon control of cable-stayed bridges: a large-scale demonstration. Earthq Eng Struct Dyn 30(7): 961-979

[12]  Auperin M, Dumoulin C (2001) Structural control: point of view of a civil engineering company in the field of cable-supported structures. In: Casciati F, Magonette G (eds) Structural control for civil and infrastructure engineering. Singapore, pp 49-58

[13]  Preumont A, Dufour JP, Malekian C (2015) An investigation of the active damping of suspension bridges. Math Mech Complex Syst 3(4): 385-406

[14]  Preumont A, Dufour JP, Malekian C (1992) Active damping by a local force feedback with piezoelectric actuators. J Guid Control Dyn 15(2): 390-395

[15]  Jansen B (2000) Smart disk tuning and application in an ASML wafer stepper. Msc. thesis, Control Laboratory, University of Twente, Enschede, The Netherlands

[16]  Preumont A, Achkire Y, Bossens F (2000) Active tendon control of large trusses. AIAA J 38(3): 493-498

[17]  Preumont A, Bossens F (2000) Active tendon control of vibration of truss structures: theory and experiments. J Intell Mat Syst Struct 2(11): 91-99

[18]  Preumont A, Loix N (1994) Active damping of a stiff beam-like structure with acceleration feedback. Exp Mech. 34(1): 23-26

[19] Preumont A, Achkire Y (1997) Active damping of structures with guy cables. J Guid Control Dyn 20(2): 320-326

[20] Chen X, Jiang T, Tomizuka M (2015) Pseudo Youla-Kučera parameterization with control of the waterbed effect for local loop shaping. Automatica 62: 177-183

[21] Sievers LA, von Flotow AH (1988) Linear control design for active vibration isolation of narrow band disturbances. In: Proceedings of the 27th IEEE Conference on Decision and Control 1988. IEEE, pp 1032-1037

[22] Zhou K, Doyle J (1998) Essentials of robust control. Prentice-Hall International, Upper Saddle River

[23] Alma M, Martinez J, Landau I, Buche G (2012) Design and tuning of reduced order H∞ feedforward compensators for active vibration control. IEEE Trans Control Syst Technol 20(2): 554-561. doi: 10.1109/TCST.2011.2119485

[24] Tharp H, Medanic J, Perkins W (1988) Parameterization of frequency weighting for a two-stage linear quadratic regulator based design. Automatica 24(5): 415-418

# 第四篇
# 窄带扰动的反馈衰减

# 第 11 章　窄带扰动反馈衰减的鲁棒控制器设计

## 11.1　引　　言

为了说明用于主动振动控制系统的鲁棒控制器的设计, 我们将考虑位于两个不同的相对较小的频率范围内的多个未知且时变的正弦扰动的情况. 具体来说, 将考虑两种情况:

(1) 位于两个不同的频率区域中, 两个时变的音调扰动的情况.

(2) 位于两个不同的频率区域中, 同时出现四个音调扰动的情况.

在这些情况下, 一个非常重要的问题是如何抵消两个非常接近频率产生的低频振荡 (振动扰动). 例如, 在文献 [1] 中考虑了这种现象. 在两个推进器不能完全同步的船舶上也经常发生这种现象. 该现象的典型图像如图 11.1 所示.

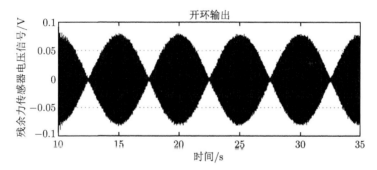

图 11.1　两种正弦波扰动的振动扰动

由于这些扰动位于两个相对较小的频率范围内, 因此可以考虑采用线性控制设计, 该设计将构造输出灵敏度函数, 以便在这两个频率区域中引入足够的衰减, 但其他频率上需避免显著的放大 (出于性能和鲁棒性的要求). 在文献 [2] 中已经考虑了有源噪声控制中的这个问题, 并且构造输出灵敏度函数时使用了文献 [3] 中介绍的凸优化程序①. 最后也可以使用 $H_\infty$ 方法, 但它需要一个相当复杂的程序来定义合适的加权函数.

在本章中可以看到, 使用带阻 (陷波) 滤波器构造灵敏度函数 (请参见 [4] 以及第 7 章) 可以有效地设计控制器, 用于鲁棒衰减在相对较小的频率范围内变化

---

① 见 7.4 小节.

的单一或多个窄带扰动.

本章最后将使用惯性作动器设计的主动振动控制系统进行试验验证.

## 11.2　系 统 描 述

用于控制器设计的次级通路的线性定常 (LTI) 离散时间模型是

$$G(z^{-1}) = \frac{z^{-d}B(z^{-1})}{A(z^{-1})} = \frac{z^{-d-1}B^*(z^{-1})}{A(z^{-1})} \tag{11.1}$$

式中

$$A(z^{-1}) = 1 + a_1 z^{-1} + \cdots + a_{n_A} z^{-n_A} \tag{11.2}$$

$$B(z^{-1}) = b_1 z^{-1} + \cdots + b_{n_B} z^{-n_B} = z^{-1} B^* \tag{11.3}$$

$$B^* = b_1 + \cdots + b_{n_B} z^{-n_B+1} \tag{11.4}$$

式中 $d$ 是受控对象采样周期数的纯时间延迟[①]. 为了说明该方法, 2.2 节介绍了使用惯性作动器的主动振动控制系统. 次级通路模型的辨识已在 6.2 节中完成. 表 6.2($d = 0$) 中给出了次级通路辨识模型的参数.

受控对象的输出 $y(t)$ 和输入 $u(t)$ 可以写成 (图 11.2)

$$y(t) = \frac{q^{-d}B(q^{-1})}{A(q^{-1})} \cdot u(t) + p(t) \tag{11.5}$$

$$S_0(q^{-1}) \cdot u(t) = -R_0(q^{-1}) \cdot y(t) \tag{11.6}$$

在 (11.5) 中, $p(t)$ 是扰动对测量输出的影响[②], $R_0(z^{-1}), S_0(z^{-1})$ 是 $z^{-1}$ 中的多项式, 具有以下表达式[③]

$$S_0 = 1 + s_1^0 z^{-1} + \cdots + s_{n_S}^0 z^{-n_S} = S_0' \cdot H_{S_0} \tag{11.7}$$

$$R_0 = r_0^0 + r_1^0 z^{-1} + \cdots + r_{n_R}^0 z^{-n_R} = R_0' \cdot H_{R_0} \tag{11.8}$$

式中 $H_{S_0}(z^{-1})$ 和 $H_{R_0}(z^{-1})$ 代表控制器的预设定部分 (例如用于包含扰动的内模或在特定频率上打开回路). $S_0'(z^{-1})$ 和 $R_0'(z^{-1})$ 是 Bezout 方程的结果

$$P_0 = (A \cdot H_{S_0}) \cdot S_0' + (z^{-d}B \cdot H_{R_0}) \cdot R_0' \tag{11.9}$$

---

① 复变量 $z^{-1}$ 将用于表征系统在频域中的行为, 而时滞算子 $q^{-1}$ 将用于时域分析.

② 扰动经过主通路, $p(t)$ 是它的输出.

③ 为了使下列某些方程更紧凑, 参数 $(z^{-1})$ 被省略了.

在上式中, $P_0(z^{-1})$ 表示特征多项式, 该多项式指定了系统的期望闭环极点.

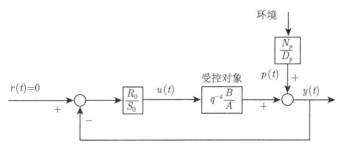

图 11.2  抑制扰动的反馈调节方案

扰动 $p(t)$ 与系统输出 $y(t)$ 以及控制输入 $u(t)$ 之间的传递函数分别表示为输出灵敏度函数和输入灵敏度函数, 由下式给出

$$S_{yp}(z^{-1}) = \frac{A(z^{-1})S_0(z^{-1})}{P_0(z^{-1})} \tag{11.10}$$

$$S_{up}(z^{-1}) = -\frac{A(z^{-1})R_0(z^{-1})}{P_0(z^{-1})} \tag{11.11}$$

需要注意的是, 应只排除位于受控对象模型具有足够增益的频率区域中的扰动. 通过式 (11.10) 可以观察到, 当 $S_{yp}(e^{-j\omega_0}) = 0$ 时, 在某个频率 $\omega_0$ 处获得完全抑制. 另一方面, 从 (11.9) 和 (11.11) 可以看到, 在 $\omega_0$ 处:

$$S_{up}(e^{-j\omega_0}) - \frac{AR_0}{0 + e^{-dj\omega_0}BR_0} - \frac{A}{e^{-dj\omega_0}B} = \frac{1}{G'(e^{-j\omega_0})} \tag{11.12}$$

公式 (11.12) 对应于要控制在频率 $\omega_0$ 处的系统的增益的倒数. 如果受控对象的增益太低, 那么在这些频率下 $|S_{up}|$ 会很大. 因此, 相比于受控对象模型的附加不确定性, 鲁棒性将降低, 作动器上的应力将变得很重要 (见 7.2.5 节和 [4]). 公式 (11.12) 的含义是, 消除输出扰动 (或通常是重要的衰减) 应仅在系统增益足够大的频率区域内进行. 公式 (11.12) 还表明, 如果 $B(z^{-1})$ 在需要对扰动进行强烈衰减的频率处, 单位圆 (稳定或不稳定零点) 附近有复零点时, 则会出现严重问题. 必须避免在这些频率上扰动衰减.

## 11.3  鲁棒控制设计

在本节中, 将介绍用于扰动衰减的线性鲁棒数字控制器的设计.

在提出鲁棒性和调节性目标之前, 应提出一些有关反馈扰动衰减的概念. 在反馈控制系统的情况下, Bode 积分约束导致输出灵敏度函数的 "水床" 效应 (从扰动 $p(t)$ 到闭环的输出 $y(t)$ 的传递函数, 请参见 7.1 节和 11.2 节). 换句话说, 使输出灵敏度函数的幅度在低于 0dB 的某些频率上 (以衰减扰动) 会对相邻频率产生相反的影响, 在那里将观察到放大现象. 回顾 7.2.4 节, 开环传递函数的奈奎斯特图与临界点 $-1 + 0i$ 之间的最小距离 (也称为模量裕度) 对应于输出灵敏度函数的最大值的倒数, 可以得出结论: 在某些频率上 "过多" 的衰减可能会对闭环系统的鲁棒稳定性产生不良影响.

总之, 为保证的模量裕度, 衰减面应等于放大表面, 最大增益应小于或等于 8dB. 这必须在运行频率范围内进行验证. 在此区域之外, 输出灵敏度函数接近 0dB, 这是因为输入灵敏度函数被设置的非常低 (控制器中没有增益) 以满足鲁棒性和作动器的需要.

考虑到图 6.18 中的次级通路频率响应以及仅在系统具有足够增益的情况下才能衰减扰动的事实 (见 11.2 节), 得出的结论是, 仅在 50—95Hz 频带内的扰动 (运行频率范围) 可以衰减.

对于线性鲁棒数字控制器的设计, 应考虑以下性能指标:

• 假设多达 4 个正弦扰动会影响系统的输出 (扰动模型的结构已知);

• 它们的频率不能准确知道, 但以 60Hz 和 80Hz 为中心在 $\pm 2.5$Hz 范围变化;

• 控制器应至少将扰动衰减 14dB;

• 输出灵敏度函数的允许最大增益为 8dB;

• 应减少在 100Hz 以上扰动对控制输入的影响, 以提高未建模的动力学系统和非线性现象的鲁棒性 ($S_{up}(e^{-j\omega}) < -20$dB, $\forall \omega \in [100, 400\text{Hz}]$);

• 控制器的增益必须在零频率处为零 (因为系统具有双重微分特性);

• 当系统增益低且存在不确定性时, 在 $0.5f_s$ 时控制器的增益应为零.

由文献 [4, 性质 7, 3.6.1 节] 和 7.2.9 小节可见, 通过使用带阻滤波器 (BSF) 可以精确构造输入或输出灵敏度函数. 这些是通过离散化连续时间滤波器的形式获得的 IIR 陷波器, 该滤波器使用双线性变换 $s = \dfrac{2}{T_s}\dfrac{1 - z^{-1}}{1 + z^{-1}}$, 并具有以下的形式:

$$F(s) = \frac{s^2 + 2\zeta_{\text{num}}\omega_0 s + \omega_0^2}{s^2 + 2\zeta_{\text{den}}\omega_0 s + \omega_0^2} \tag{11.13}$$

使用 BSF 会引起衰减

$$M = 20\log(\zeta_{\text{num}}/\zeta_{\text{den}}) \tag{11.14}$$

归一化离散频率为

$$\omega_d = 2 \cdot \arctan\left(\frac{\omega_0 T_s}{2}\right) \tag{11.15}$$

设计细节可以在 7.2.9 节中找到.

滤波器的设计取决于是构造输出灵敏度函数还是输入灵敏度函数, 离散化滤波器的分子分别包含在控制器分母 $H_{S_0}$ 或分子 $H_{R_0}$ 的固定部分中. 滤波器分母始终包含在闭环特征多项式中. 由于 $S_0'$ 和 $R_0'$ 是 Bezout 方程 (11.9) 的解, 因此滤波器分母会间接影响控制器的设计. 它们将用于精确构造输出和输入灵敏度函数.

线性控制器的设计步骤如下[①]:

(1) 在闭环特征多项式中包含所有 (稳定的) 次级通路极点.

(2) 通过设置以下控制器分子的固定部分, 在 0Hz 和 400Hz 打开环路

$$H_R = (1 + q^{-1}) \cdot (1 - q^{-1}) \tag{11.16}$$

(3) $S_{yp}$ 上的 3 个 BSF 已用于每个期望衰减的频率周围, 以确保期望衰减在 $\pm 2.5$Hz 以内 (性能指标请参见表 11.1).

**表 11.1  用于输出和输入灵敏度函数的带阻滤波器**

| | 频率/Hz | 放大倍数/dB | 阻尼 |
|---|---|---|---|
| $S_{yp}$ | 57.5 | −17 | 0.1 |
| | 59.8 | −25 | 0.5 |
| | 62 | −15 | 0.1 |
| | 77.5 | −13 | 0.05 |
| | 79.8 | −20 | 0.2 |
| | 82 | −12 | 0.08 |
| $S_{up}$ | 155 | −16 | 0.5 |

(4) 100Hz 以上时在 $S_{up}$ 上使用 1 个 BSF 以降低其幅值 (性能指标请参见表 11.1).

(5) 为了提高鲁棒性, 特征多项式中增加了 2 个复共轭极点, 一个在 55Hz, 另一个在 95Hz, 均具有 0.1 阻尼系数.

此线性控制器的输出和输入灵敏度函数分别如图 11.3 和图 11.4 所示. 在图 11.3 中可以看到, 在 $S_{yp}$ 上的衰减为 14dB 和最大增益为 8dB. 这是性能和鲁棒性之间的折中. 满足了 100Hz 以上 $S_{up}$ 的 −20dB 衰减的性能指标.

① iReg 软件已用于设计这种鲁棒数字控制器, 但是使用以 MATLAB/Scilab 语言编写的函数也可以得到相同的结果 (http://www.gipsa-lab.fr/~tudor-bogdan.airimitoaie/iREG/index.html).

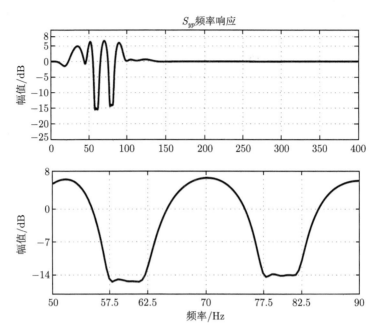

图 11.3　具有线性控制器的输出灵敏度函数 (上图) 和 50—90Hz 频率区间的局部放大 (下图)

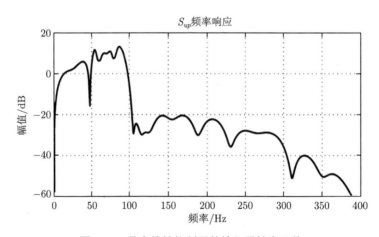

图 11.4　具有线性控制器的输入灵敏度函数

## 11.4　试 验 结 果

鲁棒设计的性能已在 2.2 节中介绍的试验平台上进行说明. 12.4 节将与自适应衰减方案得到的结果进行比较.

### 11.4.1 两种时变音调扰动

本小节中的结果是通过考虑系统输出上两个具有时变频率的正弦扰动获得的. 利用两个独立的伪随机二进制序列 (PRBS) 获得了时变频率. 这两个正弦扰动分别在 60Hz 和 80Hz 左右变化,并保持在 ±2.5Hz 频率间隔内,鲁棒线性控制器为此引入了 14dB 的衰减. 图 11.5 显示了频率的演变及其对应的 PRBS 发生器.

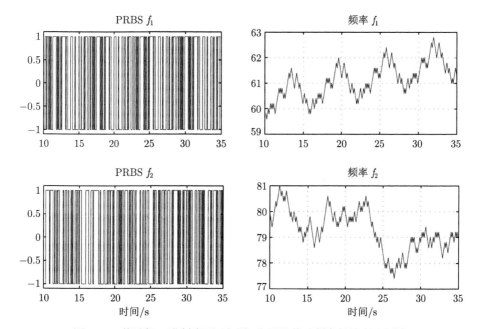

图 11.5 伪随机二进制序列 (左图) 和正弦扰动频率的演变 (右图)

请注意,所有后续试验均从第 10 秒开始. 引入此时间段是为了给实时试验足够的时间来激活电路板. 此外,系统以开环方式运行 5 秒 (从 10 秒到 15 秒). 最后,在试验结束前 5 秒,将系统切换回开环状态,停止系统输入和扰动.

为了避免在打开控制器时出现较大的瞬变,已经使用了从开环到闭环的无扰动转换方案 (另请参见文献 [4, 第 8 章]).

在图 11.6 中,显示了线性控制器的开环和闭环的时域试验结果. 在最后 5 秒 (从 35 秒到 40 秒) 内,系统在无扰动的情况下开环运行,因此残余力可以与系统噪声进行比较.

在每个闭环试验的最后 3 秒中计算全局衰减. 对于鲁棒线性控制器,全局衰减为 25.70dB.

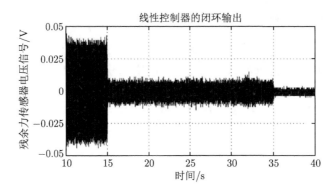

图 11.6　线性控制器在闭环中的残余力, 试验以开环方式开始持续 5 秒, 频率波动范围为 $\pm 2.5\mathrm{Hz}$

## 11.4.2　振动扰动的衰减

本小节讨论了使用惯性作动器在主动振动控制系统上的振动扰动 (双模正弦振动) 的衰减. 可以证明 (另见文献 [1]), 当两个正弦波扰动足够接近时, 由于两个相邻正弦波扰动 (振动扰动) 的周期性抵消而出现拍现象. 这种拍现象如图 11.1 所示, 其中引入了两对相邻的正弦波扰动, 第一对在 60Hz (在 59.9Hz 和 60.1Hz 时) 附近, 第二对在 80Hz (在 79.9Hz 和 80.1Hz 时) 附近. 由于衰减频带足够大, 可以容纳相邻的扰动, 因此可以使用与前面所述相同的鲁棒线性控制器.

时域结果如图 11.7 所示. 鲁棒线性控制器的全局衰减为 27.50dB.

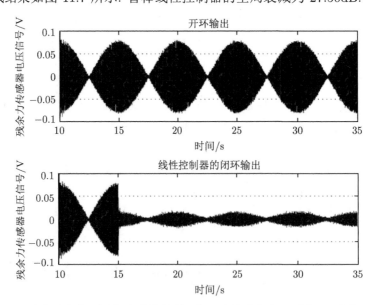

图 11.7　开环时的残余力 (上图) 和线性控制器闭环中的残余力 (下图). 回路在 $t=15\mathrm{s}$ 闭合

图 11.8 给出了鲁棒线性控制器的功率谱密度 (PSD) 估计值. 控制器动作引起的有效衰减如图 11.9 所示. 可以看出, 鲁棒线性控制器在期望频率区域中引入的衰减等于 14dB, 这与 11.3 节中所做的设计是一致的.

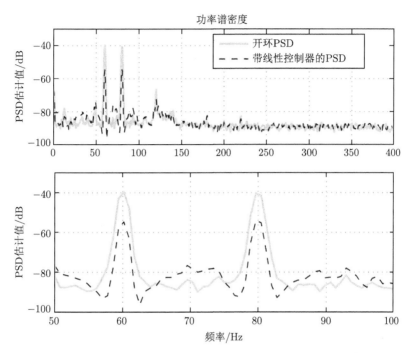

图 11.8  开环和鲁棒线性控制器的功率谱密度: 上图为全频率范围图; 下图为 50Hz 至 100Hz 的局部放大图

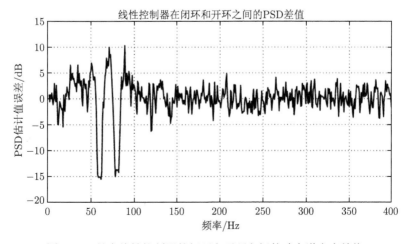

图 11.9  具有线性控制器的闭环和开环之间的功率谱密度差值

# 11.5　结　束　语

· 当单个和多个音调扰动的频率在有限的频率范围内变化时, 可以考虑采用鲁棒线性控制器设计.

· 可达到的衰减水平取决于频域中不确定区域的宽度 (Bode 积分的结果).

· 为了避免衰减区域附近的不可接受的扰动放大并确保模量裕度和时滞裕度在可接受范围内, 必须构造灵敏度函数.

· 极点配置与带阻滤波器 (BSF) 的组合使用, 可有效构造灵敏度函数.

# 11.6　注释和参考资料

以下是主动振动控制的情况下设计鲁棒线性控制器的其他方法的介绍: 文献 [5] 使用了 $H_\infty$ 控制, 文献 [6] 采用了具有相位和增益策略的 $H_\infty$ 控制, 文献 [7] 采用了定量鲁棒线性参数变化 (LPV) 控制. 在文献 [8] 中比较了经典的 $H_\infty$ 和 LQR 控制器, 同时考虑了控制设备所消耗的功率和能量. 文献 [9] 中使用 LQR、改进的 $H_\infty$ 设计和 $\mu$ 综合成等方法对柔性梁的主动振动控制进行了评估. AVC 系统设计中遇到的其他方法还包括: 重复控制[10,11]和同步定相[12].

在机械结构中实现 AVC 的技术已经广泛使用惯性 (电动) 作动器[13]. 在许多涉及配置作动器和传感器的应用中, 使用了压电材料 (请参见 [14] 和 [1, 15, 16] 中报道的各种应用).

## 参 考 文 献

[1] Li S, Li J, Mo Y (2014) Piezoelectric multimode vibration control for stiffened plate using ADRC-based acceleration compensation. IEEE Trans Ind Electron 61(12): 6892-6902

[2] Carmona JC, Alvarado VM (2000) Active noise control of a duct using robust control theory. IEEE Trans Control Syst Technol 8(6): 930-938. doi: 10.1109/87.880596

[3] Langer J, Landau ID (1999) Combined pole placement/sensitivity function shaping method using convex optimization criteria. Automatica 35(6): 1111-1120. doi: 10.1016/S0005-1098(99)00013-8

[4] Landau I, Zito G (2005) Digital control systems-design, identification and implementation. Springer, London

[5] van Wingerden J, Hulskamp A, Barlas T, Houtzager I, Bersee H, van Kuik G, Verhaegen M (2011) Two-degree-of-freedom active vibration control of a prototyped "smart" rotor. IEEE Trans Control Syst Technol 19(2): 284-296. doi: 10.1109/TCST.2010.2051810

[6] Zhang K, Scorletti G, Ichchou MN, Mieyeville F (2014) Robust active vibration control of piezoelectric flflexible structures using deterministic and probabilistic analysis. J Intell Mater Syst Struct 25(6): 665-679. doi: 10.1177/1045389X13500574

[7] Zhang K, Scorletti G, Ichchou M, Mieyeville F (2015) Quantitative robust linear parameter varying $H_\infty$ vibration control of flflexible structures for saving the control energy. J Intell Mater Syst Struct 26(8): 1006-1027. doi: 10.1177/1045389X14538529

[8] Assadian F (2002) A comparative study of optimal linear controllers for vibration suppression. J Frankl Inst 339(3): 347-360. The 2001 Franklin Institute Awards

[9] Kumar R (2012) Enhanced active constrained layer damping (ACLD) treatment using standofflflayer: robust controllers design, experimental implementation and comparison. J Vib Control. doi: 10.1177/1077546311429148

[10] Chen X, Tomizuka M (2014) New repetitive control with improved steady-state performance and accelerated transient. IEEE Trans Control Syst Technol 22(2): 664-675. doi: 10.1109/TCST 2013.2253102

[11] Navalkar S, van Wingerden J, van Solingen E, Oomen T, Pasterkamp E, van Kuik G (2014) Subspace predictive repetitive control to mitigate periodic loads on large scale wind turbines Mechatronics 24(8): 916-925. doi: 10.1016/j.mechatronics.2014.01.005

[12] Dench M, Brennan M, Ferguson N (2013) On the control of vibrations using synchrophasing. J Sound Vib 332(20): 4842-4855. doi: 10.1016/j.jsv.2013.04.044. http://www.sciencedirect.com/science/article/pii/S0022460X1300401X

[13] Marcos T (2000) The straight attraction. Motion Control 13: 29-33

[14] Moheimani SR, Fleming AJ (2006) Piezoelectric transducers for vibration control and damping. Springer, London

[15] Trindade MA, Pagani CC Jr, Oliveira LP (2015) Semi-modal active vibration control of plates using discrete piezoelectric modal fifilters. J Sound Vib 351: 17-28. doi: 10.1016/j.jsv.2015.04. 034. http://www.sciencedirect.com/science/article/pii/S00224-60X15003867

[16] Li S, Qiu J, Ji H, Zhu K, Li J (2011) Piezoelectric vibration control for all-clamped panel using DOB-based optimal control. Mechatronics 21(7): 1213-1221. doi: 10.1016/j.mechatronics. 2011.07.005

# 第 12 章　窄带扰动的直接自适应反馈衰减

## 12.1　引　　言

主动振动控制和主动噪声控制的基本问题之一是: 单个或多个未知且时变的窄带扰动①在不测量的情况下强烈的衰减. 在本书中通常使用自适应反馈方法, 也称为自适应调节. 与前馈补偿方法[1-4]相比, 反馈方法的一个重要优势是不需要与扰动高度相关的附加测量. 反馈方法还避免了补偿器系统和扰动测量之间可能会出现不稳定的正反馈耦合, 这在前馈补偿方案中经常发生 (见文献 [5] 和 1.5 节), 并且只需要更少的参数就可以自适应.

通常的假设是, 扰动是白噪声或通过滤波器的狄拉克脉冲, 该滤波器表征了扰动模型②. 更具体地说, 将所考虑的扰动定义为 "有限频带扰动". 这包括单个或多个窄带扰动或正弦信号. 就本章而言, 认为扰动是未知且时变的, 换句话说, 其模型具有时变系数. 由于目的是在不测量未知扰动的情况下使其衰减, 因此这促使我们使用自适应调节方法. 在已知扰动模型的情况下, 解决这一调节问题的典型方法是设计一种包含扰动模型的控制器 (内模原理, IMP). 该方法已经在 7.2.2 节中介绍过, 该方法的原始出处是文献 [6]. 关于上述内容可进一步参考文献 [7—9]. 使用内模原理的主要问题是试图完全抑制扰动 (渐近地), 这可能会对实施衰减频带之外的灵敏度函数具有较大影响. 若只考虑对单个窄带扰动的抑制[7,9], 通常对输出灵敏度函数的影响一般不构成问题. 然而, 如果低阻尼复零点位于扰动频率附近, 即使在单个窄带扰动的环境中, 对 $S_{yp}(z^{-1})$ 的影响也将是一个巨大的挑战[10].

将内模原理与控制器的 Youla-Kučera 参数化相结合 (请参见 7.2.3 节), 能够开发直接自适应调节策略. Youla-Kučera (Q) 滤波器的参数可直接调节, 以消除扰动的影响.

当考虑多个窄带扰动时, 使用内模原理方法时就需要非常仔细地设计中央线性控制器, 以避免出现不可接受的 "水床" 效应 (在某些频率下输出灵敏度函数会出现不希望的放大). 在第 13 章中将讨论在大频率范围内多个未知窄带扰动的自适应衰减问题.

---

① 称为音调扰动.

② 在本章中, 假定窄带扰动的数目是已知的 (如有必要, 可以从数据中估算出), 但其频率特性却未知.

## 12.2 未知且时变的窄带扰动的直接自适应反馈衰减

### 12.2.1 引言

目的是在频域内渐近抑制或完全衰减具有未知或时变的尖峰的单个或多个窄带扰动. 为了渐近地消除扰动, 必须应用内模原理 (IMP). 因此, 控制器应包括扰动模型. 由于扰动是未知的, 因此有两种方法可以使用:

•间接自适应调节 (必须辨识扰动模型并重新设计控制器, 其中包括扰动模型的估计).

•直接自适应调节 (控制器参数将直接调整).

关键问题是在不影响闭环的稳定性的前提下, 将控制器作为扰动模型的函数进行调整. Youla-Kučera 参数化为控制器提供了良好的参数化方法, 以使闭环的稳定性与衰减问题相解耦. 它还提供了扰动观测器. 可以建立与 DOB 控制方法的相互关系[11,12].

当然也可以建立间接的自适应调节解决方案, 但它们要复杂得多[7,13], 应合理使用它们 (特定的性能要求). 这种方法将在 13.4 节中讨论.

图 12.1 给出了用于减小未知窄带扰动的直接自适应调节方案的框图. $q^{-d}B/A$ 定义了次级通路 (也称为受控对象) 的模型, $\hat{Q}$ 代表 YK 滤波器. $R_0$ 和 $S_0$ 代表中央控制器. 在没有 Youla-Kučera 滤波器[①]的情况下, 受控对象的输出 $y(t)$ 和输入 $u(t)$ 可以写为 (考虑没有滤波器 $\hat{Q}$ 的图 12.1)

$$y(t) = \frac{q^{-d}B(q^{-1})}{A(q^{-1})} \cdot u(t) + p(t) \tag{12.1}$$

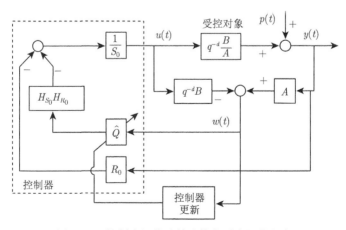

图 12.1 抑制未知扰动的直接自适应调节方案

---

① 第 7 章介绍了 Youla-Kučera 的参数化.

$$S_0(q^{-1}) \cdot u(t) = -R_0(q^{-1}) \cdot y(t) \tag{12.2}$$

式中, $p(t)$ 是扰动对被测输出的影响[1], $R_0(z^{-1})$, $S_0(z^{-1})$ 是 $z^{-1}$ 中的多项式, 具有如下表达式[2]

$$S_0 = 1 + s_1^0 z^{-1} + \cdots + s_{n_{S_0}}^0 z^{-n_{S_0}} = S_0'(z^{-1}) \cdot H_{S_0}(z^{-1}) \tag{12.3}$$

$$R_0 = r_0^0 + r_1^0 z^{-1} + \cdots + r_{n_{R_0}}^0 z^{-n_{R_0}} = R_0'(z^{-1}) \cdot H_{R_0}(z^{-1}) \tag{12.4}$$

式中 $H_{S_0}(q^{-1})$ 和 $H_{R_0}(q^{-1})$ 代表控制器的预设定部分 (例如用于包含扰动的内模或在特定频率打开环路), $S_0'(q^{-1})$ 和 $R_0'(q^{-1})$ 是使用极点配置计算的 (请参见第 7 章). 指定系统的期望闭环极点的特征多项式由以下 (另请参见文献 [14])[3]给出:

$$P_0(z^{-1}) = A(z^{-1})S_0(z^{-1}) + z^{-d}B(z^{-1})R_0(z^{-1}) \tag{12.5}$$

在式 (12.3) 和 (12.4) 中给出 $S_0$ 和 $R_0$ 的表达式, $R_0'$ 和 $S_0'$ 是以下方程的解:

$$P_0(z^{-1}) = A(z^{-1})S_0'(z^{-1})H_{S_0}(q^{-1}) + z^{-d}B(z^{-1})R_0'(z^{-1})H_{R_0}(q^{-1}) \tag{12.6}$$

接下来, 使用 Youla-Kučera 参数化[15,16]. 不过, Youla-Kučera 参数化并不是唯一的. 它取决于选择 $G = ND^{-1}$ 的左互质分解. 最多使用四个因式分解[17]

$$N = G; \quad D = I \tag{12.7}$$

$$N = z^{-m}; \quad D = P_m; \quad G \approx z^{-m}P_m^{-1} \tag{12.8}$$

$$N = q^{-d}B; \quad D = A; \quad G = q^{-d}\frac{B}{A} \tag{12.9}$$

$$N = q^{-d}BF; \quad D = AF; \quad G = q^{-d}\frac{B}{A}; \quad F = \frac{F_N}{F_D} \tag{12.10}$$

式中 $F$ 和 $F^{-1}$ 渐近稳定. 更多细节可以在参考文献 [17]. 随后将使用参数化公式 (12.9).

为 $Q$ 滤波器选择 FIR 结构并与 Youla-Kučera 参数化相关联, 控制器的多项式变为

$$R = R_0 + AQH_{S_0}H_{R_0} \tag{12.11}$$

$$S = S_0 - z^{-d}BQH_{S_0}H_{R_0} \tag{12.12}$$

---

① 扰动通过主通路, 该通路在此图中未标出, 但 $p(t)$ 是其输出.

② 为使结构更紧凑, 在以下某些方程式中将省略参数 $(z^{-1})$.

③ 假设实现了一个可靠的模型辨识, 因此被估计的模型被假设等同于实际模型.

式中 $R_0$ 和 $S_0$ 定义了中央控制器, 在没有扰动的情况下验证了该中央控制器所需的性能指标. 闭环的特征多项式仍由 (12.6) 给出 (可以通过简单的计算来验证). 输出灵敏度函数 (扰动 $p(t)$ 与系统的输出 $y(t)$ 之间的传递函数) 为

$$S_{yp}(z^{-1}) = A(z^{-1})S(z^{-1})P_0(z^{-1}) \tag{12.13}$$

输入灵敏度函数 (扰动 $p(t)$ 和控制输入 $u(t)$ 之间的传递函数) 为

$$S_{up}(z^{-1}) = -\frac{A(z^{-1})R(z^{-1})}{P_0(z^{-1})} \tag{12.14}$$

这种方法的一个关键点是内模原理的使用, 该模型已在 7.2.2 节中进行了讨论. 假设 $p(t)$ 是一个确定性扰动, 由以下方程给出:

$$p(t) = N_p(q^{-1})D_p(q^{-1}) \cdot \delta(t) \tag{12.15}$$

式中 $\delta(t)$ 是狄拉克脉冲, 而 $N_p$, $D_p$ 分别是阶次为 $n_{N_p}$ 和 $n_{D_p}$ 的互质多项式[1]. 在平稳窄带扰动的情况下, $D_p(z^{-1})$ 的根在单位圆上.

应用内模原理, $S(z^{-1})$ 的预设定部分应包含扰动 $D_p$ 模型的分母, 即

$$H_S(z^{-1}) = D_p(z^{-1})H_{S_0}(z^{-1})$$

对控制器进行了计算求解

$$P = AD_pH_{S_0}S' + z^{-d}BH_{R_0}R' \tag{12.16}$$

式中 $P$, $D_p$, $A$, $B$, $H_{R_0}$, $H_{S_0}$ 和 $d$ 已经给出[2]. Youla-Kučera 控制器参数化中使用下式的 $Q$ FIR 滤波器:

$$Q(z^{-1}) = q_0 + q_1z^{-1} + \cdots + q_{n_Q}z^{-n_Q} \tag{12.17}$$

应用内模原理发现 $Q$ 滤波器的如下问题:

$$S = S'_0H_{S_0} - z^{-d}BQH_{S_0}H_{R_0} = D_pH_{S_0}S' \tag{12.18}$$

因此, 为了计算相应的 $Q$ 多项式, 必须求解丢番图方程

$$S'D_p + z^{-d}BH_{R_0}Q = S'_0 \tag{12.19}$$

---

① 在本书中, $n_X$ 表示多项式 $X$ 的自由度.
② 当然, 假定 $D_p$ 和 $B$ 是没有公共因子的.

式中 $D_p$, $d$, $B$, $S_0'$ 和 $H_{R_0}$ 已知, $S'$ 和 $Q$ 未知. 方程 (12.19) 对于 $S'$ 和 $Q$ 具有唯一的解: $n_{S_0'} \leqslant n_{D_p} + n_B + d + n_{H_{R_0}} - 1$, $n_{S'} = n_B + d + n_{H_{R_0}} - 1$, $n_Q = n_{D_p} - 1$. 看到多项式 $Q$ 的阶次 $n_Q$ 取决于扰动模型的结构, 而不取决于受控对象模型的结构.

在这种情况下, Youla-Kučera 参数化 (其中 $Q$ 由 (12.17) 给出) 是有趣的, 因为它可以保持中央控制器闭环极点, 但同时在控制器中引入了内模参数.

## 12.2.2  采用 Youla-Kučera 参数化的直接自适应调节

目的是找到一种估计算法, 该算法能在存在未知扰动 (但结构已知) 的情况下, 无需修改闭环极点, 直接估计控制器中内模的参数. 显然, 由于对 $Q$ 多项式的修改不会影响闭环极点, 因此 $Q$ 参数化是一种潜在的选择. 为了建立估计算法, 有必要定义一个误差方程, 该误差方程将反映最优 $Q$ 多项式与其当前值之间的误差. 还要注意, 在时域中, 内模原理可以解释为寻找 $Q$, 使得 $y(t)$ 渐近地变为零[16]. 使用 $Q$ 参数化, 在存在扰动的情况下系统的输出可以表示为

$$y(t) = \frac{A[S_0 - q^{-d}BH_{S_0}H_{R_0}Q]}{P} \cdot \frac{N_p}{D_p} \cdot \delta(t) = \frac{S_0 - q^{-d}BH_{S_0}H_{R_0}Q}{P} \cdot w(t) \quad (12.20)$$

式中 $w(t)$ 由下式给出 (另见图 12.1)

$$w(t) = \frac{AN_p}{D_p} \cdot \delta(t) = A \cdot y(t) - q^{-d}B \cdot u(t) \quad (12.21)$$

考虑到 $Q$ 的自适应是为了获得渐近趋于零的输出量 $y(t)$, 因此可以将 $\varepsilon^0(t+1)$ 定义为 $\hat{Q}(t, q^{-1})$ 获得的 $y(t+1)$ 的值 (在时间 $t$ 的 $Q$ 的估计值, 也写成 $\hat{Q}(t)$)

$$\varepsilon^\circ(t+1) = \frac{S_0}{P} \cdot w(t+1) - \hat{Q}(t)\frac{q^{-d}B^*H_{S_0}H_{R_0}}{P} \cdot w(t) \quad (12.22)$$

同样, 后验误差变为 (使用 $\hat{Q}(t+1)$) 为[①]

$$\varepsilon(t+1) = \frac{S_0}{P} \cdot w(t+1) - \hat{Q}(t+1)\frac{q^{-d}B^*H_{S_0}H_{R_0}}{P} \cdot w(t) \quad (12.23)$$

用 (12.3) 中给出的最后一个方程替换 $S_0$, 用 (12.19) 替换 $S_0'$, 可得出

$$\varepsilon(t+1) = [Q - \hat{Q}(t+1)] \cdot \frac{q^{-d}B^*H_{S_0}H_{R_0}}{P} \cdot w(t) + \eta(t+1) \quad (12.24)$$

---

① 在自适应控制和估计中, 可以基于先前的参数估计 (先验, 时间 $t$) 或基于当前参数估计 (后验, 时间 $t+1$) 来计算 $t+1$ 的预测输出.

式中

$$\eta(t) = \frac{S'D_pH_{S_0}}{P} \cdot w(t) = \frac{S'H_{S_0}AN_p}{P} \cdot \delta(t) \tag{12.25}$$

是一个信号, 由于 $P$ 是一个渐近稳定的多项式, 因此它会渐近趋向于零.

定义估计多项式 $\hat{Q}(t,q^{-1}) = \hat{q}_0(t) + \hat{q}_1(t)q^{-1} + \cdots + \hat{q}_{n_Q}(t)q^{-n_Q}$ 和相关的估计参数向量 $\hat{\theta}(t) = [\hat{q}_0(t), \hat{q}_1(t), \cdots, \hat{q}_{n_Q}(t)]^{\mathrm{T}}$. 定义多项式 $Q$ 的最优值相对应的固定参数向量为 $\theta = [q_0, q_1, \cdots, q_{n_Q}]^{\mathrm{T}}$.

定义

$$w_2(t) = \frac{q^{-d}B^*H_{S_0}H_{R_0}}{P} \cdot w(t) \tag{12.26}$$

并定义以下观测向量

$$\phi^{\mathrm{T}}(t) = [w_2(t), w_2(t-1), \cdots, w_2(t-n_Q)] \tag{12.27}$$

方程 (12.24) 变成

$$\varepsilon(t+1) = [\theta^{\mathrm{T}} - \hat{\theta}^{\mathrm{T}}(t+1)] \cdot \phi(t) + v(t+1) \tag{12.28}$$

可以指出 $\varepsilon(t+1)$ 对应于后验自适应误差[18], 因此, 在第 4 章中给出了基本的自适应算法. 根据 (12.22), 可以得到先验自适应误差

$$\varepsilon^\circ(t+1) = w_1(t+1) - \hat{\theta}^{\mathrm{T}}(t)\phi(t) \tag{12.29}$$

其中

$$w_1(t+1) = \frac{S_0(q^{-1})}{P(q^{-1})} \cdot w(t+1) \tag{12.30}$$

$$w(t+1) = A(q^{-1}) \cdot y(t+1) - q^{-d}B^*(q^{-1}) \cdot u(t) \tag{12.31}$$

式中 $B(q^{-1})u(t+1) = B^*(q^{-1})u(t)$.

根据 (12.23) 可以得到后验自适应误差

$$\varepsilon(t+1) = w_1(t+1) - \hat{\theta}^{\mathrm{T}}(t+1)\phi(t) \tag{12.32}$$

为了估计 $\hat{Q}(t,q^{-1})$ 的参数, 使用了以下 PAA(I-PAA)[18]

$$\hat{\theta}(t+1) = \hat{\theta}(t) + F(t)\phi(t)\varepsilon(t+1) \tag{12.33}$$

$$\varepsilon(t+1) = \frac{\varepsilon^\circ(t+1)}{1 + \phi^{\mathrm{T}}(t)F(t)\phi(t)} \tag{12.34}$$

$$\varepsilon^{\circ}(t+1) = w_1(t+1) - \hat{\theta}^{\mathrm{T}}(t)\phi(t) \tag{12.35}$$

$$F(t+1) = \frac{1}{\lambda_1(t)}\left[ F(t) - \frac{F(t)\phi(t)\phi^{\mathrm{T}}(t)F(t)}{\dfrac{\lambda_1(t)}{\lambda_2(t)} + \phi^{\mathrm{T}}(t)F(t)\phi(t)} \right] \tag{12.36}$$

$$1 \geqslant \lambda_1(t) > 0, \quad 0 \leqslant \lambda_2(t) < 2 \tag{12.37}$$

式中 $\lambda_1(t)$, $\lambda_2(t)$ 允许获得自适应增益 $F(t)$ 演化的各种曲线 (有关详细信息, 请参见 4.3.1 节和文献 [14, 18]). 考虑两种运行模式:

　　• 自适应运行 (自适应连续执行, 并且控制器在每次采样时更新). 在这种情况下, 自适应增益永远不会为零.

　　• 自调谐运行 (自适应过程按需启动或性能不令人满意时启动). 在这种情况下, 自适应增益渐近趋于 0.

　　所得方案的稳定性是 4.4.2 节中给出的结果. 考虑到 (12.28) 并忽略信号 $\nu(t+1)$(无论如何都变为 0), 使用定理 4.1 得出的结论是 $\varepsilon(t+1)$ 变为零不需要满足任何正实条件. 此外, 如果正弦波扰动的数量为 $n$, 则可以证明如果 $n_Q = 2n - 1$ 时, 参数也收敛. 关于假设模型 = 受控对象这一假设下的详细稳定性证明, 请参见文献 [7, 18].

　　在每个采样时间下自适应运行采用以下步骤进行:

　　(1) 获得测量的输出 $y(t+1)$ 并使用 (12.31) 应用控制 $u(t)$ 计算得到 $w(t+1)$.

　　(2) 使用 (12.30) 和 (12.26) 并用 (7.38) 给出的 $P$ 计算 $w_1(t+1)$ 和 $w_2(t)$.

　　(3) 使用参数自适应算法 (12.33)—(12.36) 估计 $Q$ 多项式.

　　(4) 计算并应用控制 (参见图 12.1):

$$\begin{aligned} S_0(q^{-1})u(t+1) = & -R_0(q^{-1})y(t+1) \\ & - H_{S_0}(q^{-1})H_{R_0}(q^{-1})\hat{Q}(t+1, q^{-1})w(t+1) \end{aligned} \tag{12.38}$$

控制 $u(t)$ 的显式表达式为

$$u(t) = -R_0(q^{-1})y(t) - S_0^*(q^{-1})u(t-1) - H_{S_0}(q^{-1})H_{R_0}(q^{-1})\hat{Q}(t, q^{-1})w(t) \tag{12.39}$$

### 12.2.3　鲁棒性的考虑

　　当使用内模原理时, 为避免输出灵敏度函数的模量出现不可接受的高值, 在假定扰动模型及其频域变化域已知的前提下, 应考虑对中央控制器进行鲁棒设计. 目的是在所有情况下均获得可接受的模量裕度 ($|S_{yp}(e^{-j\omega})|_{\max}^{-1}$) 和时滞裕度.

此外, 在可以完全抑制扰动的频率上, $S_{yp}(e^{-j\omega}) = 0$ 且

$$\left| S_{up}(e^{-j\omega}) \right| = \left| \frac{A(e^{-j\omega})}{B(e^{-j\omega})} \right| \tag{12.40}$$

公式 (12.40) 对应于被控制系统的增益的倒数. 公式 (12.40) 的含义是仅在系统增益足够大的频率区域内进行时消除输出扰动 (或通常是重要的衰减). 如果受控对象的增益太低, $|S_{up}|$ 在这些频率下会很大. 因此, 鲁棒性与附加受控对象模型的不确定性将降低, 作动器上的应力将变得很重要[13].

公式 (12.40) 还表明, 如果 $B(z^{-1})$ 在需要对扰动进行强烈衰减的频率处有接近单位圆的复零点 (稳定或不稳定零), 则会出现严重问题. 必须避免在这些频率上衰减扰动, 并且应特别注意控制器在这些低阻尼复零点附近的衰减区域中的行为[9,10].

## 12.3 窄带扰动衰减的性能评估指标

在介绍获得的试验结果之前, 重要的是先明确定义窄带扰动衰减的性能指标和相应的测量方法.

**调谐能力**

调谐能力是当自适应瞬变出现时在具有扰动的情况下稳定运行性能的评价. 在存在恒定频率的窄带扰动的情况下, 对相应的指标进行评估. 考虑三个指标:

(1) 全局衰减 (GA): 以 dB 为单位, 由以下定义

$$\mathrm{GA} = 20 \log_{10} \frac{N^2 Y_{\mathrm{OL}}}{N^2 Y_{\mathrm{CL}}} \tag{12.41}$$

式中 $N^2 Y_{\mathrm{OL}}$ 和 $N^2 Y_{\mathrm{CL}}$ 分别是开环和闭环测量残余力的截断 2-范数的平方, 在去除扰动之前 (在 $t_{\mathrm{rem}} - 3$ 和 $t_{\mathrm{rem}}$ 之间, 图 12.2 说明了该过程) 在试验的最后部分评估.

截断的 2-范数具有以下表达式

$$N^2 T = \sum_{i=1}^{m} y(i)^2 \tag{12.42}$$

式中 $y(i)$ 是离散时间信号 (残余力或加速度) 的样本. 该量表示所测信号中包含的能量.

(2) 扰动衰减 (DA): 以 dB 为单位. 它定义为: 在两种音调扰动情况下, 在扰动频率下闭环和开环中残余力的估计功率谱密度 (PSD) 之差的最小值, 如图 12.3 所示. 它的表达式是

$$\mathrm{DA} = \min(\mathrm{PSD_{CL}} - \mathrm{PSD_{OL}}) \tag{12.43}$$

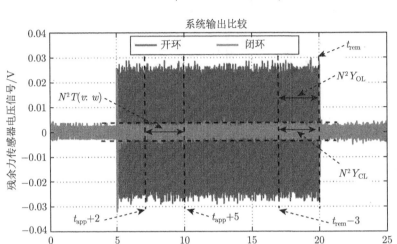

图 12.2　全局衰减 (GA) 和瞬态评估的时间间隔的定义. 显示计算间隔 ($t_{\mathrm{app}} + 2$, $t_{\mathrm{app}} + 5$, $t_{\mathrm{rem}} - 3$, $t_{\mathrm{rem}}$) ($t_{\mathrm{app}}$——施加扰动的时刻, $t_{\mathrm{rem}}$——消除扰动的时刻)(扫描封底二维码见彩图)

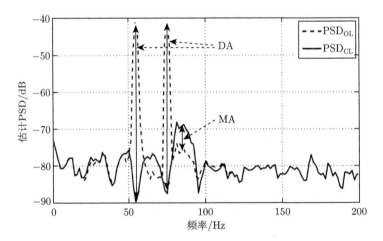

图 12.3　扰动衰减 (DA) 和最大增益 (MA) 的定义

(3) 最大增益 (MA): 以 dB 为单位, 它定义为闭环和开环中残余力的估计 PSD 之差的最大值. 它由以下定义:

$$\mathrm{MA} = \max(\mathrm{PSD_{CL}} - \mathrm{PSD_{OL}}) \tag{12.44}$$

注意, 最大增益的倒数可得到模量裕度.

通过这三个测量, 可以评估控制器的扰动衰减性能 (全局衰减度和扰动衰减度) 和分析鲁棒性 (最大增益和模量裕度).

**瞬态性能**

在恒定频率阶跃变化时, 评估瞬态性能.

• 瞬态时间估计: 当施加扰动时, 要求瞬态持续时间小于某个值 (在下面的内容中, 我们认为理想的瞬态持续时间是 2s). 建立了 100% 满足的性能指标 (瞬态持续时间等于或小于 2s)[①]. 这意味着在施加扰动 2s 后, 残余力 (加速度) 的截断 2-范数的平方必须等于或小于残余力的截断 2-范数平方的稳态值的 1.21 倍. 对于瞬态和稳态, 均在 3s 的区间内评估截断的 2-范数的平方. 考虑到施加扰动 $t_{app}$ 的瞬间和消除扰动 $t_{rem}$ 的瞬间, 将截断的 2-范数的平方表示为 $N^2T(v:w)$, 其中 $v$ 和 $w$ 定义了计算区间. 如果残余力 (加速度) 的截断的 2-范数的平方等于或大于残余力的截断的 2-范数的平方的 2.42 倍, 则索引值为 0%. 定义

$$\alpha = \frac{N^2T(t_{app}+2:t_{app}+5)}{N^2T(t_{rem}-3:t_{rem})} = \frac{N^2T(t_{app}+2:t_{app}+5)}{N^2Y_{CL}} \tag{12.45}$$

瞬态持续时间指数 $\Delta\text{Trans}$ 由下式给出

$$\text{如果 } \alpha \leqslant 1.21, \text{ 则 } \Delta\text{Trans} = 100\% \tag{12.46a}$$

$$\text{如果 } \alpha > 1.21, \text{ 则 } \Delta\text{Trans} = \frac{2.42 - \alpha}{1.21}100\% \tag{12.46b}$$

$$\text{如果 } \alpha \geqslant 2.42, \text{ 则 } \Delta\text{Trans} = 0\% \tag{12.46c}$$

## 12.4 试验结果:自适应与鲁棒性的比较

本节中的试验结果与第 11 章中的试验结果相比较, 这些试验结果是在使用惯性作动器的主动振动控制系统上, 在频域有限区域中存在多个窄带扰动的情况下, 使用鲁棒控制器而获得的.

### 12.4.1 Youla-Kučera 参数化的中央控制器

Youla-Kučera 参数化中使用的中央控制器的设计与第 11 章中描述的鲁棒线性控制器的设计类似, 不同之处在于未使用 $S_{yp}$ 上的 BSF, 并且所得的已分配的自由辅助根从 0 移动到了 0.2.

请注意, 特征多项式的阶次由 $n_P = n_A + n_B + n_{H_S} + n_{H_R} + d - 1$ 算出, 在本算例中为 $22 + 25 + 0 + 4 + 0 - 1 = 50$. 从给定的根中 (可以从鲁棒控制器的设计

---

① 当然时间为 2s 的值可以更改, 但是测量原理保持不变.

中得出 28 个根, 除了 BSF 为 $S_{yp}$ 指定的根之外) 可以选择 22 个根. 这 22 个位于 0.2 处的辅助极点在 100Hz 以上时具有降低 $S_{up}$ 的幅值的作用. 在这个设计中没有使用鲁棒线性设计.

### 12.4.2　两个单模态的振动控制

本小节中的结果是通过位于两个不同频域区域中两个时变频率的正弦波扰动而获得的. 时变频率是通过使用两个独立的伪随机二进制序列 (PRBS) 获得的. 两个正弦波扰动分别在 60Hz 和 80Hz 左右变化, 并在 ±2.5Hz (类似于第 11 章中讨论的鲁棒控制设计) 或 ±5 Hz 的频率区间内波动. 参见图 11.5.

请注意, 所有后续试验均从第 10s 开始 (如鲁棒控制器的情况). 这段时间的引入是为了给实时试验足够的时间来激活电路板. 此外, 系统以开环方式运行 5s (从 10s 到 15s). 最后, 在试验结束前 5s, 将系统切换回开环, 并停止系统输入和扰动 (在 35s 到 40s 之间). 为了避免在打开控制器时出现大的瞬态现象, 和鲁棒控制器的试验中一样, 使用了从开环到闭环的无扰动切换方案 (另请参见 [14, 第 8 章]).

图 12.4 显示了鲁棒线性控制器的开环、闭环和自适应控制器的时域试验结果. 可以看出, 对于自适应调节器, 残余力几乎与系统噪声水平相同.

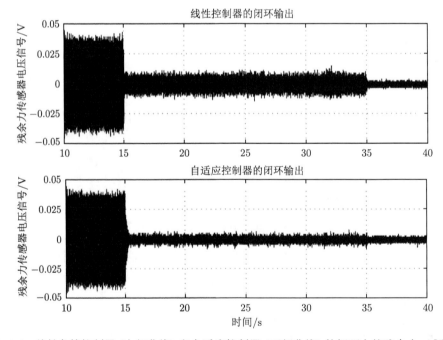

图 12.4　线性鲁棒控制器 (上部曲线) 和自适应控制器 (下部曲线) 的闭环中的残余力. 试验以开环方式开始 5s, 并在 $t$=35s 时停止扰动. 频率波动区间为 ±2.5Hz

使用 "积分"-参数自适应算法 (I-PAA) 的自适应调节. 矩阵 $F(0)$ 被设置为对角线, 其中 0.2 是每个对角线元素的值 (迹 =0.8). 使用常数迹自适应算法, 常数迹为 0.8(有关选择自适应增益的更多详细信息, 请参见 4.3.4 节). 已选择 $Q$ 多项式的阶次为 3 (4 个自适应参数). $Q$ 多项式参数的演变如图 12.5 所示. 可以看出, 估计的 $Q$ 参数的向量 $\hat{\theta}$ 被初始化为零. 闭环后, 自适应算法将开始调整参数, 以减少残余力. 可以看出, 在试验期间, Youla-Kučera 滤波器的参数不断变化, 以适应不断变化的扰动频率.

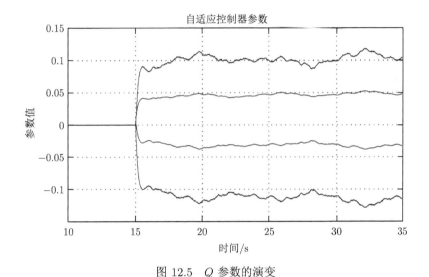

图 12.5 $Q$ 参数的演变

对于每个闭环试验, 在最后 3s 内计算全局衰减. 对于鲁棒线性控制器, 全局衰减为 25.70dB, 而在自适应情况下, 全局衰减为 39.68dB. 若使用附录 E 中所述的 "积分 + 比例" 参数自适应算法 (IP-PAA), 还可以进行一定的改进.

最后, 图 12.6 显示了以 60Hz 和 80Hz 为中心频率 ±5Hz 区间频率波动的试

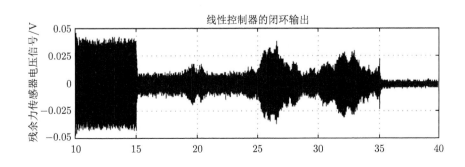

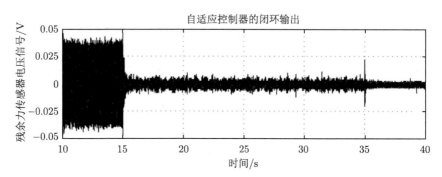

图 12.6　线性鲁棒控制器 (上部曲线) 和自适应控制器 (下部曲线) 的闭环中的残余力. 试验以
开环方式开始 5s. 频率变化范围：±5Hz

验结果. 不出所料, 鲁棒线性控制器提供的结果并不理想 (超出了我们设计考虑的
范围). 最后 5s 无扰动的结果也被绘制出来作为参考.

显然, 一方面, 使用自适应控制器可以提高鲁棒控制器的性能, 即使扰动频率
的变化范围是设计中使用的范围; 另一方面, 它可以扩展扰动频率的变化范围, 从
而确保衰减性能.

### 12.4.3　振动扰动

本小节讨论位于两个不同频率区域的两个振动扰动的自适应衰减. 该现象
如图 11.1 中所示, 其中引入了两对相邻的正弦波扰动, 一对在 60Hz (59.9Hz 和
60.1Hz) 附近, 第二对在 80Hz (79.9Hz 和 80.1Hz) 附近. 将采用自适应方法获得
的结果与通过第 11 章设计的鲁棒线性控制器获得的结果进行比较.

对于自适应调节, I-PAA 使用初始对角线自适应增益矩阵 $F(0) = \alpha \cdot I$ 和增
益递减后的自适应常数迹, 其中 $\alpha = 0.2$, $I$ 是单位矩阵, 初始迹为 0.8. 选择的常
数迹等于 0.02. $Q$ 多项式的参数数量也等于 4 (阶次等于 3). 将多项式 $Q$ 的阶次
增加到 7 (8 个参数, 每个正弦波扰动两个) 不会改善性能 (可能是因为这对正弦
波的频率太近了). 时域结果显示在图 12.7 和图 12.8 中. 鲁棒线性控制器的全局
衰减为 27.50dB, 自适应控制器的全局衰减为 45.59dB.

两种控制方案的功率谱密度 (PSD) 估计值如图 12.9 所示. 可以看出, 鲁棒线
性控制器在期望频带中引起的衰减为 14dB, 这与 11.3 节中的设计是一致的. 自
适应控制器可以更好地抑制扰动, 并且不会在线性控制器以外的其他频率下进行
放大.

图 12.10 测试了自适应能力, 并将结果与线性鲁棒控制器进行了比较. 在该
图中, 所有四个正弦波扰动都在 35s 时通过在其频率上加 5Hz 而得到修正. 这样,
新的扰动频率集中在 65Hz (64.9Hz 和 65.1Hz) 和 85Hz (84.9Hz 和 85.1Hz) 附

近. 正如预期的那样, 线性鲁棒控制器无法提供满意的衰减. 自适应瞬变时间约为 1.5s.

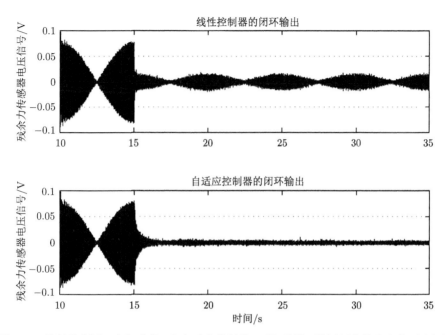

图 12.7 线性控制器 (上部曲线) 和自适应控制器 (下部曲线) 的闭环中的残余力. 回路在 $t=15\text{s}$ 闭合

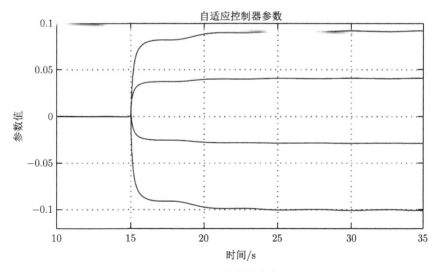

图 12.8 $Q$ 参数的演变

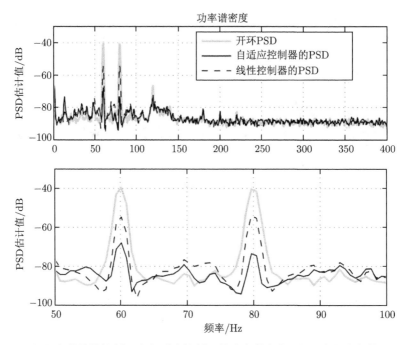

图 12.9　开环, 鲁棒线性控制器和自适应控制器的功率谱密度. 上图中为全频带图, 下图为
50Hz 至 100Hz 的局部放大图

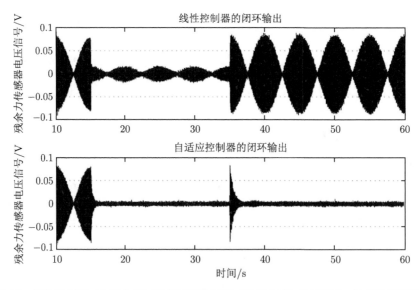

图 12.10　线性控制器 (上部曲线) 和自适应控制器 (下部曲线) 的闭环中, 具有阶跃频率变化
(+5Hz) 的残余力. 在这两种情况下, 系统都处于开环状态, 直到 $t=15$s

## 12.5 主动液压悬架上未知窄带扰动的自适应衰减

使用在 12.2.2 节中提出的直接自适应控制方案的窄带扰动抑制过程, 对主动液压悬架控制的实时控制进行了说明 (见 2.1 节). 在此应用中, 扰动是单个时变正弦扰动, 因此 $n_{D_p} = 2$ 和 $n_Q = n_{D_p} - 1 = 1$.

主动液压悬架的辨识程序已在 6.1 节 (开环运行中的辨识) 中进行了讨论. 辨识出的主通路和次级通路模型 (开环辨识) 的频率特性如图 6.8 所示. 主通路模型的第一振动模态接近 32Hz. 次级通路模型具有以下复杂度: $n_A = 14, n_B = 16, d = 0$. 次级通路具有几种低阻尼振动模态. 第一个的频率为 31.8Hz, 阻尼系数为 0.07.

使用极点配置方法和次级通路辨识模型设计了中央控制器 (无内部扰动模型). 一对主极点固定在第一振动模态的频率 (31.8Hz), 阻尼 $\xi = 0.8$ 上, 该模型的其他极点已被认为是辅助期望闭环极点. 此外, 还引入了一个预设定部分 $H_R = 1 + q^{-1} (R = H_R R')$, 以保证环路在 $0.5f_s$ 处打开, 并在期望闭环极点上增加了 10 个 0.7 时的辅助极点. 最终的名义控制器具有以下复杂度: $n_A = 14$, $n_B = 16$, 并且满足灵敏度函数所施加的鲁棒性约束[①].

这里仅显示自适应运行的结果. 有关自调谐运行的结果, 请参见文献 [7]. 在自适应运行中, PAA 会一直工作 (一旦关闭环路), 并且控制器在每次采样时都会重新计算. 在这种情况下, 自适应增益永远不会为零.

为了评估实时性能, 使用了 25—47Hz 的时变频率正弦扰动 (主通路的第一种振动模态接近 32Hz). 设计了两个方案:

- 扰动频率的阶跃变化;
- 连续时变频率的扰动 (线性调频).

**扰动频率的阶跃变化**

启动: 系统以开环方式启动. 5s (4000 个样本) 后, 在激振器上施加 32Hz 的正弦扰动, 同时闭合环路. 启动结束后, 每 15s (8000 个样本) 施加不同频率的正弦波扰动 (频率发生阶跃变化). 顺序如下: 32Hz, 25Hz, 32Hz, 47Hz, 32Hz.

直接自适应运行测得的残余力如图 12.11 所示. 公式 (12.36) 中使用了公式 (12.33) 形式的 I-PAA. 为了能够自动追踪扰动特性的变化, 使用了一种带可变遗忘因子的自适应增益和常数迹[18]. 迹的最低阈值设定为 $3 \times 10^{-9}$.

对于直接自适应方法, 考虑三个不同频率 (25Hz, 32Hz, 47Hz) 下, 在开环和闭环的自适应运行中获得的测量残余力的频谱密度如图 12.12 所示.

当扰动的频率对应于系统的第一共振模态 (32Hz) 时, 观察到主通路的一阶振动模态在开环谱密度上出现了两个谐波. 它们出现在开环中, 这是由于系统在大信

---
① 可以使用允许满足这些约束的任何设计方法.

号下的非线性, 在系统的共振频率处存在一个重要的扰动放大. 闭环运行时没有出现谐波. 考虑 3 个不同频率, 获得的衰减都大于 50dB. 衰减值总结在表 12.1 中[①].

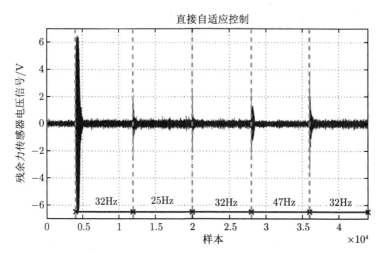

图 12.11　采用直接自适应方法的时域结果 (迹 $= 3 \times 10^{-9}$)(扫描封底二维码见彩图)

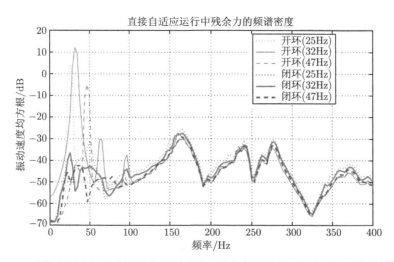

图 12.12　直接自适应运行中开环和闭环中残余力的频谱密度 (扫描封底二维码见彩图)

表 12.1　直接自适应方法的实时性能

| 方法 | 直接自适应 | | |
|---|---|---|---|
| 扰动频率/Hz | 25 | 32 | 47 |
| 扰动衰减/dB | 56.18 | 65.43 | 53.97 |

① 对于通过间接自适应控制方案获得的结果, 请参见 [7].

自适应瞬变的持续时间小于 $0.25s^{[7]}$.

**连续时变频率的正弦波扰动的衰减**

现在考虑正弦波扰动的频率连续变化, 使用 25Hz 到 47Hz 之间的线性调频扰动信号 (线性扫频信号).

进行了以下测试: 中央控制器在 $t = 0$ 时启动闭环. 闭环后, 自适应算法将一直起作用, 并且控制器会在每个采样时刻进行更新 (直接逼近). 5s 后, 在激振器上施加 25Hz (固定频率) 的正弦扰动. 在 10s 到 15s 之间, 将施加 25Hz 至 47Hz 之间的线性调频. 在 15s 后, 施加 47Hz (固定频率) 正弦波扰动, 并在 18s 后停止测试. 在开环和闭环 (直接自适应控制) 中获得的时域结果如图 12.13 所示. 可见, 获得的性能非常好.

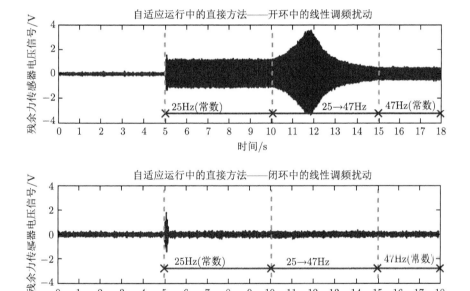

图 12.13 使用直接自适应方法和线性调频扰动获得的实时结果: 开环 (上部曲线), 闭环 (下部曲线)(扫描封底二维码见彩图)

## 12.6 使用惯性作动器的主动振动控制系统上未知窄带扰动的自适应衰减

使用 12.2.2 节中提出的直接自适应控制方案, 对采用惯性作动器的主动振动控制系统的窄带扰动抑制程序实时控制进行了说明. 考虑一种音调扰动的情况①.

---

① 第 13 章将讨论多个未知窄带干扰的情况.

该系统已在 2.2 节中介绍, 辨识过程已在 6.2 节中介绍. 次级通路辨识模型的频率特性如图 6.18 所示. 如 12.2.3 节所述, 只有在系统具有足够增益的频率范围内, 才能进行扰动的衰减. 特别是, 该系统将能够衰减 50Hz 至 95Hz 之间的扰动. 注意, 设计的频率区间的边界非常接近一些复杂的低阻尼零点 (在这些频率下没有增益), 因此在设计中央控制器时必须考虑到这一点 (在这些频率下, 输入灵敏度函数应较低).

### 12.6.1　中央控制器的设计

中央控制器的设计是一个关键环节. 应该保证在已知频率扰动存在的情况下, 使用内模原理, 性能指标可以满足所有可能的扰动频率要求. 具体而言, 对于小于 6dB 的开环运行, 应获得 40dB 的扰动衰减 (DA), 30dB 的全局衰减 (GA) 和小于 6dB 的最大增益 (MA) (更多详细信息, 请参见表 13.2 和 13.2 节). 在这种情况下, 中央控制器的性能可提供最优的性能. 仅当扰动频率未知且是时变的时, 增加自适应能力才能实现这种性能.

运行范围在 50Hz 到 95Hz 之间. 从图 12.14 所示的次级通路的频率特性的放大图中可以看出, 工作区间的边界非常接近位于 47.36Hz 和 101.92Hz 的低阻尼复零点.

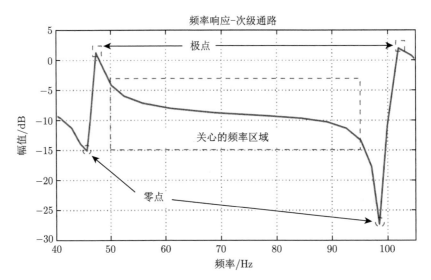

图 12.14　40Hz 至 105Hz 区间局部放大的次级通路的频率响应图

系统的所有极点均已作为期望闭环极点包含在内 (它们都稳定), 但为减少 IMP 对边界的影响, 引入了两个辅助低阻尼极点, 频率分别为 50Hz 和 90Hz, 阻尼分别是 0.0629 和 0.0157. 图 12.15 显示了这些辅助极点对塑造输出灵敏度函数的影响.

另一个目的是显著降低运行区域之外的输入灵敏度函数的模量 (以提高鲁棒性并减少噪声放大). 这是通过使用带阻滤波器构造输入灵敏度函数来实现的 (有关详细信息, 请参见 7.2.9 节). 在 110Hz 和 170Hz 之间使用了三个带阻滤波器. 它们对输入灵敏度函数的影响如图 12.16 所示.

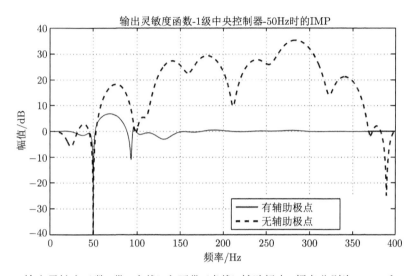

图 12.15 输出灵敏度函数, 带 (实线) 和不带 (虚线) 辅助极点, 频率分别为 50Hz 和 95Hz, 内模调谐为 50Hz

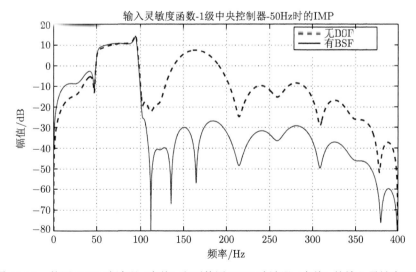

图 12.16 使用 BSF 滤波器 (实线) 和不使用 BSF 滤波器 (虚线) 的输入灵敏度函数

### 12.6.2　实时结果

公式 (12.33)—(12.36) 中给出用于降低自适应增益和常数迹的 I-PAA 算法. 矩阵自适应增益的初始迹已设定为 2000(要自适应的 2 个参数), 期望常数迹已设定为 2. 图 12.17 显示了简单阶跃变化 (即施加 75Hz 扰动) 和扰动频率阶跃变化 (顺序为：60Hz, 70Hz, 60Hz, 50Hz, 60Hz) 获得的时域结果. 该图的下半部分显示了在 50—95Hz 以及 95—50Hz 时线性调频扰动下的行为.

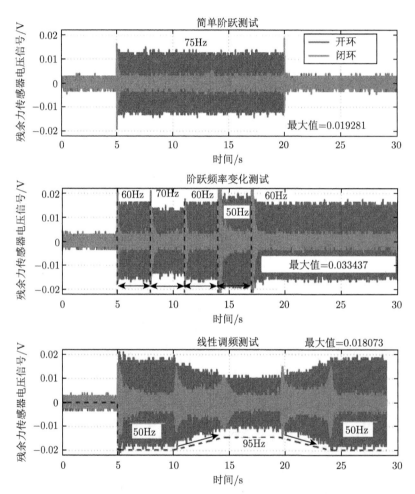

图 12.17　开环和自适应闭环运行之间的时间响应比较 (上部为阶跃扰动应用, 中部阶跃频率变化扰动, 底部线性调频扰动)(扫描封底二维码见彩图)

图 12.18 显示了在 75Hz 的扰动下, 开环 (虚线) 和闭环 (实线) 中残余力的 PSD. 图 12.19 显示了使用自适应反馈调节得到的衰减/放大结果 (开环 PSD 和

具有自适应反馈调节的 PSD 之差).

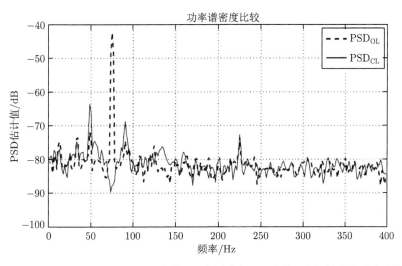

图 12.18 对于 75Hz 扰动, 开环 (虚线) 和自适应闭环 (实线) 之间的功率谱密度比较

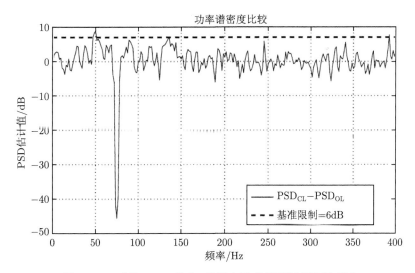

图 12.19 对于 75Hz 扰动, 使用自适应闭环调节进行衰减

表 12.2 总结了针对各种频率下扰动通过自适应方案获得的结果. 第 2 列给出了全局衰减 (GA), 第 3 列给出了音调扰动的扰动衰减 (DA), 第 4 列给出了相对于开环运行及其发生频率在闭环下的最大增益. 除工作范围的边界外, 未知音调扰动的衰减均超过 40dB, 所有频率的最大增益均小于 10.66dB.

**表 12.2　试验结果-简单的阶跃变化 (GA：全局衰减；DA：扰动衰减；MA：最大增益)**

| 单音调扰动 | | | |
|---|---|---|---|
| 频率/Hz | GA/dB | DA/dB | MA/dB@Hz |
| 50 | 34.60 | 38.49 | 9.83@65.63 |
| 55 | 34.54 | 50.45 | 9.48@118.75 |
| 60 | 33.34 | 49.49 | 8.23@79.69 |
| 65 | 32.78 | 50.04 | 9.65@90.63 |
| 70 | 30.54 | 47.90 | 9.01@89.06 |
| 75 | 29.53 | 45.54 | 8.90@50.00 |
| 80 | 30.28 | 48.72 | 8.49@95.31 |
| 85 | 28.47 | 45.94 | 10.66@57.81 |
| 90 | 28.02 | 42.65 | 8.24@73.44 |
| 95 | 24.63 | 34.55 | 9.06@82.81 |

## 12.7　其他试验结果

单个和多个未知窄带扰动对 2.3 节中描述的主动柔性结构试验结果可以在文献 [13, 19] 中找到. 在文献 [13] 中可见使用惯性作动器进行不同的主动振动控制的结果. 文献 [13, 20] 中介绍了蓝光光盘驱动器的伺服机构使用这类算法以抑制主要的周期性扰动. 在补料间歇反应器的环境中, 相同类型的算法已用于不同类型的扰动 (指数)[21,22]. 这种方法也已经用于主动噪声控制[23,24].

## 12.8　结　束　语

• 内模原理的使用允许提供解决方案来抑制音调扰动对输出的影响, 前提是可以在控制器中估计扰动模型, 或内模的扰动可以直接在控制器中估计.

• 使用 Youla-Kučera 参数化可以构造直接自适应调节方案 (可以直接调整控制器中包含的 Youla-Kučera 滤波器的参数).

• 需要调整参数的数量取决于要衰减的音调扰动的数量, 而不取决于系统模型的复杂度.

• 在性能和运行领域的扩展方面, 使用 Youla-Kučera 参数化的直接自适应调节的性能要优于鲁棒线性控制器解决方案.

## 12.9　注释和参考资料

本章讨论的问题属于自适应控制的内容, 即已知受控对象和未知扰动模型. 已知受控对象和未知扰动模型的问题已经在很多的文献中得到了讨论[7,21,23-29]. 可以考虑以下的方法来解决此问题:

(1) 使用内模原理[6-8,16,21-24,28-30].

(2) 为扰动使用观测器[26,27,31,32].

(3) 在通信系统中考虑使用 "锁相" 环路结构[25,33].

Youla-Kučera 参数化用于抑制扰动的问题源于 Tsypkin[34]的思想, 他在时域中使用灵敏度函数和 Youla-Kučera 参数化表达了 IMP.

解决的一个重要问题是尝试通过对 Youla-Kučera 滤波器进行参数化来考虑受控对象模型的可能变化. 在文献 [21] 中已经考虑了这一点. 文献 [35] 对这种情况提供了稳定性证明.

在文献 [36, 37] 中还考虑了 Youla-Kučera 滤波器的参数化, 以提高中央控制器的鲁棒性. 在文献 [38] 中对这种方法进行比较评估, 以及在低阻尼复零点的情况下使用极点配置的中央控制器的设计, 其中还考虑了两种方法的组合. 注意, 过度参数化会导致计算量增加.

本章提出的方法的应用在文献 [12, 13, 22, 24, 39—44] 中可查阅, 这些文献使用相关的结构和自适应算法.

在文献 [45] 中考虑了对多变量情况的扩展. 在文献 [46] 中提供了连续时间方程的解决方案. 在文献 [47] 中讨论了混沌平面振荡器中正弦波抑制扰动的方法.

文献 [48, 49] 考虑了未知受控对象模型和已知扰动模型的情况. 在文献 [50] 中考虑了未知受控对象和扰动模型的情况.

## 参 考 文 献

[1] Widrow B, Stearns S (1985) Adaptive signal processing. Prentice-Hall, Englewood Cliffs

[2] Beranek L, Ver I (1992) Noise and vibration control engineering: principles and applications. Wiley, New York

[3] Fuller C, Elliott S, Nelson P (1997) Active control of vibration. Academic Press, New York

[4] Elliott S (2001) Signal processing for active control. Academic Press, San Diego

[5] Landau I, Alma M, Airimitoaie T (2011) Adaptive feedforward compensation algorithms for active vibration control with mechanical coupling. Automatica 47(10): 2185-2196. doi: 10.1016/j.automatica.2011.08.015

[6] Francis B, Wonham W (1976) The internal model principle of control theory. Automatica 12(5): 457-465. doi: 10.1016/0005-1098(76)90006-6

[7] Landau I, Constantinescu A, Rey D (2005) Adaptive narrow band disturbance rejection applied to an active suspension-an internal model principle approach. Automatica 41(4): 563-574

[8] Bengtsson G (1977) Output regulation and internal models-a frequency domain approach. Automatica 13(4): 333-345. doi: 10.1016/0005-1098(77)90016-4

[9] Landau I, Alma M, Martinez J, Buche G (2011) Adaptive suppression of multiple time-varying unknown vibrations using an inertial actuator. IEEE Trans Control Syst Technol 19(6): 1327-1338. doi: 10.1109/TCST.2010.2091641

[10] Castellanos Silva A, Landau ID, Ioannou P (2014) Direct adaptive regulation in the vicinity of low damped complex zeros-application to active vibration control. In: 22nd Mediterranean conference on control and automation (MED), pp 255-260 (2014)

[11] Li S, Qiu J, Ji H, Zhu K, Li J (2011) Piezoelectric vibration control for all-clamped panel using dob-based optimal control. Mechatronics 21(7): 1213-1221. doi: 10.1016/j.mechatronics. 2011.07.005

[12] Chen X, Tomizuka M (2015) Overview and new results in disturbance observer based adaptive vibration rejection with application to advanced manufacturing. Int J Adapt Control Signal Process 29(11): 1459-1474. http://dx.doi.org/10.1002/acs.2546

[13] Landau ID, Alma M, Constantinescu A, Martinez JJ, Noë M (2011) Adaptive regulation-rejection of unknown multiple narrow band disturbances (a review on algorithms and applications). Control Eng Pract 19(10): 1168-1181. doi: 10.1016/j.conengprac.2011.06. 005

[14] Landau I, Zito G (2005) Digital control systems-design, identification and implementation. Springer, London

[15] Anderson B (1998) From Youla-Kučera to identification, adaptive and nonlinearcontrol. Automatica 34(12): 1485-1506. http://www.sciencedirect.com/science/article/pii/ S0005109898800022

[16] Tsypkin Y (1997) Stochastic discrete systems with internal models. J Autom Inf Sci 29(4&5): 156-161

[17] Landau ID, Silva AC, Airimitoaie TB, Buche G, Noé M (2013) Benchmark on adaptive regulation-rejection of unknown/time-varying multiple narrow band disturbances. Eur J Control 19(4): 237-252. doi: 10.1016/j.ejcon.2013.05.007

[18] Landau ID, Lozano R, M'Saad M, Karimi A (2011) Adaptive control, 2nd edn. Springer, London

[19] Landau ID, Airimitoaie TB, Castellanos Silva A (2015) Adaptive attenuation of unknown and time-varying narrow band and broadband disturbances. Int J Adapt Control Signal Process 29(11): 1367-1390

[20] Alma M, Martinez J, Landau I, Buche G (2012) Design and tuning of reduced order H∞ feedforward compensators for active vibration control. IEEE Trans Control Syst Technol 20(2): 554-561. doi: 10.1109/TCST.2011.2119485

[21] Valentinotti S (2001) Adaptive rejection of unstable disturbances: application to a fed-batch fermentation. Thèse de doctorat, École Polytechnique Fédérale de Lausanne

[22] Valentinotti S, Srinivasan B, Holmberg U, Bonvin D, Cannizzaro C, Rhiel M, von Stockar U (2003) Optimal operation of fed-batch fermentations via adaptive control of overflow metabolite. Control Eng Pract 11(6): 665-674. doi: 10.1016/S0967-0661(02) 00172-7

[23] Ben Amara F, Kabamba P, Ulsoy A (1999) Adaptive sinusoidal disturbance rejection in linear discrete-time systems-Part I: theory. J Dyn Syst Meas Control 121: 648-654

[24] F Ben Amara, Kabamba P, Ulsoy A (1999) Adaptive sinusoidal disturbance rejection in linear discrete-time systems-Part II: experiments. J Dyn Syst Meas Control 121: 655-659

[25] Bodson M, Douglas S (1997) Adaptive algorithms for the rejection of sinusosidal disturbances with unknown frequency. Automatica 33: 2213-2221

[26] Marino R, Santosuosso G, Tomei P (2003) Robust adaptive compensation of biased sinusoidal disturbances with unknown frequency. Automatica 39: 1755-1761

[27] Ding Z (2003) Global stabilization and disturbance suppression of a class of nonlinear systems with uncertain internal model. Automatica 39(3): 471-479. doi: 10.1016/S0005 1098(02)00251-0

[28] Gouraud T, Gugliemi M, Auger F (1997) Design of robust and frequency adaptive controllers for harmonic disturbance rejection in a single-phase power network. In: Proceedings of the European control conference, Bruxelles

[29] Hillerstrom G, Sternby J (1994) Rejection of periodic disturbances with unknown period-a frequency domain approach. In: Proceedings of American control conference, Baltimore, pp 1626-1631

[30] Johnson C (1976) Theory of disturbance-accomodating controllers. In: Leondes CT (ed) Control and dynamical systems, vol 12, pp 387-489

[31] Serrani A (2006) Rejection of harmonic disturbances at the controller input via hybrid adaptive external models. Automatica 42(11): 1977-1985. doi: 10.1016/j.automatica. 2006.06.014

[32] Jia QW (2009) Disturbance rejection through disturbance observer with adaptive frequency estimation. IEEE Trans Magn 45(6): 2675-2678. doi: 10.1109/TMAG.2009. 2018605

[33] Bodson M (2005) Rejection of periodic distrubances of unknown and time-varying frequency. Int J Adapt Control Signal Process 19: 67-88

[34] Tsypkin Y (1991) Adaptive-invariant discrete control systems. In: Thoma M, Wyner A (eds) Foundations of adaptive control. Lecture notes in control and information science, vol 160 Springer, Heidelberg, pp 239-268

[35] Mullhaupt Ph, Valentinotti S, Srinivasan B, Bonvin D (2012) Asymptotic rejection of nonvanishing disturbances despite plant-model mismatch. Int J Adapt Control Signal Process 26(12): 1090-1110

[36] Jafari S, Ioannou P, Fitzpatrick B, Wang Y (2013) Robust stability and performance of adaptive jitter supression in laser beam pointing. In: 52nd IEEE conference on decision and control. Florence, Italy

[37] Jafari S, Ioannou P, Fitzpatrick B, Wang Y (2013) Robustness and performance of adaptive suppresion of unknown periodic disturbances. IEEE Trans Autom Control (Under review)

[38] Castellanos-Silva A, Landau ID, Ioannou P (2015) Robust direct adaptive regulation on unknown disturbances in the vicinity of low-damped complex zeros-application to AVC. IEEE Trans Control Syst Technol 24(2): 733-740. doi: 10.1109/TCST.2015.2445859

[39] Chen X, Tomizuka M (2012) A minimum parameter adaptive approach for rejecting multiple narrow-band disturbances with application to hard disk drives. IEEE Trans Control Syst Technol 20(2): 408-415. doi: 10.1109/TCST.2011.2178025

[40] Martinez JJ, Alma M (2012) Improving playability of blu-ray disc drives by using adaptive suppression of repetitive disturbances. Automatica 48(4): 638-644

[41] Semba T, White M, Huang FY (2011) Adaptive cancellation of self-induced vibration. IEEE Trans Magn 47(7): 1958-1963. doi: 10.1109/TMAG.2011.2138685

[42] Bohn C, Cortabarria A, Hrtel V, Kowalczyk K (2004) Active control of engine-induce vibrations in automotive vehicles using disturbance observer gain scheduling. Control Eng Pract 12(8): 1029-1039. http://dx.doi.org/10.1016/j.conengprac.2003.09.008. http://www. sciencedirect.com/science/article/pii/S0967066103002144. Special Section on Emerging Technologies for Active Noise and Vibration Control Systems

[43] Hara S, Yoshida K (1996) Simultaneous optimization of positioning and vibration control using a time-varying frequency-shaped criterion function. Control Eng Pract 4(4): 553-561. doi: 10.1016/0967-0661(96)00039-1. http://www.sciencedirect.com/science/article/pii/0967066196000391

[44] Beltrán-Carbajal F, Silva-Navarro G (2014) Active vibration control in duffing mechanical systems using dynamic vibration absorbers. J Sound Vib 333(14): 3019-3030. doi: 10.1016/j.jsv.2014.03.002. http://www.sciencedirect.com/science/article/pii/S00224-60X14001825

[45] Ficocelli M, Ben Amara F (2009) Adaptive regulation of MIMO linear systems against unknown sinusoidal exogenous inputs. Int J Adapt Control Signal Process 23(6): 581-603. http://dx.doi.org/10.1002/acs.1072

[46] Jafari S, Ioannou PA (2016) Rejection of unknown periodic disturbances for continuous-time MIMO systems with dynamic uncertainties. Int J Adapt Control Signal Process. http://dx.doi.org/10.1002/acs.2683

[47] Menini L, Possieri C, Tornambè A (2015) Sinusoidal disturbance rejection in chaotic planar oscillators. Int J Adapt Control Signal Process 29(12): 1578-1590. http://dx.doi.org/10.1002/acs.2564

[48] Sun Z, Tsao T (2000) Adaptive control with asymptotic tracking performance and its application to an electro-hydraulic servo system. J Dyn Syst Meas Control 122: 188-195

[49] Zhang Y, Mehta P, Bitmead R, Johnson C (1998) Direct adaptive control for tonal disturbance rejection. In: Proceedings of the American control conference, Philadelphia, pp 1480-1482

[50] Feng G, Palaniswami M (1992) A stable adaptive implementation of the internal model principle. IEEE Trans Autom Control 37: 1220-1225

# 第 13 章  多稀疏未知时变窄带扰动的自适应衰减

## 13.1  引　　言

在本章中, 重点研究多个稀疏未知时变扰动的强衰减. 假定各种音调扰动在频域中彼此相距的距离 (以 Hz 为单位) 至少等于扰动频率的 10%, 并且这些扰动的频率在很宽的频域内变化.

问题是在这种情况下要保证若干性能指标, 如全局衰减、在扰动频率处的扰动衰减、可承受的最大增益 ("水床" 效应)、良好的适应瞬变 (见 12.3 节). 最困难的问题是要保证在所有配置中最大增益都低于规定值. 首先要解决的一个基本问题是: 必须保证在已知的频率下, 对于任何扰动组合, 都能满足衰减和最大增益指标. 自适应方法将仅尝试在已知扰动的情况下接近线性控制器的性能指标. 因此, 在讨论适当的自适应方案之前, 必须考虑要使用的设计方法, 以达到已知频率情况下的这些约束. 这将在 13.2 节中讨论.

## 13.2  线性控制挑战

在本节中, 为降低多个窄带扰动将提出线性控制挑战, 同时还要考虑到在工作区边界附近可能存在低阻尼复零零. 考虑到在线性情况下所有信息都是可用的, 目的是在满足性能指标的情况下得到最优参数的自适应控制器.

假设在远离低阻尼复零的频率范围内仅需要消除一个音调扰动, 并假设受控对象模型和扰动模型是已知的, 使用内模原理, 线性控制器的设计就相对比较简单了 (请参见第 7 章和第 12 章).

如果必须同时衰减多个音调扰动 (正弦波扰动), 则问题将变得更加困难, 因为在使用内模原理时, 如果不仔细构造灵敏度函数, "水床" 效应会变得很明显. 此外, 当扰动的频率可能接近受控对象中某些非常低阻尼复零点的频率时, 即使在单个扰动的情况下, 也应谨慎使用内模原理 (见 12.5 节).

本节将研究线性控制器在具有多个音调扰动和低阻尼复零点情况下的设计要点. 首先回顾各种线性控制器的控制策略.

具体而言, 这些控制要点已在 2.2 节中使用惯性作动器的主动振动控制系统中进行说明, 并已应用于单一音调扰动的情况中.

在该系统中, 音调扰动位于 50Hz 到 95Hz 之间的频率范围内. 次级通路的频率特性在 6.2 节中给出.

假设在系统中引入音调扰动 (或窄带扰动) $p(t)$, 并影响输出 $y(t)$. 这种扰动的影响集中在特定频率上. 如 12.2.3 节所述, 如果系统在该区域具有足够的增益, 则可以使用内模原理 (IMP) 渐近地抑制系统输出处的窄带扰动的影响.

同样重要的是要考虑这样的事实: 次级通路 (作动器通路) 在非常低的频率下没有增益, 而在 $0.5f_s$ 附近的高频下有非常低的增益. 因此, 必须将控制系统设计为在这些区域中控制器的增益非常低 (或为零)(最好在 0Hz 和 $0.5f_s$ 时为 0). 不考虑这些限制会导致对作动器产生不必要的应力.

为了评估控制器的性能, 有必要定义一些必须实现的控制目标. 对于本节的其余部分, 假定窄带扰动是已知的, 并且由 3 个正弦信号组成, 频率分别为 55Hz, 70Hz 和 85Hz. 控制目标是将扰动的每个分量至少衰减 40dB, 同时将工作频域内的最大增益限制在 9dB 以内. 此外, 还将要求输入灵敏度函数的模量在运行区域之外达到低值.

内模原理的使用与辅助 (非周期性的) 实极点的使用一起完成, 在第 11 章中已使用辅助实极点作为基本设计来自适应衰减一个未知干扰, 即使在某些情况下可能会提供良好的性能[1], 但是在多种未知扰动的情况下, 也可能无法令人满意. 如果在运行区域的边界附近存在低阻尼复数零, 即使在单个音调扰动的情况下, 这种简单设计也不令人满意. 因此, 必须增加辅助的低阻尼复极点. 参见 12.6 节.

可以说, 就音调扰动的衰减而言, 内模原理的作用太大, 以致在某些情况下必然会产生无法接受的 "水床" 效应. 实际上并不需要完全消除扰动, 而只是一定程度的衰减即可.

将考虑用于衰减多个窄带扰动的三种线性控制策略:
(1) 以扰动频率为中心的带阻滤波器 (BSF);
(2) 内模原理与调谐陷波滤波器结合;
(3) 具有附加固定谐振极点的内模原理.

控制器设计将在极点配置的情况下完成. 由特征多项式 $P_0$ 定义的用于中央控制器设计的初始期望闭环极点包括次级通路模型的所有稳定极点, 而自由辅助极点都设置为 0.3. 中央控制器分子的固定部分选择为 $H_R(z^{-1}) = (1 - z^{-1}) \cdot (1 + z^{-1})$, 以便在 0Hz 和 $0.5f_s$ 下打开环路.

### 13.2.1　使用带阻滤波器对多窄带扰动进行衰减

该方法的目的是允许为扰动的每个窄带分量选择所需的衰减级别和衰减带宽. 选择衰减级别和衰减带宽可以保留衰减带以外的灵敏度函数的可接受特性, 这在多个窄带扰动的情况下非常有用. 这是相对于经典内模原理的主要优点, 内模原理在几个窄带扰动的情况下, 由于扰动的完全消除, 可能导致输出灵敏度函数的模在衰减区域之外的不可接受的值. 控制器设计技术使用构造输出灵敏度函数的方法, 以实现所需的窄带扰动衰减. 这种构造技术已在 7.2 节中介绍.

输出程序可以写为[①]

$$y(t) = G(q^{-1}) \cdot u(t) + p(t) \tag{13.1}$$

式中

$$G(q^{-1}) = q^{-d} \frac{B(q^{-1})}{A(q^{-1})} \tag{13.2}$$

称为系统的次级通路.

如引言所述, 考虑了 AVC 系统动态特性恒定的假设 (类似文献 [2, 3]). 次级通路模型的分母为

$$A(q^{-1}) = 1 + a_1 q^{-1} + \cdots + a_{n_A} q^{-n_A} \tag{13.3}$$

分子为

$$B(q^{-1}) = b_1 q^{-1} + \cdots + b_{n_B} q^{-n_B} = 1 + q^{-1} B^*(q^{-1}) \tag{13.4}$$

式中 $d$ 是整数延迟 (采样周期数)[②].

控制信号由下式给出

$$u(t) = -R(q^{-1}) \cdot y(t) - S^*(q^{-1}) \cdot u(t-1) \tag{13.5}$$

其中

$$S(q^{-1}) = 1 + q^{-1} S^*(q^{-1}) = 1 + s_1 q^{-1} + \cdots + s_{n_S} q^{-n_S}$$
$$= S'(q^{-1}) \cdot H_S(q^{-1}) \tag{13.6}$$

$$R(q^{-1}) = r_0 + r_1 q^{-1} + \cdots + r_{n_R} q^{-n_R} = R'(q^{-1}) \cdot H_R(q^{-1}) \tag{13.7}$$

式中 $H_S(q^{-1})$ 和 $H_R(q^{-1})$ 表示控制器中的固定 (施加) 部分, 计算了 $S(q^{-1})$ 和 $R(q^{-1})$.

基本工具是数字滤波器 $S_{\mathrm{BSF}_i}(z^{-1})/P_{\mathrm{BSF}_i}(z^{-1})$, 其中包含在控制器多项式 $S$ 中的分子和分母是所需闭环特征多项式的因子, 这将保证窄带扰动所需的衰减 (指数 $i \in \{1, \cdots, n\}$).

---

[①] 复变量 $z^{-1}$ 用于表征系统在频域中的行为, 时滞算子 $q^{-1}$ 将用于时域分析.

[②] 如前所述, 假定实现了可靠的模型辨识, 因此, 假定估计的模型等于实际模型.

BSF 具有以下结构

$$\frac{S_{\mathrm{BSF}_i}(z^{-1})}{P_{\mathrm{BSF}_i}(z^{-1})} = \frac{1 + \beta_1^i z^{-1} + \beta_2^i z^{-2}}{1 + \alpha_1^i z^{-1} + \alpha_2^i z^{-2}} \tag{13.8}$$

是由连续滤波器 $F_i(s)$(另请参见 [4,5]) 使用双线性变换离散化得到的.

$$F_i(s) = \frac{s^2 + 2\zeta_{n_i}\omega_i s + \omega_i^2}{s^2 + 2\zeta_{d_i}\omega_i s + \omega_i^2} \tag{13.9}$$

滤波器 $F_i(s)$ 引入了频率为 $\omega_i$ 的衰减

$$M_i = -20 \cdot \log_{10}\left(\frac{\zeta_{n_i}}{\zeta_{d_i}}\right) \tag{13.10}$$

$M_i$ 的正值表示衰减 ($\zeta_{n_i} < \zeta_{d_i}$), 负值表示放大 ($\zeta_{n_i} > \zeta_{d_i}$). 有关相应数字 BSF 的计算细节已在第 7 章中给出①.

　　**备注**　每个 BSF 的设计参数是期望衰减 ($M_i$)、滤波器的中心频率 ($\omega_i$) 和分母的阻尼 ($\zeta_{d_i}$). 分母阻尼用于调整 BSF 的频率带宽. 对于非常小的频率带宽值, 除了那些由 $\omega_i$ 定义的频率外, 滤波器对频率的影响是可以忽略不计的. 因此, 可补偿的窄带扰动的 BSF 数目和随后的 BSF 数目是很大的.

　　对于 $n$ 个窄带扰动, 将使用 $n$ 个 BSF:

$$H_{\mathrm{BSF}}(z^{-1}) = \frac{S_{\mathrm{BSF}}(z^{-1})}{P_{\mathrm{BSF}}(z^{-1})} = \frac{\prod\limits_{i=1}^{n} S_{\mathrm{BSF}_i}(z^{-1})}{\prod\limits_{i=1}^{n} P_{\mathrm{BSF}_i}(z^{-1})} \tag{13.11}$$

　　如前所述, 目标是构造输出灵敏度函数. 可通过 Bezout 方程求得 $S(z^{-1})$ 和 $R(z^{-1})$:

$$P(z^{-1}) = A(z^{-1})S(z^{-1}) + z^{-d}B(z^{-1})R(z^{-1}) \tag{13.12}$$

式中

$$S(z^{-1}) = H_S(z^{-1})S'(z^{-1}), \quad R(z^{-1}) = H_{R_1}(z^{-1})R'(z^{-1}) \tag{13.13}$$

$P(z^{-1})$ 由下式给出

$$P(z^{-1}) = P_0(z^{-1})P_{\mathrm{BSF}}(z^{-1}) \tag{13.14}$$

① 对于低于 $0.17 f_s$ 的频率 ($f_s$ 是采样频率), 可以直接在离散时间内以非常好的精度设计[5].

在最后一个方程中, $P_{\mathrm{BSF}}$ 是 (13.11) 中所有 BSF 分母的乘积, $P_0$ 定义了在没有扰动的情况下闭环系统的初始设置极点 (也可以满足鲁棒性约束). 控制器分母 $H_S$ 的固定部分又分解为

$$H_S(z^{-1}) = S_{\mathrm{BSF}}(z^{-1})H_{S_1}(z^{-1}) \tag{13.15}$$

式中 $S_{\mathrm{BSF}}$ 是所有 BSF 分子的乘积, 必要时可使用 $H_{S_1}$ 以满足其他控制性能指标. $H_{R_1}$ 与 $H_{S_1}$ 相似, 允许在需要时在控制器的分子中引入固定部分 (例如以某些频率打开环路). 不难看出, 输出灵敏度函数变为

$$S_{yp}(z^{-1}) = \frac{A(z^{-1})S'(z^{-1})H_{S_1}(z^{-1})}{P_0(z^{-1})} \frac{S_{\mathrm{BSF}}(z^{-1})}{P_{\mathrm{BSF}}(z^{-1})} \tag{13.16}$$

BSF 对灵敏度函数的构造效果明显. 未知数 $S'$ 和 $R'$ 是下式的解

$$\begin{aligned} P(z^{-1}) &= P_0(z^{-1})P_{\mathrm{BSF}}(z^{-1}) \\ &= A(z^{-1})S_{\mathrm{BSF}}(z^{-1})H_{S_1}(z^{-1})S'(z^{-1}) \\ &\quad + z^{-d}B(z^{-1})H_{R_1}(z^{-1})R'(z^{-1}) \end{aligned} \tag{13.17}$$

可以通过将 (13.17) 变成矩阵形式来计算 (另请参见 [5]). 需要求解的矩阵方程的大小由下式给出

$$n_{\mathrm{Bez}} = n_A + n_B + d + n_{H_{S_1}} + n_{H_{R_1}} + 2 \cdot n - 1 \tag{13.18}$$

式中 $n_A$, $n_B$ 和 $d$ 分别是受控对象模型的分母、分子和延迟的阶次 (在 (13.3) 和 (13.4) 中给出), $n_{H_{S_1}}$ 和 $n_{H_{R_1}}$ 分别是 $H_{S_1}(z^{-1})$ 和 $H_{R_1}(z^{-1})$ 的阶次, $n$ 是窄带扰动的数量. 如果 $n_P \leqslant n_{\mathrm{Bez}}$, 方程 (13.17) 对于 $S'$ 和 $R'$ 具有唯一的最小特解. 式中 $n_P$ 是预先指定的特征多项式 $P(q-1)$ 的阶次. 另外, 从 (13.17) 和 (13.15) 可以看出, $S'$ 和 $R'$ 的最小阶次为

$$n_{S'} = n_B + d + n_{H_{R_1}} - 1, \quad n_{R'} = n_A + n_{H_{S_1}} + 2 \cdot n - 1$$

在图 13.1 中, 可以看到与使用实际辅助极点的 IMP 相比, 使用 BSF 得到了改善. 两种情况下的主极点都相同. 引入 BSF 之前, 需要先构造输入灵敏度函数.

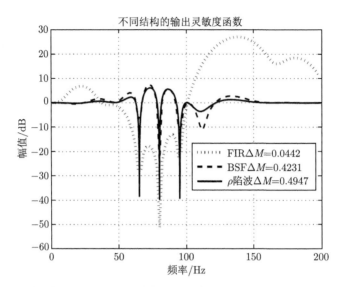

图 13.1　针对各种控制器设计的输出灵敏度函数: 将 IMP 与辅助实极点结合使用 (FIR) (细
　　　　虚线); 带阻滤波器 (BSF) (粗虚线); 调谐 $\rho$ 陷波滤波器 (实线)

### 13.2.2　使用调谐陷波滤波器的 IMP 设计

该方法基于扰动的最优衰减的思想, 同时考虑扰动模型的零点和极点. 假设
扰动模型是陷波滤波器, 并且扰动表示为

$$p(t) = \frac{D_p(\rho q^{-1})}{D_p(q^{-1})} e(t) \tag{13.19}$$

式中 $e(t)$ 是零均值高斯白噪声序列,

$$D_p(z^{-1}) = 1 + \alpha z^{-1} + z^{-2} \tag{13.20}$$

是一个以单位圆为根的多项式[①].

在 (13.20) 中, $\alpha = -2\cos(2\pi\omega_1 T_s)$, $\omega_1$ 是扰动频率, 单位为 Hz, $T_s$ 是采样时
间. $D_p(\rho z^{-1})$ 由下式给出:

$$D_p(\rho z^{-1}) = 1 + \rho\alpha z^{-1} + \rho^2 z^{-2} \tag{13.21}$$

其中 $0 < \rho < 1$. $D_p(\rho z^{-1})$ 的根与 $D_p(z-1)$ 的根在同一径向线上, 但由于在单位
圆内, 因此稳定[6].

该模型适用于如图 13.2 所示的窄带扰动, 其中该模型对各种 $\rho$ 值的频率特性
被显示出来.

──────────────────

① 其镜像对称形式的结构可确保根始终位于单位圆上.

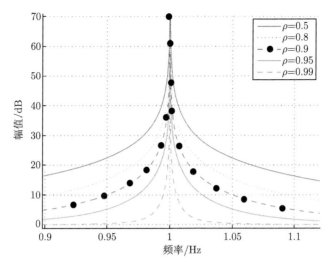

图 13.2 陷波滤波器对参数 $\rho$ 的各种值的幅值频率响应 (扫描封底二维码见彩图)

利用输出灵敏度函数, 受控对象存在扰动的情况下输出可表示为

$$y(t) = \frac{AS'}{P_0} \frac{H_S}{P_{\mathrm{aux}}} \frac{D_p(\rho q^{-1})}{D_p(q^{-1})} e(t) \tag{13.22}$$

或者可另外表示为

$$y(t) = \frac{AS'}{P_0} \beta(t) \tag{13.23}$$

式中

$$\beta(t) = \frac{H_S}{P_{\mathrm{aux}}} \frac{D_p(\rho q^{-1})}{D_p(q^{-1})} e(t) \tag{13.24}$$

为了使扰动对 $y(t)$ 的影响最小, 应该使 $\beta(t)$ 的方差最小化. 有两个调谐参数 $H_S$ 和 $P_{\mathrm{aux}}$. 将 $\beta(t)$ 方差最小化相当于搜索 $H_S$ 和 $P_{\mathrm{aux}}$, 以使 $\beta(t)$ 成为白噪声[5,7]. 明显的选择是 $H_S = D_p$ (对应于 IMP) 和 $P_{\mathrm{aux}} = D_p(\rho z^{-1})$. 当然, 这种设计方法可以推广到多个窄带扰动的情况. 图 13.1 说明了该选择对输出灵敏度函数的影响. 可以看出, 其结果与用 BSF 法得到的结果相似.

### 13.2.3 使用辅助低阻尼复极点的 IMP 设计

这个想法是增加一些固定的辅助谐振极点, 这些极点将有效地作为少数频率上的 $\rho$ 滤波器, 并在某些频率下充当 $\rho$ 滤波器的近似值. 这意味着在基本 IMP 设计中使用的许多实际辅助极点将被一些谐振极点所取代. 基本原则是这些谐振极点的数量等于位于工作区域边界附近的低阻尼复零的数量加上 $n-1$($n$ 是音调扰动的数量).

对于位于运行区域 50Hz 至 95Hz 的 3 个音调扰动, 同时考虑到低阻尼复零点的存在, 这些辅助谐振极点的位置和阻尼汇总在表 13.1 中. 50Hz 和 90Hz 的极点与附近存在低阻尼复零有关. 60Hz 和 80Hz 的极点与要衰减的 3 种音调扰动有关. 实际辅助极点和谐振辅助极点的 IMP 设计的对比效果如图 13.3 所示.

**表 13.1　增加到闭环特征多项式中的辅助低阻尼复极点**

| 闭环极点 | $p_{1,2}$ | $p_{3,4}$ | $p_{5,6}$ | $p_{7,8}$ |
| --- | --- | --- | --- | --- |
| 频率/Hz | 50 | 60 | 80 | 90 |
| 阻尼 | 0.1 | 0.3 | 0.135 | 0.1 |

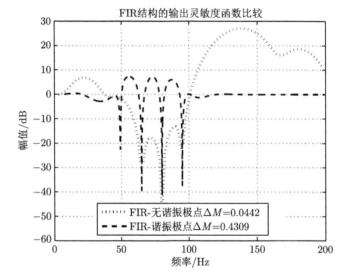

图 13.3　实际辅助极点和谐振辅助极点的 IMP 设计的输出灵敏度函数

## 13.3　使用 Youla-Kučera IIR 参数化的交错自适应调节

第 12 章中开发的自适应算法将 FIR 结构用于 $Q$ 滤波器. 在本节中, 开发了一种新算法, 该算法将 IIR 结构用于 $Q$ 滤波器, 以便使用调谐陷波滤波器 (调谐辅助谐振极点) 实现线性控制策略. 这种策略的使用主要是专门用于多个未知音调扰动的情况.

如前所述, 由于 $D_p(\rho z^{-1})$ 将定义一部分期望闭环极点, 因此考虑采用 IIR Youla-Kučera 滤波器的形式: $B_Q(z^{-1})/A_Q(z^{-1})$, 其中 $A_Q(z^{-1}) = D_p(\rho q^{-1})$ (这

将自动引入 $D_p(\rho q^{-1})$ 作为闭环极点的一部分). $B_Q$ 将引入扰动的内模. 在这种情况下, 控制器多项式 $R$ 和 $S$ 定义为

$$R(z^{-1}) = A_Q(z^{-1})R_0(z^{-1}) + H_{R_0}(z^{-1})H_{S_0}(z^{-1})A(z^{-1})B_Q(z^{-1}) \quad (13.25)$$

$$S(z^{-1}) = A_Q(z^{-1})S_0(z^{-1}) - H_{R_0}(z^{-1})H_{S_0}(z^{-1})z - dB(z-1)B_Q(z^{-1}) \quad (13.26)$$

闭环的极点由下式给出:

$$P(z^{-1}) = A_Q(z^{-1})P_0(z^{-1}) \quad (13.27)$$

中央控制器的分子 $R_0(z^{-1})$ 和分母 $S_0(z^{-1})$ 可表示为

$$R_0(z^{-1}) = H_{R_0}(z^{-1})R_0'(z^{-1}) \quad (13.28)$$

$$S_0(z^{-1}) = H_{S_0}(z^{-1})S_0'(z^{-1}) \quad (13.29)$$

中央控制器定义的闭环极点是下式的根

$$P_0(z^{-1}) = A(z^{-1})S_0(z^{-1})H_{S_0}(z^{-1}) + q^{-d}B(z^{-1})R_0(z^{-1})H_{R_0}(z^{-1}) \quad (13.30)$$

从 (13.25) 和 (13.26) 中可以看出, 新的控制器多项式保留了中央控制器的固定部分.

使用输出灵敏度函数 $(AS/P)$ 的表达式, 系统的输出可以写为如下:

$$y(t) = \frac{A\left[A_Q S_0 - H_{R_0}H_{S_0}q^{-d}BB_Q\right]}{P}p(t) \quad (13.31)$$

$$y(t) = \frac{\left[A_Q S_0 - H_{R_0}H_{S_0}q^{-d}BB_Q\right]}{P}w(t) \quad (13.32)$$

式中闭环极点由 (13.27) 定义, $w(t)$ 定义为

$$w(t) = A(q^{-1})y(t) - q^{-d}B(q^{-1})u(t) \quad (13.33)$$

$$= A(q^{-1})p(t) \quad (13.34)$$

比较 (13.32) 与 (12.20), 可以看到它们相似, 只是用 $A_Q S_0$ 代替了 $S_0$, 用 $A_Q P_0$ 代替了 $P_0$. 因此, 如果已知 $A_Q$, 则可以将第 12 章中给出的用于估计 QFIR 滤波器的算法用于估计 $B_Q$. 实际上, 使用 $A_Q$ 的估算来完成. 使用 Youla-Kučera 参数化的交错自适应调节的框图如图 13.4 所示. 接下来讨论 $A_Q$ 的估计.

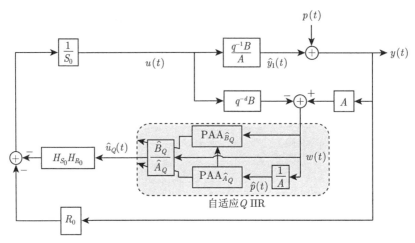

图 13.4　使用 IIR YK 控制器参数化的交错自适应调节

### 13.3.1　$A_Q$ 的估计

假设在频率范围内受控对象模型 = 实际受控对象模型, 其中窄带扰动已经介绍了, 则可以使用以下表达式获得 $p(t)$ 的估计值 $\hat{p}(t)$, 即

$$\hat{p}(t) = \frac{1}{A(q^{-1})} w(t) \tag{13.35}$$

式中 $w(t)$ 在 (13.33) 中已定义. 该算法背后的主要思想是将信号 $\hat{p}(t)$ 视为

$$\hat{p}(t) = \sum_{i=1}^{n} c_i \sin(\omega_i t + \beta_i) + \eta(t) \tag{13.36}$$

式中 $\{c_i, \omega_i, \beta_i\} \neq 0$, $n$ 是窄带扰动的数量, $\eta$ 是影响测量的噪声. 可以验证得到, 经过瞬态的两个阶跃 $(1 - 2\cos(2\pi\omega_i T_s)q^{-1} + q^{-2}) \cdot c_i \sin(\omega_i t + \beta_i) = 0^{[8]}$. 目标是找到使 $D_p(q^{-1})\hat{p}(t) = 0$ 的参数 $\{\alpha\}_{i=1}^{n}$.

先前的乘积可以等效地写为 $D_p(q^{-1})\hat{p}(t+1) = 0$, 其表达式为

$$
\begin{aligned}
x(t+1) &= D_p(q^{-1})\hat{p}(t+1) \\
&= \hat{p}(t+1) + \sum_{i=n}^{n-1} \alpha_i \left[\hat{p}(t+1-i) + \hat{p}(t+1-2n+i)\right] + \cdots \\
&\quad + \alpha_n \hat{p}(t+1-n) + \hat{p}(t+1-2n) \tag{13.37}
\end{aligned}
$$

式中 $n$ 是窄带扰动的数量.

将参数向量定义为

$$\theta_{D_p} = [\alpha_1, \alpha_2, \cdots, \alpha_n]^{\mathrm{T}} \tag{13.38}$$

$t$ 时刻观测向量定义为

$$\phi_{D_p}(t) = \left[ \phi_1^{D_p}(t), \phi_2^{D_p}(t), \cdots, \phi_n^{D_p}(t) \right]^{\mathrm{T}} \tag{13.39}$$

式中

$$\phi_j^{D_p}(t) = \hat{p}(t+1-j) + \hat{p}(t+1-2n+j), \quad j = 1, \cdots, n-1 \tag{13.40}$$

$$\phi_n^{D_p}(t) = \hat{p}(t+1-n) \tag{13.41}$$

等式 (13.37) 可以简单地表示为

$$x(t+1) = \theta_{D_p}^{\mathrm{T}} \varphi_{D_p}(t) + (\hat{p}(t+1) + \hat{p}(t+1-2n)) \tag{13.42}$$

假设在 $t$ 时刻可获得 $\hat{D}_p(q^{-1})$ 的估计, 则估计的乘积可写为

$$\hat{x}(t+1) = \hat{D}_p(q^{-1})\hat{p}(t+1)$$

$$= \hat{p}(t+1) + \sum_{i=n}^{n-1} \hat{\alpha}_i \left[ \hat{p}(t+1-i) + \hat{p}(t+1-2n+i) \right] + \cdots$$

$$+ \hat{\alpha}_n \hat{p}(t+1-n) + \hat{p}(t+1-2n) \tag{13.43}$$

$$= \hat{\theta}_{D_p}^{\mathrm{T}}(t)\varphi_{D_p}(t) + (\hat{p}(t+1) + \hat{p}(t+1-2n)) \tag{13.44}$$

式中 $\hat{\theta}_{D_p}(t)$ 是 $t$ 时刻估计参数向量. 然后, 先验预测误差为

$$\varepsilon_{D_p}^{\circ}(t+1) = x(t+1) - \hat{x}(t+1) = \left[ \theta_{D_p}^{\mathrm{T}} - \hat{\theta}_{D_p}^{\mathrm{T}}(t) \right] \cdot \phi_{D_p}(t) \tag{13.45}$$

在 $t+1$ 处使用估计的后验自适应误差

$$\varepsilon_{D_p}(t+1) = \left[ \theta_{D_p}^{\mathrm{T}} - \hat{\theta}_{D_p}^{\mathrm{T}}(t+1) \right] \cdot \phi_{D_p}(t) \tag{13.46}$$

公式 (13.46) 具有后验自适应误差[9]的标准形式, 该误差能够关联在第 4 章 (公式 (4.121) 至 (4.123)) 中引入的标准参数自适应算法 (PAA):

$$\hat{\theta}_{D_p}(t+1) = \hat{\theta}_{D_p}(t) + \frac{F_2(t)\phi_{D_p}(t)\varepsilon_{D_p}^{\circ}(t+1)}{1 + \phi_{D_p}^{\mathrm{T}}(t)F_2(t)\phi_{D_p}(t)} \tag{13.47}$$

$$\varepsilon^\circ_{D_p}(t+1) = x(t+1) - \hat{x}(t+1) \tag{13.48}$$

$$\hat{x}(t+1) = \hat{\theta}^{\mathrm{T}}_{D_p}(t)\phi_{D_p}(t) + (\hat{p}(t+1) + \hat{p}(t+1-2n)) \tag{13.49}$$

$$F_2(t+1)^{-1} = \lambda_1(t)F_2(t)^{-1} - \lambda_2(t)\varphi_{D_p}(t)\phi^{\mathrm{T}}_{D_p}(t)$$
$$0 < \lambda_1(t) \leqslant 1; \quad 0 \leqslant \lambda_2(t) < 2; \quad F_2(0) > 0 \tag{13.50}$$

在 (4.121)—(4.123) 中定义的 PAA 用于 $\phi(t) = \phi_{D_p}(t)$, $\hat{\theta}(t) = \hat{\theta}_{D_p}(t)$ 和 $\varepsilon^\circ(t+1) = \varepsilon^\circ_{D_p}(t+1)$. 在实现方面, 目标是使 $x(t+1) \to 0$, 应用先验自适应误差, 并定义如下:

$$\varepsilon^\circ_{D_p}(t+1) = 0 - \hat{D}_p(q^{-1}, t)\hat{p}(t+1)$$
$$= -\hat{\theta}^{\mathrm{T}}_{D_p}(t)\phi_{D_p}(t) - \hat{p}(t+1) + \hat{p}(t-2n+1) \tag{13.51}$$

附加滤波器应用于 $\hat{p}(t)$ 以提高信噪比. 由于我们关心的频率范围已经定义了, 因此可以在 $\hat{p}(t)$ 上使用带通滤波器. 一旦 $D_p$ 的估计可用, 则立即生成 $A_Q = D_p(\rho q^{-1})$. 用于估计 $B_Q$ 的参数的估计 $\hat{A}_Q$ 需要满足条件: $\lim_{t\to\infty}\hat{A}_Q(z^{-1}) = A_Q(z^{-1})$. 证明过程见附录 C.

### 13.3.2 $B_Q(q^{-1})$ 的估计

考虑到 (13.12), (13.15)—(13.17), 仍然需要计算 $B_Q(z^{-1})$ 以使

$$S(z^{-1}) = D_p(z^{-1})H_{S_0}(z^{-1})S'(z^{-1}) \tag{13.52}$$

回到 (13.26), 得到

$$S_0 A_Q = D_p H_{S_0} S' + z^{-d} B H_{R_0} H_{S_0} B_Q \tag{13.53}$$

同时考虑到 (13.29), 得到

$$S'_0 A_Q = D_p S' + z^{-d} B H_{R_0} B_Q \tag{13.54}$$

一旦为多项式 $\hat{A}_Q(q^{-1})$ 开发了一种估计算法, 下一步就是为 $\hat{B}_Q(q^{-1})$ 开发一种估计算法. 假设 $\hat{A}_Q(z^{-1})$ 的估计 $\hat{A}_Q(t)$ 是可获得的, 则可以将此多项式合并到 12.2.2 节中定义的自适应算法中. 使用 (13.32) 和 (13.27) 并假设在 $t$ 时刻可获得 $\hat{B}_Q(q^{-1})$ 的估计, **闭环系统输出的先验误差**定义为下式[①]

$$\varepsilon^\circ(t+1) = \frac{S_0\hat{A}_Q(t) - q^{-d}BH_{S_0}H_{R_0}\hat{B}_Q(t)}{P_0\hat{A}_Q(t)}w(t+1)$$

---

① 参数 $(q^{-1})$ 将在以下某些公式中删除.

$$= \frac{S_0}{P_0} w(t+1) - \frac{q^{-d} B^* H_{S_0} H_{R_0}}{P_0} \frac{\hat{B}_Q(t)}{\hat{A}_Q(t)} w(t) \tag{13.55}$$

$$= w_1(t+1) - \frac{\hat{B}_Q(t)}{\hat{A}_Q(t)} w^f(t) \tag{13.56}$$

式中记号[1]

$$w(t+1) = A \frac{D_p(\rho)}{D_p} \delta(t+1) \tag{13.57}$$

$$w_1(t+1) = \frac{S_0}{P_0} w(t+1) \tag{13.58}$$

$$w^f(t) = \frac{q^{-d} B^* H_{S_0} H_{R_0}}{P_0} w(t) \tag{13.59}$$

将 (13.53) 替换为 (13.55) 可得到

$$\varepsilon^\circ(t+1) = \frac{H_{S_0} D_p S'}{P_0 A_Q} w(t+1) + \frac{q^{-d} B^* H_{S_0} H_{R_0}}{P_0} \frac{B_Q}{A_Q} w(t)$$

$$- \frac{q^{-d} B^* H_{S_0} H_{R_0}}{P_0} \frac{\hat{B}_Q(t)}{\hat{A}_Q(t)} w(t) \tag{13.60}$$

$$= \upsilon(t+1) + \frac{q^{-d} B^* H_{S_0} H_{R_0}}{P_0} \left[ \frac{B_Q}{A_Q} - \frac{\hat{B}_Q(t)}{\hat{A}_Q(t)} \right] w(t) \tag{13.61}$$

式中

$$\upsilon(t+1) = \frac{H_{S_0} D_p S'}{P_0 A_Q} \frac{A D_p(\rho)}{D_p} \delta(t+1) = \frac{H_{S_0} S' A}{P_0} \delta(t+1) \tag{13.62}$$

渐近趋于零, 因为它是渐近稳定滤波器的输出, 其输入是狄拉克脉冲.

　　后验误差方程为[2]

$$\varepsilon(t+1) = \frac{1}{A_Q} \left[ \theta_1^{\mathrm{T}} - \hat{\theta}_1^{\mathrm{T}}(t+1) \right] \varphi_1(t) + \upsilon^f(t+1) + \upsilon_1(t+1) \tag{13.63}$$

式中

$$\upsilon^f(t+1) = \frac{1}{A_Q} \upsilon(t+1) \to 0, \text{由于 } A_Q \text{ 渐近稳定} \tag{13.64}$$

---

[1] 为了开发用于自适应误差的公式, 假定估计参数具有恒定值, 这允许使用各种算子的可交换性.

[2] 该公式的详细推导过程见附录 C.

$$v_1(t+1) = \frac{1}{A_Q}(A_Q^* - \hat{A}_Q^*(t+1))(-\hat{u}_Q^f(t)) \to 0 \tag{13.65}$$

$$\theta_1 = \left[b_0^Q, \cdots, b_{2n-1}^Q\right]^{\mathrm{T}} \tag{13.66}$$

$$\hat{\theta}_1(t+1) = \left[\hat{b}_0^Q(t+1), \cdots, \hat{b}_{2n-1}^Q(t+1)\right]^{\mathrm{T}} \tag{13.67}$$

$$\phi_1(t) = \left[w^f(t), \cdots, w^f(t+1-2n)\right]^{\mathrm{T}} \tag{13.68}$$

$$w^f(t) = \frac{q_{-d}B^* H_{S_1} H_{R_1}}{P_0} w(t) \tag{13.69}$$

$n$ 是窄带扰动的数量. $\lim_{t\to\infty} \hat{A}_Q(t, z^{-1}) = A_Q(z^{-1})$ 的事实确保了信号 $v_1(t+1)$ 收敛于零 (请参阅附录 C). 由于 $v^f(t+1)$ 和 $v_1(t+1)$ 趋于零, 因此 (13.63) 具有自适应误差公式的标准形式 (请参见第 4 章和文献 [9]), 提出以下 PAA:

$$\hat{\theta}_1(t+1) = \hat{\theta}_1(t) + F_1(t)\Phi_1(t)\nu(t+1) \tag{13.70}$$

$$\nu(t+1) = \frac{\nu^\circ(t+1)}{1 + \Phi_1^{\mathrm{T}}(t)F_1(t)\Phi_1(t)} \tag{13.71}$$

$$F_1(t+1)^{-1} = \lambda_1(t)F_1(t)^{-1} - \lambda_2(t)\Phi_1(t)\Phi_1^{\mathrm{T}}(t) \tag{13.72}$$

$$0 < \lambda_1(t) \leqslant 1; \quad 0 \leqslant \lambda_2(t) < 2; \quad F_1(0) > 0 \tag{13.73}$$

回归向量 $\Phi_1(t)$ 和自适应误差 $\nu(t+1)$ 有多种可能的选择, 因为式 (13.63) 中与 $1/A_Q$ 相关项的稳定性存在严格的正实条件. 对于 $\nu(t+1) = \varepsilon(t+1)$ 的情况, 有 $\nu^\circ(t+1) = \varepsilon^\circ(t+1)$, 式中

$$\varepsilon^\circ(t+1) = w_1(t+1) - \hat{\theta}_1^{\mathrm{T}}(t)\Phi_1(t) \tag{13.74}$$

对于 $\nu(t+1) = \hat{A}_Q\varepsilon(t+1)$ 的情况:

$$\nu^\circ(t+1) = \varepsilon^\circ(t+1) + \sum_{i=1}^{n_{A_Q}} \hat{\alpha}_i^Q \varepsilon(t+1-i) \tag{13.75}$$

这些不同的选择来自附录 C 中给出的稳定性分析. 下面将对其进行详细说明, 并在表 13.2 中进行汇总.

表 13.2   分子参数 $B_Q(z^{-1})$ 的自适应算法比较

| 自适应误差 $\nu(t+1)$ | 预测误差 $\varepsilon(t+1)$ | 回归向量 $\Phi_1(t)$ | 正实条件 $H'(z^{-1})$ | 稳定性 |
|---|---|---|---|---|
| $\varepsilon(t+1)$ | 方程 (13.63) | $\phi_1(t)$ | $\dfrac{1}{A_Q} - \dfrac{\lambda_2}{2}$ | 全局 |
| $\hat{A}_Q\varepsilon(t+1)$ | 方程 (13.63) | $\phi_1(t)$ | $\dfrac{\hat{A}_Q}{A_Q} - \dfrac{\lambda_2}{2}$ | 全局 |
| $\varepsilon(t+1)$ | 方程 (13.63) | $\phi_1^f(t)$ | $\dfrac{\hat{A}_Q}{A_Q} - \dfrac{\lambda_2}{2}$ | 全局 |
| $\varepsilon(t+1)$ | 方程 (13.63) | $\phi_1^f(t)$ | $\dfrac{\hat{A}_Q(t)}{A_Q} - \dfrac{\lambda_2}{2}$ | 局部 |

• $\Phi_1(t) = \phi_1(t)$. 在这种情况下, 将预测误差 $\varepsilon(t+1)$ 选择为自适应误差 $\nu(t+1)$, 并且回归向量 $\Phi_1(t) = \phi_1(t)$. 因此, 稳定性条件为: $H' = \dfrac{1}{A_Q} - \dfrac{\lambda_2}{2}(\max_t \lambda_2(t) \leqslant \lambda_2 < 2)$ 必须是严格为正实数 (SPR).

• $\nu(t+1) = \hat{A}_Q\varepsilon(t+1)$. 自适应误差被认为是通过滤波器 $\hat{A}_Q$ 滤波后的预测误差 $\varepsilon(t+1)$. 回归向量为 $\Phi_1(t) = \phi_1(t)$, 并且将稳定性条件修改为: $H' = \dfrac{\hat{A}_Q}{A_Q} - \dfrac{\lambda_2}{2}(\max_t \lambda_2(t) \leqslant \lambda_2 < 2)$ 应该是 SPR, 其中 $\hat{A}_Q$ 是 $A_Q$ 的固定估值.

• $\Phi_1(t) = \phi_1^f(t)$. 替代自适应误差滤波, 可以对观测值进行滤波以放松稳定性条件[①]. 通过对观测向量 $\phi_1(t)$ 进行 $\dfrac{1}{\hat{A}_Q}$ 滤波, 并使用 $\nu(t+1) = \varepsilon(t+1)$, 则稳定性条件是: $H' = \dfrac{\hat{A}_Q}{A_Q} - \dfrac{\lambda_2}{2}(\max_t \lambda_2(t) \leqslant \lambda_2 < 2)$ 应该是 SPR, 其中 $\phi_1^f(t) = \dfrac{1}{\hat{A}_Q}\phi_1(t)$ ($\hat{A}_Q$ 是 $A_Q$ 的固定估值).

• $\Phi_1(t) = \phi_1^f(t) = \dfrac{1}{\hat{A}_Q(t)}$, 式中 $\hat{A}_Q = \hat{A}_Q(t)$ 是 $A_Q$ 的当前估值. 当通过当前估计值 $\hat{A}_Q(t)$ 进行滤波时, 该条件与先前的情况相似, 只不过它仅对局部有效[9].

在文献 [10] 和 13.5 节中使用的最后一个选项.

对每个采样时间采用以下步骤进行自适应运行:

(1) 使用 (13.33) 获得测量的输出 $y(t+1)$ 和应用的控制 $u(t)$ 以计算 $w(t+1)$.

(2) 从 (13.35) 获得滤波信号 $\hat{p}(t+1)$.

(3) 用 (13.48) 计算可实现的先验自适应误差.

(4) 使用 PAA 估计 $\hat{D}_p(q^{-1})$ 并在每个步骤中计算 $\hat{A}_Q(q^{-1})$.

(5) 用 (13.69) 计算 $w^f(t)$.

---

① 忽略时变算子的非可交换性.

(6) 用 (13.58) 计算 $w_1(t+1)$.

(7) 将滤波后的信号 $w_2^f(t)$ 放在观测向量中, 如 (13.68) 所示.

(8) 计算 (13.74) 中定义的先验自适应误差.

(9) 使用参数自适应算法 (13.70)—(13.72) 估计 $B_Q$ 多项式.

(10) 计算并应用控制 (图 13.4):

$$S_0 u(t) = -R_0 y(t+1) - H_{S_0} H_{R_0}(\hat{B}_Q(t)w(t+1) - \hat{A}_Q^* \hat{u}_Q(t)) \tag{13.76}$$

## 13.4　使用带阻滤波器的间接自适应调节

在本节中, 将开发一种间接自适应调节方案, 利用带阻滤波器来实现多个未知窄带扰动的衰减, 该滤波器以扰动频谱中对应的峰值频率为中心. 线性设计问题的原理已在 13.2.1 节中讨论.

考虑到控制器的 Youla-Kučera 参数化, 可以进一步简化针对窄带扰动衰减的 BSF 设计[2,11-13]. 这种方法大大减少了待解矩阵方程的维数, 从而大大降低了自适应情况下的计算量.

为了在未知窄带扰动的情况下实现这种方法, 需要实时估计扰动中包含的峰值频率. 系统辨识技术可用于估计扰动的 ARMA 模型[3,14]. 不幸的是, 要从估计的扰动模型中找到峰值频率, 需要实时计算 $2 \cdot n$ 阶方程的根, 其中 $n$ 是峰值的数量. 因此, 该方法适用于最终两个窄带扰动的情况[1,2]. 需要一种可以直接估计扰动的各种峰值频率的算法. 文献 [15] 已经提出了几种方法. 其中自适应陷波滤波器 (ANF) 特别有趣, 并且已在许多文章中进行了讨论, 如文献 [6, 16-21]. 在本书中, 将使用文献 [22, 23] 中介绍的估计方法. 结合频率估计程序和控制设计程序, 得到了用于衰减多个未知和/或随时间变化的窄带扰动的间接自适应调节系统.

在本章中, 假设 AVC 系统具有恒定动态特性 (如文献 [3] 中所示). 此外, 应该从输入/输出数据中准确地辨识出相应的控制模型.

### 13.4.1　间接自适应调节的基本方案

13.2 节已给出了描述系统的方程式. 间接自适应调节的基本方案如图 13.5 所示. 在未知且时变扰动情况下, 必须使用扰动观测器和扰动模型估计块, 以获取有关更新控制器参数所需的扰动特征的信息.

关于公式 (13.1), 假设

$$\hat{p}(t) = \frac{D(\rho q^{-1})}{D(q^{-1})} \delta(t), \quad \rho \in (0,1) \text{ 是一个固定常数} \tag{13.77}$$

表示扰动对测量输出的影响①.

---

① 在图 13.5 中未标出扰动通过 "主通路".

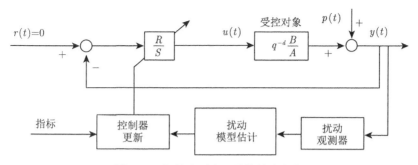

图 13.5　间接自适应调节的基本方案

在受控对象模型参数恒定且可以进行精确辨识试验的假设下, 获得扰动信号的可靠估计值 $\hat{p}(t)$ 可以使用以下扰动观测器:

$$\hat{p}(t+1) = y(t+1) - \frac{q^{-d}B^*(q^{-1})}{A(q^{-1})}u(t)$$

$$= \frac{1}{A(q^{-1})}(A(q^{-1})y(t+1) - q^{-d}B^*(q^{-1})u(t)) \tag{13.78}$$

然后, 可以使用扰动模型估计块来辨识扰动中正弦的频率. 有了这些信息, 控制参数可以使用 13.2.1 节所述的程序直接更新. 为了处理时变扰动, 必须在每个采样时刻求解 Bezout 等式 (13.17), 以调整输出灵敏度函数. 然而, 考虑到这个方程的大小 (请参阅 (13.18)), 求解该方程式将耗费相当一部分控制器的计算时间. 为了降低该方程式的复杂度, 下面将介绍基于 Youla-Kučera 参数化解决方案.

### 13.4.2　使用 Youla-Kučera 参数化降低设计的计算量

使用带阻滤波器 (BSF) 衰减窄带扰动在 13.2.1 节线性控制器的设计中已介绍.

在间接自适应调节方案中, Bezout 等式 (13.17) 必须在每个采样时间 (自适应操作) 或每次窄带扰动频率发生变化 (自调谐运行) 时求解. (13.17) 的计算复杂度很高 (从其自适应性调节的使用角度来看). 在本节中, 我们说明如何通过使用 Youla-Kučera 参数化来减少设计过程的计算量.

如前所述, 一个多带阻滤波器 (13.11) 应根据多个窄带扰动的频率来计算 (频率估计问题将在 13.4.3 节中讨论).

假设有一个名义控制器, 如 (13.28) 和 (13.29) 所示, 可以在没有窄带扰动的情况下确保闭环系统的名义性能. 该控制器满足 Bezout 方程

$$P_0(z^{-1}) = A(z^{-1})S_0(z^{-1}) + q^{-z}B(z^{-1})R_0(z^{-1}) \tag{13.79}$$

由于 $P_{\text{BSF}}(z^{-1})$ 将定义期望闭环极点的一部分, 因此考虑采用 $\dfrac{B_Q(z^{-1})}{P_{\text{BSF}}(z^{-1})}$ 形式的 IIR Youla-Kučera 滤波器是合理的 (它将自动引入 $P_{\text{BSF}}(z^{-1})$ 作为闭环极点

的一部分). 为此, 将控制器多项式分解为

$$R(z^{-1}) = R_0(z^{-1})P_{\mathrm{BSF}}(z^{-1}) + A(z^{-1})H_{R_0}(z^{-1})H_{S_0}(z^{-1})B_Q(z^{-1}) \qquad (13.80)$$

$$S(z^{-1}) = S_0(z^{-1})P_{\mathrm{BSF}}(z^{-1}) - z^{-d}B(z^{-1})H_{R_0}(z^{-1})H_{S_0}(z^{-1})B_Q(z^{-1}) \qquad (13.81)$$

式中 $B_Q(z^{-1})$ 是 FIR 滤波器, 应满足以下条件进行计算:

$$P(z^{-1}) = A(z^{-1})S(z^{-1}) + z^{-d}B(z^{-1})R(z^{-1}) \qquad (13.82)$$

$P(z^{-1}) = P_0(z^{-1})P_{\mathrm{BSF}}(z^{-1})$ 以及 $R_0(z^{-1})$ 和 $S_0(z^{-1})$ 分别由 (13.28) 和 (13.29) 给出. 从 (13.80) 和 (13.81) 可以看出新的控制器多项式保留了名义控制器的固定部分, 其中 (13.80) 和 (13.81) 使用了 (13.28) 和 (13.29).

如果不使用 Youla-Kučera 参数化, 公式 (13.18) 给出了要求解的矩阵方程的大小. 使用先前介绍的 Youla-Kučera 参数化, 此处显示可以找到一个规模较小的矩阵方程, 该方程可以计算 $B_Q(z-1)$ 滤波器, 从而构造与式 (13.16) 相同的输出灵敏度函数. 当 (13.81) 中的控制器分母 $S(z^{-1})$ 与 (13.13) 中给出的相同, 即

$$S(z^{-1}) = S_{\mathrm{BSF}}(z^{-1})H_{S_0}(z^{-1})S'(z^{-1}) \qquad (13.83)$$

式中 $H_S(z^{-1})$ 已由 (13.15) 所取代.

将左项中的 $S(z^{-1})$ 替换为 (13.81) 中给出的公式, 然后重新排列这些项, 可以得出

$$S_0 P_{\mathrm{BSF}} = S_{\mathrm{BSF}}H_{S_0}S' + z^{-d}BH_{R_0}H_{S_0}B_Q \qquad (13.84)$$

同时考虑到 (13.29), 结果是

$$S_0' P_{\mathrm{BSF}} = S_{\mathrm{BSF}}S' + q^{-d}BH_{R_0}B_Q \qquad (13.85)$$

除了使用带阻滤波器代替陷波滤波器外, 其他与 (13.54) 相同.

在最后一个方程式中, 等号的左侧是已知的, 而在其右侧仅 $S'(z^{-1})$ 和 $B_Q(z^{-1})$ 未知. 这也是一个 Bezout 方程, 可以通过求矩阵维数方程的解来求解

$$n_{\mathrm{Bez}_{YK}} = nB_+ d + n_{H_{R_0}} + 2 \cdot n - 1 \qquad (13.86)$$

可以看出, 与 (13.18) 相比, 新的 Bezout 方程的大小减小了 $n_A + n_{H_{S_0}}$. 对于具有大维度的系统, 这对计算时间有很大影响. 考虑到名义控制器是 Bezout 方程 (13.79) 的唯一且最小的解, 我们发现 (13.85) 的左侧是以下自由度的多项式

$$nS_0' + 2 \cdot n = 2 \cdot n + n_B + d + n_{H_{R_0}} - 1 \qquad (13.87)$$

它等于 (13.86) 中给出的数量. 因此, 简化的 Bezout 方程 (13.85) 的解是唯一且最小的. 此外, $B_Q$ FIR 滤波器的阶次为 $2 \cdot n$.

图 13.6 总结了 Youla-Kučera 参数实现间接自适应控制器.

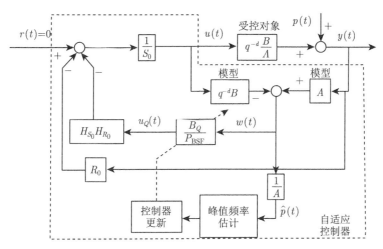

图 13.6 间接自适应控制的 Youla-Kučera 模式

### 13.4.3 使用自适应陷波滤波器的频率估计

为了在存在未知和/或时变窄带扰动的情况下使用本章提出的控制策略, 需要实时估计扰动频谱中峰值频率. 在实时估计峰值频率的基础上, 实时设计带阻滤波器.

在窄带扰动抑制的框架中, 通常假设扰动实际上是可变频率的正弦信号. 假设窄带扰动的数量是已知的 (类似于 [2, 3, 8]). 基于 ANF(自适应陷波滤波器) 的技术将用于估计扰动中正弦信号的频率 (更多详细信息, 请参见 [6, 23]).

ANF 的一般形式是

$$H_f(z^{-1}) = \frac{A_f(z^{-1})}{A_f(\rho z^{-1})} \tag{13.88}$$

式中多项式 $A_f(z^{-1})$ 使得传递函数 $H_f(z^{-1})$ 的零点位于单位圆上. 首一多项式满足此性质的必要条件是其系数具有镜像对称形式

$$A_f(z^{-1}) = 1 + a_1^f z^{-1} + \cdots + a_n^f z^{-n} + \cdots + a_1^f z^{-2n+1} + z^{-2n} \tag{13.89}$$

另一个要求是, ANF 的极点应与零点在同一径向线上, 但应稍微靠近单位圆的原点. 使用一般形式的滤波器, 它的分母为 $A_f(\rho z^{-1})$, 极点会具有期望的性质, 并且实际上位于半径 $\rho$ 的圆上[6], 其中 $\rho$ 是正实数比较小且接近 1.

接下来将详细描述估计算法. 假设扰动信号 (或良好的估计) 是可用的.

考虑了二阶 ANF 滤波器的级联构造. 它们的数量由窄带信号的数量给出, 必须对窄带信号的频率进行估计. 该算法背后的主要思想是考虑信号 $\hat{p}(t)$ 具有以下形式

$$\hat{p}(t) = \sum_{i=1}^{n} c_i \sin(\omega_i \cdot t + \beta_i) + \eta(t) \tag{13.90}$$

式中 $\eta(t)$ 是影响测量的噪声, $n$ 是具有不同频率的窄带信号的数量.

ANF 级联形式将由下式给出 (这是公式 (13.88) 和 (13.89) 的等效表示形式)

$$H_f(z^{-1}) = \prod_{i=1}^{n} H_f^i(z^{-1}) = \prod_{i=1}^{n} \frac{1 + a^{f_i}z^{-1} + z^{-2}}{1 + \rho a^{f_i}z^{-1} + \rho^2 z^{-2}} \tag{13.91}$$

接下来, 考虑一个峰值频率的估计, 假设其他的 $n-1$ 个是收敛的, 因此可以对扰动信号滤波, $\hat{p}(t)$ 可通过下式得到

$$\hat{p}^j(t) = \prod_{\substack{i=1\\i\neq j}}^{n} \frac{1 + a^{f_i}z^{-1} + z^{-2}}{1 + \rho a^{f_i}z^{-1} + \rho^2 z^{-2}}\hat{p}(t) \tag{13.92}$$

预测误差由下式得出

$$\varepsilon(t) = H_f(z^{-1})\hat{p}(t) \tag{13.93}$$

并可以基于 $\hat{p}^j(t)$ 的一项的计算来降低计算复杂度. 每个单元在经过其他单元的预滤波后可以独立进行调整. 遵循递归预测误差 (RPE) 技术, 获得的梯度为

$$\psi^j(t) = -\frac{\partial \varepsilon(t)}{\partial a^{f_j}} = \frac{(1-\rho)(1-\rho z^{-2})}{1 + \rho a^{f_j}z - 1 + \rho^2 z^{-2}}\hat{p}^j(t) \tag{13.94}$$

参数自适应算法可以总结为

$$\hat{a}^{f_j}(t) = \hat{a}^{f_j}(t-1) + \alpha(t-1) \cdot \psi^j(t) \cdot \varepsilon(t) \tag{13.95}$$

$$\alpha(t) = \frac{\alpha(t-1)}{\lambda + \alpha(t-1)\psi^j(t)^2} \tag{13.96}$$

式中 $\hat{a}^{f_j}$ 是实际 $a^{f_j}$ 的估计, $\hat{a}^{f_j}$ 通过 $\omega_{f_j} = f_s \cdot \arccos\left(-\dfrac{a^{f_j}}{2}\right)$ 连接到窄带信号的频率, 其中 $f_s$ 是采样频率.

### 13.4.3.1　算法的实施

需要提供给算法的设计参数是扰动中的窄带峰值数 $(n)$, BSF 的期望衰减和阻尼, 可以作为唯一值 ($M_i = M, \zeta_{d_i} = \zeta_d, \forall i \in \{1, \cdots, n\}$) 或作为每个峰值 ($M_i$ 和 $\zeta_{d_i}$) 的单独值, 以及中央控制器 ($R_0, S_0$) 及其固定部分 ($H_{R_0}, H_{S_0}$), 当然也可以估计峰值频率. 通过在每个采样时间, 应用以下过程来计算控制信号:

(1) 得到测量的输出 $y(t+1)$ 和应用的控制 $u(t)$ 来计算估计的扰动信号 $\hat{p}(t+1)$, 如 (13.78) 所示.

(2) 使用自适应陷波滤波器公式 (13.92)—(13.96) 估计扰动的频率.

(3) 按照 (13.8)—(13.11) 计算 $S_{\mathrm{BSF}}(z^{-1})$ 和 $P_{\mathrm{BSF}}(z^{-1})$.

(4) 通过求解降阶的 Bezout 方程 (13.85) 得到 $Q(z^{-1})$.

(5) 使用 (13.5) 计算并应用于控制, 其中 $R$ 和 $S$ 分别由 (13.80) 和 (13.81) 给出 (另请参见图 13.6):

$$S_0 u(t) = -R_0 y(t+1) - H_{S_0} H_{R_0} (B_Q(t) w(t+1) - P_{\mathrm{BSF}}^* u_Q(t)) \tag{13.97}$$

### 13.4.4 间接自适应方案的稳定性分析

该方案的稳定性分析可以在文献 [24] 中找到.

## 13.5 试验结果: 三个可变频率的音调扰动的衰减

在本节中将给出 2.2 节介绍的在试验平台中采用直接自适应调节方案 (请参阅 13.2.3 节和文献 [25])、交错自适应调节方案 (请参见 13.3 节) 和间接自适应调节方案 (请参见 13.4 节) 所获得的试验结果样本. 考虑了三个音调扰动的频率的阶跃变化 (返回频率的初始值). 图 13.7—图 13.9 显示了残余力的时间响应.

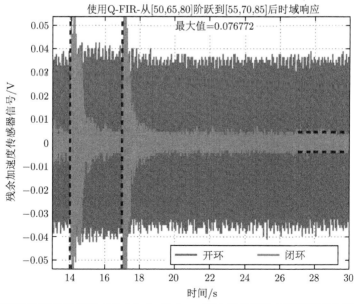

图 13.7 频率阶跃变化时使用 FIR Youla-Kučera 滤波器的直接自适应调节方案的时域响应 (三个音调扰动)(扫描封底二维码见彩图)

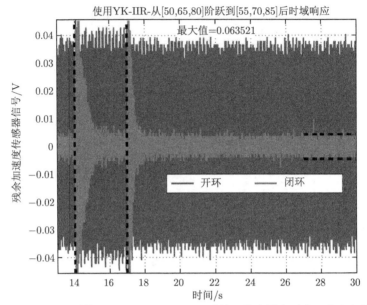

图 13.8　频率阶跃变化时使用 IIR Youla-Kučera 滤波器的交错自适应调节方案的时域响应
(三个音调扰动)(扫描封底二维码见彩图)

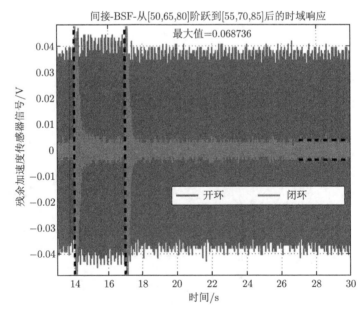

图 13.9　频率阶跃变化时使用 BSF 滤波器的间接自适应调节方案的时域响应 (三个音调扰
动)(扫描封底二维码见彩图)

图 13.10—图 13.12 显示了开环和闭环中 PSD 的误差以及估计的输出灵敏度函数. 图 13.13 显示了直接自适应调节方案中使用的 FIR 自适应 Youla-Kučera 滤波器的参数演变. 图 13.14 和图 13.15 显示了估计参数 $D_p$ (用于计算 $A_Q$ IIR Youla-Kučera 滤波器的分母) 的演变和交错自适应调节方案中 IIR Youla-Kučera 滤波器的分子 $B_Q$ 的演变. 图 13.16 显示了间接自适应调节方案中用于计算带阻滤波器的三种音调扰动的估计频率的演变.

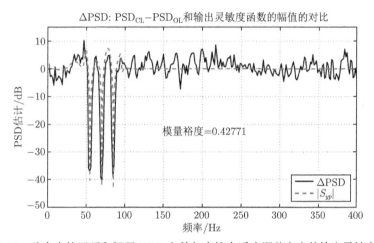

图 13.10  残余力的开环和闭环 PSD 之差与直接自适应调节方案的输出灵敏度函数估计的对比

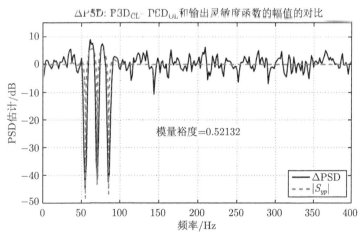

图 13.11  残余力的开环和闭环 PSD 之差与交错自适应调节方案的输出灵敏度函数估计的对比

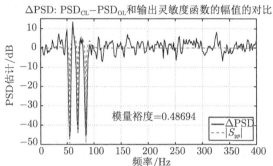

图 13.12　残余力的开环和闭环 PSD 之差与间接自适应调节方案中输出灵敏度函数
估计的对比 (扫描封底二维码见彩图)

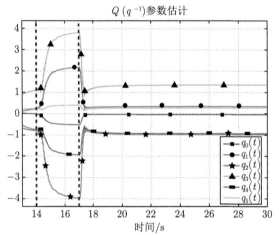

图 13.13　频率阶跃变化时 FIR Youla-Kučera 滤波器的参数演变 (直接自适应调节方案)(扫
描封底二维码见彩图)

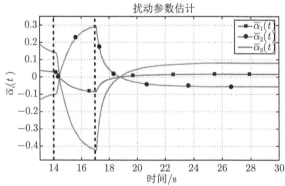

图 13.14　扰动频率阶跃变化过程中 $D_p$ 多项式 (扰动模型) 参数估计的演变 (交错自适应调节方
案)(扫描封底二维码见彩图)

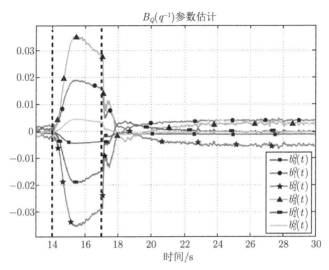

图 13.15　扰动频率阶跃变化过程中 IIR Youla-Kučera 滤波器的分子参数的演变 (交错自适应调节方案)(扫描封底二维码见彩图)

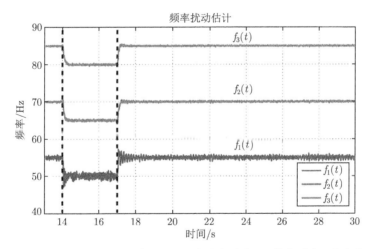

图 13.16　扰动频率的阶跃变化过程中扰动估计频率的演变 (间接自适应调节方案)(扫描封底二维码见彩图)

　　对于这个特殊的试验, 交错自适应调节方案可提供最优的折中扰动衰减/最大增益. 然而, 全局评估还需要比较一些其他情况下的试验结果, 这将在下一节中进行.

## 13.6　试验结果：多个窄带扰动衰减的自适应调节方案的比较评估

### 13.6.1　引言

在 12.2.2 节, 13.3 节和 13.4 节中, 提出单个和多个稀疏未知和时变窄带扰动的三种自适应衰减的方案. 它们可以总结如下:

(1) 使用 FIR Youla-Kučera 参数化的直接自适应调节;

(2) 使用 IIR Youla-Kučera 参数化的交错自适应调节;

(3) 使用带阻滤波器的间接自适应调节.

目的是在相关的试验环境中对这三种方案进行比较评估.

2012—2013 年提出了关于稀疏分布的未知且时变窄带扰动的自适应调节的国际基准. 结果的总结可以在文献 [26] 中找到. 更多的结论可以在文献 [25, 27—32] 中找到. 方案 1 和方案 3 已经在这样的背景下进行了评估. 在基准结果发表之后, 方案 2 也在同样的背景下进行了评估. 详细的结果可以在文献 [33] 中找到. 方案 1 和方案 3 提供了一些最优结果, 可以满足基准性能指标的要求 (请参见 [26]). 因此, 将第 2 种方案与第 1 种和第 3 种方案进行比较, 对于评估其潜力是至关重要的.

接下来, 将在上述基准的背景下对这三种方案进行比较. 目的是使用基准评估中的一些全局指标来评估其潜力.

在 12.3 节中, 介绍了一些基本性能指标. 在基准评估过程中, 定义了几种方法, 可以测试各种环境条件下的性能. 根据从各种方案得到的结果, 定义了全局性能指标, 并将在下一节中介绍它们. 这将允许稍后以紧凑的形式比较第 12 章和本章中考虑的三种方案的实时性能. 更多细节可以在 [25, 28, 33] 中找到.

表 13.3 总结了三种难度级别的基本基准性能指标 (频率变化范围：50Hz 至 95Hz):

表 13.3　频域控制性能指标

| 控制性能指标 | 级别 1 | 级别 2 | 级别 3 |
|---|---|---|---|
| 瞬态持续时间 | $\leqslant$ 2s | $\leqslant$ 2s | $\leqslant$ 2s |
| 全局衰减 | $\geqslant$ 30dB[*] | $\geqslant$ 30dB | $\geqslant$ 30dB |
| 最小扰动衰减 | $\geqslant$ 40dB | $\geqslant$ 40dB | $\geqslant$ 40dB |
| 最大增益 | $\leqslant$ 6dB | $\leqslant$ 7dB | $\leqslant$ 9dB |

[*] 对于级别 1, 30dB 的性能指标适用于 50Hz 到 85Hz 之间的范围, 90Hz 的指标为 28dB, 95Hz 的指标为 24dB.

• 级别 1：抑制单个时变正弦波扰动.

- 级别 2：抑制两个时变正弦波扰动.
- 级别 3：抑制三个时变正弦波扰动.

### 13.6.2 全局评估准则

将对仿真和实时结果都进行性能评估. 在设计模型 = 实际受控对象模型的情况下, 仿真结果将为我们提供关于设计方法潜力的信息. 实时结果还将告诉我们, 在受控对象模型存在不确定性和实际噪声的情况下, 设计的鲁棒性如何.

**稳态性能 (调整能力)**

如前所述, 这些是最重要的性能. 只有对衰减的扰动调整好了, 对给定方案的暂态性能的研究才有意义. 对于稳态性能, 只评估了频率的简单阶跃变化, 用变量 $k(k = 1, 2, \cdots, 3)$ 表示基准水平. 在几个标准中, 将考虑某些变量的平均值. 不同的试验数 $M$ 用来计算平均值. 这个数字取决于基准测试的级别 (如果 $k = 1$, 则 $M = 10$; 如果 $k = 2$, 则 $M = 6$; 如果 $k = 3$, 则 $M = 4$).

可以根据基准性能指标评估性能. 基准性能指标将采用以下格式：XXB, 其中 XX 表示评估的变量, B 表示基准性能指标. $\Delta$XX 将代表相对于基准性能指标的误差.

**全局衰减—GA**

对于所有级别和频率, 基准性能指标对应于 $\mathrm{GAB}_k = 30\mathrm{dB}$, 但除了 $k = 1$ 时是 90Hz 和 95Hz, 它们的 $\mathrm{GAB}_1$ 分别为 28dB 和 24dB.

误差：

$$\Delta \mathrm{GA}_i = \mathrm{GAB}_k - \mathrm{GA}_i, \quad \mathrm{GA}_i < \mathrm{GAB}_k$$

$$\Delta \mathrm{GA}_i = 0, \qquad\qquad \mathrm{GA}_i \geqslant \mathrm{GAB}_k$$

其中 $i = 1, \cdots, M$.

全局衰减准则：

$$J_{\Delta \mathrm{GA}_k} = \frac{1}{M} \sum_{j=1}^{M} \Delta \mathrm{GA}_i \tag{13.98}$$

**扰动衰减—DA**

对于所有级别和频率, 基准性能指标对应于 $\mathrm{DAB} = 40\mathrm{dB}$.

误差：

$$\Delta \mathrm{DA}_{ij} = \mathrm{DAB} - \mathrm{DA}_{ij}, \quad \mathrm{DA}_{ij} < \mathrm{DAB}$$

$$\Delta \mathrm{DA}_{ij} = 0, \qquad\qquad \mathrm{DA}_{ij} \geqslant \mathrm{DAB}$$

其中 $i = 1, \cdots, M, j = 1, \cdots, j_{\max}, j_{\max} = k$.

扰动衰减准则:

$$J_{\Delta\mathrm{DA}_k} = \frac{1}{kM} \sum_{i=1}^{M} \sum_{j=1}^{k} \Delta\mathrm{DA}_{ij} \tag{13.99}$$

## 最大增益——MA

基准性能指标取决于级别, 并定义为

$$\mathrm{MAB}_k = 6\mathrm{dB}, \quad k=1$$

$$\mathrm{MAB}_k = 7\mathrm{dB}, \quad k=2$$

$$\mathrm{MAB}_k = 8\mathrm{dB}, \quad k=3$$

误差:

$$\Delta\mathrm{MA}_i = \mathrm{MA}_i - \mathrm{MAB}_k, \quad \mathrm{MA}_i > \mathrm{MAB}_k$$

$$\Delta\mathrm{MA}_i = 0, \qquad\qquad\quad \mathrm{MA}_i \leqslant \mathrm{MAB}_k$$

其中 $i = 1, \cdots, M$.

最大增益准则:

$$J_{\Delta\mathrm{MA}_k} = \frac{1}{M} \sum_{i=1}^{M} \Delta\mathrm{MA}_i \tag{13.100}$$

级别 1 的全局稳态性能准则

$$J_{\mathrm{SS}_k} = \frac{1}{3}[J_{\Delta\mathrm{GA}_k} + J_{\Delta\mathrm{DA}_k} + J_{\Delta\mathrm{MA}_k}] \tag{13.101}$$

## 稳态性能的基准满意度指数

基准满意度指数是根据 $J_{\Delta\mathrm{GA}_k}$, $J_{\Delta\mathrm{DA}_k}$ 和 $J_{\Delta\mathrm{MA}_k}$ 计算出的平均性能指数. 如果这些数量为 "0"(完全满足基准性能指标), 则基准满意度指数为 100%; 如果相应数量为 GA 和 DA 性能指标的一半或 MA 性能指标的两倍, 则基准满意度指数为 0%. 对应的参考误差量总结如下:

$$\Delta\mathrm{GA}_{\mathrm{index}} = 15$$

$$\Delta\mathrm{DA}_{\mathrm{index}} = 20$$

$$\Delta\mathrm{MA}_{\mathrm{index},1} = 6, \quad k=1$$

$$\Delta\mathrm{MA}_{\mathrm{index},2} = 7, \quad k=1$$

$$\Delta\mathrm{MA}_{\mathrm{index},3} = 9, \quad k=3$$

计算公式为

$$\mathrm{GA}_{\mathrm{index},k} = \left( \frac{\Delta\mathrm{GA}_{\mathrm{index}} - J_{\Delta\mathrm{GA}_k}}{\Delta\mathrm{GA}_{\mathrm{index}}} \right) 100\%$$

$$\mathrm{DA}_{\mathrm{index},k} = \left( \frac{\Delta\mathrm{DA}_{\mathrm{index}} - J_{\Delta\mathrm{GA}_k}}{\Delta\mathrm{DA}_{\mathrm{index}}} \right) 100\%$$

$$\mathrm{MA}_{\mathrm{index},k} = \left( \frac{\Delta\mathrm{MA}_{\mathrm{index},k} - J_{\Delta\mathrm{GA}_k}}{\Delta\mathrm{MA}_{\mathrm{index},k}} \right) 100\%$$

然后, 将基准满意度指数 (BSI) 定义为

$$\mathrm{BSI}_k = \frac{\mathrm{GA}_{\mathrm{index},k} + \mathrm{DA}_{\mathrm{index},k} + \mathrm{MA}_{\mathrm{index},k}}{3} \tag{13.102}$$

表 13.4 和表 13.5 分别汇总了每种方法的仿真和实时获得的 $\mathrm{BSI}_k$ 结果, 并在图 13.17 中以图形方式表示. IIR YK 方案为所有级别的仿真提供了最优结果, 但间接方法提供了非常接近的结果. 在实时情况下, IIR YK 方案为级别 1 提供最优结果, 而 FIR YK 方案为级别 2 和级别 3 提供最优结果. 然而, 必须提到的是, FIR YK 方案的结果高度依赖于中央控制器的设计.

**表 13.4　稳态性能的基准满意度指数 (仿真结果)**

| 方法 | 级别 1 | 级别 2 | 级别 3 |
| --- | --- | --- | --- |
| | $\mathrm{BSI}_1/\%$ | $\mathrm{BSI}_2/\%$ | $\mathrm{BSI}_3/\%$ |
| 间接 | 98.69 | 98.38 | 99.44 |
| FIR | 93.30 | 97.29 | 99.13 |
| IIR | **99.07** | **99.84** | **100** |

**表 13.5　稳态性能的基准满意度指数 (实时结果)**

| 方法 | 级别 1 | 级别 2 | 级别 3 |
| --- | --- | --- | --- |
| | $\mathrm{BSI}_1/\%$ | $\mathrm{BSI}_2/\%$ | $\mathrm{BSI}_3/\%$ |
| 间接 | 81.11 | 88.51 | 90.64 |
| FIR | 80.87 | **89.56** | **97.56** |
| IIR | **89.37** | 87.38 | 96.39 |

仿真得到的结果允许在设计模型 = 实际受控对象模型的假设下表征所提出设计的性能. 因此, 就设计方法满足基准性能指标的能力而言, 仿真结果是完全相关的. 同样重要的是要记得基准测试的级别 3 是最重要的. 仿真结果和实时结果之间的误差, 使人们可以针对用于设计的不确定性受控对象模型和噪声模型来表征性能的鲁棒性.

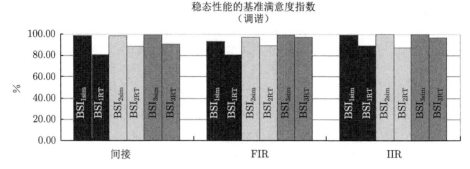

图 13.17　所有级别的基准满意度指数 (BSI) 仿真和实时结果

为了评估从仿真到实时结果的性能损失, 使用了归一化性能损失以及全局关联指标. 对于每个级别, 将 "归一化性能损失 (NPL)" 定义为

$$\mathrm{NPL}_k = \left( \frac{\mathrm{BSI}_{k\mathrm{sim}} - \mathrm{BSI}_{k\mathrm{RT}}}{\mathrm{BSI}_{k\mathrm{sim}}} \right) 100\,\% \tag{13.103}$$

全局 NPL 由下式给出:

$$\mathrm{NPL} = \frac{1}{M} \sum_{k=1}^{M} \mathrm{NPL}_k \tag{13.104}$$

式中 $M = 3$.

表 13.6 给出了三种方案的归一化性能损失. 图 13.18 以条形图总结了这些结

表 13.6　归一化性能损失

| 方法 | NPL$_1$/% | NPL$_2$/% | NPL$_3$/% | NPL/% |
|------|-----------|-----------|-----------|-------|
| 间接 | 17.81 | 10.03 | 8.85 | 12.23 |
| FIR | 13.32 | **7.95** | **1.58** | **7.62** |
| IIR | **9.79** | 12.48 | 3.61 | 8.63 |

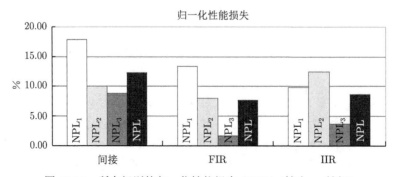

图 13.18　所有级别的归一化性能损失 (NPL) (越小 = 越好)

果. IIR YK 方案保证了级别 1 的性能损失最小, 而 FIR YK 方案保证了级别 2 和级别 3 的性能损失最小.

**瞬态性能的全局评估**

为了评估瞬态性能, 公式 (12.46) 定义了一个指标. 根据该指标, 可以如下定义全局准则:

$$J_{\Delta \text{Trans}_k} = \frac{1}{M} \sum_{j=1}^{M} \Delta \text{Trans}_i \tag{13.105}$$

式中如果 $k = 1$, 则 $M = 10$, 如果 $k = 2$, 则 $M = 6$, 如果 $k = 3$, 则 $M = 4$.

表 13.7 总结了瞬态性能. 在大多数情况下, 所有方案均保证了瞬态性能满意度为 100%, 这意味着在大多数情况下, 自适应瞬态持续时间小于或等于 2s(仿真中的级别 2 间接方案除外).

**表 13.7　基准满意度指数的瞬态性能 (用于简单阶跃测试)**

| 指数 | $\text{BSI}_{\text{Trans1}}$ | | $\text{BSI}_{\text{Trans2}}$ | | $\text{BSI}_{\text{Trans3}}$ | |
|---|---|---|---|---|---|---|
| 方法 | sim/% | RT/% | sim/% | RT/% | sim/% | RT/% |
| 间接 | **100** | 99.17 | 83.33 | **100** | **100** | **100** |
| FIR | **100** | 96.45 | **100** | 95.74 | **100** | **100** |
| IIR | **100** | **99.20** | **100** | **100** | 92.74 | 95.23 |

**复杂度的评估**

为了进行复杂度评估, 将使用 xPC 目标环境中的目标执行时间 (TET) 来度量. 这是在主机目标 PC 上针对每种方法执行所有计算所需的时间. 这样的处理必须在每个采样时间内完成. 方法越复杂, TET 值越大. 可以认为 TET 也取决于算法的编程. 但是, 这可能会使 TET 变化 2 到 4 倍, 但不是数量级上的变化. xPC Target MATLAB 环境提供了 TET(AT ET) 的平均值. 然而, 通过从闭环运行中测得的 TET 中减去开环运行中的平均 TET, 来评估与控制器相关的 TET 是有趣的.

下面定义了比较所有方法之间的复杂度的标准:

$$\Delta \text{TET}_{\text{simple},k} = \text{ATET}_{\text{simple},k} - \text{ATET}_{\text{OL}_{\text{simple},k}} \tag{13.106}$$

$$\Delta \text{TET}_{\text{step},k} = \text{ATET}_{\text{step},k} - \text{ATET}_{\text{OL}_{\text{step},k}} \tag{13.107}$$

$$\Delta \text{TET}_{\text{chirp},k} = \text{ATET}_{\text{chirp},k} - \text{ATET}_{\text{OL}_{\text{chirp},k}} \tag{13.108}$$

式中 $k = 1, 2, 3$. 符号 simple, step 和 chirp[①]分别与简单阶跃测试 (扰动的应用), 阶跃变化的频率和线性调频的频率变化相关. 某一个级别的全局 $\Delta \text{TET}_k$ 定义为

---

① 线性调频仅用于复杂度评估, 有关线性调频扰动的其他结果, 请参见文献 [33, 34].

上述计算量的平均值:

$$\Delta \mathrm{TET}_k = \frac{1}{3}(\mathrm{TET}_{\mathrm{simple},k} + \Delta \mathrm{TET}_{\mathrm{step},k} + \Delta \mathrm{TET}_{\mathrm{chirp},k}) \tag{13.109}$$

式中 $k = 1, 2, 3$. 表 13.8 和图 13.19 总结了三种方案的结果. 所有值均以 ms 为单位. 较高的值表示较高的复杂度. 最低的值 (较低的复杂度) 加粗显示.

**表 13.8　任务执行时间 (ms)**

| 方法 | $\Delta \mathrm{TET}$ | | |
|---|---|---|---|
| | 级别 1 | 级别 2 | 级别 3 |
| 间接 | 254.24 | 203.83 | 241.22 |
| FIR | **3.26** | **3.90** | **5.60** |
| IIR | 19.42 | 31.63 | 44.95 |

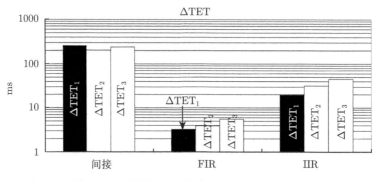

图 13.19　控制器平均任务执行时间 ($\Delta \mathrm{TET}$)

不出所料, FIR YK 算法具有最小的复杂度. IIR YK 比 FIR YK 具有更高的复杂度 (这是由于合并了 $A_Q(z^{-1})$ 的估计值), 但其复杂度仍远低于使用 BSF 的间接方法.

已经使用其他试验方案进行了测试. 所得的结果与上述测试一致, 详细信息请参见文献 [10, 34].

## 13.7　结　束　语

如何确定最优的多频带扰动自适应衰减方案是一个困难的问题. 有几项标准是需要考虑的:

•如果每个峰值的衰减水平是固定的, 使用 BSF 的间接自适应方案是最合适的, 因为它允许对每个峰值进行特定的衰减.

• 如果目标是设计一个非常简单的中央控制器, 则应该考虑 IIR YK 方案和间接自适应方案.

• 如果目标是要最少计算时间的最简单方案, 则显然应该选择 FIR YK.

• 如果目标是在上述各种要求之间做出折中, 则应该选择 IIR YK 自适应方案.

# 13.8 注释和参考资料

参考文献 [34] 给出了多种解决方案的详细信息, 这些解决方案用于对多个窄带扰动进行自适应衰减, 具体的参考文献是 [25, 27—32], 还可以考虑参考文献 [10].

## 参 考 文 献

[1] Landau ID, Alma M, Constantinescu A, Martinez JJ, Noë M (2011) Adaptive regulation-rejection of unknown multiple narrow band disturbances (a review on algorithms and applications). Control Eng Pract 19(10): 1168-1181. doi: 10.1016/j.conengprac.2011.06.005

[2] Landau I, Constantinescu A, Rey D (2005) Adaptive narrow band disturbance rejection applied to an active suspension-an internal model principle approach. Automatica 41(4): 563-574

[3] Landau I, Alma M, Martinez J, Buche G (2011) Adaptive suppression of multiple time-varying unknown vibrations using an inertial actuator. IEEE Trans Control Syst Technol 19(6): 1327-1338. doi: 10.1109/TCST.2010.2091641

[4] Procházka H, Landau ID (2003) Pole placement with sensitivity function shaping using $2^{nd}$ order digital notch fifilters. Automatica 39(6): 1103-1107. doi: 10.1016/S0005-1098(03)00067-0

[5] Landau I, Zito G (2005) Digital control systems - design, identifification and implementation. Springer, London

[6] Nehorai A (1985) A minimal parameter adaptive notch fifilter with constrained poles and zeros. IEEE Trans Acoust Speech Signal Process ASSP-33: 983-996

[7] Astrom KJ, Wittenmark B (1984) Computer controlled systems. Theory and design. PrenticeHall, Englewood Cliffs

[8] Chen X, Tomizuka M (2012) A minimum parameter adaptive approach for rejecting multiple narrow-band disturbances with application to hard disk drives. IEEE Trans Control Syst Technol 20(2): 408-415. doi: 10.1109/TCST.2011.2178025

[9] Landau ID, Lozano R, M'Saad M, Karimi A (2011) Adaptive control, 2nd edn. Springer, London

[10] Castellanos-Silva A, Landau ID, Dugard L, Chen X (2016) Modifified direct adaptive regulatio scheme applied to a benchmark problem. Eur J Control 28: 69-78. doi: 10.1016/j.ejcon.2015.12.006

[11] Tsypkin Y (1997) Stochastic discrete systems with internal models. J Autom Inf Sci 29(4&5): 156-161

[12] de Callafon RA, Kinney CE (2010) Robust estimation and adaptive controller tuning for variance minimization in servo systems. J Adva Mech Design Syst Manuf 4(1): 130-142

[13] Tay TT, Mareels IMY, Moore JB (1997) High performance control. Birkhauser, Boston

[14] Airimitoaie TB, Landau I, Dugard L, Popescu D (2011) Identifification of mechanical structures in the presence of narrow band disturbances-application to an active suspension. In: 2011 19th mediterranean conference on control automation (MED), pp 904-909. doi: 10.1109/MED.2011. 5983076

[15] Tichavský P, Nehorai A (1997) Comparative study of four adaptive frequency trackers. IEEE Trans Autom Control 45(6): 1473-1484

[16] Rao D, Kung SY (1984) Adaptive notch fifiltering for the retrieval of sinusoids in noise. IEEE Trans Acoust Speech Signal Process 32(4): 791-802. doi: 10.1109/TASSP.1984. 1164398

[17] Regalia PA (1991) An improved lattice-based adaptive IIR notch fifilter. IEEE Trans Signal Process 9(9): 2124-2128. doi: 10.1109/78.134453

[18] Chen BS, Yang TY, Lin BH (1992) Adaptive notch fifilter by direct frequency estimation. Signal Process 27(2): 161-176. doi: 10.1016/0165-1684(92)90005-H

[19] Li G (1997) A stable and effifficient adaptive notch fifilter for direct frequency estimation. IEEE Trans Signal Process 45(8): 2001-2009. doi: 10.1109/78.611196

[20] Hsu L, Ortega R, Damm G (1999) A globally convergent frequency estimator. IEEE Trans Autom Control 4(4): 698-713

[21] Obregon-Pulido G, Castillo-Toledo B, Loukianov A (2002) A globally convergent estimator for n-frequencies. IEEE Trans Autom Control 47(5): 857-863

[22] Stoica P, Nehorai A (1988) Performance analysis of an adaptive notch fifilter with constrained poles and zeros. IEEE Trans Acoust Speech Signal Process 36(6): 911-919

[23] M'Sirdi N, Tjokronegoro H, Landau I (1988) An RML algorithm for retrieval of sinusoids with cascaded notch fifilters. In: 1988 International conference on acoustics, speech, and signa processing, 1988. ICASSP-88, vol 4, pp 2484-2487. doi:10.1109/ICASSP.1988. 197147

[24] Airimitoaie TB, Landau ID (2014) Indirect adaptive attenuation of multiple narrowband disturbances applied to active vibration control. IEEE Trans Control Syst Technol 22(2): 761-769. doi: 10.1109/TCST.2013.2257782

[25] Castellanos-Silva A, Landau ID, Airimitoaie TB (2013) Direct adaptive rejection of unknown time-varying narrow band disturbances applied to a benchmark problem. Eur J Control 19(4): 326-336. doi: 10.1016/j.ejcon.2013.05.012 (Benchmark on Adaptive Regulation: Rejection of unknown/time-varying multiple narrow band disturbances)

[26] Landau ID, Silva AC, Airimitoaie TB, Buche G, Noé M (2013) An active vibration control system as a benchmark on adaptive regulation. In: Control conference (ECC),

2013 European, pp 2873-2878 (2013)

[27]   Aranovskiy S, Freidovich LB (2013) Adaptive compensation of disturbances formed
       as sums of sinusoidal signals with application to an active vibration control bench-
       mark. Eur J Control 19(4): 253-265. doi: 10.1016/j.ejcon.2013.05.008 (Benchmark on
       Adaptive Regulation: Rejection of unknown/time-varying multiple narrow band distur-
       bances)

[28]   Airimitoaie TB, Silva AC, Landau ID (2013) Indirect adaptive regulation strategy for
       the attenuation of time varying narrow-band disturbances applied to a benchmark prob-
       lem. Eur J Control 19(4): 313-325. doi: 10.1016/j.ejcon.2013.05.011 (Benchmark on
       Adaptive Regulation: Rejection of unknown/time-varying multiple narrow band distur-
       bances)

[29]   de Callafon RA, Fang H (2013) Adaptive regulation via weighted robust estimation and
       automatic controller tuning. Eur J Control 19(4): 266-278. doi: 10.1016/j.ejcon.2013.05.
       009 (Benchmark on Adaptive Regulation: Rejection of unknown/time-varying multiple
       narrow band disturbances)

[30]   Karimi A, Emedi Z (2013) $H_\infty$ gain-scheduled controller design for rejection of time
       varying narrow-band disturbances applied to a benchmark problem. Eur J Control
       19(4): 279-288. doi: 10.1016/j.ejcon.2013.05.010 (Benchmark on Adaptive Regulation:
       Rejection of unknown/time-varying multiple narrow band disturbances)

[31]   Chen X, Tomizuka M (2013) Selective model inversion and adaptive disturbance ob-
       server for time-varying vibration rejection on an active-suspension benchmark. Eur J
       Control 19(4): 300-312 (Benchmark on Adaptive Regulation: Rejection of unknown/
       time-varying multiple narrow band disturbances)

[32]   Wu Z, Amara FB (2013) Youla parameterized adaptive regulation against sinusoidal ex-
       ogenous inputs applied to a benchmark problem. Eur J Control 19(4): 289-299 (Bench-
       mark on Adaptive Regulation: Rejection of unknown/time-varying multiple narrow
       band disturbances)

[33]   Castellanos-Silva A (2014) Compensation adaptative par feedback pour le contrôle actif
       de vibrations en présence d'incertitudes sur les paramétres du procédé. Ph.D. thesis,
       Université de Grenoble

[34]   Landau ID, Silva AC, Airimitoaie TB, Buche G, Noé M (2013) Benchmark on adaptive
       regulation-rejection of unknown/time-varying multiple narrow band disturbances. Eur
       J Control 19(4): 237-252. doi: 10.1016/j.ejcon.2013.05.007

# 第五篇
# 宽带扰动的前馈——反馈衰减

# 第 14 章　基于数据的宽带扰动前馈补偿器的设计

## 14.1　引　言

当反馈控制中的"水床"效应无法确保实现期望性能时, 就可以考虑对扰动进行前馈补偿了. 如果扰动具有宽带特性并且施加的衰减十分显著, 则会系统性地出现这样的情况. 使用前馈补偿时, 需要用到附加传感器, 该传感器可以提供有关扰动的可靠信息 (图 14.1 中的 $w(t)$).

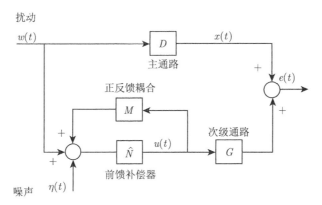

图 14.1　线性前馈补偿方案

如果在特定应用中可以使用这种传感器, 则可以实现宽带扰动的前馈补偿. 特别需要提醒的是, 正如第 1 章所述, 前馈补偿会在次级通路 (补偿器系统) 的控制和扰动的测量之间引起内部耦合 (正). 请参阅 2.3 节中所述的测试台.

线性补偿器的设计可以看作是找到一个线性补偿器 (参见图 14.1), 使得图 14.1 的下半部具有与主通路相同的传递函数, 但带有相反的符号. 使用该图的符号, 尝试寻找 $N$(补偿器), 使得

$$D = -\frac{N}{1 - NM}G \tag{14.1}$$

这是一个纯代数问题, 需要进行以下假设:

(完全匹配条件) 存在一个有限维度的滤波器 $N(z^{-1})$ 使得[①]

---

[①] 在许多情况下, 参数 $q^{-1}$ 或 $z^{-1}$ 将被丢弃.

$$D = -\frac{N}{(1-NM)}G \tag{14.2}$$

"内部" 反馈回路的特征多项式:

$$P(z^{-1}) = A_M(z^{-1})S(z^{-1}) - B_M(z^{-1})R(z^{-1}) \tag{14.3}$$

是 Hurwitz 多项式.

该假设还意味着 $D$ 可以用 (14.2) 等效地表示, 其 $N$ 是未知的. 然而, 实际上, 人们可以考虑采用不太严格的条件, 即在扰动显著的频率区域中两个传递函数的匹配是良好的. 该问题可以表述为 $H_2$ 或 $H_\infty$ 问题.

假设将控制设计问题表述为一个完美的匹配目标或将 $H_2$ 或 $H_\infty$ 准则最小化, 则需要建立主通路、次级通路和反向通路的模型来计算 $N$. 为此, 必须首先解决辨识问题. 辨识此类系统的技术已在第 5 章中进行了介绍, 在第 6 章中对 2.3 节中所述的测试台进行了辨识, 进一步说明了该辨识技术.

假设这些模型可用, 并且知道扰动 $w(t)$ 的功率谱分布 (通过分析附加换能器捕获的数据), 则补偿器 $N$ 的计算可以转换为求解频率加权误差最小化问题, 以实现研究者所期望的扰动所在的频率区域中两个传递函数之间的良好匹配.

因此, 如果对主通路、次级通路、反向通路和扰动的功率谱密度具有可靠的辨识模型, 则可以将此问题表示为 $H_2$ 或 $H_\infty$ 问题.

基本上, 对于 $H_\infty$ 方法, 考虑

- 扰动输出灵敏度函数:

$$S_{ew} = D + G \cdot \left(\frac{N}{1-NM}\right) \tag{14.4}$$

- 扰动输入灵敏度函数:

$$S_{uw} = \frac{N}{1-NM} \tag{14.5}$$

- 噪声输入灵敏度函数:

$$S_{u\eta} = \frac{N}{1-NM} \tag{14.6}$$

$H_\infty$ 控制问题是要找到一个稳定的前馈补偿器 $N$, 该补偿器将标量[1]最小化, 从而

$$\left\| \begin{pmatrix} W_1 \cdot S_{\nu e} \\ W_2 \cdot S_{ue} \\ W_3 \cdot S_{u\eta} \end{pmatrix} \right\|_\infty < \gamma \tag{14.7}$$

式中 $W_1$, $W_2$ 和 $W_3$ 是相应的加权函数 (可以将其解释为灵敏度函数的模板的解析逆). 对于 $H_2$ 控制问题, 可以给出类似的公式 (见文献 [2]).

$H_\infty$ 方法已应用于第 2 章所述的测试台上, 请参见文献 [3]. 对于 $H_2$ 方法, 请参见文献 [2], 其中考虑了柔性结构中主动抑制振动的情况.

如图 14.2 所示, 可以考虑另一种方法, 即使用补偿器 $N$ 的 Youla-Kučera 参数化结果、采用中央稳定控制器 ($R_0$ 和 $S_0$) 并使用 $Q$IIR 滤波器. 在这种情况下, 可以使用凸优化来尝试找到 $Q$, 以便在扰动频谱的目标频谱区域内, 将主通路的传递函数与补偿系统之一之间的差异最小化 (当然, $H_2$ 和 $H_\infty$ 也可用于此配置以及凸优化过程).

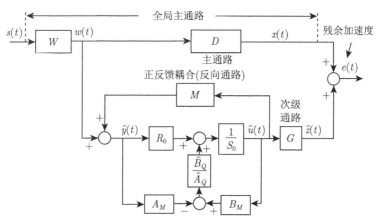

图 14.2 使用 Youla-Kučera 前馈补偿器参数化的线性前馈补偿方案

需要重点指出的是, 为了设计使用频率加权最小化的线性控制器, 不仅需要系统模型, 还需要扰动模型. 要获取有关扰动和系统型号的信息, 需要访问系统. 换句话说, 基于协议的数据采集对于设计线性前馈补偿器是必不可少的, 可用于辨识扰动的模型和特征.

## 14.2 基于数据的前馈补偿器设计的间接方法

假设已经使用 6.3 节中描述的程序辨识了次级通路模型和反向通路模型. 为了设计前馈补偿器, 需要额外辨识主通路 ($D$) 的模型. 辨识主通路模型时, 必须使用来自系统 (由扰动产生) 的可用输入信号 $w(t)$, 并测量残余力或加速度, 在没有补偿器系统的情况下, 将其表示为 $x(t)$ (这是在没有补偿器系统的情况下主通路的输出, 见图 14.1). 主通路辨识模型的质量取决于扰动信号 $w(t)$ 的丰富程度. 实际上, 所辨识的模型仅与 $w(t)$ 具有足够能量的频率区域相关.

总结:

(1) 收集输入/输出数据 ($w(t)$ 和 $x(t)$);

(2) 从这些数据中辨识出主通路模型;

(3) 基于主通路、次通路和反向通路模型以及 $w(t)$ 的扰动图像 (PSD), 可以进行线性前馈补偿器的设计.

第三步相当于找到 $\hat{N}$, 以便在给定 $w(t)$ 的某项准则下使 $e(t)$ 最小. 由于这种方法需要几个中间步骤才能根据数据设计前馈补偿器, 因此称为 "间接方法". 在下一节中将介绍把 $\hat{N}$ 的估计公式化为降阶控制器的估计.

## 14.3　基于数据的前馈补偿器设计的直接方法

有意思的一点是, 线性补偿器的设计可以看作是降阶控制器的估计 (请参见第 9 章). 假设, 在上游传感器 ($w(t)$) 和残余加速度计或力传感器 ($x(t)$) 上 (在没有补偿器系统的情况下) 收集的一组相关数据, 可以将该问题用公式表示为估算降阶滤波器 $N$. 这样一来, 可使补偿通路的预测器给出的加速度 (或力) 测量值与加速度 (力) 预测值之间的误差最小.

在图 14.3 中, 如果 $G = 1$, 则该值作为闭环运行中降阶控制器的估计值, 可以使用第 9 章 (闭环输入匹配) 中的技术来完成. 在一般情况下 ($G \neq 1$), 可以按图 14.4 所示方式重新构造问题, 其中一个问题利用了完全匹配和稳态下线性度这一假说, 该假说能够在不改变全局传递函数条件的情况下还原各个模块的阶次.

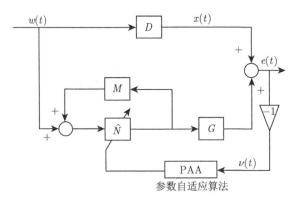

图 14.3　自适应前馈补偿方案

图 14.5 与 "闭环控制器估计" 技术进行了进一步的联系. 实际上, 添加的是通过 $G$ 进行的输入滤波和通过 $V$ 进行的预测误差滤波 (从而可以进一步调整估计滤波器的频率特性).

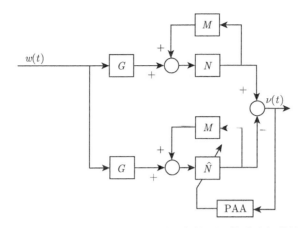

图 14.4 闭环运行中线性补偿器的估计与控制器的估计的等效公式

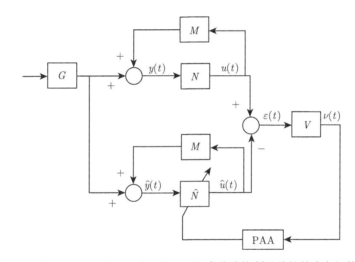

图 14.5 线性前馈补偿器的估计技术与闭环运行中降阶控制器估计技术之间的近似情况

最优前馈补偿器 (未知和高阶) 定义为

$$N(q^{-1}) = \frac{R(q^{-1})}{S(q^{-1})} \tag{14.8}$$

式中

$$R(q^{-1}) = r_0 + r_1 q^{-1} + \cdots + r_{n_R} q^{-n_R} \tag{14.9}$$

$$S(q^{-1}) = 1 + s_1 q^{-1} + \cdots + s_{n_S} q^{-n_S} = 1 + q^{-1} S^*(q^{-1}) \tag{14.10}$$

其中

$$\theta^T = [s_1, \cdots, s_{n_S}, r_0, r_1, \cdots, r_{n_R}] = [\theta_S^{\mathrm{T}}, \theta_R^{\mathrm{T}}] \tag{14.11}$$

是确保完美匹配的最优滤波器 $N$ 的参数向量.

最优前馈滤波器的降阶估计由式 (14.12) 定义:

$$\hat{N}(q^{-1}) = \frac{\hat{R}(q^{-1})}{\hat{S}(q^{-1})} \qquad (14.12)$$

式中

$$\hat{R}(q^{-1}) = \hat{r}_0 + \hat{r}_1 q^{-1} + \cdots + \hat{r}_{n_R} q^{-n_R} \qquad (14.13)$$

$$\hat{S}(q^{-1}) = 1 + \hat{s}_1 q^{-1} + \cdots + \hat{s}_{n_S} q^{-n_S} = 1 + q^{-1}\hat{S}^*(q^{-1}) \qquad (14.14)$$

其中

$$\hat{\theta}^T = [\hat{s}_1, \cdots, \hat{s}_{n_S}, \hat{r}_0, \hat{r}_1, \cdots, \hat{r}_{n_R}] = [\hat{\theta}_S^{\mathrm{T}}, \hat{\theta}_R^{\mathrm{T}}] \qquad (14.15)$$

是 $\hat{N}$ 的常数估计参数向量.

估计前馈滤波器的输入/输出关系由式 (14.16) 给出:

$$\hat{u}(t+1) = -\hat{S}^*(q^{-1})\hat{u}(t) + \hat{R}(q^{-1})\hat{y}(t+1) = \hat{\theta}^{\mathrm{T}}\phi(t) = [\hat{\theta}_S^{\mathrm{T}}, \hat{\theta}_R^{\mathrm{T}}] \begin{bmatrix} \phi_{\hat{u}}(t) \\ \phi_{\hat{y}}(t) \end{bmatrix} \qquad (14.16)$$

式中

$$\phi^{\mathrm{T}}(t) = [-\hat{u}(t), \cdots, -\hat{u}(t - n_S + 1), \hat{y}(t+1), \cdots, \hat{y}(t - n_R + 1)]$$
$$= [\phi_{\hat{u}}^{\mathrm{T}}(t), \phi_{\hat{y}}^{\mathrm{T}}(t)] \qquad (14.17)$$

回到图 14.5 的系统, 有

$$\nu(t+1) = V(q^{-1})\frac{A_M(q^{-1})}{P(q^{-1})}[\theta - \hat{\theta}]^{\mathrm{T}}\phi(t) \qquad (14.18)$$

式中 $P$ 是 "正" 反馈回路的特征多项式[①]. 考虑反向通路的模型

$$M(q^{-1}) = \frac{B_M(q^{-1})}{A_M(q^{-1})} \qquad (14.19)$$

$P$ 由式 (14.20) 给出

$$P(q^{-1}) = A_M(q^{-1})S(q^{-1}) - B_M(q^{-1})R(q^{-1}) \qquad (14.20)$$

$N_1$ 的辨识可以看作一个 $L_2$ 最小化问题, 在频域中有相关的解释.

---

① 术语 $A_M/P$ 来自预测误差的表达式, 类似于在 8.2.1 节中对 CLOE 的配置或在 9.3 节中对 CLIM 算法
获得的表达式, 其符号有明显变化 (用 $A_M$ 代替 $S$).

运用帕塞瓦尔关系, 可以从 $\nu(t)$ 的表达式开始, 通过考虑算法几乎可使形式如下的准则最小化, 以获得频域中估计参数的渐近偏差分布

$$\lim_{N \to \infty} \frac{1}{N} \sum_{t=1}^{N} \nu^2(t)$$

如下所示, 这可以重新构造估计补偿器的渐近特性 (使用 9.3.1 节中给出的公式). 考虑到外部激励经 $G$ 滤波, 并且预测误差经 $V$ 滤波, 估计的 $\hat{N}$(由式 (14.15) 中给出的参数向量 $\hat{\theta}$ 表征) 在频域中具有以下渐近特性 (考虑完美匹配条件式 (14.1), 另请参见第 15 章):

$$\hat{\theta}^* = \arg \min_{\hat{\theta}} \int_{-\pi}^{\pi} |S_{NM}|^2 |N - \hat{N}|^2 |S_{\hat{N}M}|^2 |G|^2 |V|^2 \phi_w(\omega) + |V|^2 \phi_\eta(\omega) \, d\omega \quad (14.21)$$

式中 $\phi_w$ 和 $\phi_\eta$ 分别是扰动 $w(t)$ 和测量噪声的频谱密度, 而 $S_{NM}$ 和 $S_{\hat{N}M}$ 分别是内部闭环对 $N$ 和 $\hat{N}$ 的输出灵敏度函数:

$$S_{NM} = \frac{1}{1 - NM} \quad (14.22)$$

$$S_{\hat{N}M} = \frac{1}{1 - \hat{N}M} \quad (14.23)$$

从式 (14.21) 中可以得出结论, 在 $\phi_w$ 显著且 $G$ 和 $V$ 具有高增益的频率区域中将获得 $N$ 的良好近似 (通常 $G$ 在 $\phi_w$ 显著的频率区域中应具有高增益以抵消 $w(t)$ 的影响). $V$ 的选择将明显影响估计的 $\hat{N}$. 内部闭环 $N - M$ 的输出灵敏度函数也会影响估计 $\hat{N}$ 的质量.

还可以考虑使用自适应算法, 该算法将在稍后使用第 1 章中指出的基本配置开发, 用于 $N$ 的自适应, 但是该算法需在自调谐机制下实现, 即自适应增益将渐近趋于零. 两种方法将在下一节中演示说明.

如前所述, 使用 $H_\infty$, $H_2$ 或凸优化的设计时, 需要一个中间步骤来辨识主通路, 而在控制器的闭环中使用算法进行估计或在自调谐机制中使用自适应前馈算法时, 没有了中间步骤, 是一个单步过程. 实际上, 这是利用可用数据的另一种方法.

## 14.4　前馈补偿器的直接估计和实时测试

在本节中, 说明了如何在没有补偿器系统的情况下, 从收集的数据中直接获得 2.3 节中描述的 AVC 系统的线性前馈控制器. 最终的补偿器将在试验平台上进行实时测试.

首先, 演示了使用闭环输入匹配算法 (参见 9.3 节) 来估算降阶前馈补偿器. 如第 9 章所述, 此问题类似于闭环模型辨识中的问题. 然后, 将在自调谐运行中采用自适应方式模拟前馈补偿方案的自调谐运行来获得前馈补偿器.

虽然两种方法使用相同的数据, 但运行模式不同. 闭环辨识算法考虑了所有数据均可用的事实. 自调谐状态下模拟的自适应前馈补偿方案的运行方式与实时运行类似, 即算法忽略了整个时间范围内数据的可用性.

假定次级通路和反向通路的模型可用. 6.3 节详细介绍了如何获得这些模型. 将使用实际系统中 $w(t)$ 和 $x(t)$ 的测量结果代替已辨识的主通路模型. 将 PRBS 的长度为 $N = 16$ 且分频器 $p = 1$ 的移位寄存器作为系统的激励, 已获得大约 82 秒的实时数据[①].

我们从使用闭环输入匹配算法 (CLIM) 辨识前馈补偿器开始 (请参见 9.3 节). 基本方案如图 14.6 所示, 其中激励信号是通过经次级通路的估计模型对测得的 $w(t)$ 进行滤波而获得的

$$w_f(t) = \frac{\hat{B}_G}{\hat{A}_G} w(t) \tag{14.24}$$

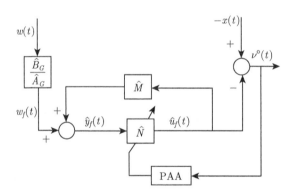

图 14.6　闭环运行中估算前馈补偿器的等效公式

注意到, 式 (9.26)—(9.28) 中给出的闭环输入匹配算法 (CLIM), 有如下的符号变化: $\hat{c}(t)$ 变为 $\hat{y}_f(t)$, $\hat{u}(t)$ 变为 $\hat{u}_f(t)$.

闭环输入误差定义为闭环预测器使用 $\hat{N}$ 生成的可用测量值 $x(t)$ 与 $\hat{u}_f(t)$ 之差. 考虑两种算法. 第一种算法对应于基本的闭环控制器辨识算法, 其目标是实现闭环输入匹配 (CLIM), 并直接用于式 (14.17) 中给出的回归向量 $\phi(t)$. 第二种算法是相同算法的不同滤波结果, 如 9.3 节中给出的 F-CLIM, 其中 $\phi(t)$ 通过 $\hat{A}_M / \hat{P}$ 进行滤波. 图 14.7 给出了使用 $n_R = 9$ 和 $n_S = 10(20$ 个参数) 的估计补偿

---

① 请参阅本书网站上的文件　24-Sep-2015_19h0_data_BO_prim_82s_prim.

器获得的实时结果. 对于 CLIM 算法, 衰减为 $-13.49$dB, 对于 F-CLIM 算法, 衰减为 $-14.41$dB.

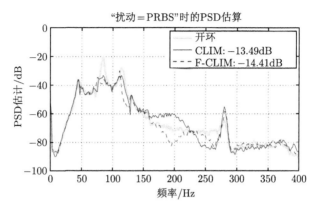

图 14.7 有 20 个参数的闭环辨识前馈补偿器的功率谱密度估计

基于 14.3 节的讨论, 对于自调谐运行, 考虑了两种方案. 在图 14.8 中, 认为次级通路的实际位置位于前馈补偿器下游. 图 14.8 中的 $\hat{M}(q^{-1})$ 和 $\hat{G}(q^{-1})$ 分别代表反向通路和次级通路的辨识模型. $w(t)$ 和 $x(t)$ 是没有控制器 (开环) 时的实时测量信号.

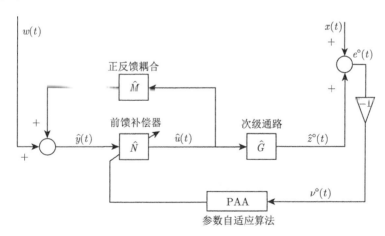

图 14.8 在自调谐状态下使用模拟自适应前馈补偿方案估算前馈补偿器

第二种方案如图 14.9 所示. 主要区别在于将前馈补偿器 $\hat{N}$ 上游引入次级通路的模型 (没有内置的阶跃延迟) $\hat{B}_G^*/\hat{A}_G^*$, 次级通路延迟一个采样周期, 仍留在前馈补偿器和测得的残余加速度 (或力) 之间的常见位置. 相应的算法类似于基于控制器降阶而获得的算法 (图 14.6), 只是在前馈补偿器和残余加速度的测量之间延迟了一个采样周期.

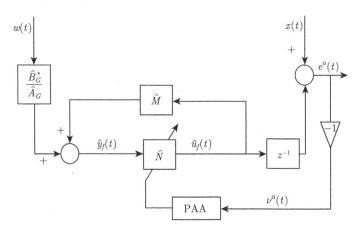

图 14.9 自调谐状态下的一种改进的模拟前馈补偿方案, 用于估算前馈补偿器

第 15 章将介绍一种算法, 该算法可得出以下 PAA, 通过模拟自适应前馈补偿方案, 该 PAA 可用于估算前馈补偿器的参数:

$$\hat{\theta}(t+1) = \hat{\theta}(t) + F_I(t)\Phi(t)\nu(t+1) \tag{14.25a}$$

$$\nu(t+1) = \frac{\nu^0(t+1)}{1 + \Phi^{\mathrm{T}}(t)F_I(t)\Phi(t)} \tag{14.25b}$$

$$F_I(t+1) = F_I(t) - \frac{F_I(t)\Phi(t)\Phi^{\mathrm{T}}(t)F_I(t)}{1 + \Phi^{\mathrm{T}}(t)F_I(t)\Phi(t)}, \quad F_I(0) > 0 \tag{14.25c}$$

式中

$$\hat{\theta}^{\mathrm{T}}(t) = [\hat{s}_1(t), \cdots, \hat{s}_{n_S}(t), \hat{r}_0(t), \cdots, \hat{r}_{n_R}(t)] = \left[ \hat{\theta}_S^{\mathrm{T}}(t), \hat{\theta}_R^{\mathrm{T}}(t) \right] \tag{14.26}$$

是 $\hat{N}$ 的估计参数向量. 该算法的特征在于减小了自适应增益, 从而近似地获得了估计参数的固定值.

对于图 14.8 所示的方案, 将 $\phi(t)$ 定义为由下式给出的观测向量

$$\begin{aligned} \phi^{\mathrm{T}}(t) &= [-\hat{u}(t), \cdots, -\hat{u}(t-n_S+1), \hat{y}(t+1), \cdots, \hat{y}(t-n_R+1)] \\ &= \left[ \phi_{\hat{u}}^{\mathrm{T}}(t), \phi_{\hat{y}}^{\mathrm{T}}(t) \right] \end{aligned} \tag{14.27}$$

对于图 14.9 所示的方案, 将 $\phi(t)$ 定义为由下式给出的观测向量

$$\begin{aligned} \phi^{\mathrm{T}}(t) &= [-\hat{u}_f(t), \cdots, -\hat{u}_f(t-n_S+1), \hat{y}_f(t+1), \cdots, \hat{y}_f(t-n_R+1)] \\ &= \left[ \phi_{\hat{u}_f}^{\mathrm{T}}(t), \phi_{\hat{y}_f}^{\mathrm{T}}(t) \right] \end{aligned} \tag{14.28}$$

为了满足一定的稳定性条件, 可通过对 $\phi(t)$ 进行滤波来获得 $\Phi(t)$, 这部分内容将在第 15 章中进行详细介绍. 可以考虑两种类型的滤波. 第一种类型标记为 FUPLR(用于 Filtered-U 伪线性回归), 仅使用通过次级通路的估计模型进行滤波. 从图 14.8 中的方案可以看出, 这是通过 $L(q^{-1}) = \hat{G}(q^{-1})$ 对 $\phi(t)$ 进行滤波来实现的, 而对于图 14.9 中给出的方案, 滤波是通过①$L(q^{-1}) = z^{-1}$ 来完成的. 稳定性条件是: 对于图 14.8 中给出的方案,

$$\frac{A_M G}{P \hat{G}} - \frac{1}{2} \tag{14.29}$$

应为 SPR. 对于图 14.9 中给出的方案,

$$\frac{A_M}{P} - \frac{1}{2} \tag{14.30}$$

应为 SPR.

估计阶次为 $n_R = 9$, $n_S = 10$(20 个参数) 的前馈补偿器. 试验结果见图 14.10 和图 14.11 中的黑色实线. 使用图 14.8 中给出的方案, 全局衰减结果为 $-13.60\text{dB}$, 使用图 14.9 中给出的配置, 全局衰减为 $-13.32\text{dB}$, 两者很接近.

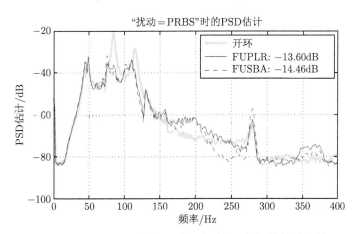

图 14.10  使用图 14.8 中给出的方案对闭环辨识的前馈控制器
进行功率谱密度估计 ($G$ 下行)

第二种类型标记为 FUSBA(基于 Filtered-U 稳定性算法). 该算法对应于为满足某个正实条件而选择的滤波器 (来自稳定性分析). 为了实现这一点, 对于图

---

① 注意, 针对图 14.8 中的方案考虑的 FUPLR 滤波是针对图 14.4 中给出的配置的精确算法, 该算法等效于图 14.9 中的配置.

14.8 给出的方案, 由 $L(q^{-1}) = \dfrac{\hat{A}_M \hat{G}}{\hat{P}}$ 得到一个滤波器, 对于图 14.9 给出的方案,

由 $L(q^{-1}) = \dfrac{z^{-1} \hat{A}_M}{\hat{P}}$ 得一个滤波器 (另见第 9 章和第 15 章), 式中 $\hat{A}_M$ 是估计
的反向通路模型的分母, $\hat{P}$ 是内部正反馈回路的估计特征多项式, 由 $\hat{P} = \hat{A}_M S - \hat{B}_M R$ 给出. 在这种情况下, (14.29) 和 (14.30) 的条件变为对于图 14.8 中给出的
方案,

$$\frac{A_M G \hat{P}}{P \hat{A}_M \hat{G}} - \frac{1}{2} \tag{14.31}$$

应为 SPR. 对于图 14.9 中给出的方案,

$$\frac{A_M \hat{P}}{P \hat{A}_M} - \frac{1}{2} \tag{14.32}$$

应为 SPR. 如果系统的估计模型匹配良好, 则更容易满足这些条件. 针对 FUSBA
算法, 图 14.10 和图 14.11 中的虚线表示的试验结果说明性能已得到改进. 对于图
14.8 中给出的方案, 获得的全局衰减为 $-14.46$dB, 对于图 14.9 中给出的配置, 全
局衰减则为 $-15.08$dB. 结果与使用 CLIM 算法估计降阶控制器的结果非常接近
(图 14.7).

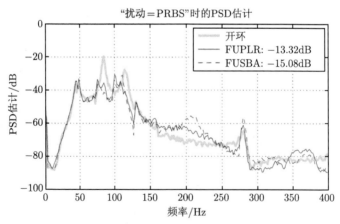

图 14.11　使用图 14.9 所示方案对闭环辨识的前馈控制器进行功率谱密度估计 ($G$ 上行)

从以上试验结果可以明显看出, 基于稳定性的算法 FUSBA 比 FUPLR 算法
更有效. 但是, 在使用 FUSBA 之前, 必须先使用 FUPLR 进行初步运行, 以便估
算 FUSBA 中使用的滤波器.

尽管已经在自调谐条件下通过模拟自适应前馈补偿方案获得了最优补偿器 (图 14.9), 但它们与降阶控制器闭环估计的结果非常接近 (图 14.7). 因此, 这两种方案均可用于根据在没有前馈补偿的情况下收集的数据直接估算线性前馈补偿器.

还要注意的是, 在文献 [3] 中, 当在同一系统上使用真实数据进行运行时, 基于辨识的主通路模型 (间接方法) 设计的有 40 个参数 (本章中为 20 个参数) 的降阶 $H_\infty$ 前馈补偿器出现了 14.7dB 的全局衰减.

## 14.5 结 束 语

• 设计前馈补偿器的经典方法除了需要次级通路和反向通路的模型外, 还需要了解主通路和扰动模型的知识.

• 关键在于辨识主通路的可靠模型中有哪些可用扰动测量的频率.

• 设计前馈补偿器的间接方法包括:

—主通路的辨识.

—基于主通路、次通路和反向通路模型的知识以及扰动的 PSD 设计前馈补偿器.

• 线性前馈补偿器的设计可以看作降阶控制器闭环中的一种特殊类型的估计, 因此, 可以直接从收集到的数据 (扰动和残余加速度或力的测量值) 中获得前馈补偿器.

• 使用直接前馈补偿器辨识方法设计线性补偿器的主要优点在于, 它简化了辨识主通路可靠模型的问题 (模型的质量取决于扰动的频率特性) 和为设计定义适当的加权函数的问题.

## 14.6 注释和参考资料

文献 [2,4—7] 提出了基于 LQG/$H_2$ 方法的线性前馈设计. 文献 [3,4,8—14] 介绍了基于 $H_\infty$ 理论的鲁棒线性前馈补偿器. 文献 [15,16] 中使用了混合 $H_2/H_\infty$ 技术, 文献 [11,17,18] 中使用了最小最大 LQG 解决方案. 在文献 [19] 中, 还开发了一种严谨的维纳滤波器 (另见文献 [20]). 请注意, 经典的 LQG/$H_2$ 不能保证鲁棒性裕度, 而经典的 $H_\infty$ 方法是最坏情况下的设计方法, 不一定能提供良好的性能. 前面提到的解决方案提出了各种混合设计, 试图有效地结合每种方法的优点. 注意, 除了次级通路和反向通路的模型之外, 所有这些方法都假定主通路和扰动模型是可用的.

在文献 [14] 中, 提出了 AVC 的一种很有意思的应用, 使用了 $H_\infty$ 反馈和固定结构前馈控制降低智能转子叶片的负载. 这项应用还同时使用了反馈和前馈控制器. 混合控制器的其他示例可以在文献 [21—27] 找到. 智能转子振动衰减的应用可以在文献 [28,29] 中找到.

## 参 考 文 献

[1] Zhou K, Doyle J (1998) Essentials of robust control. Prentice-Hall International, Upper Saddle River

[2] Rotunno M, de Callafon R (2003) Design of model-based feedforward compensators for vibration compensation in a flflexible structure. Department of Mechanical and Aerospace Engineering. University of California, San Diego, Internal report

[3] Alma M, Martinez J, Landau I, Buche G (2012) Design and tuning of reduced order $H_\infty$ feedfor ward compensators for active vibration control. IEEE Trans Control Syst Technol 20(2): 554-561. doi: 10.1109/TCST.2011.2119485

[4] Fraanje R (2004) Robust and fast schemes in broadband active noise and vibration control. Ph.D. thesis, University of Twente, Twente, The Netherlands

[5] Bingham B, Atalla M, Hagood N (2001) Comparison of structural-acoustic control designs on an vibrating composite panel. J Sound Vib 244(5): 761-778. doi: 10.1006/jsvi.2000.3536

[6] Doelman N (1993) Design of systems for active sound control. Ph.D. thesis, Delft University of Technology, Delft, The Netherlands

[7] Mørkholt J, Elliott S (1998) Active vibration control using state space LQG and internal model control methods. In: Proceedings of fourth international conference on motion and vibration control. Institute of Robotics, pp 559-564

[8] Bai M, Lin H (1997) Comparison of active noise control structures in the presence of acoustical feedback by using the $H_\infty$ synthesis technique. J Sound Vib 206: 453-471

[9] Carmona J, Alvarado V (2000) Active noise control of a duct using robust control theory. IEEE Trans Control Syst Technol 8(6): 930-938

[10] Kaiser O (2001) Active control of sound transmission through a double wall structure. Ph.D. thesis, Swiss Federal Institute of Technology (ETH), Zürich, Switzerland

[11] Petersen IR, Ugrinovskii VA, Savkin AV (2000) Robust control design using $H_\infty$ methods. Communications and control engineering. Springer London, London. doi: 10.1007/978-1-4471-0447-6

[12] Prajna S, Kaiser O, Pietrzko S, Morari M (2000) Robust active control of a vibrating plate. In: National conference on noise control engineering. Newport Beach, USA. http://control.ee.ethz.ch/index.cgi?page=publications;action=details;id=283

[13] Zhang BL, Tang GY (2013) Active vibration $H_\infty$ control of offshore steel jacket platforms using delayed feedback. J Sound Vib 332(22): 5662-5677. doi: 10.1016/j.jsv.2013.06.029

[14] van Wingerden J, Hulskamp A, Barlas T, Houtzager I, Bersee H, van Kuik G, Verhaegen M (2011) Two-degree-of-freedom active vibration control of a prototyped "smart" rotor.

IEEE Trans Control Syst Technol 19(2): 284-296. doi: 10.1109/TCST.2010.2051810310
14 Design of Linear Feedforward Compensation of Broad-band

[15] Lin JY, Luo ZL (2000) Internal model-based LQG/$H_\infty$ design of robust active noise controllers for an acoustic duct system. IEEE Trans Control Syst Technol 8(5): 864-872. doi: 10.1109/87. 865860

[16] Rafaely B, Elliott S (1999) $H_2/H_\infty$ active control of sound in a headrest: design and imple mentation. IEEE Trans Control Syst Technol 7(1): 79-84. doi: 10.1109/87.736757

[17] Petersen IR, Pota HR (2003) Minimax LQG optimal control of a flflexible beam. Control Eng Pract 11(11): 1273-1287. doi: 10.1016/S0967-0661(02)00240-X

[18] Petersen IR (2004) Multivariable control of noise in an acoustic duct. Eur J Control 10(6): 557-572. doi: 10.3166/ejc.10.557-572

[19] Fraanje R, Verhaegen M, Doelman N (1999) Convergence analysis of the iltered-U LMS algorithm for active noise control in case perfect cancellation is not possible. Signal Process 73: 255-266

[20] Sternad M, Ahlén A (1993) Robust fifiltering and feedforward control based on probabilistic descriptions of model errors. Automatica 29(3): 661-679. doi: 10.1016/0005-1098(93)90062-X

[21] Ma H, Tang GY, Hu W (2009) Feedforward and feedback optimal control with memory for offshore platforms under irregular wave forces. J Sound Vib 328(45): 369-381. doi: 10.1016/j. jsv.2009.08.025. http://www.sciencedirect.com/science/article/pii/S0022-460X09006890

[22] Rohlfifing J, Gardonio P (2014) Ventilation duct with concurrent acoustic feed-forward and decentralised structural feedback active control. J Sound Vib 333(3): 630-645. doi: 10.1016/j.jsv.2013.09.022. http://www.sciencedirect.com/science/article/pii/S0022460-X13007761

[23] Luo J, Veres SM (2010) Frequency domain iterative feedforward/feedback tuning for MIMO ANVC. Automatica 46(4): 735-742. doi: 10.1016/j.automatica.2010.01.025. http://www.sciencedirect.com/science/article/pii/S0005109810000452

[24] Su X, Jia Y (2015) Constrained adaptive tracking and command shaped vibration control of flflexible hypersonic vehicles. IET Control Theory Appl 9(12): 1857-1868. doi: 10.1049/iet-cta.2014.0750

[25] Wang J, Wang Y, Cao S (2011) Add-on feedforward compensation for vibration rejection in HDD. IEEE/ASME Trans Mechatron 16(6): 1164-1170. doi: 10.1109/TMECH.2010. 2085008

[26] Leang K, Zou Q, Devasia S (2009) Feedforward control of piezoactuators in atomic force microscope systems. IEEE Control Syst 29(1): 70-82. doi: 10.1109/MCS. 2008.930922

[27] Seki K, Tsuchimoto Y, Iwasaki M (2014) Feedforward compensation by specifified step settling with frequency shaping of position reference. IEEE Trans Ind Electron 61(3): 1552-1561. doi: 10.1109/TIE.2013.2259778

[28] Navalkar S, van Wingerden J, van Solingen E, Oomen T, Pasterkamp E, van Kuik G

(2014) Subspace predictive repetitive control to mitigate periodic loads on large scale wind turbines. Mechatronics 24(8): 916-925. doi: 10.1016/j.mechatronics.2014.01.005

[29]　Dench M, Brennan M, Ferguson N (2013) On the control of vibrations using synchrophasing. J Sound Vib 332(20): 4842-4855. doi: 10.1016/j.jsv.2013.04.044. http://www.sciencedirect.com/science/article/pii/S0022460X1300401X

# 第 15 章  扰动的自适应前馈补偿

## 15.1  引　言

在许多应用领域中, 可以获取作用在系统上的扰动图像信息 (相关测量值). 该信息在主动振动控制 (AVC) 和主动噪声控制 (ANC) 中非常有用. 当由于 Bode 积分而限制使用反馈时, 可使用前馈补偿方案来衰减扰动. 然而, 前馈补偿器不仅取决于受控对象的动态, 还取决于扰动的特征. 由于扰动的特征 (即模型) 通常是未知的并且可能随时间变化, 因此必须考虑自适应前馈补偿. 如第 1 章所述, 该解决方案已在很多年前提出. 文献 [1—3] 可能是最初的参考文献.

目前, 当有扰动图像可用时[4-9], ANC 和 AVC 使用自适应前馈宽带振动 (或噪声) 补偿. 尽管如此, 20 世纪 90 年代末曾有研究指出, 在大多数这样的系统中, 补偿器系统与扰动 (振动或噪声) 图像的测量值之间存在物理 "正" 反馈耦合[6,7,9,10]. 这是一个非常重要的问题. 在第 2 章中, 经过仔细考虑后设计的试验平台 (图 2.12) 说明, 这种内部正反馈很重要, 因此不能忽略.

开环运行和补偿器系统的相应框图如图 15.1 所示. 信号 $w(t)$ 是不使用补偿器系统 (开环) 时测得的扰动图像. 信号 $\hat{y}(t)$ 表示补偿器系统启动时由测量设备提供的有效输出, 并将作为自适应前馈补偿器 $\hat{N}$ 的输入. $\hat{u}(t)$ 表示该滤波器的输出信号经功率放大器施加于作动器的情况. 传递函数 $G$(次级通路) 描述了从滤波器 $\hat{N}$ 的输出到残余加速度测量的动态特性 (机械系统的功率放大器 + 执行机构 + 动态特性). 随后, 我们将 $w(t)$ 与残余加速度 (力) 的测量值之间的传递函数称为 "主通路".

前馈补偿器的输出和通过补偿器作动器的测量值 $\hat{y}(t)$ 之间的耦合表示为 $M$. 如图 15.1 所示, 该耦合为 "正" 反馈. 正反馈可能会使系统不稳定[①]. 该系统不再是纯前馈补偿器.

在许多情况下, 这种不必要的耦合会在实际中引起问题, 并使自适应 (估计) 算法的分析更加困难. 具体问题是: 当存在这种内部正反馈时, 需估计并调整前馈补偿器的参数.

使用自适应方法的原因还有另一个. 如果使用 $H_\infty$, $H_2$ 或其他基于模型的设计技术, 线性设计要求为主通路提供可靠的模型. 然而, 作为扰动的递增信号 $w(t)$

---

[①] 减少这种内部正反馈影响的不同解决方案在 [8,9] 中进行了综述.

不一定具有适当的 PSD, 以正确地辨识大频率范围内的主通路模型. 换句话说, 用于设计的模型将取决于 $w(t)$ 的特性. 因此, 扰动特性的变化也会影响用于设计的主通路的模型[①].

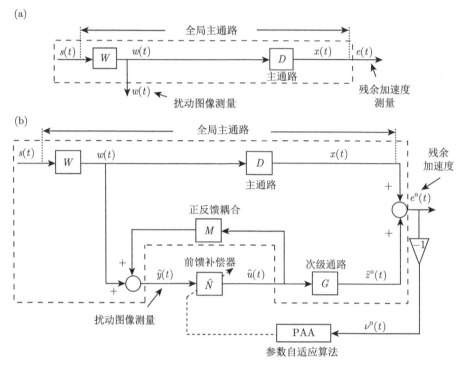

图 15.1　前馈 AVC: 开环中 (a) 和具有自适应前馈补偿器 (b)

缺少前馈补偿时 (开环运行), 请注意以下几点:

(1) 通过在作动器 (例如 PRBS) 上施加适当的激励, 可以为次级通路和 "正" 反馈通路辨识非常可靠的模型.

(2) 当补偿器系统静止时 (在这种情况下, $e^\circ(t) = x(t)$), 可以从 $w(t)$ 和 $e^\circ(t)$ 的谱密度获得对主通路传递函数的估计, 但是该模型的质量取决于 $w(t)$ 的频谱特性.

同样必须注意的是, 如第 14 章所述, 图 15.1 中的前馈补偿器的估计可以解释为闭环运行辨识或 (降阶) 闭环控制器[11]估计. 因此, 在一定程度上, 第 8 章和第 9 章以及第 14 章中给出的方法是实时解决此问题的灵感来源.

本章的目的是开发一种递归算法, 用于实现在线估计. 对于主通路模型 ($D$) 可能出现的变化和未知且可变的频谱特性, 本章介绍的算法也用于对与之相关的

① 自适应 AVC 的设计既不需要扰动模型也不需要主通路模型.

宽带扰动 $w(t)$(或 $s(t)$) 实现前馈补偿器 $N$(将称为 $\hat{N}$) 参数的自适应调节. 所产生的算法在使残余误差 (AVC 中的加速度或力, ANC 中的噪声) 最小化的同时, 应确保由机械或声学耦合产生的内部正反馈环路的稳定性. 像自适应调节一样 (请参见第 12 章), 应考虑系统的自适应运行和自调谐运行.

15.2 节中, 将给出系统展示和前馈滤波器结构. 自适应前馈补偿的算法将在 15.3 节中进行介绍, 并在 15.4 节中进行分析. 15.5 节将介绍在 AVC 系统上获得的实时结果. 在 15.6 节中介绍了一种使用残余误差滤波的改进自适应算法. 最后, 在 15.7 节中, 给出了在有固定反馈控制器的情况下自适应前馈补偿的算法, 15.8 节给出了试验结果. 本章的结果也适用于 ANC 系统.

## 15.2　基本方程与符号

本章所述是前馈补偿器 $N(q^{-1})$ 的参数估计 (并适应), 以便在某种准则上将测得的残余误差 (AVC 中的加速度或力, ANC 中的噪声) 最小化. 将参考图 15.1 进行各块的描述 (另请参见 6.3 节).

主通路的特征是渐近稳定的转换算子[1]:

$$D(q^{-1}) = \frac{B_D(q^{-1})}{A_D(q^{-1})} \tag{15.1}$$

式中[2]

$$B_D(q^{-1}) = b_1^D q^{-1} + \cdots + b_{n_{B_D}}^D q^{-n_{B_D}} \tag{15.2}$$

$$A_D(q^{-1}) = 1 + a_1^D q^{-1} + \cdots + a_{n_{A_D}}^D q^{-n_{A_D}} \tag{15.3}$$

主通路输出的不可测量值 (当激沽补偿时) 表示为 $x(t)$. 次级通路的特征在于渐近稳定的转换算子:

$$G(q^{-1}) = \frac{B_G(q^{-1})}{A_G(q^{-1})} \tag{15.4}$$

式中

$$B_G(q^{-1}) = b_1^G q^{-1} + \cdots + b_{n_{B_G}}^G q^{-n_{B_G}} = q^{-1} B_G^*(q^{-1}) \tag{15.5}$$

$$A_G(q^{-1}) = 1 + a_1^G q^{-1} + \cdots + a_{n_{A_G}}^G q^{-n_{A_G}} \tag{15.6}$$

正反馈耦合的特征在于渐近稳定的转换算子:

$$M(q^{-1}) = \frac{B_M(q^{-1})}{A_M(q^{-1})} \tag{15.7}$$

---

① 复变量 $z^{-1}$ 将用于表征系统在频域中的行为, 而时滞算子 $q^{-1}$ 将用于描述系统在时域中的行为.

② 对多项式使用以下表示法: $A(q^{-1}) = a_0 + \sum_{i=1}^{n_A} a_i q^{-i} = a_0 + q^{-1} A^*(q^{-1})$.

式中

$$B_M(q^{-1}) = b_1^M q^{-1} + \cdots + b_{n_{B_M}}^M q^{-n_{B_M}} = q^{-1} B_M^*(q^{-1}) \tag{15.8}$$

$$A_M(q^{-1}) = 1 + a_1^M q^{-1} + \cdots + a_{n_{A_M}}^M q^{-n_{A_M}} \tag{15.9}$$

$B_G$ 和 $B_M$ 都有一个阶跃的离散化延迟. 辨识的次级通路模型和正反馈耦合模型将分别表示为 $\hat{G}$ 和 $\hat{M}$.

最优前馈滤波器 (未知) 定义为

$$N(q^{-1}) = \frac{R(q^{-1})}{S(q^{-1})} \tag{15.10}$$

式中

$$R(q^{-1}) = r_0 + r_1 q^{-1} + \cdots + r_{n_R} q^{-n_R} \tag{15.11}$$

$$S(q^{-1}) = 1 + S_1 q^{-1} + \cdots + S_{n_S} q^{-n_S} = 1 + q^{-1} S^*(q^{-1}) \tag{15.12}$$

估计补偿器由 $\hat{N}(q^{-1})$ 或 $\hat{N}(\hat{\theta}, q^{-1})$ 表示, 当补偿器是常系数线性滤波器时使用 $\hat{N}(q^{-1})$, 当对其参数进行估计 (自适应) 时使用 $\hat{N}(\hat{\theta}, q^{-1})$.

前馈补偿器的输入用 $\hat{y}(t)$ 表示, 它对应于主传感器 (AVC 中的力或加速度传感器或 ANC 中的麦克风) 提供的测量值与正反馈通路的输出值之和. 在没有补偿环路 (开环运行) 的情况下, $\hat{y}(t) = w(t)$. 前馈补偿器的后验输出, 即施加到次级通路的控制信号, 表示为 $\hat{u}(t+1) = \hat{u}(t+1|\hat{\theta}(t+1))$. 估计前馈补偿器的输入/输出关系由先验输出的方程式给出:

$$\begin{aligned}
\hat{u}^\circ(t+1) = \hat{u}(t+1|\hat{\theta}(t)) &= -\hat{S}^*(t, q^{-1})\hat{u}(t) + \hat{R}(t, q^{-1})\hat{y}(t+1) \\
&= \hat{\theta}^{\mathrm{T}}(t)\phi(t) = [\hat{\theta}_S^{\mathrm{T}}(t), \hat{\theta}_R^{\mathrm{T}}(t)] \begin{bmatrix} \phi_{\hat{u}(t)} \\ \phi_{\hat{y}(t)} \end{bmatrix}
\end{aligned} \tag{15.13}$$

式中

$$\hat{\theta}^{\mathrm{T}}(t) = [\hat{s}_1(t), \cdots, \hat{s}_{n_S}(t), \hat{r}_0(t), \cdots, \hat{r}_{n_R}(t)] = [\hat{\theta}_S^{\mathrm{T}}(t), \hat{\theta}_R^{\mathrm{T}}(t)] \tag{15.14}$$

$$\begin{aligned}
\phi^{\mathrm{T}}(t) &= [-\hat{u}(t), -\hat{u}(t - n_S + 1), \hat{y}(t+1), \cdots, \hat{y}(t - n_R + 1)] \\
&= [\phi_{\hat{u}}^{\mathrm{T}}(t), \phi_{\hat{y}}^{\mathrm{T}}(t)]
\end{aligned} \tag{15.15}$$

$\hat{u}(t), \hat{u}(t-1) \cdots$ 是由下式生成的前馈补偿器的后验输出

$$\hat{u}(t+1) = \hat{u}(t+1|\hat{\theta}(t+1)) = \hat{\theta}^{\mathrm{T}}(t+1)\phi(t) \tag{15.16}$$

$\hat{y}(t+1), \hat{y}(t), \cdots$ 是主传感器提供的测量值[①].

---

① $\hat{y}(t+1)$ 在参数自适应从 $t+1$ 开始之前可用.

次级通路的先验输出将表示为 $\hat{z}^{\circ}(t+1)$:

$$\hat{z}^{\circ}(t+1) = \hat{z}(t+1|\hat{\theta}(t)) = \frac{B_G^*(q^{-1})}{A_G(q^{-1})}\hat{u}(t) \tag{15.17}$$

次级通路的后验输出不可测值表示为

$$\hat{z}(t+1) = \hat{z}(t+1|\hat{\theta}(t+1)) \tag{15.18}$$

测得的原始信号 (也称为参考信号) 满足以下方程式:

$$\hat{y}(t+1) = w(t+1) + \frac{B_M^*(q^{-1})}{A_M(q^{-1})}\hat{u}(t) \tag{15.19}$$

测得的残余误差满足以下方程式:

$$e^{\circ}(t+1) = x(t+1) + \hat{z}^{\circ}(t+1) \tag{15.20}$$

先验自适应误差定义为

$$\nu^{\circ}(t+1) = -e^{\circ}(t+1) = -x(t+1) - \hat{z}^{\circ}(t+1) \tag{15.21}$$

后验自适应 (残余) 误差 (计算得出) 将由下式给出

$$\nu(t+1) = \nu(t+1|\hat{\theta}(t+1)) = -x(t+1) - \hat{z}(t+1) \tag{15.22}$$

当使用带有常数参数的估计滤波器 $\hat{N}$ 时: $\hat{u}^{\circ}(t) = \hat{u}(t)$, $\hat{z}^{\circ}(t) = \hat{z}(t)$, $\nu^{\circ}(t) = \nu(t)$.

## 15.3  算法的开发

用于自适应前馈补偿的算法将在以下假设下开发:
(H1) 信号 $w(t)$ 有界, 即

$$|w(t)| \leqslant \alpha, \quad \forall t, \quad 0 \leqslant \alpha \leqslant \infty \tag{15.23}$$

或

$$\lim_{N\to\infty} \sum_{t=1}^{N} w^2(t) \leqslant N\varepsilon^2 + K_r \tag{15.24}$$

$$0 \leqslant \varepsilon^2 < \infty, \quad 0 < K_r < \infty$$

(这等效地表示 $s(t)$ 有界, 图 15.1 中的 $W(q^{-1})$ 渐近稳定).

(H2) (完美匹配条件) 存在一个有限维的滤波器 $N(q^{-1})$ 使得[①]

$$\frac{N}{(1-NM)}G = -D \tag{15.25}$$

"内部" 反馈回路的特征多项式:

$$P(z^{-1}) = A_M(z^{-1})S(z^{-1}) - B_M(z^{-1})R(z^{-1}) \tag{15.26}$$

是 Hurwitz 多项式.

(H3) 忽略了测量噪声对所测量残余误差的影响 (确定性环境).

一旦根据这些假设开发了算法, 就可以删除 (H2) 和 (H3), 并可以在修改后的环境[12]中对算法进行分析.

算法开发的关键是要在前馈补偿器参数估计误差与自适应误差 (测得的残余加速度或带负号的力) 之间建立一种关系. 在假设 (H1)—(H3) 下, 对于方程 (15.1) 和 (15.22) 所述的系统, 使用具有常数参数的前馈补偿器 $\hat{N}$, 可以得到

$$\nu(t+1) = \frac{A_M(q^{-1})G(q^{-1})}{P(q^{-1})}[\theta - \hat{\theta}]^{\mathrm{T}}\phi(t) \tag{15.27}$$

式中

$$\theta^{\mathrm{T}} = [s_1, \cdots, s_{n_S}, r_0, r_1, \cdots, r_{n_R}] = [\theta_S^{\mathrm{T}}, \theta_R^{\mathrm{T}}] \tag{15.28}$$

是确保完美匹配的最优滤波器 $N$ 的参数向量,

$$\hat{\theta}^{\mathrm{T}} = [\hat{s}_1, \cdots, \hat{s}_{n_S}, \hat{r}_0, \cdots, \hat{r}_{n_R}] = [\hat{\theta}_S^{\mathrm{T}}, \hat{\theta}_R^{\mathrm{T}}] \tag{15.29}$$

是 $\hat{N}$ 的常数估计参数的向量,

$$\begin{aligned}
\phi^{\mathrm{T}}(t) &= [-\hat{u}(t), \cdots, -\hat{u}(t-n_S+1), \hat{y}(t+1), \cdots, \hat{y}(t-n_R+1)] \\
&= [\phi_{\hat{u}}^{\mathrm{T}}(t), \phi_{\hat{y}}^{\mathrm{T}}(t)]
\end{aligned} \tag{15.30}$$

$\hat{y}(t+1)$ 由下式给出

$$\hat{y}(t+1) = w(t+1) + \frac{B_M^*(q^{-1})}{A_M(q^{-1})}\hat{u}(t) \tag{15.31}$$

式 (15.27) 的推导过程在附录 D.1 中给出.

当用时变估计代替 $\hat{\theta}$ 时, (15.27) 将采用第 4 章所示的基本公式 (4.125) 的形式, 并且可以使用公式 (4.121)—(4.123) 中给出的基本自适应算法; 但是, 要对

---

[①] 在许多情况下, 参数 $q^{-1}$ 或 $z^{-1}$ 将被丢弃.

$A_M G/P$ 施加正实数 (充分) 条件, 以确保稳定性. 因此, 必须引入滤波. 考虑通过渐近稳定滤波器 $L(q^{-1}) = B_L/A_L$ 对向量 $\phi(t)$ 进行滤波. $\hat{\theta} = $ 常数, 式 (15.27) 变为

$$\nu(t+1) = \frac{A_M(q^{-1})G(q^{-1})}{P(q^{-1})L(q^{-1})}[\theta - \hat{\theta}]^{\mathrm{T}}\phi_f(t) \tag{15.32}$$

其中

$$\phi_f(t) = L(q^{-1})\phi(t) \tag{15.33}$$

当 $\hat{\theta}$ 随时间变化时, 将使用式 (15.32) 来开发忽略算子非交换性的自适应算法 (但是, 在这种情况下, 可以遵循文献 [13] 中的 5.5.3 节给出的方法得出精确算法).

用当前的估计参数替换固定的估计参数, 式 (15.32) 变为后验自适应误差 $\nu(t+1)$ 的方程式 (计算得出):

$$\nu(t+1) = \frac{A_M(q^{-1})G(q^{-1})}{P(q^{-1})L(q^{-1})}[\theta - \hat{\theta}(t+1)]^{\mathrm{T}}\phi_f(t) \tag{15.34}$$

式 (15.34) 具有 4.3 节中给出的后验自适应误差的标准格式, 建议使用以下 PAA

$$\hat{\theta}(t+1) = \hat{\theta}(t) + F(t)\Phi(t)\nu(t+1) \tag{15.35}$$

$$\nu(t+1) = \frac{\nu^{\circ}(t+1)}{1 + \Phi^{\mathrm{T}}(t)F(t)\Phi(t)} \tag{15.36}$$

$$F(t+1) = \frac{1}{\lambda_1(t)}\left[F(t) - \frac{F(t)\Phi(t)\Phi^{\mathrm{T}}(t)F(t)}{\frac{\lambda_1(t)}{\lambda_2(t)} + \Phi^{\mathrm{T}}(t)F(t)\Phi(t)}\right] \tag{15.37}$$

$$1 \geqslant \lambda_1(t) > 0; \quad 0 \leqslant \lambda_2(t) < 2; \quad F(0) > 0 \tag{15.38}$$

$$\Phi(t) = \phi_f(t) \tag{15.39}$$

式中 $\lambda_1(t)$ 和 $\lambda_2(t)$ 能够获得自适应增益 $F(t)$ 的各种曲线 (请参见 4.3.4 节和 15.5 节), 以便在自适应机制 (自适应增益矩阵的迹具有严格为正的下最小值) 或在自调谐机制 (减小增益自适应, 自适应增益矩阵的迹趋于 0) 下运行.

考虑滤波器 $L$ 有三种选择, 从而产生三种不同的算法:

算法 I: $\qquad\qquad\qquad L = G$

算法 II(FUPLR): $\qquad\qquad L = \hat{G}$

算法 III(FUSBA):

$$L = \frac{\hat{A}_M}{\hat{P}}\hat{G} \tag{15.40}$$

式中

$$\hat{P} = \hat{A}_M \hat{S} - \hat{B}_M \hat{R} \tag{15.41}$$

是对内部反馈回路的特征多项式的估计, 该估计值是根据滤波器 $\hat{N}$[①]的参数的可用估计而计算出的.

算法 I 是一种 "理论" 算法, 因为实际上无法使用实际模型 $G$[②]. 因此, FU-PLR 可以看作算法 I 的近似值. FUSBA 可以在使用 FUPLR 进行短暂初始化后使用.

在每个采样时间采用以下步骤进行自适应运行:

(1) 获得扰动 $\hat{y}(t+1)$ 的测量图像和测量的残余误差 $e^\circ(t+1)$.

(2) 使用式 (15.30) 和式 (15.33) 计算 $\phi(t)$ 和 $\phi_f(t)$.

(3) 使用参数自适应算法, 即式 (15.35)—(15.39) 估计参数向量 $\hat{\theta}(t+1)$.

(4) 使用式 (15.16) 计算控制项, 并应用该控制项:

$$\hat{u}(t+1) = -\hat{S}^*(t+1, q^{-1})\hat{u}(t) + \hat{R}(t+1, q^{-1})\hat{y}(t+1) \tag{15.42}$$

## 15.4　算法的分析

在文献 [12] 中可以找到该算法的详细分析. 接下来, 我们将回顾主要性质及其含义.

### 15.4.1　完美匹配的案例

**算法的稳定性**

对于算法 I, 算法 II 和算法 III, 后验自适应误差的方程式为

$$\nu(t+1) = H(q^{-1})[\theta - \hat{\theta}(t+1)]^{\mathrm{T}}\Phi(t) \tag{15.43}$$

式中

$$H(q^{-1}) = \frac{A_M(q^{-1})G(q^{-1})}{P(q^{-1})L(q^{-1})}, \quad \Phi = \phi_f \tag{15.44}$$

忽略时变算子的非可交换性, 可以直接使用定理 4.1. 因此, 对于任何初始条件 $\hat{\theta}(0)$, $\nu^\circ(0)$, $F(0)$, 充分稳定性条件是

$$H'(z^{-1}) = H(z^{-1}) - \frac{\lambda_2}{2}, \quad \max_t[\lambda_2(t)] \leqslant \lambda_2 < 2 \tag{15.45}$$

---

① 在自适应前馈补偿领域, 名称与各种自适应算法相关. 算法 II 使用与 FULMS 算法相同的对回归滤波器的滤波, 但具有矩阵自适应增益, 这导致了一种称为 "伪线性回归" 的结构[14]. 因此算法 II 可以称为 FUPLR. 从稳定性的观点获得算法 III, 并且可以将其称为 FUSBA(基于稳定性的算法).

② 有关更详细信息, 请参见附录的 D.2 节.

该式是严格的正实 (SPR) 传递函数.

有意思的是, 对于算法 Ⅲ(FUSBA), 考虑到 (15.40), 稳定性条件是

$$\frac{A_M}{\hat{A}_M} \frac{\hat{P}}{P} \frac{G}{\hat{G}} - \frac{\lambda_2}{2} \qquad (15.46)$$

应该是 SPR 传递函数.

**备注 1**　可以将 $\lambda_2 = 1$ 的条件改写为[14]对于所有的 $\omega$,

$$\left| \left( \frac{A_M}{\hat{A}_M} \cdot \frac{\hat{P}}{P} \cdot \frac{G}{\hat{G}} \right)^{-1} - 1 \right| < 1 \qquad (15.47)$$

这大致意味着只要 $A_M$, $P$ 和 $G$ 的估计值接近实际值 (即在这种情况下 $H(e^{-j\omega})$ 接近单位传递函数), 它就始终成立.

**备注 2**　对于常数的自适应增益 $\lambda_2(t) \equiv 0$, $H'(z^{-1})$ 上的严格正实性在所有频率上都适用

$$-90° < \angle \frac{A_M(e^{-j\omega})G(e^{-j\omega})}{P_0(e^{-j\omega})} - \angle \frac{\hat{A}_M(e^{-j\omega})\hat{G}(e^{-j\omega})}{\hat{P}_0(e^{-j\omega})} < 90°$$

因此, 对传递函数 $H'$ 的 SPR 稳定性条件的解释是, 自适应方向与实际梯度的反函数 (不可计算) 之间的夹角应小于 $90°$. 对于随时间变化的自适应增益, 条件更为严格, 因为在这种情况下, $\text{Re}\{H(e^{-j\omega})\}$ 在所有频率下都应大于 $\frac{\lambda_2}{2}$.

**备注 3**　如果满足 SPR 条件, 则内部正闭环的极点将渐近地逼近单位圆内; 但是, 它们可能暂时处于单位圆之外. 使用带有投射的自适应算法, 有可能使这些极点在瞬变过程中保持在单位圆内 (见 [13]). 但是, SPR 条件保持不变.

**测量噪声的影响**

有两种测量噪声源的方法: 一种作用在提供扰动图像的主传感器上; 另一种作用在残余误差 (力, 加速度) 的测量上.

对于主传感器, 由于信噪比非常高, 因此测量噪声的影响可以忽略不计. 对于残余误差而言, 情况是不同的, 在残余误差中, 不能忽略噪声的影响. 在文献 [12] 中使用平均方法 (见文献 [13]) 进行分析, 可以得出结论是, 在相同的正实条件下, 对于确定的稳定性, 使用递减的自适应增益 (自调谐机制)

$$\text{Prob}\{\lim_{t \to \infty} \hat{\theta}(t) \in D_C\} = 1$$

式中

$$D_C = \{\hat{\theta} : \Phi^{\text{T}}(t, \hat{\theta})(\theta - \hat{\theta}) = 0\}$$

此外, 如果

$$\Phi^{\mathrm{T}}(t,\hat{\theta})(\theta-\hat{\theta})=0$$

有一个独特的解 (富集条件), $H'(z^{-1})$ 为严格正实条件, 这意味着

$$\mathrm{Prob}\{\lim_{t\to\infty}\hat{\theta}(t)=\theta\}=1$$

### 15.4.2  非完美匹配的案例

如果 $\hat{N}(t,q^{-1})$ 没有合适的维度, 则不能满足完美匹配条件. 在这种情况下, 有两个问题值得关注:

(1) 在这种情况下, 还有哪些其他假设可确保自适应算法的稳定性?

(2) 自适应算法渐近估计的降阶补偿器在频域中的近似特性是什么?

**残余误差的有界性**

在文献 [12] 中已经表明, 只要满足以下条件, 残余误差就有界:

(1) 存在一个降阶滤波器 $\hat{N}$, 其特征为未知多项式 $\hat{S}$ (阶次为 $n_{\hat{S}}$) 和 $\hat{R}$ (阶次为 $n_{\hat{R}}$), 由 $\hat{N}$ 和 $M$ 形成的闭环是渐近稳定的, 即 $A_M\hat{S}-B_M\hat{R}$ 为 Hurwitz 多项式.

(2) 满足匹配条件的最优滤波器的输出可以表示为

$$\hat{u}(t+1)=-\hat{S}^*(q^{-1})\hat{u}(t)+\hat{R}(q^{-1})\hat{y}(t+1)+v(t+1) \tag{15.48}$$

式中 $v(t+1)$ 是范数有界信号.

第一个假设只是说, 内部正反馈环路可以通过所用性能指标的前馈补偿器来稳定.

式 (15.48) 可以解释为将最优滤波器分解为两个并行块: 一个块是降阶滤波器; 另一个块是忽略了动态项 (输入附加不确定性) 的输出 $v(t)$. $v(t)$ 的有界性要求前馈补偿器中被忽略的动态项是稳定的.

**偏差分布**

在非完美匹配的情况下, 匹配误差在频域中的分布 (通常称为 "偏差") 是有关预期性能的重要信息. 利用帕塞瓦尔关系, 考虑到算法几乎使以下形式的准则最小化①, 因此, 可从 $\nu(t)$ 的表达式获得匹配误差的渐近偏差分布

$$\lim_{N\to\infty}\frac{1}{N}\sum_{t=1}^{N}\nu^2(t)$$

有关详细信息, 请参见 [13].

偏差分布 (针对算法 Ⅲ) 将由下式给出

---

① 该结果对于使用递减的自适应增益获得的渐近行为有效.

$$\hat{\theta}^* = \arg\min_{\hat{\theta}} \int_{-\pi}^{\pi} \left[ \left| D(e^{-j\omega}) - \frac{\hat{N}(e^{-j\omega})G(e^{-j\omega})}{1 - \hat{N}(e^{-j\omega})M(e^{-j\omega})} \right|^2 \phi_w(\omega) + \phi_\eta(\omega) \right] d\omega$$

(15.49)

式中 $\phi_w$ 和 $\phi_\eta$ 分别是扰动 $w(t)$ 和测量噪声的频谱密度. 考虑到式 (15.25), 得到

$$\hat{\theta}^* = \arg\min_{\hat{\theta}} \int_{-\pi}^{\pi} \left[ |S_{NM}|^2 |N - \hat{N}|^2 |S_{\hat{N}M}|^2 |G|^2 \phi_w(\omega) + \phi_\eta(\omega) \right] d\omega \quad (15.50)$$

式中 $S_{NM}$ 和 $S_{\hat{N}M}$ 分别是 $N$ 和 $\hat{N}$ 的内部闭环的输出灵敏度函数:

$$S_{NM} = \frac{1}{1 - NM}; \quad S_{\hat{N}M} = \frac{1}{1 - \hat{N}M}$$

根据 (15.49) 和 (15.50), 可以得出结论, 在 $\phi_w$ 显著且 $G$ 具有高增益的频率区域中, 将获得 $N$ 的良好近似结果 (通常在 $\phi_w$ 显著的频率区域中, $G$ 应具有高增益以抵消 $w(t)$ 的影响); 但是, 估计的 $\hat{N}$ 的质量也会受到内部闭环 $N - M$ 的输出灵敏度函数的影响. 随着自适应增益的减小, 测量噪声将不会影响 $N$ 的渐近估计结果.

### 15.4.3 放宽正实条件

**平均方法**

对于 FUPLR 算法, 考虑到以下因素, 可以放宽严格的正实 (SPR) 条件:

(1) 扰动 (系统输入) 是宽带信号[①].

(2) 大多数自适应算法以较小的自适应增益运行.

在这两个假设下, 由文献 [14,15] 中提出的 "平均理论" 可以很好地描述算法的特性 (另请参见 [13] 的 4.2 节). 当使用平均方法时, 慢适应的基本假设适用于小的适应增益 ([15] 中的常数和标量, $\lambda_2(t) = 0$, $\lambda_1(t) = 1$; 在文献 [14] 中, 渐近地降低矩阵增益, $\lim_{t\to\infty} \lambda_1(t) = 1$, $\lambda_2(t) = \lambda_2 > 0$).

在平均的情况下, 稳定性的基本条件是

$$\lim_{N\to\infty} \frac{1}{N} \sum_{t=1}^{N} \Phi(t) H'(q^{-1}) \Phi^{\mathrm{T}}(t) = \frac{1}{2} \int_{-\pi}^{\pi} \Phi(e^{j\omega}) [H'(e^{j\omega})$$
$$+ H'(e^{-j\omega})] \Phi^{\mathrm{T}}(e^{-j\omega}) d\omega > 0 \quad (15.51)$$

这是一个正定矩阵 ($\Phi(e^{j\omega})$ 是回归向量 $\Phi(t)$ 的傅里叶变换).

可以将式 (15.51) 视为观测向量 $\Phi$ 的加权能量. 当然, $H'(z^{-1})$ 上的 SPR 充分条件 (参见式 (15.45)) 可以满足这一要求; 但是, 在平均情况下, 仅需要式

---

① 扰动是宽带信号这一事实表示激励具有持久性.

(15.51) 为真. 这可以使 $H'$ 在有限的频带中为非正实数. 式 (15.51) 可以改写如下：

$$
\int_{-\pi}^{\pi} \Phi(e^{j\omega})[H' + H'^*]\Phi^{\mathrm{T}}(e^{-j\omega})d\omega
$$

$$
= \sum_{i=1}^{r} \int_{\alpha_i}^{\alpha_i+\Delta_i} \Phi(e^{j\omega})[H' + H'^*]\Phi^{\mathrm{T}}(e^{-j\omega})d\omega
$$

$$
- \sum_{j=1}^{p} \int_{\beta_j}^{\beta_j+\Delta_j} \Phi(e^{j\omega})[\bar{H}' + \bar{H}'^*]\Phi^{\mathrm{T}}(e^{-j\omega})d\omega > 0 \tag{15.52}
$$

式中 $H'$ 在频率区间 $[\alpha_i, \alpha_i + \Delta_i]$ 中是严格正实数, 而 $\bar{H}' = -H'$ 在频率区间 $[\beta_j, \beta_j + \Delta_j]$ 中是正实数 ($H'^*$ 表示 $H$ 的复共轭). 结论是 $H'$ 不必是 SPR. "正" 加权能量超过 "负" 加权能量就足够了. 这解释了为什么即使性能受到影响 (特别是在不满足 SPR 条件的频率区域), 使用低自适应增益的 FUPLR 算法在大多数情况下仍会在实际应用中起作用. 然而, 必须指出的是, 如果扰动是位于 $H'$ 而不是 SPR 的频率区域中的单个正弦波 (这违反了关于宽带扰动的假设), 则算法可能会发散 (请参见 [14,15]).

毫无疑问, 放宽 SPR 条件的最优方法是使用算法 FUSBA(请参阅 (15.40)), 代替 FUPLR. 这是由式 (15.46) 和式 (15.47) 促成的. 就像在下一节中将要展示的那样, 该算法在仿真和实时试验中都能提供最优结果.

**使用 "积分 + 比例" 参数自适应算法**

附录 E 中讨论了这种方法.

## 15.5　宽带扰动的自适应衰减——试验结果

在 2.3 节中介绍的主动分布式柔性结构将用于所提出算法的试验验证. 系统的结构在图 2.10 中描述, 该系统的照片如图 2.9 所示.

引入的扰动是位于结构顶部的惯性作动器的可移动部分的位置信息 (图 2.10)[①]. 残余加速度 $e(t)$ 和前馈补偿器 $\hat{y}(t)$ 的输入通过加速度计测量. 控制输入是位于结构底部的惯性作动器的活动部分的位置信息.

### 15.5.1　采用矩阵自适应增益的宽带扰动抑制

本小节将使用自适应前馈补偿方案来说明用于宽带扰动的系统的性能. 大多数试验的自适应滤波器结构为 $n_R = 9$, $n_S = 10$(总共 20 个参数), 结构的复杂性使得无法验证 "完美匹配条件"(参数不足). 此外, 还研究了参数数量对系统性能的影响 (最多 40 个参数).

---

① 惯性作动器由外部源驱动.

全局主通路上的 PRBS 激励将被视为扰动. 图 15.2 给出了开环补偿时 $w(t)$ 和 $\hat{y}(t)$ 的相应光谱密度. 机械反馈耦合的作用是显著的.

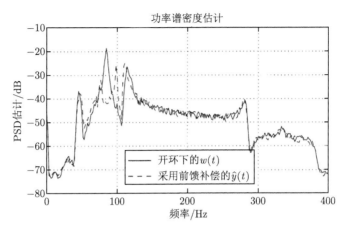

图 15.2 开环下 $w(t)$ 和采用前馈补偿方案 $\hat{y}(t)$ 的扰动图像的谱密度 (试验结果)

根据 (15.39) 中的特定选择, 可以考虑两种运行模式:

• 在自适应运行中, 已使用降低了自适应增益 ($\lambda_1(t) = 1$, $\lambda_2(t) = 1$) 的算法 II 和算法 III, 并结合常数迹自适应增益. 当自适应矩阵的迹低于给定值时, 更新常数迹增益将修改 $\lambda_1(t)$ 和 $\lambda_2(t)$ 的值, 以使 $F$ 的迹保持恒定. 对应的公式是

$$\operatorname{tr}F(t+1) = \frac{1}{\lambda_1(t)}\operatorname{tr}\left[F(t) - \frac{F(t)\Phi(t)\Phi^{\mathrm{T}}(t)F(t)}{\alpha + \Phi^{\mathrm{T}}(t)F(t)\Phi(t)}\right] = \operatorname{tr}F(t) \qquad (15.53)$$

这确保了 PAA 在最优方向上的演化, 但是自适应步长不会变为零, 因此保持了针对主通路模型可能出现的扰动或变化的自适应能力. 有关详细信息, 请参见文献 [13,16].

• 在自调谐运行中, 使用减小的自适应增益 $F(t)$, 并且自适应步长为零. 然后, 如果由于扰动特性的改变而观察到性能下降, 则重新启动 PAA.

参数自适应算法使用了 U-D 分解[13]实现 (请参见附录 B)①. 通过先施加扰动, 然后在 50s 后开始用自适应前馈补偿来进行试验. 在开环和自适应前馈补偿下, 对 AVC 系统使用算法 II(FUPLR) 和算法 III(FUBSA), 获得的时域结果如图 15.3 和图 15.4 所示. 已经根据算法 II 在 $t = 3600s$ 时获得的参数估计值计算了算法 III 的滤波器 (如果初始化范围为 200s, 则可获得几乎相同的结果). 20 个参数的矩阵自适应增益的初始迹为 10, 常数迹已固定为 0.2.

---

① 也可以考虑 [17] 中的数组实现.

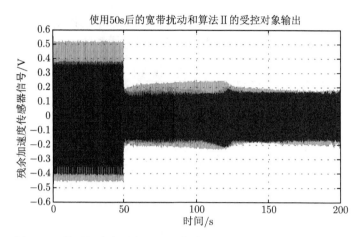

图 15.3　使用矩阵自适应增益的算法 Ⅱ(FUPLR) 获得的实时结果

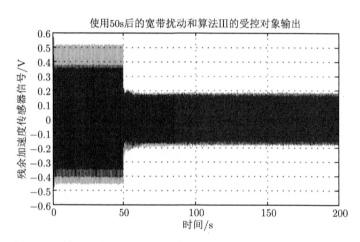

图 15.4　使用矩阵自适应增益的算法 Ⅲ(FUSBA) 获得的实时结果

可以看出, 算法 Ⅱ(FUPLR) 的瞬态持续时间约为 75s, 而算法 Ⅲ(FUBSA) 的瞬态持续时间约为 12s.

表 15.1 中列出了算法 Ⅱ 和算法 Ⅲ 的时域比较, 其中根据闭环方差和全局衰减比较了这两种算法. 开环方差也作为参考值给出. 可以看出, 算法 Ⅲ(FUSBA) 的性能优于算法 Ⅱ(FUPLR) 的性能.

表 15.1　算法 Ⅱ(FUPLR) 和 Ⅲ(FUSBA) 的性能

|  | 开环方差 | 闭环方差 | 全局衰减/dB |
| --- | --- | --- | --- |
| 算法 Ⅱ(FUPLR) | 0.0354 | 0.0058 | 15.68 |
| 算法 Ⅲ(FUSBA) | 0.0354 | 0.0054 | 16.23 |

自适应增益矩阵的迹随时间的变化如图 15.5 所示. 可以看出, 在 $2.5\times10^4$s 后, 矩阵增益的迹保持恒定, 从而确保了实时自适应能力. 图 15.6 显示了开环 (无补偿器) 使用自适应前馈补偿 (在 17s 到 200s 之间进行测量——自适应瞬变在 175s 之前完成), 从 AVC 上测得的残余加速度的功率谱密度, 还给出了相应的全局衰减. 算法 Ⅲ(FUSBA) 的性能略优于算法 Ⅱ(FUPLR).

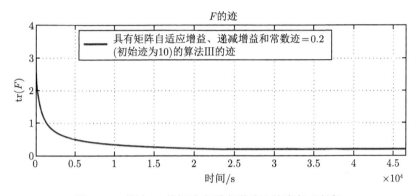

图 15.5 算法 Ⅲ 的矩阵自适应增益迹的演变 (试验)

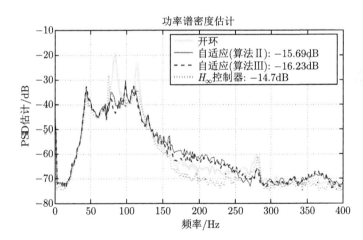

图 15.6 具有自适应前馈补偿 (20 个参数) 和 $H_\infty$ 控制器 (40 个参数) 的开环中残余加速度的功率谱密度 (扰动 =PRBS)

尽管 $H_\infty$(见文献 [18]) 设计中用到的参数数量 (40 个而不是 20 个) 是具有矩阵自适应增益 (图 15.6) 的算法 Ⅱ(FUPLR) 和算法 Ⅲ(FUSBA) 的两倍, 其性能却不如算法 Ⅱ 和算法 Ⅲ. 另外, $H_\infty$ 补偿器不具有自适应能力, 如 15.5.1.1 节所示.

为了更好地理解算法 Ⅱ(FUPLR) 和算法 Ⅲ(FUSBA) 之间的区别, 图 15.7 给

出了估计的 $A_M/P$ 传递函数的 Bode 图. 假设 $\hat{G} = G$, 使用具有常数自适应增益的算法 II, $A_M/P$ 应该是 SPR. 可以看出, 在频率间隔 [42, 48], [55, 72] 和 [110, 115] Hz 中, $A_M/P$ 并非严格为正实数 (相位在 $[-90°, +90°]$ 之外)(对于具有常数自适应增益的算法 III, 估计传递函数应为 SPR 等于 1).

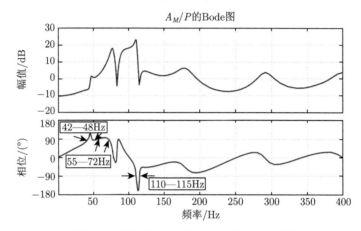

图 15.7　估计传递函数 $A_M/P$ 的 Bode 图

表 15.2 总结了算法 III 中参数数量对系统性能的影响. 当补偿器的参数数量增加到 20 以上 (PSD 几乎相同) 时, 全局衰减会略有改善.

**表 15.2　参数数量对全局衰减的影响**

| 参数数量 | 20 | 32 | 40 |
|---|---|---|---|
| 全局衰减/dB | 16.23 | 16.49 | 16.89 |

#### 15.5.1.1　扰动特性变化时测试自适应能力

关于扰动特性的自适应能力是一个关键问题. 通过在 1500s 时施加正弦波扰动 (自适应算法 III(FUSBA), 常数迹设置为 1), 对算法的自适应能力进行了测试. 在施加附加正弦波扰动之前, 停止自适应 (上图) 和激活自适应 (下图) 所得到的时域结果如图 15.8 所示. 瞬变的持续时间约为 25s.

图 15.9 显示了施加正弦波扰动时参数的变化. 在施加正弦波扰动之前, 停止自适应、激活自适应以及使用 $H_\infty$ 补偿器 (未针对此附加扰动而设计) 时, 所得的功率谱密度如图 15.10 所示. 注意到, 当自适应激活时, 正弦波扰动出现明显衰减 (大于 35dB), 并且并不会影响到其他频率 (使用算法 II 获得类似的结果). $H_\infty$ 补偿器[18]对正弦波扰动的衰减很小 (2.6dB), 它不具有 "自适应能力". 第 14 章中考虑的线性补偿器将无法应对新的扰动. 其他结果可以在文献 [13] 中找到.

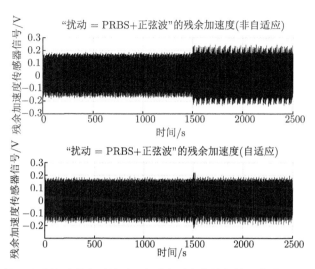

图 15.8　消除其他正弦波扰动的实时结果: 上图自适应在施加扰动前停止; 下图自适应已激活

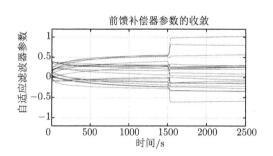

图 15.9　使用 FUSBA 算法施加正弦波扰动时补偿器参数的演变 (试验性)

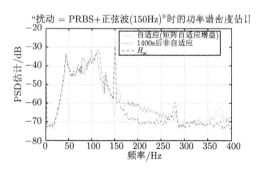

图 15.10　施加其他正弦波扰动时残余加速度的功率谱密度 (扰动 =PRBS + 正弦波)

## 15.5.2　采用标量自适应增益的宽带扰动抑制

表 15.3 总结了所提出的具有矩阵自适应增益 (第 2 列) 和标量自适应增益 (第 3 列) 的算法. 第 4 列是 Jacobson-Johnson 算法[6], 第 5 列是 FULMS 算法[19].

表 15.3　机械耦合 AVC 中自适应前馈补偿算法的比较

| | 本书算法 (矩阵增益) | 本书算法 (标量增益) | Jacobson-Johnson (标量增益) | FULMS (标量增益) |
|---|---|---|---|---|
| $\hat{\theta}(t+1)=$ | $\hat{\theta}(t)+F(t)\Phi(t)\dfrac{\nu^o(t+1)}{1+\Phi^{\mathrm T}(t)F(t)\Phi(t)}$ | $\hat{\theta}(t)+F(t)\Phi(t)\dfrac{\nu^o(t+1)}{1+\Phi^{\mathrm T}(t)F(t)\Phi(t)}$ | $\hat{\theta}(t)+\mu\Phi(t)\dfrac{\nu^o(t+1)}{1+\gamma\psi^{\mathrm T}(t)\Phi(t)}$ | $\hat{\theta}(t)+\gamma(t)\Phi(t-1)\nu^o(t)$ |
| 自适应增益 | $F(t+1)^{-1}=\lambda_1(t)F(t)+\lambda_2(t)\Phi(t)\Phi^{\mathrm T}(t)$; $0\le\lambda_1(t)<1,\ 0\le\lambda_2(t)<2$; $F(0)>0$ | $\gamma(t)>0$ | $\gamma>0,\ 0<\mu\le1$ | $\gamma(t)>0$ |
| 自适应 | 递减增益和常数迹 | $\gamma(t)=\gamma=$ 常数 | $\gamma>0$ | $\gamma(t)=\gamma=$ 常数 |
| 自调谐 | $\lambda_2=$ 常数, $\lim\limits_{t\to\infty}\lambda_1(t)=1$ | $\lim\limits_{t\to\infty}\hat{u}(t+1)=0$ | 未应用 | $\sum\limits_{t=1}^{\infty}\gamma(t)=\infty,\ \lim\limits_{t\to\infty}\gamma(t)=0$ |
| $\phi^{\mathrm T}(t)=$ | $[-\hat{y}(t),\cdots,\hat{u}(t+1),\cdots]$ | $[-\hat{y}(t),\cdots,\hat{u}(t+1),\cdots]$ | $[-\hat{y}(t),\cdots,\hat{u}(t+1),\cdots]$ | $[-\hat{y}(t),\cdots,\hat{u}(t+1),\cdots]$ |
| $\Phi(t)=$ | $L\phi(t)$; FUPLR: $L_2=\hat{G}$; FUSBA: $L_3=\dfrac{\hat{A}_M\hat{G}}{\hat{P}}$; $\hat{P}=\hat{A}_M\hat{S}-\hat{B}_M\hat{R}$ | $L\phi(t)$; NFULMS: $L_2=\hat{G}$; SFUSBA: $L_3=\dfrac{\hat{A}_M\hat{G}}{\hat{P}}$; $\hat{P}=\hat{A}_M\hat{S}-\hat{B}_M\hat{R}$ | $\phi(t)$ | $L\phi(t)$; $L=\hat{G}$ |
| $G=\dfrac{B_G}{A_G}$ | $B_G=b_{1G}z^{-1}+b_{2G}z^{-2}+\cdots$; $A_G=1+a_{1G}z^{-1}+a_{2G}z^{-2}+\cdots$ | $B_G=b_{1G}z^{-1}+b_{2G}z^{-2}+\cdots$; $A_G=1+a_{1G}z^{-1}+\cdots$ | $B_G=1,A_G=1$ 或 $G=$ SPR | $B_G=b_{1G}z^{-1}+b_{2G}z^{-2}+\cdots$; $A_G=1+a_{1G}z^{-1}+\cdots$ |
| $M=\dfrac{B_M}{A_M}$ | $B_M=b_{1M}z^{-1}+b_{2M}z^{-2}+\cdots$; $A_M=1+a_{1M}z^{-1}+\cdots$ | $B_M=b_{1M}z^{-1}+b_{2M}z^{-2}+\cdots$; $A_M=1+a_{1M}z^{-1}+\cdots$ | $B_M=b_{1M}z^{-1}+b_{2M}z^{-2}+\cdots$; $A_M=1$ | $B_M=b_{1M}z^{-1}+b_{2M}z^{-2}+\cdots$; $A_M=1$ |
| $D=\dfrac{B_D}{A_D}$ | $B_D=b_{1D}z^{-1}+b_{2D}z^{-2}+\cdots$; $A_D=1+a_{1D}z^{-1}+a_{2D}z^{-2}+\cdots$ | $B_D=b_{1D}z^{-1}+b_{2D}z^{-2}+\cdots$; $A_D=1+a_{1D}z^{-1}+\cdots$ | $B_D=b_{1D}z^{-1}+b_{2D}z^{-2}+\cdots$; $A_D=1$ | $B_D=b_{1D}z^{-1}+b_{2D}z^{-2}+\cdots$; $A_D=1+a_{1D}z^{-1}+\cdots$ |
| 稳定性条件 | $\dfrac{A_M G}{PL}-\dfrac{\lambda}{2}=$ SPR, $\lambda=\lambda_2(t)$ | $\dfrac{A_M G}{PL}=$ SPR | $G=$ SPR | 未知 |
| 凸条件 | $\dfrac{A_M G}{PL}-\dfrac{\lambda}{2}=$ SPR, $\lambda=\max\lambda_2(t)$ | $\dfrac{A_M G}{PL}=$ SPR | 未应用 | $\dfrac{G}{P\hat{G}}=$ SPR |

即使对于非常小的自适应增益, Jacobson-Johnson 算法 (第 4 列) 也是不稳定的. 这一现象就可以很容易解释清楚. 该算法至少没有使用 $G_1$ 滤波, 并且 $G$ 不是正实数 (特别是在大部分扰动能量集中的频率区域), 因此其不稳定性并不令人惊讶.

使用相同的自适应增益, 以便公平比较表 15.3 第 3 和 5 列中给出的算法. 由于 FULMS 对自适应增益的值非常敏感 (很容易变得不稳定并且瞬变非常严重), 因此, 标量自适应增益的值选择为 0.001(更高的值会使 FULMS 不稳定).

FULMS 算法和第 3 列中的算法 II 使用相同的回归向量滤波. 结果的区别是因为: FULMS 使用的是先验自适应误差, 而第 3 列的算法 II 使用的是自适应误差的后验值. 这两种算法之间的差异也可以根据自适应增益来解释. FULMS 使用未归一化的自适应增益 $\gamma$, 而第 3 列的算法 II 使用归一化[①]的自适应增益 $\gamma/(1 + \gamma \Phi^{\mathrm{T}}(t)\Phi(t))$.

图 15.11 显示了 FULMS 算法的自适应瞬变情况. 未补偿残余加速度的过冲量不能超过 50%, 因此, 实际应用中最大值残余加速度是不可接受的. 图 15.12 显示了算法 III 的适应瞬变的标量结果. 其结果出乎意料的好. 算法 II 的标量结果可获得几乎相同的瞬态性能. 图 15.13 和图 15.14 分别显示了 FULMS 算法和算法 III 的标量版本的参数演变情况. 可以看到, FULMS 算法的参数演变出现了阶跃变化, 并且长期来看会出现不稳定. 而算法 III 的参数演变是平滑的, 并且从长远来看 (12 小时) 不会发生任何不稳定性.

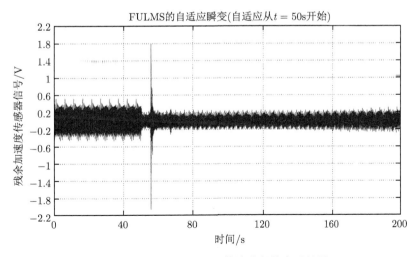

图 15.11 使用 FULMS 算法获得的实时结果

① 本书介绍的标量自适应增益算法可以表示为算法 II 的 NFULMS(归一化 FULMS) 和算法 III 的 SFUSBA(标量 FUSBA).

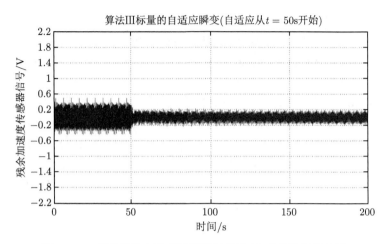

图 15.12 使用标量自适应增益通过算法 Ⅲ 获得的实时结果

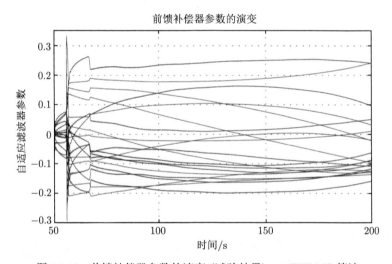

图 15.13 前馈补偿器参数的演变 (试验结果)——FULMS 算法

图 15.15 总结了频域中的性能, 显示了由带有标量自适应增益的算法产生的功率谱密度和全局衰减.

### 15.5.2.1 扰动特性变化时测试自适应能力

通过施加正弦波扰动 (如矩阵自适应增益的情况), 测试了针对扰动特性的自适应能力. FULMS 因施加正弦波扰动而变得不稳定. 在施加正弦波扰动之前, 停止自适应并启用自适应时残余加速度的 PSD, 如图 15.16 所示. 具有标量增益的自适应算法 Ⅲ 的性能不如矩阵自适应增益 (图 15.10). 采用标量时, 正弦波扰动

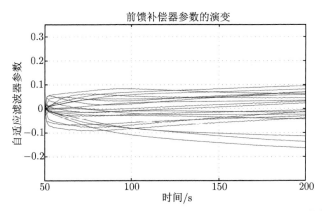

图 15.14 前馈补偿器参数的演变 (试验)——使用标量自适应增益的算法 Ⅲ

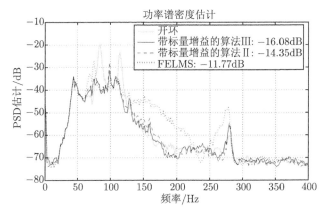

图 15.15 开环和带标量自适应增益 (扰动 = PRBS) 的自适应前馈补偿下残余加速度的功率谱密度

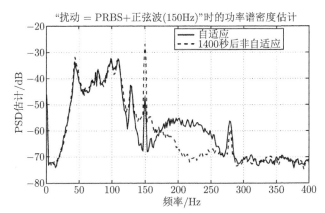

图 15.16 当施加正弦波扰动时使用标量自适应增益的残余加速度的功率谱密度 (扰动 =PRBS+ 正弦波)(试验性)

衰减 20dB, 而矩阵自适应增益的衰减则超过 35dB. 另外, 在 170—270Hz 频率范围内, 性能会下降, 而使用矩阵自适应增益时不会发生这种情况.

## 15.6    残余误差滤波的自适应前馈补偿

满足严格正实条件 (在自适应控制[13]中很普及) 的另一种解决方案是在计算残余误差时引入滤波器. 考虑使用自适应误差滤波器的参考文献是文献 [17, 20—23]. 如文献所述, 残余误差的滤波将影响其功率谱密度, 结果将在图 15.18 和图 15.19 中给出. 在许多情况下, 在频域中调整残余误差是非常有用的.

回顾 15.2 节的内容, 测得的残余加速度 (或力) 满足式 (15.54):

$$e^\circ(t+1) = x(t+1) + \hat{z}^\circ(t+1) \tag{15.54}$$

然后将滤波后的先验自适应误差定义为

$$\nu^\circ(t+1) = \nu(t+1|\hat{\theta}(t))$$

$$= \varepsilon^\circ(t+1) + \sum_{i=1}^{n_1} v_i^B \varepsilon(t+1-i) - \sum_{i=1}^{n_2} v_i^A \nu^\circ(t+1-i) \tag{15.55}$$

式中

$$\varepsilon^\circ(t+1) = -e^\circ(t+1) = -x(t+1) - \hat{z}^\circ(t+1) \tag{15.56}$$

$$\varepsilon(t+1) = -e(t+1) = -x(t+1) - \hat{z}(t+1) \tag{15.57}$$

分别为未经滤波的先验和后验自适应误差.

系数 $v_i^X$, $X \in \{B, A\}$ 是 IIR 滤波器的系数, 单位圆内的所有极点和零点都对以下自适应误差起了作用

$$V(q^{-1}) = \frac{B_V(q^{-1})}{A_V(q^{-1})} \tag{15.58}$$

式中

$$X_V(q^{-1}) = 1 + q^{-1} X_V^*(q^{-1}) = 1 + \sum_{i=1}^{n_j} v_i^X q^{-i}, \quad X \in \{B, A\} \tag{15.59}$$

不可测 (但可计算) 滤波后验自适应误差为

$$\nu(t+1) = \nu(t+1|\hat{\theta}(t+1)) \tag{15.60}$$

$$= \varepsilon(t+1) + \sum_{i=1}^{n_1} v_i^B \varepsilon(t+1-i) - \sum_{i=1}^{n_2} v_i^A \nu(t+1-i) \tag{15.61}$$

$\varepsilon(t+1)$ 在 (15.57) 中给出.

式 (15.35) 中给出的 PAA 通过 (15.39) 转换如下[1]

$$\hat{\theta}(t+1) = \hat{\theta}(t) + F(t)\Phi(t)\nu(t+1) \tag{15.62}$$

$$\varepsilon(t+1) = \frac{\varepsilon^\circ(t+1)}{1 + \Phi^{\mathrm{T}}(t)F(t)\Phi(t)} \tag{15.63}$$

$$\nu(t+1) = \varepsilon(t+1) + \sum_{i=1}^{n_1} v_i^B \varepsilon(t+1-i) - \sum_{i=1}^{n_2} v_i^A \nu(t+1-i) \tag{15.64}$$

$$F(t+1) = \frac{1}{\lambda_1(t)}\left[F(t) - \frac{F(t)\Phi(t)\Phi^{\mathrm{T}}(t)F(t)}{\dfrac{\lambda_1(t)}{\lambda_2(t)} + \Phi^{\mathrm{T}}(t)F(t)\Phi(t)}\right] \tag{15.65}$$

$$1 \geqslant \lambda_1(t) > 0; \quad 0 \leqslant \lambda_2(t) < 2; \quad F(0) > 0 \tag{15.66}$$

$$\Phi(t) = \phi_f(t) = L\phi(t) \tag{15.67}$$

等式 (15.27) 变为

$$\nu(t+1) = \frac{A_M(q^{-1})G(q^{-1})V(q^{-1})}{P(q^{-1})L(q^{-1})}[\theta - \hat{\theta}]^{\mathrm{T}}\phi_f(t) \tag{15.68}$$

为了系统的稳定性, 应选择恰当的 $L$ 和 $V$, 使 $\dfrac{A_M(q^{-1})G(q^{-1})V(q^{-1})}{P(q^{-1})L(q^{-1})}$ 是 SPR(对于 $\lambda_2 = 0$). 然而, 实际应用时会使用算法 II(FUPLR) 或算法 III(FUSBA), $V$ 的加入会使得频域中残余误差的 PSD 可以进行调整. 这些新算法分别称为 FUePLR 和 FUeSBA, 除了表示对观测向量的滤波以外, 还表示对残余误差采用的滤波.

使用在 15.3 节中介绍过的 FUSBA, 并用 $V(q^{-1})$ 对预测误差滤波, 估计的 $\hat{N}$ 前馈补偿器将在频域中按以下标准最小化 (考虑到 (15.25)):

$$\hat{\theta}^* = \arg\min_{\hat{\theta}} \int_{-\pi}^{\pi} [|S_{NM}|^2|N - \hat{N}|^2|S_{\hat{N}M}|^2|G|^2|V|^2\phi_w(\omega)$$
$$+ |V|^2\phi_\eta(\omega)]d\omega \tag{15.69}$$

式中 $\phi_w$ 和 $\phi_n$ 分别是扰动 $w(t)$ 和测量噪声的频谱密度, $S_{NM}$ 和 $S_{\hat{N}M}$ 分别是 $N$ 和 $\hat{N}$ 的内部闭环的输出灵敏度函数: $S_{NM} = \dfrac{1}{1 - NM}$, $S_{\hat{N}M} = \dfrac{1}{1 - \hat{N}M}$.

---

[1] 由于输入和误差均被滤波, 因此该算法可以称为 FUeSBA.

将 (15.69) 与 (15.50) 进行比较可以得出结论, $V$ 将进一步影响残余误差的功率谱密度.

除观测向量滤波之外, 进行了许多试验测试, 以比较具有残余误差滤波的算法的自适应能力. 作为宽带扰动, 已经使用由 15 位寄存器生成的 PRBS, 并通过巴特沃思 (Butterworh) 带通滤波器在 20Hz 到 380Hz 之间进行滤波的 PRBS. 频率达 250Hz 时, 添加了正弦波信号.

设残余误差滤波器为 $V(q^{-1}) = 1 - 0.9q^{-1}$. 使用有 20 个参数 ($n_R = 9$, $n_S = 10$) 的自适应前馈补偿器, 采用 FUPLR 算法可获得的全局衰减为 15.8dB, 而采用 FUePLR 算法可获得的全局衰减为 16.24dB.

## 15.7　宽带扰动的自适应前馈 + 固定反馈补偿

正如全书中提到的那样, 当仅靠反馈不能实现性能/鲁棒性的折中效果时, 就必须考虑前馈补偿. 但是, 任何情况下都可以在反馈控制器上使用 (自适应) 前馈补偿. 反馈控制器和前馈补偿的控制目标是根据问题的具体情况来联合定义的. 可以将主动阻尼任务分配给反馈控制器, 从而增强前馈补偿的性能. 或者, 可以设计一种稳定控制器, 在鲁棒性约束下该控制器使某些类型的扰动得以衰减, 而前馈补偿可使系统的性能得以增强. 反馈和前馈补偿的组合通常称为 "混合" 补偿.

图 15.17 给出了这种系统的框图. 15.2 节中的式 (15.1), (15.4), (15.7) 定义了表征主通路 ($D$)、次级通路 ($G$)、反向通路 ($M$) 的转换算子以及最优前馈补偿器 $N$ 和估计前馈补偿器 $\hat{N}$. 式 (15.29) 定义了估计前馈参数的向量.

基于模型 $\hat{G}$ 计算的固定反馈 RS 控制器 $K$ 具有使系统稳定并使输出 $e(t)$ 上的扰动衰减的特点, 其特征在于渐近稳定的传递函数

$$K(q^{-1}) = \frac{B_K(q^{-1})}{A_K(q^{-1})} \tag{15.70}$$

式中

$$B_K(q^{-1}) = b_0^K + b_1^K q^{-1} + \cdots + b_{n_{B_K}}^K q^{-n_{B_K}} \tag{15.71}$$

$$A_K(q^{-1}) = 1 + a_1^K q^{-1} + \cdots + a_{n_{A_K}}^K q^{-n_{A_K}} \tag{15.72}$$

前馈补偿器的输入 (也称为参考) 由 $\hat{y}_1(t)$ 表示. 前馈补偿器的输出由 $\hat{u}_1(t+1) = \hat{u}_1(t+1|\hat{\theta}(t+1))$(后验输出) 表示. 施加到前馈补偿器的测量输入可以写为

$$\hat{y}_1(t+1) = w(t+1) + \frac{B_M^*(q^{-1})}{A_M(q^{-1})}\hat{u}(t) \tag{15.73}$$

式中

$$\hat{u} = \hat{u}_1(t) - u_2(t) \tag{15.74}$$

$\hat{u}_1(t)$ 和 $u_2(t)$ 分别是自适应前馈和固定反馈补偿器给出的输出. $\hat{u}$ 是发送到控制作动器的有效输入.

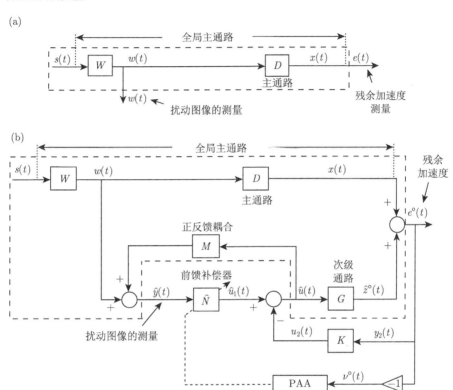

图 15.17  前馈-反馈 AVC-控制方案. (a) 开环. (b) 自适应前馈 + 固定反馈补偿器

估计前馈补偿器的先验输出为

$$\hat{u}_1^\circ(t+1) = \hat{u}_1(t+1|\hat{\theta}(t)) = -\hat{S}^*(t,q^{-1})\hat{u}_1(t) + \hat{R}(t,q^{-1})\hat{y}_1(t+1)$$

$$= \hat{\theta}^T(t)\phi(t) = \left[\hat{\theta}_S^{\mathrm{T}}(t), \hat{\theta}_R^{\mathrm{T}}(t)\right] \begin{bmatrix} \phi_{\hat{u}_1(t)} \\ \phi_{\hat{y}_1(t)} \end{bmatrix} \tag{15.75}$$

式中 $\hat{\theta}(t)$ 在式 (15.29) 中给出

$$\phi^{\mathrm{T}}(t) = [-\hat{u}_1(t), \cdots, -\hat{u}_1(t-n_S+1), \hat{y}_1(t+1), \cdots, \hat{y}_1(t-n_R+1)]$$

$$= [\phi_{\hat{u}_1}^{\mathrm{T}}(t), \phi_{\hat{y}_1}^{\mathrm{T}}(t)] \tag{15.76}$$

反馈 (固定) 补偿器的输入由性能变量给定, 因此 $y_2(t) = e(t)$. 其输出为 $u_2(t) = K(q^{-1})y_2(t)$. 当激活补偿时, 将通路输出的不可测量值表示为 $x(t)$. 次级

通路的先验输出表示为 $\hat{z}^\circ(t+1) = \hat{z}(t+1|\hat{\theta}(t))$, 而其输入为 $\hat{u}(t)$.

$$\hat{z}^\circ(t+1) = \frac{B_G^*(q^{-1})}{A_G(q^{-1})}\hat{u}(t) = \frac{B_G^*(q^{-1})}{A_G(q^{-1})}\hat{u}(t|\hat{\theta}(t)) \tag{15.77}$$

测得的残余加速度 (或力) 满足式 (15.78):

$$e^\circ(t+1) = x(t+1) + \hat{z}^\circ(t+1) \tag{15.78}$$

先验和后验自适应误差定义为

$$\nu^\circ(t+1) = \nu(t+1|\hat{\theta}(t)) = -e^\circ(t+1) \tag{15.79}$$

$$\nu(t+1) = \nu(t+1|\hat{\theta}(t+1)) = -e(t+1) = -x(t+1) - \hat{z}(t+1) \tag{15.80}$$

对于常数参数为 $\nu^\circ(t) = \nu(t)$, $e^\circ(t) = e(t)$, $\hat{z}^\circ(t) = \hat{z}(t)$, $\hat{u}^\circ(t) = \hat{u}(t)$ 的补偿器, 式中次级通路 $\hat{z}(t+1)$(虚拟变量) 的后验输出值由式 (15.81) 给出

$$\hat{z}(t+1) = \hat{z}(t+1|\hat{\theta}(t+1)) = \frac{B_G^*(q^{-1})}{A_G(q^{-1})}\hat{u}(t|\hat{\theta}(t+1)) \tag{15.81}$$

### 15.7.1　算法的开发

在存在反馈控制器的情况下, 自适应前馈补偿的算法将与 15.3 节中的假设相同, 但用文献 [24] 中的假设代替假设 (H2):

(H2′)(完美匹配条件) 存在一个有限维的滤波器 $N(q^{-1})$ 使得

$$\frac{N(z^{-1})}{1 - N(z^{-1})M(z^{-1})}G(z^{-1}) = -D(z^{-1}) \tag{15.82}$$

• "内部" 正耦合回路的特征多项式:

$$P(z^{-1}) = A_M(z^{-1})S(z^{-1}) - B_M(z^{-1})R(z^{-1}) \tag{15.83}$$

• 闭环 (G-K) 的特征多项式:

$$P_{cl}(z^{-1}) = A_G(z^{-1})A_K(z^{-1}) + B_G(z^{-1})B_K(z^{-1}) \tag{15.84}$$

• 耦合前馈-反馈回路的特征多项式:

$$P_{fb-ff} = A_M S[A_G A_K + B_G B_K] - B_M R A_K A_G \tag{15.85}$$

都是 Hurwitz 多项式.

像以前的前馈补偿配置一样, 算法开发的关键是要建立前馈补偿器参数估计误差与测得的残余加速度或力之间的关系. 在假设 (H1), (H3) 和新假设 (H2′) 下, 对于 15.2 节中描述的系统, 使用具有恒定参数的前馈补偿器 $\hat{N}$ 和反馈控制器 $K$, 常数估计参数自适应误差的方程 (测得的残余加速度或带负号的力) 由文献 [24] 给出:

$$\nu(t+1) = \frac{A_M A_G A_K G}{P_{fb-ff}}[\theta - \hat{\theta}]^{\mathrm{T}}\phi(t) \tag{15.86}$$

式中

$$\theta^{\mathrm{T}} = [s_1, \cdots, s_{n_S}, r_0, r_1, \cdots, r_{n_R}] = [\theta_S^{\mathrm{T}}, \theta_R^{\mathrm{T}}] \tag{15.87}$$

是确保完美匹配的最优滤波器 $N$ 的参数向量,

$$\hat{\theta}^{\mathrm{T}} = [\hat{s}_1, \cdots, \hat{s}_{n_S}, \hat{r}_0, \cdots, \hat{r}_{n_R}] = [\hat{\theta}_S^{\mathrm{T}}, \hat{\theta}_R^{\mathrm{T}}] \tag{15.88}$$

是 $\hat{N}$ 的常数估计参数的向量,

$$\begin{aligned} \phi^{\mathrm{T}}(t) &= [-\hat{u}_1(t), \cdots, -\hat{u}_1(t-n_S+1), \hat{y}_1(t+1), \cdots, \hat{y}_1(t-n_R+1)] \\ &= [\phi_{\hat{u}_1}^{\mathrm{T}}(t), \phi_{\hat{y}_1}^{\mathrm{T}}(t)] \end{aligned} \tag{15.89}$$

$\hat{y}_1(t+1)$ 由式 (15.73) 给出.

式 (15.86) 的推导过程在附录 D 中给出.

当然, 对于没有内部正耦合 ($B_M = 0$ 和 $A_M = 1$) 的情况以及没有反馈 ($K = 0$) 的情况, 可将该表达式进行特别处理. 细节在文献 [24] 中给出.

通过渐近稳定滤波器 $L(q^{-1}) = \frac{B_L}{A_L}$ 对向量 $\phi(t)$ 进行滤波, 对于 $\hat{\theta}=$ 常数, 式 (15.86) 变成

$$\nu(t+1) = \frac{A_M A_G A_K G}{P_{fb-ff}L}[\theta - \hat{\theta}]^{\mathrm{T}}\phi_f(t) \tag{15.90}$$

$$\phi_f(t) = L(q^{-1})\varphi(t) \tag{15.91}$$

式 (15.90) 用于开发自适应算法, 当 $\hat{\theta}$ 随时间变化时, 忽略了算子的非交换性 (但是, 在这种情况下可以得出精确的算法, 参见文献 [13]).

用当前的估计参数代替固定的估计参数, 经过计算, 式 (15.90) 变成自适应后验残余误差 $\nu(t+1)$ 的方程:

$$\nu(t+1|\hat{\theta}(t+1)) = \frac{A_M A_G A_K}{P_{fb-ff}L}G[\theta - \hat{\theta}(t+1)]^{\mathrm{T}}\phi_f(t) \tag{15.92}$$

式 (15.92) 具有后验自适应误差 (见文献 [13]) 的标准格式, 建议使用式 (15.35) 至 (15.39) 中给出的相同参数自适应算法求解. 该算法的稳定性已经在文献 [24] 中进行了分析, 接下来将回顾主要结果.

### 15.7.2 算法的分析

**算法的稳定性**

后验自适应误差方程的形式为

$$\nu(t+1) = H(q^{-1})[\theta - \hat{\theta}(t+1)]^{\mathrm{T}}\Phi(t) \qquad (15.93)$$

式中

$$H(q^{-1}) = \frac{A_M A_G A_K}{P_{fb\text{-}ff} L}G, \quad \Phi = \phi_f \qquad (15.94)$$

忽略时变算子的非可交换性, 可以直接使用定理 4.1. 因此, 对于任何初始条件 $\hat{\theta}(0)$, $\nu^{\circ}(0)$, $F(0)$, 充分稳定性条件是

$$H(z^{-1}) = H(z^{-1}) - \frac{\lambda_2}{2}, \quad \max_t[\lambda_2(t)] \leqslant \lambda_2 < 2 \qquad (15.95)$$

是 SPR 传递函数.

为了满足正实条件, 可以考虑滤波器各种类型的 $L(q^{-1})$(请参见文献 [12,24]). 必须要指出的是, 反馈控制器及其设计会对正实条件产生很大影响. 通常, 通过将 $L(q^{-1})$ 作为 $\dfrac{A_M A_G A_K}{P_{fb\text{-}ff}}G$ 的估计值可获得最优性能 (参见式 (15.94)).

文献 [12] 中讨论了通过平均自变量来放宽正实条件的过程 (与 15.4 节中的过程和结论相同), 并在文献 [25] 中添加了比例自适应项. 也可以考虑滤残余误差以满足正实条件, 但这将改变最小化的标准[21,25].

可以在文献 [12] 中找到违反假设 (H2′) 和 (H3) 时的算法分析. 该分析的结论与 15.4 节中给出的结论相似.

## 15.8    宽带扰动的自适应前馈 + 固定反馈衰减——试验结果

接下来将总体分析在 2.3 节所描述的系统上获得的各种结果. 所有试验的自适应前馈补偿器结构均为 $n_R = 9$, $n_S = 10$(总共 20 个参数), 这种复杂性无法验证 "完美匹配条件"(需要 40 多个参数). 另外, 还引入了反馈 RS 控制器来测试性能的提升潜能.

表 15.4 总结了各种配置的全局衰减结果. 显然, 混合自适应前馈固定反馈方案相对于单独的自适应前馈补偿对性能有显著的改善. 在图 15.18[①]所示的功率谱密度上可以看到这一点. 通常将全局主通路上的伪随机二进制序列 (PRBS) 激励视为扰动.

表 15.4    各种配置的全局衰减

|  | 仅反馈 | 仅前馈/$H_\infty$ | 仅自适应前馈 | 前馈/$H_\infty$ 反馈 | 反馈和自适应前馈 |
|---|---|---|---|---|---|
| 衰减/dB | −14.40 | −14.70 | −16.23 | −18.42 | −20.53 |

---

① 对于自适应方案, 在自适应瞬变已经建立之后评估 PSD.

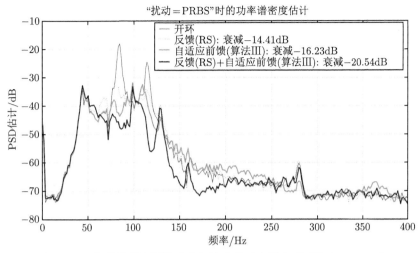

图 15.18 各种控制配置的残余加速度的功率谱密度 (扰动 =PRBS)

必须要指出的是, 线性前馈 + 反馈的设计不仅需要完全了解扰动特性, 还需要了解主通路模型, 而自适应方法则不需要这些信息. 为了说明所提出算法的自适应能力, 将 150Hz 的正弦波扰动添加到了 PRBS 扰动中. 在使用自适应前馈补偿算法和使用非针对此额外扰动设计 $H_\infty$ 前馈补偿器时, 开环的功率谱密度如图 15.19 所示. 注意到, 混合自适应前馈-反馈方案在不影响其他频率的情况下产生了强烈的正弦波扰动衰减 (大于 30dB)(与图 15.18 相比), 而基于模型的 $H_\infty$ 前馈补偿器 + 反馈控制器则无法衰减正弦波扰动.

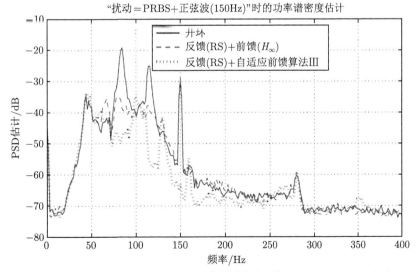

图 15.19 施加其他正弦波扰动时的功率谱密度 (扰动 =PRBS + 正弦波)

# 15.9　结　束　语

- 如果可获得与扰动相关的测量值, 则可以建立自适应前馈补偿方案.
- 当宽带扰动被衰减时, 将该方法用于主动振动控制和主动噪声控制.
- 重要的是要强调在作动器和扰动图像之间存在固有的正反馈耦合, 这对自适应前馈补偿系统的稳定性有很大影响.
- 已经开发了保持内部正反馈回路稳定性的稳定自适应算法.
- 为确保自适应前馈补偿方案的稳定性, 应适当对回归向量滤波.
- 可以使用具有矩阵自适应增益和标量自适应增益的参数自适应算法.
- 自适应前馈补偿可用在反馈回路上.

# 15.10　注释和参考资料

忽略正反馈耦合, 在相关文献中首次尝试完成了自适应前馈主动振动和噪声补偿. 最初的大部分工作都以 [26,27] 中引入的最小均方 (LMS) 梯度搜索算法为中心 (另请参见第 4 章). LMS 型算法在主动控制中的应用可以在文献 [28—33] 中找到. 其他参考文献包括文献 [34—36].

超稳定性理论是对自适应前馈补偿算法进行稳定性分析的一种有力方法[37-40]. 该理论提示了某些传递函数的严格正实性对于确保稳定性的重要性. 在文献 [41—43] 中建立了使用超稳定性研究自适应系统的初始框架, 在文献 [13] 中可以找到完整的理论分析. 在文献 [12,17,44,45] 中考虑了这种方法在自适应前馈补偿中的应用. 相关问题在文献 [20,46—48] 中进行了讨论.

在文献 [17,21] 中讨论了自适应算法的改进数值效率, 这仅限于没有正反馈耦合的情况. 文献 [49,50] 中讨论了使用正交基函数的 FIR 自适应前馈补偿器.

在文献 [51] 中, 将系统在线辨识的 GPC 前馈控制器的混合自适应反馈, 应用于声学噪声控制、结构振动控制和光学抖动控制.

用于 AVC 系统的材料也有了重要的发展. 其中, 将压电传感器和作动器广泛用于消除结构振动 (请参见文献 [52] 和文献 [53—57] 中的某些应用).

AVC 的许多应用涉及硬盘驱动器或 DVD/CDD[31,58]. 在文献 [59] 中也提出了用于心脏手术的具有前馈运动估计的力量追踪技术.

文献 [60—62] 中讨论了乘用车中的各种 AVC 问题. 在飞行器领域, 一些有趣的应用可见于文献 [63,64]. 在文献 [65,66] 中讨论了对柔性结构的振动控制. 多通路自适应算法已在自适应光学应用中广泛使用[67,68].

# 参 考 文 献

[1]  Burgess J (1981) Active adaptive sound control in a duct: a computer simulation. J Acoust Soc Am 70: 715-726

[2]  Widrow B, Shur D, Shaffer S (1981) On adaptive inverse control. In: Proceedings of the 15th asilomar conference circuits, systems and computers. Pacifific Grove, CA, USA

[3]  Widrow B, Stearns S (1985) Adaptive signal processing. Prentice-Hall, Englewood Cliffs, New Jersey

[4]  Elliott S, Nelson P (1994) Active noise control. Noise/news international, pp 75-98

[5]  Elliott S, Sutton T (1996) Performance of feedforward and feedback systems for active control. IEEE Trans Speech Audio Process 4(3): 214-223. doi: 10.1109/89.496217

[6]  Jacobson CA, Johnson CR, Jr, McCormick DC, Sethares WA (2001) Stability of active noise control algorithms. IEEE Signal Process Lett 8(3): 74-76. doi: 10.1109/97.905944

[7]  Zeng J, de Callafon R (2006) Recursive fifilter estimation for feedforward noise cancellation with acoustic coupling. J Sound Vib 291(3-5): 1061-1079. doi: 10.1016/j.jsv.2005.07.016

[8]  Kuo M, Morgan D (1996) Active noise control systems-algorithms and DSP implementation. Wiley, New York

[9]  Kuo S, Morgan D (1999) Active noise control: a tutorial review. Proc IEEE 87(6): 943-973. doi: 10.1109/5.763310

[10]  Hu J, Linn J (2000) Feedforward active noise controller design in ducts without independent noise source measurements. IEEE Trans Control Syst Technol 8(3): 443-455

[11]  Landau I, Karimi A, Constantinescu A (2001) Direct controller order reduction by identifification in closed loop. Automatica 37: 1689-1702

[12]  Landau I, Alma M, Airimitoaie T (2011) Adaptive feedforward compensation algorithms for active vibration control with mechanical coupling. Automatica 47(10): 2185-2196. doi: 10. 1016/j.automatica.2011.08.015

[13]  Landau ID, Lozano R, M'Saad M, Karimi A (2011) Adaptive control, 2nd edn. Springer, London

[14]  Ljung L, Söderström T (1983) Theory and practice of recursive identifification. MIT Press, Cambridge

[15]  Anderson B, Bitmead R, Johnson C, Kokotovic P, Kosut R, Mareels I, Praly L, Riedle B (1986) Stability of adaptive systems. MIT Press, Cambridge

[16]  Landau I, Zito G (2005) Digital control systems—design, identifification and implementation. Springer, London

[17]  Montazeri P, Poshtan J (2010) A computationally effificient adaptive IIR solution to active noise and vibration control systems. IEEE Trans Autom Control AC-55: 2671-2676

[18]  Alma M, Martinez J, Landau I, Buche G (2012) Design and tuning of reduced order $H_\infty$ feedfor ward compensators for active vibration control. IEEE Trans Control Syst

Technol 20(2): 554-561. doi: 10.1109/TCST.2011.2119485

[19]　Eriksson L (1991) Development of the fifiltered-U LMS algorithm for active noise control. J Acoust Soc Am 89(1): 257-261

[20]　Larimore MG, Treichler JR, Johnson CR (1980) SHARF: An algorithm for adapting IIR digital fifilters. IEEE Trans Acoust Speech Signal Process 28(4): 428-440. doi: 10.1109/TASSP.1980. 1163428

[21]　Montazeri A, Poshtan J (2011) A new adaptive recursive RLS-based fast-array IIR fifilter for active noise and vibration control systems. Signal Process 91(1): 98-113. doi: 10.1016/j.sigpro. 2010.06.013

[22]　Sun X, Chen DS (2002) A new infifinte impulse response fifilter-based adaptive algorithm for active noise control. J Sound Vib 258(2): 385-397. doi: 10.1006/jsvi.2002.5105

[23]　Sun X, Meng G (2004) Steiglitz-Mcbride type adaptive IIR algorithm for active noise control. J Sound Vib 273(1-2): 441-450. doi: 10.1016/j.jsv.2003.07.023

[24]　Alma M, Landau ID, Airimitoaie TB (2012) Adaptive feedforward compensation algorithms for AVC systems in the presence of a feedback controller. Automatica 48(10): 982-985

[25]　Airimitoaie TB, Landau ID (2013) Improving adaptive feedforward vibration compensation by using integral+proportional adaptation. Automatica 49(5): 1501-1505. doi: 10.1016/j.automatica.2013.01.025

[26]　Widrow B, Hoff M (1960) Adaptive swithching circuits. Oric IRE WESCON Convention Record 4(Session 16): 96-104

[27]　Widrow B (1971) Adaptive fifilters. In: Kalman R, DeClaris H (eds) Aspects of network and system theory. Holt, Rinehart and Winston

[28]　Billoud DG (2001) LL-6508 active control at lord corporation—A reality

[29]　Tang Y, Zhu ZC, Shen G, Li X (2015) Improved feedforward inverse control with adaptive refifinement for acceleration tracking of electro-hydraulic shake table. J Vib Control. doi: 10. 1177/1077546314567725

[30]　Xiang M, Wei T (2014) Autobalancing of high-speed rotors suspended by magnetic bearings using lms adaptive feedforward compensation. J Vib Control 20(9): 1428-1436. doi: 10.1177/ 1077546313479990. http://jvc.sagepub. com/content/ 20/9/ 1428. abstract

[31]　Pan MC, Wei WT (2006) Adaptive focusing control of dvd drives in vehicle systems. J Vib Control 12(11):1239-1250. doi: 10.1177/1077546306069037. http://jvc.sagepub. com/content/12/11/1239.abstract

[32]　Akraminia M, Mahjoob MJ, Niazi AH (2015) Feedforward active noise control using wavelet frames: simulation and experimental results. J Vib Control. doi: 10.1177/ 1077546315581939. http://jvc.sagepub.com/content/early/2015/06/04/107754631558-1939.abstract

[33]　Erdogan G, Alexander L, Rajamani R (2010) Adaptive vibration cancellation for tire-road friction coefficient estimation on winter maintenance vehicles. IEEE Trans Con-

trol Syst Technol 18(5): 1023-1032. doi: 10.1109/TCST.2009.2031326

[34]  Hassibi B, Sayed A, Kailath T (1996) $H_\infty$ optimality of the LMS algorithm. IEEE Trans Signal Process 44(2): 267-280. doi: 10.1109/78.485923

[35]  Sayyarrodsari B, How J, Hassibi B, Carrier A (2001) Estimation-based synthesis of $H_\infty$ -optimal adaptive FIR fifilters for fifiltered-LMS problems. IEEE Trans Signal Process 49(1): 164-178. doi: 10.1109/78.890358

[36]  Fraanje R (2004) Robust and fast schemes in broadband active noise and vibration control PhD thesis, University of Twente, Twente, The Netherlands

[37]  Popov V (1960) Criterii de stabilitate pentru sistemele automate con tinând elemente neunivoce probleme dc automatizare. Publishing House of the Romanian Academy, pp 143-151

[38]  Popov V (1966) Hiperstabilitatea Sistemelor Automate. Editura Academiei Republicii Socialiste România

[39]  Popov V (1963) Solution of a new stability problem for controlled systems. Autom Remote Control 24(1): 1-23

[40]  Popov V (1973) Hyperstability of control systems, trans. edn. Springer, Heidelberg

[41]  Landau I, Silveira H (1979) A stability theorem with applications to adaptive control. IEEE Trans Autom Control 24(2): 305-312. doi: 10.1109/TAC.1979.1102009

[42]  Landau I (1979) Adaptive control: the model reference approach. Marcel Dekker, New York

[43]  Landau I (1980) An extension of a stability theorem applicable to adaptive control. IEEE Trans Autom Control 25(4): 814-817. doi: 10.1109/TAC.1980.1102440

[44]  Landau ID, Airimitoaie TB, Alma M (2012) A Youla-Kǔera parametrized adaptive feedforward compensator for active vibration control with mechanical coupling. Automatica 48(9): 2152-2158. doi: 10.1016/j.automatica.2012.05.066. http://www.sciencedirect. com/science/article/pii/S0005109812002397

[45]  Landau ID, Airimitoaie TB, Alma M (2013) IIR Youla-Kǔera parameterized adaptive feedforward compensators for active vibration control with mechanical coupling. IEEE Trans Control Syst Technol 21(3): 765-779

[46]  Treichler J, Larimore M, Johnson C, Jr (1978) Simple adaptive IIR fifiltering. In: IEEE international conference on acoustics, speech, and signal processing, ICASSP '78, vol 3, pp 118-122. doi: 10.1109/ICASSP.1978.1170389

[47]  Mosquera C, Gomez J, Perez F, Sobreira M (1999) Adaptive IIR fifilters for active noise control. In: Sixth international congress on sound and vibration, ICSV '99, pp 1571-1582

[48]  Snyder S (1994) Active control using IIR fifilters—a second look. In: 1994 IEEE international conference on acoustics, speech, and signal processing, 1994, ICASSP-94, vol 2, pp II/241-II/244. doi: 10.1109/ICASSP.1994.389675

[49]  de Callafon R, Zeng J, Kinney C (2010) Active noise control in a forced-air cooling system. Control Eng Pract 18(9): 1045-1052. doi: 10.1016/j.conengprac.2010.05.007

[50]  Yuan J (2007) Adaptive laguerre fifilters for active noise control. Appl Acoust 68(1): 86-96. doi: 10.1016/j.apacoust.2006.01.009. http://www.sciencedirect.com/ science/ article/ pii/ S0003682X06000260

[51]  Moon SM, Cole DG, Clark RL (2006) Real-time implementation of adaptive feedback and feedforward generalized predictive control algorithm. J Sound Vib 294(12): 82-96. doi: 10.1016/j.jsv.2005.10.017. http://www.sciencedirect.com/science/ article/pii/ S0022460X05007030

[52]  Moheimani SR, Fleming AJ (2006) Piezoelectric transducers for vibration control and damping Springer, London

[53]  Trindade MA Jr, Pagani CC, Oliveira, LPR (2015) Semi-modal active vibration control of plates using discrete piezoelectric modal fifilters. J Sound Vib 351:17-28. doi: 10.1016/ j.jsv.2015.04. 034. http://www.sciencedirect.com/science/ article/pii/S0022-460X15003867

[54]  Reza Moheimani S, Pota H, Petersen I (1997) Broadband disturbance attenuation over an entire beam. In: Control Conference (ECC), 1997 European, pp 3896-3901

[55]  Lin CY, Huang YH (2014) Enhancing vibration suppression in a periodically excited flflexibl beam by using a repetitive model predictive control strategy. J Vib Control. doi: 10.1177/1077546314564451

[56]  Lee Y, Halim D (2004) Vibration control experiments on a piezoelectric laminate plate usin spatial feedforward control approach. In: 43rd IEEE conference on decision and control, 2004. CDC, vol 3, pp 2403-2408. doi: 10.1109/CDC.2004.1428764

[57]  Kuhnen K, Krejci P (2009) Compensation of complex hysteresis and creep effects in piezoelectrically actuated systems. A new Preisach modeling approach. IEEE Trans Autom Control, 54(3): 537-550. doi: 10.1109/TAC.2009.2012984

[58]  Wang J, Wang Y, Cao S (2011) Add-on feedforward compensation for vibration rejection in HDD. IEEE/ASME Trans Mechatron 16(6): 1164-1170. doi: 10.1109/TMECH.2010. 2085008

[59]  Yuen S, Perrin D, Vasilyev N, del Nido P, Howe R (2010) Force tracking with feedforward motion estimation for beating heart surgery. IEEE Trans Robot 26(5): 888-896. doi: 10.1109/ TRO.2010.2053734

[60]  Zhou Z, Chen X, Zhou B (2015) Feedforward compensation in vibration isolation system subject to base disturbance. J Vib Control 21(6): 1201-1209. doi: 10.1177/10775463134-93311

[61]  Gan Z, Hillis AJ, Darling J (2015) Adaptive control of an active seat for occupant vibration reduction. J Sound Vib 349: 39-55. doi: 10.1016/j.jsv.2015.03.050. http://www. sciencedirect. com/science/article/pii/S0022460X1500289

[62]  Lee BH, Lee CW (2009) Model based feed-forward control of electromagnetic type active control engine-mount system. J Sound Vib 323(35): 574-593. doi: 10.1016/j.jsv.2009.01. 033. http://www.sciencedirect.com/science/article/pii/ S0022460X09000819

[63]  Wildschek A, Bartosiewicz Z, Mozyrska D (2014) A multi-input multi-output adaptive

feed-forward controller for vibration alleviation on a large blended wing body airliner. J Sound Vib 333(17): 3859-3880. doi: 10.1016/j.jsv.2014.04.021. http://www.sciencedirect.com/science/article/pii/S0022460X14002867

[64] Prakash S, Kumar TR, Raja S, Dwarakanathan D, Subramani H, Karthikeyan C (2016) Active vibration control of a full scale aircraft wing using a reconfigurable controller. J Sound Vib 361: 32-49. doi: 10.1016/j.jsv.2015.09.010. http://www.sciencedirect.com/science/article/pii/S0022460X15007130

[65] Vipperman J, Burdisso R (1995) Adaptive feedforward control of non-minimum phase structural systems. J Sound Vib 183(3): 369-382. doi: 10.1006/jsvi.1995.0260. http://www.sciencedirect.com/science/article/pii/S0022460X8570260X

[66] Hansen C, Snyder S, Qiu X, Brooks L, Moreau D (2012) Active Control of Noise and Vibration. CRC Press, Taylor and Francis Group, Milton Park

[67] Hoagg J, Lacy S, Bernstein D (2005) Broadband adaptive disturbance rejection for a deployable optical telescope testbed. In: Proceedings of the American control conference, 2005, pp 4953-4958, vol 7. doi: 10.1109/ACC.2005.1470791

[68] Ruppel T, Dong S, Rooms F, Osten W, Sawodny O (2013) Feedforward control of deformable membrane mirrors for adaptive optics. IEEE Trans Control Syst Technol 21(3): 579-589. doi: 10.1109/TCST.2012.2186813

# 第 16 章  Youla-Kučera 参数化自适应前馈补偿器

## 16.1  引　　言

由于大多数自适应前馈振动 (或噪声) 补偿系统在补偿器系统和相关的扰动测量之间都具有内部 "正反馈" 耦合, 因此, 可以考虑为此内部环路构建一个稳定控制器, 并为此增加一个附加功能. 滤波器的目的是增强扰动衰减能力, 同时保留控制器的稳定特性.

为了实现这一目标, 可以使用自适应前馈补偿器的 Youla-Kučera 参数化代替标准 IIR 前馈补偿器. 中央补偿器将通过直接调整 Youla-Kučera $Q$ 滤波器的参数来确保内部正反馈环路的稳定性, 并实时增强其性能.

这种自适应前馈补偿器的框图如图 16.1 所示. 可以使用 FIR 和 $QIIR$ 滤波器. 特定算法的详细信息可以在文献 [1,2] 中找到. 比较 IIR, FIR YK 和 IIR YK 自适应前馈后, 得出的主要结论是:

- 对于相同的性能要求, IIR YK 需要较少的可调参数.

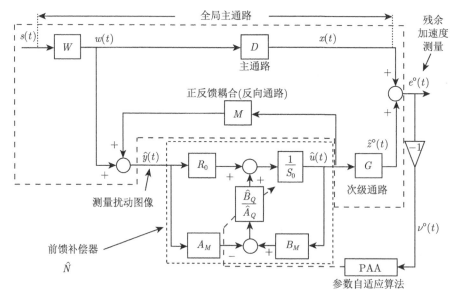

图 16.1　使用 Youla-Kučera 参数化的自适应前馈扰动补偿

- IIR YK 和 FIR YK 可以轻松集成任何尺寸的初始稳定控制器, 而对于 IIR

前馈补偿器则更难实现这种集成.

这些事实证明在存在内部正反馈的情况下使用这种方法进行自适应前馈补偿是合理的.

## 16.2  基本方程和符号

IIR(无限脉冲响应) Youla-Kučera 补偿器处于活动状态时与 AVC 系统相关的框图如图 16.1 所示. 在 15.2 节中已经给出了 AVC 系统各个通路的转换算子.

使用 Youla-Kučera 参数化, 可实现残余加速度最小化的最优 IIR 前馈补偿器, 可写作:

$$N(q^{-1}) = \frac{R(q^{-1})}{S(q^{-1})} = \frac{A_Q(q^{-1})R_0(q^{-1}) - B_Q(q^{-1})A_M(q^{-1})}{A_Q(q^{-1})S_0(q^{-1}) - B_Q(q^{-1})B_M(q^{-1})} \tag{16.1}$$

而最优多项式 $Q(q^{-1})$ 具有 IIR 结构

$$Q(q^{-1}) = \frac{B_Q(q^{-1})}{A_Q(q^{-1})} = \frac{b_0^Q + b_1^Q q^{-1} + \cdots + b_{n_{B_Q}}^Q q^{-n_{B_Q}}}{1 + a_1^Q q^{-1} + \cdots + a_{n_{A_Q}}^Q q^{-n_{A_Q}}} \tag{16.2}$$

且 $R_0(q^{-1}), S_0(q^{-1}) = 1 + q^{-1}S_0^*(q^{-1})$ 是中央 (稳定) 滤波器的多项式, 而 $A_M(q^{-1}), B_M(q^{-1})$ 在式 (15.7) 中给出.

当估计的 $Q$IIR 滤波器是线性滤波器 (估算 (适应) 期间具有恒定系数) 或 $\hat{Q}(t, q^{-1})$ 时, 由 $\hat{Q}(q^{-1})$ 或 $\hat{Q}(\hat{\theta}, q^{-1})$ 表示. 为确保最优 $Q$IIR 滤波器的完美匹配, 参数向量由式 (16.3) 表示

$$\theta^T = \left[ b_0^Q, \cdots, b_{n_{B_Q}}^Q, a_1^Q, \cdots, a_{n_{A_Q}}^Q \right] = \left[ \theta_{B_Q}^{\mathrm{T}}, \theta_{A_Q}^{\mathrm{T}} \right] \tag{16.3}$$

估计的 $\hat{Q}$IIR 滤波器的参数向量为

$$\hat{Q}(q^{-1}) = \frac{\hat{B}_Q(q^{-1})}{\hat{A}_Q(q^{-1})} = \frac{\hat{b}_0^Q + \hat{b}_1^Q q^{-1} + \cdots + \hat{b}_{n_{B_Q}}^Q q^{n_{B_Q}}}{1 + \hat{a}_1^Q q^{-1} + \cdots + \hat{a}_{n_A}^Q q^{-n_{A_Q}}} \tag{16.4}$$

由式 (16.5) 表示

$$\hat{\theta}^{\mathrm{T}} = \left[ \hat{b}_0^Q, \cdots, \hat{b}_{n_{B_Q}}^Q, \hat{a}_1^Q, \cdots, \hat{a}_{n_{A_Q}}^Q \right] = \left[ \hat{\theta}_{B_Q}^{\mathrm{T}}, \hat{\theta}_{A_Q}^{\mathrm{T}} \right] \tag{16.5}$$

前馈补偿器的输入 (也称为参考) 由 $\hat{y}(t)$ 表示. 在没有补偿回路 (开环运行) 的情况下, $\hat{y}(t) = w(t)$. 在存在补偿的情况下, 该信号是 $w(t)$ 与反向通路 $M$ 的

输出之和. 前馈补偿器的输出 (施加到次级通路的控制信号) 表示为 $\hat{u}(t+1) = \hat{u}(t+1/\hat{\theta}(t+1))$ (后验输出)[①].

对于时变参数估计, 使用 IIR YK 参数化的前馈补偿器估计的先验输出由下式给出 (通过使用 (16.1))

$$
\begin{aligned}
\hat{u}^{\circ}(t+1) = \hat{u}(t+1/\hat{\theta}(t)) &= -\hat{S}^{*}\left(t, q^{-1}\right)\hat{u}(t) + \hat{R}\left(t, q^{-1}\right)\hat{y}(t+1) \\
&= -(\hat{A}_Q\left(t, q^{-1}\right)S_0)^{*}\hat{u}(t) + \hat{A}_Q(t, q^{-1})R_0\hat{y}(t+1) \\
&\quad + \hat{B}_Q(t, q^{-1})(B_M^{*}\hat{u}(t) - A_M\hat{y}(t+1))
\end{aligned}
\tag{16.6}
$$

后验输出如下:

$$
\begin{aligned}
\hat{u}(t+1) = &-(\hat{A}_Q(t+1, q^{-1})S_0)^{*}\hat{u}(t) + \hat{A}_Q(t+1, q^{-1})R_0\hat{y}(t+1) \\
&+ \hat{B}_Q(t+1, q^{-1})(B_M^{*}\hat{u}(t) - A_M\hat{y}(t+1))
\end{aligned}
\tag{16.7}
$$

应该注意的是, 对于 FIR Youla-Kučera 的参数化情况, 通过取 $\hat{A}_Q(t, q^{-1}) \equiv 1$, 可以很容易地说明式 (16.1), 式 (16.2), 式 (16.6) 和式 (16.7).

前馈补偿器的测量输入也可以写成

$$
\hat{y}(t+1) = w(t+1) + \frac{B_M^{*}(q^{-1})}{A_M(q^{-1})}\hat{u}(t)
\tag{16.8}
$$

当激活补偿时, 主通路输出的不可测量值表示为 $x(t)$. 次级通路的先验输出将表示为 $\hat{z}^{\circ}(t+1) = \hat{z}(t+1|\hat{\theta}(t))$, 而其输入为 $\hat{u}(t)$. 其中

$$
\hat{z}^{0}(t+1) = \frac{B_G^{*}(q^{-1})}{A_G(q^{-1})}\hat{u}(t) = \frac{B_G^{*}(q^{-1})}{A_G(q^{-1})}\hat{u}(t|\hat{\theta}(t))
\tag{16.9}
$$

$\hat{\theta}(t)$ 是式 (16.5) 中给出的估计参数的向量. 测得的残余加速度 (或力) 满足下式

$$
e^{\circ}(t+1) = x(t+1) + \hat{z}^{\circ}(t+1)
\tag{16.10}
$$

先验自适应误差定义为

$$
\nu^{\circ}(t+1) = \nu(t+1|\hat{\theta}(t)) = -e^{\circ}(t+1) = -x(t+1) - \hat{z}^{\circ}(t+1)
\tag{16.11}
$$

不可测量 (但可计算) 的后验自适应误差由式 (16.12) 给出:

$$
\nu(t+1) = \nu(t+1|\hat{\theta}(t+1)) = -e(t+1) = -x(t+1) - \hat{z}(t+1)
\tag{16.12}
$$

次级通路 $\hat{z}(t+1)$(虚拟变量) 的后验输出值由式 (16.13) 给出:

$$
\hat{z}(t+1) = \hat{z}(t+1|\hat{\theta}(t+1)) = \frac{B_G^{*}(q^{-1})}{A_G(q^{-1})}\hat{u}(t|\hat{\theta}(t+1))
\tag{16.13}
$$

---

① 在自适应控制和估计中, 可以基于先前的参数估计 (先验) 或基于当前的参数估计 (后验) 来计算 $t+1$ 的预测输出.

对于常数参数为 $\nu^\circ(t) = \nu(t)$ 的补偿器, $e^\circ(t) = e(t)$, $\hat{z}^\circ(t) = \hat{z}(t)$, $\hat{u}^\circ(t) = \hat{u}(t)$.

目的是开发稳定的递归算法, 以自适应 $Q$ 滤波器的参数, 从而在特定标准意义上将测得的残余误差 (AVC 中的加速度或力, ANC 中的噪声) 最小化. 对于具有未知和可变频谱特征以及未知主通路模型的宽带扰动 $w(t)$(或 $s(t)$), 必须执行此操作.

## 16.3    算法的开发

自适应前馈 IIR YK 补偿器的算法是在与 15.3 节相同的假设下开发的, 但 (H2) 修改为:

(H2″) (完美匹配条件) 之外, 还存在一个 $Q$ 参数值, 使得[①]

$$\frac{G \cdot A_M(R_0 A_Q - A_M B_Q)}{A_Q(A_M S_0 - B_M R_0)} = -D \tag{16.14}$$

并且存在中央前馈补偿器 $N_0(R_0, S_0)$, 该补偿器使得由 $N_0$ 和 $M$ 形成的内部正反馈回路变得稳定, 并且闭环的特征多项式 (式 (16.15)) 为 Hurwitz 多项式

$$P_0(z^{-1}) = A_M(z^{-1})S_0(z^{-1}) - B_M(z^{-1})R_0(z^{-1}) \tag{16.15}$$

像标准 IIR 前馈补偿器一样, 将在这些假设下开发该算法. 之后, 可以删除假设 (H2″) 和 (H3), 并且可以在修改的上下文中分析算法.

算法开发的第一步是为固定的估计补偿器建立 $Q$ 参数上的误差 (相对于最优值) 与自适应误差 $\nu$ 之间的关系.

第 15 章中, 针对式 (15.1) —(15.9) 所描述的系统有假设 (H1) 和 (H3), 以及针对式 (16.1) 至式 (16.13) 所描述的系统有新假设 (H2), 在这个新假设下, 使用具有常数参数的 IIR Youla-Kučera 参数化前馈补偿器进行估算, 该假设如式 (16.16):

$$\nu(t+1|\hat{\theta}) = \frac{A_M(q^{-1})G(q^{-1})}{A_Q(q^{-1})P_0(q^{-1})}[\theta - \hat{\theta}]^{\mathrm{T}}\phi(t) \tag{16.16}$$

$\phi(t)$ 由式 (16.17) 给出:

$$\begin{aligned}\phi^{\mathrm{T}}(t) = \big[&\alpha(t+1), \alpha(t), \cdots, \alpha(t-n_{B_Q}+1),\\ &-\beta(t), -\beta(t-1), \cdots, -\beta(t-n_{A_Q})\big]\end{aligned} \tag{16.17}$$

式中

$$\alpha(t+1) = B_M\hat{u}(t+1) - A_M\hat{y}(t+1) = B_M^*\hat{u}(t) - A_M\hat{y}(t+1) \tag{16.18a}$$

---

[①] 在以下某些方程式中, 将省略括号 ($q^{-1}$) 或 ($z^{-1}$), 以使其更紧凑.

$$\beta(t) = S_0 \hat{u}(t) - R_0 \hat{y}(t) \tag{16.18b}$$

式 (16.16) 的推导过程见附录 D.

在本节的其余部分和下一节中, 除非另有说明, 否则将讨论具有 $QIIR$ 滤波器的 Youla-Kučera 参数化. 应当注意, 在大多数情况下, 可用 $A_Q(q^{-1}) = 1$ 和 $\hat{A}_Q(q^{-1}) = 1$ 来获得 $QFIR$ 多项式的结果.

如后所述, 与 IIR 前馈补偿器一样, 可以很方便地确保系统的稳定性以对观测向量进行滤波. 通过渐近稳定滤波器 $L(q^{-1}) = \dfrac{B_L}{A_L}$, 对向量 $\phi(t)$ 进行滤波. $\hat{\theta} =$ 常数, 式 (16.16) 变为

$$\nu(t+1|\hat{\theta}) = \frac{A_M(q^{-1})G(q^{-1})}{A_Q(q^{-1})P_0(q^{-1})L(q^{-1})}[\theta - \hat{\theta}]^{\mathrm{T}} \phi_f(t) \tag{16.19}$$

其中

$$\begin{aligned} \phi_f(t) = L(q^{-1})\phi(t) = \big[&\alpha_f(t+1), \cdots, \alpha_f(t - n_{B_Q} + 1), \\ &\beta_f(t), \beta_f(t-1), \cdots, \beta_f(t - n_{A_Q})\big] \end{aligned} \tag{16.20}$$

式中 $\alpha_f(t+1) = L(q^{-1})\alpha(t+1)$, $\beta_f(t) = L(q^{-1})\beta(t)$.

式 (16.19) 将用于开发自适应算法. 当 $\hat{\theta}$ 的参数随时间变化而忽略时变算符的非交换性时, 式 (16.19) 转化为[①]

$$\nu(t+1|\hat{\theta}(t+1)) = \frac{A_M(q^{-1})G(q^{-1})}{A_Q(q^{-1})P_0(q^{-1})L(q^{-1})}[\theta - \hat{\theta}(t+1)]^{\mathrm{T}} \phi_f(t) \tag{16.21}$$

式 (16.21) 具有第 3 章[3]中给出的后验自适应误差的标准格式, 建议使用以下 PAA:

$$\hat{\theta}(t+1) = \hat{\theta}(t) + F(t)\Phi(t)\nu(t+1) \tag{16.22}$$

$$\nu(t+1) = \frac{\nu^{\circ}(t+1)}{1 + \Phi^{\mathrm{T}}(t)F(t)\Phi(t)} \tag{16.23}$$

$$F(t+1) = \frac{1}{\lambda_1(t)}\left[F(t) - \frac{F(t)\Phi(t)\Phi^{\mathrm{T}}(t)F(t)}{\dfrac{\lambda_1(t)}{\lambda_2(t)} + \Phi^{\mathrm{T}}(t)F(t)\Phi(t)}\right] \tag{16.24}$$

$$1 \geqslant \lambda_1(t) > 0; \quad 0 \leqslant \lambda_2(t) < 2; \quad F(0) > 0 \tag{16.25}$$

$$\Phi(t) = \phi_f(t) \tag{16.26}$$

---

① 不过, 可以考虑时变算子的非可交换性来开发精确的算法, 参见 [3].

其中 $\lambda_1(t)$ 和 $\lambda_2(t)$ 能够获得自适应增益 $F(t)$ 的各种曲线 (请参见 4.3.4 节), 以便在自适应机制下运行 (自适应增益矩阵的迹严格为正最小值) 或自调谐机制 (增益自适应降低, 自适应增益矩阵的轨迹渐近地变为零). 取 $\lambda_2(t) \equiv 0$ 和 $\lambda_1(t) \equiv 1$, 得到一个常数自适应增益矩阵, 选择 $F = \gamma I$, $\gamma > 0$ 则得到标量自适应增益.

将考虑几种滤波器 $L$, 从而产生不同的算法[1].

算法 I: $\qquad\qquad L = G$

算法 IIa (FUPLR): $\qquad L = \hat{G}$

算法 IIb: $\qquad\qquad L = \dfrac{\hat{A}_M}{\hat{P}_0}\hat{G}$

$$\hat{P}_0 = \hat{A}_M S_0 - \hat{B}_M R_0 \tag{16.27}$$

算法 III (FUSBA):

$$L = \frac{\hat{A}_M}{\hat{P}}\hat{G} \tag{16.28}$$

与

$$\hat{P} = \hat{A}_Q \left(\hat{A}_M S_0 - \hat{B}_M R_0\right) = \hat{A}_Q \hat{P}_0 \tag{16.29}$$

式中, $\hat{A}_Q$ 是根据滤波器 $\hat{Q}$ 的参数的可用估计值计算出的理想 $QIIR$ 滤波器的分母的估计值. 对于算法 III, 可以考虑几种更新 $\hat{A}_Q$ 的方法:

• 运行算法 IIa 或 IIb 一定时间以获得 $\hat{A}_Q$ 的估计值;

• 运行仿真模型 (使用辨识出的模型);

• 每个采样时刻更新 $\hat{A}_Q$, 或者不时地使用算法 III 更新 (在使用算法 IIa 或 IIb 进行短暂初始化之后)

当使用 FIR YK 结构 $\hat{A}_Q \equiv 1$ 时, 算法 III 的实现要简单得多, 因为 $\hat{P} = \hat{P}_0$ 是常数, 并且一旦设计了中央控制器就能得到 $\hat{P}_0$.

对于自适应或自调谐运行, 在每个采样时间执行以下步骤:

(1) 得到扰动 $\hat{y}(t+1)$ 的测量图像, 测得残余误差 $e°(t+1)$ 并计算 $\nu°(t+1) = -e°(t+1)$.

(2) 使用式 (16.17) 和式 (16.20) 计算 $\varphi(t)$ 和 $\varphi_f(t)$.

(3) 使用参数自适应算法式 (16.22) 至式 (16.26) 估计参数向量 $\hat{\theta}(t+1)$.

(4) 使用 (16.7) 计算控制器, 并应用该控制器:

$$\hat{u}(t+1) = -\left(\hat{A}_Q\left(t+1,q^{-1}\right)S_0\right)^* \hat{u}(t) + \hat{A}_Q\left(t+1,q^{-1}\right)R_0\hat{y}(t+1)$$
$$+ \hat{B}_Q\left(t+1,q^{-1}\right)\left(B_M^*\hat{u}(t) - A_M\hat{y}(t+1)\right) \tag{16.30}$$

---

[1] 在实践中, 人们无法使用算法 I, 因为未知次级通路的实际模型, 相反, 可以使用算法 II 对次级通路模型进行估算.

# 16.4　算法的分析

## 16.4.1　完美匹配的案例

### 算法的稳定性

对于算法 I, IIa, IIb 和 III, 后验自适应误差的方程式为

$$\nu(t+1) = H(q^{-1})[\theta - \hat{\theta}(t+1)]^{\mathrm{T}}\Phi(t) \tag{16.31}$$

式中

$$H(q^{-1}) = \frac{A_M(q^{-1})G(q^{-1})}{A_Q(q^{-1})P_0(q^{-1})L(q^{-1})}, \quad \Phi = \phi_f \tag{16.32}$$

公式 (16.31) 具有第 4 章中考虑的标准形式, 因此忽略了时变算子的不可交换性, 可以得出结论: 对于所有初始条件 $\hat{\theta}(0), \nu^\circ(0), F(0)$, 只要

$$H'(z^{-1}) = H(z^{-1}) - \frac{\lambda_2}{2}, \quad \max_t [\lambda_2(t)] \leqslant \lambda_2 < 2 \tag{16.33}$$

是 SPR 传递函数, 系统都是渐近稳定的.

考虑到在这种情况下式 (16.32) 中的 $A_Q=1$, 对于 FIR Youla-Kučera 自适应补偿器, 可以将这一结果具体化.

**备注 1**　使用算法 III 并考虑式 (16.28), 可以将 $\lambda_2=1$ 的稳定性条件转换为[4,5]:

对于所有 $\omega$,

$$\left| \left( \frac{A_M}{\hat{A}_M} \cdot \frac{\hat{A}_Q}{A_Q} \cdot \frac{\hat{P}_0}{P_0} \cdot \frac{G}{\hat{G}} \right)^{-1} - 1 \right| < 1 \tag{16.34}$$

这意味着只要 $A_M, A_Q, P_0$ 和 $G$ 的估计值接近真实值 (即 $H(e^{-j\omega})$ 接近单位传递函数), 该式就始终成立.

### 测量噪声的影响

这种情况类似于标准 IIR 自适应前馈补偿器所遇到的情况, 并且结果相似. 前馈补偿器的估计参数将收敛到与无噪声情况相同的值.

## 16.4.2　非完美匹配的情况

如果 $\hat{Q}(t, q^{-1})$ 没有合适的维数, 就没有机会满足理想匹配条件. 在这种情况下, 有两个问题值得关注:

(1) 残差的有界性.

(2) 频域中的偏差分布.

对于第一点, 答案与 IIR 自适应前馈补偿器相同 (请参见第 15 章), 即在 15.4.2 节中给出的类似条件下, 残余误差将受到限制.

**偏差分布**

遵循与 15.4.2 节中相同的途径. 引用式 (16.14), 偏差分布 (对于算法 III) 将由下式给出:

$$\hat{\theta}^* = \arg \min_{\hat{\theta}} \int_{-\pi}^{\pi} \left[ \left| D\left(e^{-j\omega}\right) + \frac{\hat{N}\left(e^{-j\omega}\right) G\left(e^{-j\omega}\right)}{1 - \hat{N}\left(e^{-j\omega}\right) M\left(e^{-j\omega}\right)} \right|^2 \phi_w(\omega) + \phi_\eta(\omega) \right] d\omega \tag{16.35}$$

其中 $\phi_w$ 和 $\phi_\eta$ 是扰动 $w(t)$ 和测量噪声的频谱密度. 考虑到式 (16.14), 可得

$$\hat{\theta}^* = \arg \min_{\hat{\theta}} \int_{-\pi}^{\pi} \left[ \left| \frac{G A_M^2}{P_0} \right|^2 \left| \frac{B_Q}{A_Q} - \frac{\hat{B}_Q}{\hat{A}_Q} \right|^2 \phi_w(\omega) + \phi_\eta(\omega) \right] d\omega \tag{16.36}$$

从式 (C.16) 中可以得出结论, 在 $\phi_w$ 显著且 $G$ 具有高增益的频率区域中将获得 $Q$ 滤波器的良好近似结果 (通常 $G$ 在 $\phi_w$ 显著的频率区域中应具有高增益以抵消 $w(t)$ 的影响). 然而, 传递函数 $\dfrac{G A_M^2}{P_0}$ 也将影响估计 $\hat{\theta}$ 滤波器的质量.

### 16.4.3 放宽正实条件

与 IIR 自适应前馈补偿器一样, 如果使用相对较小的自适应增益 (缓慢自适应), 则可以放宽对于稳定性 (和收敛性) 的严格正实条件. 只要与观测向量关联的加权能量平均为正, 则该算法通常会起作用, 这实际上允许在某些有限的频率区域中违反 SPR 条件. 参见 15.4.3 节中的分析.

观察到, 尽管满足条件式 (15.52) 会确保系统的稳定性, 但在违反正实条件式 (16.33) 的频率区域中衰减不是很好.

毫无疑问, 放松 SPR 条件的最优方法是使用算法 III (在式 (16.28) 中给出) 而不是算法 IIa 或算法 IIb. 这是由式 (16.34) 促成的. 如试验所示, 该算法可提供最优结果.

### 16.4.4 算法总结

表 16.1 总结了第 15 章和本章中介绍的算法的结构、算法的稳定性和收敛条件, 以及 IIR Youla-Kučera 前馈补偿器, FIR Youla-Kučera 前馈补偿器和 IIR 自适应前馈补偿器的矩阵和标量自适应增益. 这些算法的原始参考来自文献 [2,6,7]. 这些算法还考虑了内部正反馈.

表 16.1　机械耦合 AVC 中自适应前馈补偿算法的比较

| | IIR YK(本章) | FIR YK(16 章,[1]) | IIR(15 章,[7]) | IIR YK | FIR YK | IIR(FUSBA) |
|---|---|---|---|---|---|---|
| $\hat{\theta}(t+1) =$ | | 矩阵自适应增益 $\hat{\theta}(t) + F(t)\psi(t)\dfrac{\nu^o(t+1)}{1+\psi^T(t)F(t)\psi(t)}$ | | | 标量自适应增益 $\hat{\theta}(t) + \gamma(t)\psi(t)\dfrac{\nu^o(t+1)}{1+\gamma(t)\psi^T(t)\psi(t)}$ | |
| 自适应增益 | | $F(t+1)^{-1} = \lambda_1(t)F(t) + \lambda_2(t)\psi(t)\psi^T(t)$ $0 \leqslant \lambda_1(t) < 1,\ 0 \leqslant \lambda_2(t) < 2,\ F(0) > 0$ | | | $\gamma(t) > 0$ | |
| 自适应 | | 递减增益和常数迹 | | | $\gamma(t) = \gamma = $ 常数 | |
| 自调谐 | | $\lambda_2 = $ 常数,$\displaystyle\lim_{t\to\infty}\lambda_1(t) = 1$ | | | $\lambda_2 = $ 常数 $\displaystyle\sum_{t=1}^{\infty}\gamma(t) = \infty,\ \lim_{t\to\infty}\gamma(t) = 0$ | |
| $\hat{\theta}(t) =$ | $[\hat{b}_0^Q,\cdots,\beta(t),\cdots]$ | $[\hat{b}_0^Q,\cdots]$ | $[-\hat{s}_1(t),\cdots,\hat{r}_0(t),\cdots]$ | $[\hat{b}_0^Q,\cdots,\hat{a}_1^Q,\cdots]$ | $[\hat{b}_0^Q,\cdots]$ | $[-\hat{s}_1(t),\cdots,\hat{r}_0(t),\cdots]$ |
| $\phi^T(t) =$ | $[\alpha(t+1),\cdots,\beta(t),\cdots]$ $\alpha(t) = B_M\hat{u}(t)$ $-A_M\hat{y}(t)$ $\beta(t) = R_0\hat{y}(t) - S_0\hat{u}(t)$ | $[\alpha(t+1),\cdots]$ $\alpha(t) = B_M\hat{u}(t)$ $-A_M\hat{y}(t)$ | $[-\hat{u}(t),\cdots,$ $\hat{y}(t+1),\cdots]$ | $[\alpha(t+1),\cdots,$ $\beta(t),\cdots]$ $\alpha(t) = B_M\hat{u}(t)$ $-A_M\hat{y}(t)$ $\beta(t) = R_0\hat{y}(t)$ $-S_0\hat{u}(t)$ | $[\alpha(t+1),\cdots]$ $\alpha(t) = B_M\hat{u}(t)$ $-A_M\hat{y}(t)$ | $[-\hat{u}(t),\cdots,$ $\hat{y}(t+1),\cdots]$ |
| $\hat{P} =$ | $\hat{A}_Q(\hat{A}_M S_0 - \hat{B}_M R_0)$ | $\hat{A}_M\hat{S} - \hat{B}_M\hat{R}$ | $\hat{A}_M\hat{S} - \hat{B}_M\hat{R}$ | $\hat{A}_Q(\hat{A}_M S_0 - \hat{B}_M R_0)$ | $\hat{A}_M S_0 - \hat{B}_M R_0$ | $\hat{A}_M\hat{S} - \hat{B}_M\hat{R}$ |
| $P =$ | $A_Q(A_M S_0 - B_M R_0)$ | $A_M S_0 - B_M R_0$ | $A_M\hat{S} - B_M\hat{R}$ | $A_Q(A_M S_0 - B_M R_0)$ | $A_M S_0 - B_M R_0$ | $A_M\hat{S} - B_M\hat{R}$ |
| $\psi(t)$ | $L\phi(t); L_2 = \hat{G}; L_3 = \dfrac{\hat{A}_M\hat{G}}{\hat{P}}$ | $L\phi(t); L_2 = \hat{G}; L_3 = \dfrac{\hat{A}_M\hat{G}}{\hat{P}}$ | | | $L\phi(t); L_2 = \hat{G}; L_3 = \dfrac{\hat{A}_M\hat{G}}{\hat{P}}$ | |
| 稳定性条件 | $\dfrac{A_M G}{PL} - \dfrac{\lambda}{2} = \text{SPR}(\lambda = \max \lambda_2(t))$ | $\dfrac{A_M G}{PL} - \dfrac{\lambda}{2} = \text{SPR}(\lambda = \lambda_2)$ | | | $\dfrac{A_M G}{PL} = \text{SPR}$ | |
| 凸条件 | $\dfrac{A_M G}{PL} = \text{SPR}$ | $\dfrac{A_M G}{PL} = \text{SPR}$ | | | $\dfrac{A_M G}{PL} = \text{SPR}$ | |

表 16.1 不可能给出自适应增益的所有选项. 不过, 已经提供了自适应运行 (自适应增益不消失) 和自调谐运行 (自适应增益消失) 的基本特征①.

可以使用 U-D 分解实现参数自适应算法 (请参阅附录 B)[3]②.

# 16.5 试 验 结 果

试验验证使用了与第 15 章相同的主动分布柔性机械结构. 第 6 章详细介绍了系统的辨识.

## 16.5.1 中央控制器和比较目标

两个中央控制器已用于测试 IIR YK 自适应前馈补偿器. 第一个 (PP) 使用针对正反馈系统情况调整的极点配置方法设计而成. 其主要目的是稳定内部正反馈环路. 最终得到一个阶次为 $n_{R_0}$=15 且 $n_{S_0}$=17 的控制器. 第二个 ($H_\infty$) 是降阶 $H_\infty$ 控制器, 其中 $n_{R_0}$=19, $n_{S_0}$=20, 见参考文献 [9]③. 必须知道主通路和扰动的 PSD(这对于 PP 控制器的设计不是必需的).

$H_\infty$ 控制器可确保实现 14.70dB 的全局衰减, 而 PP 控制器仅可实现 4.61dB.

## 16.5.2 使用矩阵自适应增益抑制宽带扰动

在本小节中, 为评估使用表 16.1 的第 2 列带有 IIR 滤波器的 Youla-Kučera 算法和第 3 列中带有 FIR 滤波器的 Youla-Kučera 算法对宽带扰动抑制能力, 与第 4 列中 IIR 算法进行了比较 (另请参见 [7]). 对于大多数试验, IIR YK 滤波器的复杂度分别为 $n_{BQ}$=3 和 $n_{AQ}$=8, 因此, 根据式 (16.2), 自适应算法中有 12 个参数. 对于 FIR YK 参数化, 已使用 $n_{BQ}$=31 且 $n_{AQ}$=0(32 个参数) 的自适应滤波器. 这些值无法用于验证 "完美匹配条件".

可以考虑两种运行模式: 自适应运行和自调谐运行.

受篇幅所限, 仅介绍自适应运行的试验结果. 降低自适应增益 ($\lambda_1(t)$, $\lambda_2(t) = 1$) 并结合常数迹自适应增益, 从而用到了算法 IIa 和 III. 对于 IIR YK, 从 0.02 的初始增益 (初始迹 = 初始增益 × 可调参数的数量, 因此为 0.24) 开始, 并使用 0.02 的常数迹实现了自适应. 对于 FIR YK, 使用 0.05 的初始增益 (初始迹 0.05×32 = 1.6) 和 0.1 的常数迹实现自适应.

通过先施加扰动, 然后在 50s 之后开始自适应前馈补偿来进行试验. 除非另有说明, 否则将使用 $H_\infty$ 中央控制器获得的结果. 在使用算法 III 进行 IIR YK 参数化的情况下, 对回归变量进行自适应滤波. 式 (16.29) 中使用了 $A_Q(q^{-1})$ 的最

---

① 随机环境中的收敛分析只能用于消除自适应增益.
② 也可以考虑 [8] 中的数组实现.
③ 初始 $H_\infty$ 控制器的阶为: $n_{R_{H_\infty}} = 70$ 和 $n_{S_{H_\infty}} = 70$.

后稳定估计.

采用 IIR YK 和算法 IIa 和算法 III 的时域结果, 分别如图 16.2 和图 16.3 所示. 可以看出, 算法 III 达到了比算法 IIa 更好的性能. 这一结果可用其所具备的更好的近似正实条件来解释 (请参见 16.4.3 节中的讨论). 使用算法 III[6] 的 FIR YK 自适应补偿器, 其残余加速度的变化情况如图 16.4 所示.

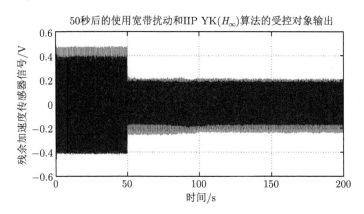

图 16.2　使用具有矩阵自适应增益的算法 IIa 和 $H_\infty$ 中央控制器并通过 IIR YK 参数化
($n_{B_Q} = 3$, $n_{A_Q} = 8$) 获得的实时残余加速度

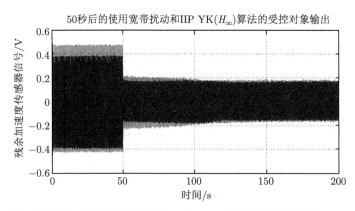

图 16.3　使用带有矩阵自适应增益的算法 III 和 $H_\infty$ 中央控制器并通过 IIR YK 参数化
($n_{B_Q} = 3$, $n_{A_Q} = 8$) 获得的实时残余加速度

在完成自适应瞬变之后, 所选用的算法的残余加速度的功率谱密度如图 16.5 所示. 使用算法 III 的 IIR YK 产生的最终衰减 (16.21dB) 优于使用算法 IIa 的 IIR YK 产生的最终衰减 (13.37dB), 略好于使用算法 III 的 IIR YK 产生的最终衰减 (16.17dB). 虽然使用算法 III 的 FIR YK 有更多的可调参数 (32 个而不是 12 个), 对 FIR YK 而言, 适应瞬变的过程还是略微快了一点.

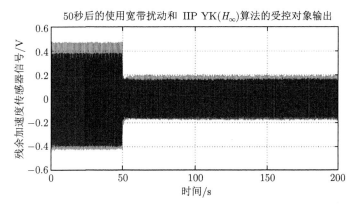

图 16.4 使用具有矩阵自适应增益的算法 III 和 $H_\infty$ 中央控制器并通过 FIR YK 参数化 $(n_Q = 31)$ 获得的实时结果

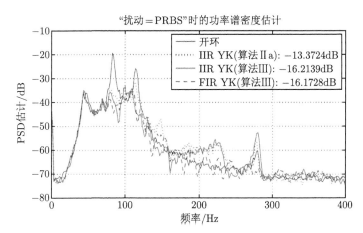

图 16.5 使用 $H_\infty$ 中央控制器的 IIR YK$(n_{B_Q} = 3,\ n_{A_Q} = 8)$ 和 FIR YK$(n_Q = 31)$ 开环下残余加速度的功率谱密度 (扫描封底二维码见彩图)

评估每种算法的参数数量对全局衰减的影响, 结果如表 16.2 所示. 每行给出特定算法 (IIR/FIR YK/IIR YK) 的全局衰减结果. 还为 Youla-Kučera 参数化滤波器指定了中央控制器. 全局衰减值的单位为 dB. 每列的首行给出了系数的数量.

表 16.2 参数数量对全局衰减的影响

| 总数 | 0 | 8 | 16 | 32 | 40 |
|---|---|---|---|---|---|
| IIR/dB | — | | | 16.49 | 16.89 |
| FIR YK/$H_\infty$/dB | 14.70 | 15.40 | 15.60 | 16.52 | 16.03 |
| FIR YK/PP/dB | 4.61 | 14.69 | 15.89 | 15.7 | 15.33 |
| IIR YK/$H_\infty$/dB | 14.70 | 16.53 | 16.47 | | |
| IIR YK/PP/dB | 4.61 | 15.53 | 16.21 | | |

　　结果说明, 达到相似的性能水平时, 采用 IIR YK/$H_\infty$ 所用可调整参数的数量比采用 FIR YK/$H_\infty$ 和 IIR 自适应前馈补偿器所用的数量至少减少为原来的 1/2. 比较有 8 个参数的 IIR YK/$H_\infty$ 与有 16 个参数的 FIR YK/$H_\infty$, 以及有 16 个参数的 IIR YK/$H_\infty$ 与有 32 个参数的 FIR YK/$H_\infty$ 和 IIR, 可以注意到, 从基于模型的中央控制器的性能来看, IIR YK/$H_\infty$ 不如 FIR YK/$H_\infty$ 敏感.

　　为了验证两种参数化方法 (FIR YK 和 IIR YK) 对于扰动特性变化的自适应能力, 在 1400s 试验后添加了 150Hz 正弦信号的窄带扰动. IIR YK 参数化的功率谱密度估计值如图 16.6 所示, FIR YK 参数化的功率谱密度估计值如图 16.7 所示. 结果表明, IIR YK 参数化可以获得更好的结果, 并且与使用 IIR 自适应前馈补偿器获得的结果相当 (请参见图 15.10).

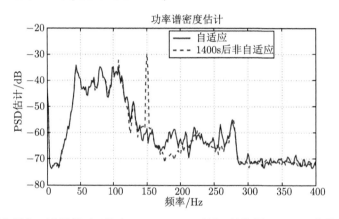

图 16.6　当添加附加正弦波扰动 (扰动 =PRBS+ 正弦波) 并使用 IIR YK 参数化时的残余加速度的功率谱密度

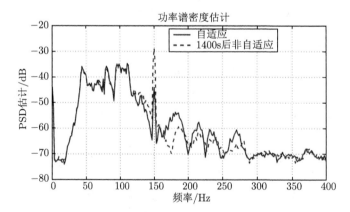

图 16.7　当添加附加正弦波扰动 (扰动 =PRBS+ 正弦波) 并使用 FIR YK 参数化时的残余加速度的功率谱密度

### 16.5.3 使用标量自适应增益抑制宽带扰动

在 AVC 系统上，对表 16.1 第 5 和 6 列中给出的标量自适应增益的 IIR YK 和 FIR YK 算法进行了测试.

在自适应机制中，两个参数化方法都使用了 0.001 的常数自适应增益，如文献 [7] 所述 (另见表 16.1). 对于 IIR YK，这对应于 0.012 的常数迹; 对于 FIR YK，这对应于 0.032 的常数迹 (考虑所用适配参数的数量). 使用算法 III 的 IIR YK 参数化的标量自适应瞬变情况如图 16.8 所示. 令人惊讶的是, 其性能接近了采用矩阵自适应增益所获得的性能 (在文献 [7] 的图 14 中能观察到类似的情况). 图 16.9 显示了使用标量自适应增益进行 FIR YK 参数化的自适应瞬态情况. 可以看出, IIR YK 的瞬态性能稍好一些.

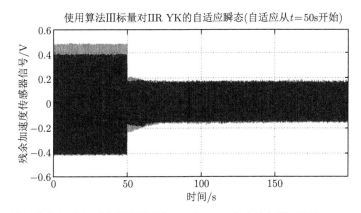

图 16.8 使用带有标量自适应增益的算法 III 和 $H_\infty$ 中央控制器, 通过 IIR YK 参数化 $(n_{B_Q} = 3, n_{A_Q} = 8)$ 获得的实时残余加速度

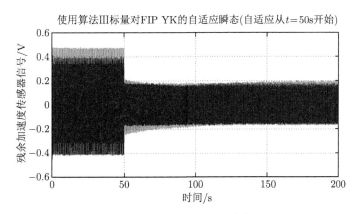

图 16.9 使用具有标量自适应增益的算法 III 和 $H_\infty$ 中央控制器通过 FIR YK 参数化 $(n_Q = 31)$ 获得的实时残余加速度

就全局衰减而言, 有 12 个参数 ($n_{BQ}=3$, $n_{AQ}=8$) 的 IIR YK 前馈补偿器的全局衰减为 16.45dB, 有 32 个参数 ($n_Q=31$) 的 FIR YK 前馈补偿器的全局衰减为 15.92dB. 当使用 IIR YK 前馈补偿器时, 在性能相同的情况下, 可调整参数的数量明显减少, 如果将 IIR YK 前馈补偿器与 IIR 前馈补偿器 (具有标量自适应增益) 进行比较, 同样适用. 见第 15 章和文献 [2,7].

# 16.6 算法的比较

**可调参数数量**

与 FIR YK 自适应补偿器相比, IIR YK 自适应前馈补偿器的主要优势在于, 对于给定的性能水平, 它们需要的可调参数数量要少得多 (在所提及的应用中减为原来的 1/2). 毫无疑问, 从实施的复杂性来看, 这是它在实际应用中的主要优势. IIR 自适应前馈补偿器的可调参数的数量也略有减少.

**内部正闭环的极点**

对于 IIR 自适应前馈补偿器, 只要满足稳定性的 SPR 条件, 内部正反馈回路的极点将渐近稳定, 可以非常接近单位圆. 对于 FIR YK, 内部正反馈回路的极点由中央稳定控制器分配, 并且在自适应作用下保持不变. 对于 IIR YK, 内部正反馈回路的部分极点由中央稳定控制器分配, 但是还有对应于 $\hat{A}_Q$ 的其他极点. 如果满足稳定的正实条件, 则这些极点将逐渐接近单位圆内, 但如果条件不满足, 这些极点也会非常接近单位圆 (至少理论上如此). 然而, 如果想要将这些极点强行加到一定半径的圆内, 则可以通过使用带有 "投影" 的参数自适应算法轻松实现[3,10].

**算法 III 滤波器的实现**

对于 IIR YK 自适应补偿器, 必须在短时间范围内首先运行算法 IIa 或算法 IIb, 以便获得用于实施适当滤波器的 $\hat{A}_Q$ 的估计值. 使用 IIR 自适应补偿器也必须经过类似的过程 (请参见第 15 章和文献 [7]). 对于 IIR YK 结构, 可以在每一次更新滤波器的 $\hat{A}_Q$ 估计值时不断改进滤波器. 每一次计算估计的闭环极点时, 都必须基于前馈补偿器参数的当前估计值和反向通路 $M(q^{-1})$ 的信息, 因此, 这种方法很难应用于 IIR 结构. 对于 FIR YK, 内部正反馈回路的极点在自适应作用下保持不变, 并且通过中央稳定补偿器和反向通路模型的知识可以提供良好的估计, 因此, 这样的初始化过程不是必需的.

**基于模型的初始设计补偿器**

由于可以辨识系统以及扰动的初始特征, 因此可以进行基于模型的初始前馈补偿器设计. 对于 FIR YK 或 IIR YK 自适应前馈补偿器, 任何基于模型的设计补偿器都可以用作中央控制器 (无论其尺寸如何). 通过调整 $Q$ 参数可以提高其性能. 但是, 对于 IIR 自适应前馈补偿器, 基于初始模型的设计补偿器应具有与自适应结构相同的结构, 即参数数量.

**初始稳定控制器的影响**

就基于初始模型的稳定控制器的性能而言, IIR YK 自适应补偿器的性能不如 FIR YK 自适应补偿器敏感.

# 16.7 结 束 语

· 将内部正反馈回路的稳定与前馈补偿器参数的优化相分离, 可以证明当存在内部正反馈时使用 Youla-Kučera 参数化进行自适应前馈补偿是合理的.

· IIR 或 FIR Youla-Kučera 结构可用于前馈补偿器.

· IIR Youla-Kučera 补偿器的结构使 FIR Youla-Kučera 前馈补偿器和 IIR 前馈补偿器的可调参数数量最少.

· 前馈补偿器的 Youla-Kučera 结构允许使用任意数量的中央控制器, 且与可调参数的数量无关.

# 16.8 注释和参考资料

文献 [11] 讨论了 Youla-Kučera 参数化的基础. 文献 [12] 介绍了使用 Youla-Kučera 参数化的线性前馈补偿器. 文献 [13] 考虑了使用正交基函数的 Youla-Kučera 自适应前馈补偿器. 文献 [14] 给出了正交基函数.

## 参 考 文 献

[1] Landau ID, Airimitoaie TB, Alma M (2012) A Youla-Kučera parametrized adaptive feedforward compensator for active vibration control with mechanical coupling. Automatica 48(9): 2152-2158. doi: 10.1016/j.automatica.2012.05.066. http://www.sciencedirect.com/science/article/pii/S0005109812002397

[2] Landau ID, Airimitoaie TB, Alma M (2013) IIR Youla-Kučera parameterized adaptive feedforward compensators for active vibration control with mechanical coupling. IEEE Trans Control Syst Technol 21(3): 765-779

[3] Landau ID, Lozano R, M'Saad M, Karimi A (2011) Adaptive control, 2nd edn. Springer, London

[4] Ljung L, Söderström T (1983) Theory and practice of recursive identification. The MIT Press, Cambridge

[5] Ljung L (1977) On positive real transfer functions and the convergence of some recursive schemes. IEEE Trans Autom Control AC-22: 539-551 References 369

[6]　Landau I, Airimitoaie T, Alma M (2011) A Youla-Kučera parametrized adaptive feed-forward compensator for active vibration control. In: Proceedings of the 18th IFAC world congress, Milano, Italy, pp 3427-3432

[7]　Landau I, Alma M, Airimitoaie T (2011) Adaptive feedforward compensation algorithms for active vibration control with mechanical coupling. Automatica 47(10): 2185-2196. doi: 10. 1016/j.automatica.2011.08.015

[8]　Montazeri P, Poshtan J (2010) A computationally efficient adaptive IIR solution to active noise and vibration control systems. IEEE Trans Autom Control AC-55: 2671-2676

[9]　Alma M, Martinez J, Landau I, Buche G (2012) Design and tuning of reduced order H∞ feedforward compensators for active vibration control. IEEE Trans Control Syst Technol 20(2): 554-561. doi: 10.1109/TCST.2011.2119485

[10]　Goodwin G, Sin K (1984) Adaptive filtering prediction and control. Prentice Hall, New Jersy

[11]　Anderson B (1998) From Youla-Kučera to identification, adaptive and nonlinear control. Automatica 34(12): 1485-1506. doi: 10.1016/S0005-1098(98)80002-2. http://www.sciencedirect.com/science/article/pii/S0005109898800022

[12]　Tay TT, Mareels IMY, Moore JB (1997) High performance control. Birkhäuser, Boston

[13]　Zeng J, de Callafon R (2006) Recursive filter estimation for feedforward noise cancellation with acoustic coupling. J Sound Vib 291(3-5): 1061-1079. doi: 10.1016/j.jsv.2005.07.016

[14]　Heuberger P, Van den Hof P, Bosgra O (1995) A generalized orthonormal basis for linear dynamical systems. IEEE Trans Autom Control 40(3): 451-465. doi: 10.1109/9.376057

# 第六篇
# 附　　录

# 附录 A  广义稳定性裕度和两个传递函数之间的归一化距离

## A.1  广义稳定性裕度

在 7.2.4 节中, 引入了模量裕度. 它对应于开环传递函数的奈奎斯特图和临界点 $(-1, j0)$ 之间的最小距离. 模量裕度的表达式为

$$\Delta M = \left( \left| S_{yp}(e^{-j\omega}) \right|_{\max_\omega} \right)^{-1} = \left\| S_{yp}(e^{-j\omega}) \right\|_\infty^{-1}, \quad \forall 0 \leqslant \omega \leqslant \pi f_s \tag{A.1}$$

闭环系统的稳定性要求所有灵敏度函数都是渐近稳定的. 此外, 在 7.2.5 节中表明, 受控对象模型所能允许的不确定性取决于灵敏度函数. 更具体地说, 随着各种灵敏度函数的模量最大值的增加, 所允许的不确定性也会减小.

可能会问, 同时考虑到所有四个灵敏度函数, 是否有可能对闭环系统的稳定性裕度及其鲁棒性进行全局表征. 这个问题可以看作模量裕度的推广.

控制器可表示为

$$K = \frac{R(z^{-1})}{S(z^{-1})} \tag{A.2}$$

受控对象的传递函数可表示为

$$G = \frac{z^{-d} B(z^{-1})}{A(z^{-1})} \tag{A.3}$$

为闭环系统 $(K, G)$ 定义灵敏度函数矩阵 $(z = e^{j\omega})$

$$T(j\omega) = \left[ \begin{array}{cc} S_{yr}(e^{-j\omega}) & S_{yv}(e^{-j\omega}) \\ -S_{up}(e^{-j\omega}) & S_{yp}(e^{-j\omega}) \end{array} \right] \tag{A.4}$$

式中 $S_{yr}$, $S_{yv}$, $S_{yp}$ 和 $S_{up}$ 分别表示为

- 互补灵敏度函数 $S_{yr}$

$$S_{yr}(z^{-1}) = \frac{KG}{1 + KG} = \frac{z^{-d} B(z^{-1}) R(z^{-1})}{P(z^{-1})}$$

- 输入扰动-输出灵敏度函数 $S_{yv}$

$$S_{yv}(z^{-1}) = \frac{G}{1+KG} = \frac{z^{-d}B(z^{-1})S(z^{-1})}{P(z^{-1})}$$

- 输出灵敏度函数 $S_{yp}$

$$S_{yp}(z^{-1}) = \frac{1}{1+KG} = \frac{A(z^{-1})S(z^{-1})}{P(z^{-1})}$$

- 输入灵敏度函数 $S_{up}$

$$S_{up}(z^{-1}) = -\frac{K}{1+KG} = -\frac{A(z^{-1})R(z^{-1})}{P(z^{-1})}$$

式中

$$P(z^{-1}) = A(z^{-1})S(z^{-1}) + z^{-d}B(z^{-1})R(z^{-1}) \tag{A.5}$$

定义了闭环的极点.

与模量裕度相似, 将广义稳定性裕度定义为

$$b(K,G) = \begin{cases} \left(\left|T(e^{-j\omega})\right|_{\max\limits_{\omega}}\right)^{-1} = \|T(e^{-j\omega})\|_{\infty}^{-1}, & (K,G) \text{ 稳定} \\ 0, & (K,G) \text{ 不稳定} \end{cases} \tag{A.6}$$

式中

$$\left|T(e^{-j\omega})\right|_{\max\limits_{\omega}} = \left|\overline{\sigma}(e^{-j\omega})\right|_{\max\limits_{\omega}} = \left\|T(e^{-j\omega})\right\|_{\infty}, \quad \forall \omega \in [0, \pi f_s] \tag{A.7}$$

在等式 (A.7) 中, $\overline{\sigma}(e^{-j\omega})$ 是对 $T(e^{-j\omega})$ 使用奇异值分解[1,2]计算出的最大奇异值.

可以使用工具箱 REDUC®[3]①中的 smarg.m 函数来计算广义稳定性裕度.

随着 $b(K,G)$ 的值减小, 闭环系统将接近不稳定, 并且相对于受控对象名义传递函数的变化 (或不确定性) 而言, 其鲁棒性将减弱.

## A.2　两个传递函数之间的归一化距离

以传递函数 $G$ 为例. $n_{z_i}$ 表示不稳定零点的数量, $n_{p_i}$ 表示不稳定极点的数量. 复平面原点的环绕数由下式给出

$$\text{wno}(G) = n_{z_i}(G) - n_{p_i}(G) \tag{A.8}$$

---

① 可从本书网站下载.

(正值 = 逆时针旋转; 负值 = 顺时针旋转). 仅当两个传递函数 $G_1$ 和 $G_2$ 满足以下性质时, 才可以比较它们:

$$\mathrm{wno}(1 + G_2^* G_1) + n_{p_i}(G_1) - n_{p_i}(G_2) - n_{p_1}(G_2) = 0 \tag{A.9}$$

式中 $G_2^*$ 是 $G_2$ 的复共轭, 而 $n_{p_1}(G_2)$ 是位于单位圆上的 $G_2$ 的极点数[①].

满足方程式 A.9 性质的两个传递函数之间的归一化距离称为 Vinnicombe 距离或 $\nu$ 距离[4].

定义两个传递函数 $G_1(e^{-j\omega})$ 和 $G_2(e^{-j\omega})$ 之间的归一化误差

$$\Psi(G_1(e^{-j\omega}), G_2(e^{-j\omega})) = \frac{G_1(e^{-j\omega}) - G_2(e^{-j\omega})}{(1 + |G_1(e^{-j\omega})|^2)^{\frac{1}{2}}(1 + |G_2(e^{-j\omega})|^2)^{\frac{1}{2}}} \tag{A.10}$$

归一化距离 (Vinnicombe 距离) 定义为

$$\delta_\nu(G_1, G_2) = |\Psi(G_1, G_2)|_{\max_\omega} = \|\Psi(G_1, G_2)\|_\infty, \quad \forall \omega \in [0, \pi f_s] \tag{A.11}$$

从 $\Psi$ 的结构中可发现到

$$0 \leqslant \delta_\nu(G_1, G_2) < 1 \tag{A.12}$$

如果不满足方程式 A.9 的性质, 则定义

$$\delta_\nu(G_1, G_2) = 1 \tag{A.13}$$

可以使用工具箱 REDUC®[3][②]中的函数 vgap.m 计算 Vinnicombe 距离.

## A.3 鲁棒稳定性条件

使用广义稳定性裕度和两个传递函数之间的 Vinnicombe 距离, 可以表示出基于名义模型 $G_1$ 设计的控制器 $K$ 的鲁棒稳定性条件 (充分条件), 如下式:

$$\delta_\nu(G_1, G_2) \leqslant b(K, G_1) \tag{A.14}$$

稳定模型 $G_1$ 的控制器 $K$ 也将稳定模型 $G_2$.

此条件可以用限制性较弱的条件代替, 但应在所有频率上进行验证[③]:

$$|\Psi(G_1, G_2)| \leqslant |T(e^{-j\omega})|^{-1}, \quad \forall \omega \in [0, \pi f_s] \tag{A.15}$$

---

① 式 (A.9) 的条件比 7.2.5 节中所使用的条件限制要小, 在 7.2.5 节中考虑了两个具有相同不稳定极点数目和相同原点环数的传递函数.

② 可从本书网站下载.

③ 此条件必须与 7.2.5 节中给出的条件 (公式 (7.53)—(7.55)) 进行比较. 公式 (A.15) 可以解释为这些条件的推广.

# A.4　注释与参考资料

Vinnicombe 距离 ($\nu$ 距离) 和广义稳定性裕度的原始参考文献是 [4]. 要获得良好的教学效果, 需要额外使用 $H_\infty$ 归一化, 请参见文献 [1,2].

这些概念对于验证降阶控制器 (请参阅第 9 章) 和在闭环运行中辨识的模型 (请参阅第 8 章) 非常有用.

## 参 考 文 献

[1] Landau I, Zito G (2005) Digital control systems-design, identifification and implementation. Springer, London

[2] Zhou K, Doyle J (1998) Essentials of robust control. Prentice-Hall International, Upper Saddle River

[3] Adaptech, Adaptech, 4 rue de la Tour de l'Eau, St. Martin dHères, France: RE-DUC® Controller order reduction by closed-loop identifification (Toolbox for MATLAB®) (1999)

[4] Vinnicombe G (1993) Frequency domain uncertainty and the graph topology. IEEE Trans Autom Control 38(9): 1371-1383. doi: 10.1109/9.237648

# 附录 B　自适应增益更新的实现——U-D 分解

自适应增益方程式对舍入误差很敏感. 在文献 [1] 中详细讨论了此问题, 其中提出了 U-D 分解以保证 PAA 的数值鲁棒性. 因此, 自适应增益矩阵重写如下:

$$F(t) = U(t)D(t)U^{\mathrm{T}}(t) \tag{B.1}$$

式中 $U(t)$ 是对角线元素均等于 1 的上三角矩阵, $D(t)$ 是对角矩阵. 这允许自适应增益矩阵保持正定, 以便舍入误差不会显著影响解.

令

$$G(t) = D(t)V(t) \tag{B.2}$$

$$V(t) = U(t)\phi_f(t) \tag{B.3}$$

$$\beta(t) = 1 + V^{\mathrm{T}}(t)G(t) \tag{B.4}$$

$$\delta(t) = \frac{\lambda_1(t)}{\lambda_2(t)} + V^{\mathrm{T}}(t)G(t) \tag{B.5}$$

定义:

$$\Gamma(t) = \frac{U(t)G(t)}{\beta(t)} = \frac{F(t)\phi_f(t)}{1 + \phi_f^{\mathrm{T}}(t)F(t)\phi_f(t)} \tag{B.6}$$

参数自适应增益的 U-D 分解算法如下.

在 $t = 0$ 时刻初始化 $U(0)$ 和 $D(0)$, 得到自适应增益矩阵 $F(0) = U(0)D(0)U^{\mathrm{T}}(0)$ 的初始值. 在 $t+1$ 时刻, 通过执行步骤 (1)—(6) 更新 $D(t+1)$ 和 $U(t+1)$ 时的自适应增益 $\Gamma(t)$.

(1) 计算 $V(t) = U^{\mathrm{T}}(t)\phi_f(t)$, $G(t) = D(t)V(t)$, $\beta_0 = 1$ 和 $\delta_0 = \dfrac{\lambda_1(t)}{\lambda_2(t)}$;

(2) 对于 $j = 1$ 到 $n_p$(参数数量), 请执行步骤 (3)—(5);

(3) 计算

$$\beta_j(t) = \beta_{j-1}(t) + V_j(t)G_j(t)$$

$$\delta_j(t) = \delta_{j-1}(t) + V_j(t)G_j(t)$$

$$D_{jj}(t+1) = \frac{\delta_{j-1}(t)}{\delta_j(t)\lambda_1(t)}D_{jj}(t)$$

$$\Gamma_j(t) = G_j(t)$$

$$M_j(t) = -\frac{V_j(t)}{\delta_{j-1}(t)}$$

(4) 如果 $j = 1$, 则转到步骤 (6), 否则, 对于 $i = 1$ 到 $j - 1$, 转到步骤 (5);

(5) 计算

$$U_{ij}(t + 1) = U_{ij}(t) + \Gamma_i(t)M_j(t)$$

$$\Gamma_i(t) = \Gamma_i(t) + U_{ij}(t)\Gamma_j(t)$$

(6) 对于 $i = 1$ 到 $n_p$, 计算

$$\Gamma_i(t) = \frac{1}{\beta_{n_p}(t)}\Gamma_i(t)$$

将对角矩阵 $D(t)$ 的元素的值保持在某一特定阈值 $d_0$ 以上即可得到自适应增益的下界, 如下所示:

$$d_i(t) = \begin{cases} d_0 \text{ 或 } d_i(t-1), & d_i(t) \leqslant d_0 \\ d_i(t), & \text{其他} \end{cases} \tag{B.7}$$

注意, 这种算法确实很容易实现①.

## 参 考 文 献

[1]　Bierman G (1977) Factorization methods for discrete sequential estimation. Academic Press, New York

---

① 本书网站上的函数 udrls.m(MATLAB) 实现了该算法.

# 附录 C 交错自适应调节：方程推导与稳定性分析

## C.1 方 程 推 导

下面为得到式 (13.63) 的推导过程, 将式 (13.61) 列写如下.
先验误差由下式给出

$$\varepsilon^\circ(t+1) = v(t+1) + \frac{q^{-d}B^*H_{S_0}H_{R_0}}{P_0}\left[\frac{B_Q}{A_Q} - \frac{\hat{B}_Q(t)}{\hat{A}_Q(t)}\right]w(t) \qquad (C.1)$$

对于常数 $\hat{B}_Q(t)$ 和 $\hat{A}_Q(t)$ 或忽略时变算子的非可换性, (C.1) 可以写成[①]

$$\varepsilon^\circ(t+1) = v(t+1) + \frac{q^{-d}BH_{S_0}H_{R_0}}{P_0}\left[\frac{B_Q}{A_Q} - \frac{\hat{B}_Q(t)}{\hat{A}_Q(t)}\right]w(t+1) \qquad (C.2)$$

可知

$$u_Q(t+1) = \frac{B_Q}{A_Q}w(t+1) \qquad (C.3)$$

$$= B_Q w(t+1) - A_Q^* u_Q(t) \qquad (C.4)$$

$$= B_Q w(t+1) - A_Q^* \hat{u}_Q(t) - A_Q^*\left(u_Q(t) - \hat{u}_Q(t)\right) \qquad (C.5)$$

同样

$$\hat{u}_Q(t+1) = \hat{B}_Q(t)w(t+1) - \hat{A}_Q(t)\hat{u}_Q(t) \qquad (C.6)$$

(C.1) 变成

$$\varepsilon^\circ(t+1) = v(t+1) + \frac{q^{-d}BH_{S_0}H_{R_0}}{P_0}[(B_Q - \hat{B}_Q(t))w(t+1)$$
$$- (A_Q^* - \hat{A}_Q^*(t))\hat{u}_Q(t) - A_Q^*(u_Q(t) - \hat{u}_Q(t))] \qquad (C.7)$$

然后可以将后验误差定义为

$$\varepsilon(t+1) = v(t+1) + \frac{q^{-d}BH_{S_0}H_{R_0}}{P_0}[(B_Q - \hat{B}_Q(t+1))w(t+1)$$
$$- (A_Q^* - \hat{A}_Q^*(t+1))\hat{u}_Q(t) - A_Q^*(u_Q(t) - \hat{u}_Q(t))] \qquad (C.8)$$

---

[①] 利用符号 $B = q^{-1}B^*$ 的优势, 可以方便地使用关系 $Bw(t+1) = B^*w(t)$.

　　还须找到一个表达式将 $u_Q(t) - \hat{u}_Q(t)$ 误差与后验误差 $\varepsilon(t+1)$ 联系起来. 系统的测量输出 $y(t)$ 由下式给出

$$y(t) = \hat{y}_1(t) + p(t) \tag{C.9}$$

式中 $\hat{y}_1(t)$ 是带有自适应 IIR YK 补偿器的过程输出, $p(t)$ 是扰动的结果. 假设理想的 IIR YK 补偿器 $\dfrac{B_Q(q^{-1})}{A_Q(q^{-1})}$ 完全抵消了扰动 $p(t)$, 则公式 (C.9) 变为

$$y(t) = \hat{y}_1(t) - y_1(t) \tag{C.10}$$

式中 $y_1(t) = -p(t)$ 是带有理想 IIR YK 补偿器 $\dfrac{B_Q}{A_Q}$ 的过程输出.

　　定义

$$\hat{y}_1(t) = -\frac{q^{-d}B}{A}\frac{1}{S_0}\left[R_0 y(t) + H_{S_0}H_{R_0}\hat{u}_Q(t)\right] \tag{C.11}$$

作为估计 IIR YK 补偿器的受控对象的输出, 以及

$$y_1(t) = -\frac{q^{-d}B}{A}\frac{1}{S_0}\left[0 + H_{S_0}H_{R_0}u_Q(t)\right] \tag{C.12}$$

作为理想 IIR YK 补偿器的受控对象的输出 (在这种情况下, $y(t)$ 为零).

　　在 (C.10) 中引入这些方程, 可得

$$y(t) = -\frac{q^{-d}B}{A}\frac{R_0}{S_0}y(t) + \frac{q^{-d}B}{A}\frac{H_{S_0}H_{R_0}}{S_0}(u_Q(t) - \hat{u}_Q(t)) \tag{C.13}$$

$$\left[1 + \frac{q^{-d}B}{A}\frac{R_0}{S_0}\right]y(t) = \frac{q^{-d}BH_{S_0}H_{R_0}}{AS_0}(u_Q(t) - \hat{u}_Q(t)) \tag{C.14}$$

因此, 由于 $P_0 = AS_0 + q^{-d}BR_0$, 可得

$$\varepsilon(t) = y(t) = \frac{q^{-d}BH_{S_0}H_{R_0}}{P_0}(u_Q(t) - \hat{u}_Q(t)) \tag{C.15}$$

注意, 如果用到 $\hat{B}_Q(t)$ 和 $\hat{A}_Q^*(t)$, 则 $\varepsilon(t) = y(t)$. 同时引入符号

$$\hat{u}_Q^f(t) = \frac{q^{-d}BH_{S_0}H_{R_0}}{P_0}\hat{u}_Q(t) \tag{C.16}$$

回到 (13.61) 并使用 (C.15) 和 (C.16) 以及 (13.59) 可得

$$\varepsilon^\circ(t+1) = \upsilon(t+1) + \hat{B}w^f(t)$$
$$- \left(A_Q^* - \hat{A}_Q^*(t)\right)\hat{u}_Q^f(t) - A_Q^*\varepsilon(t) \tag{C.17}$$

后验误差方程变为

$$\varepsilon(t+1) = \upsilon(t+1) + \left( B_Q - \hat{B}_Q(t+1) \right) w^f(t)$$
$$- \left( A_Q^* - \hat{A}_Q^*(t+1) \right) \hat{u}_Q^f(t) - A_Q^* \varepsilon(t) \qquad \text{(C.18)}$$

上式可以改写为

$$\varepsilon(t+1) = \frac{1}{A_Q} \left[ \theta_1^{\mathrm{T}} - \hat{\theta}_1^{\mathrm{T}}(t+1) \right] \phi_1(t) + \upsilon^f(t+1) + \upsilon_1(t+1) \qquad \text{(C.19)}$$

式中 $\upsilon^f(t+1)$ 和 $\upsilon_1(t+1) = -(A_Q^* - \hat{A}_Q^*(t+1))\hat{u}_Q^f(t)$ 是消失的信号, 因为 $\upsilon_f(t+1)$ 是如下所示的渐近稳定滤波器的输出, 其输入是狄拉克脉冲和 $\hat{A}_Q^*(t+1) \to A_Q^*$.

## C.2 交错自适应调节的稳定性分析 (方案)

### C.2.1 $\hat{A}_Q$ 的估计

综合公式 (13.46) 的结构以及第 4 章和文献 [1] 的结果, 可以得出结论:

$$\lim_{t \to \infty} \varepsilon_{D_p}(t) = 0 \qquad \text{(C.20)}$$

$$\lim_{t \to \infty} \tilde{\theta}_{D_p}^{\mathrm{T}}(t+1)\phi_{D_p}(t) = 0 \qquad \text{(C.21)}$$

式中 $\tilde{\theta}_{D_p}^{\mathrm{T}}(t+1) = \hat{\theta}_{D_p}^{\mathrm{T}}(t+1) - \theta_{D_p}^{\mathrm{T}}$.

根据 (C.21) 可得

$$\tilde{\theta}_{D_p}^{T}(t)\phi_{D_p}(t-1) = \sum_{i=1}^{n-1} \left( \hat{p}(t-i) + \hat{p}(t-2n+i) \right) \tilde{\alpha}_i(t) + \hat{p}(t-n)\tilde{\alpha}_n(t)$$
$$= \left( \sum_{i=1}^{n-1} \left( z^{-i} + z^{-2n+i} \right) \tilde{\alpha}_i(t) + z^{-n}\tilde{\alpha}_n(t) \right) \hat{p}(t) \to 0, \quad t \to \infty$$
$$\text{(C.22)}$$

式中 $\{\tilde{\alpha}_i\}_1^n = \{\tilde{\alpha}_i(t) - \alpha_i\}_1^n$.

假设 $\hat{p}(t)$ 具有 $n$ 个独立的频率成分的, 参数收敛的频率丰富度条件成立. 因此, 上述方程式的唯一解是 $\lim_{t \to \infty} \tilde{\alpha}_i(t) = 0$, 即参数收敛到其真值.

由于 $A_Q(z^{-1}) = D_p(\rho z^{-1})$, 则 $\hat{A}_Q(z^{-1}) = \hat{D}_p(\rho z^{-1})$, 得出的结论是

$$\lim_{t \to \infty} \hat{A}_Q(z^{-1}) = A_Q(z^{-1}) \qquad \text{(C.23)}$$

### C.2.2　$B_Q(z^{-1})$ 的估计

在所有情况下，后验自适应误差方程均采用以下形式：

$$\nu(t+1) = H(q^{-1})[\theta_1 - \hat{\theta}_1(t+1)]\Phi_1(t) \tag{C.24}$$

这样就可以直接使用 4.4.2 节和文献 [1] 节的结论进行稳定性分析.

为了保证渐近稳定性，对于每一个回归变量和自适应误差的选择，都必须满足不同的正实条件. 表 13.2 总结了各种选择和稳定性条件.

### 参 考 文 献

[1]　Landau ID, Lozano R, M'Saad M, Karimi A (2011) Adaptive control, 2nd edn. Springer, London

# 附录 D　自适应前馈补偿误差方程

## D.1　公式 (15.27) 的推导

在假设 (H2)(完美匹配条件) 下, 主通路的输出可以表示为

$$x(t+1) = -z(t+1) = -G(q^{-1})u(t+1) \tag{D.1}$$

式中 $u(t+1)$ 是一个虚拟变量, 由下式给出:

$$u(t+1) = -S^*(q^{-1})u(t) + R(q^{-1})y(t+1) = \theta^{\mathrm{T}}\varphi(t) = [\theta_S^{\mathrm{T}}, \theta_R^{\mathrm{T}}]\begin{bmatrix} \varphi_y(t) \\ \varphi_u(t) \end{bmatrix} \tag{D.2}$$

式中

$$
\begin{aligned}
\varphi(t) &= [-u(t), \cdots, -u(t-n_S+1), y(t+1), \cdots, y(t-n_R+1)] \\
&= [\varphi_u^{\mathrm{T}}(t), \varphi_y^{\mathrm{T}}(t)]
\end{aligned} \tag{D.3}
$$

$y(t+1)$ 由下式给出

$$y(t+1) = w(t+1) + \frac{B_M^*(q^{-1})}{A_M(q^{-1})}u(t) \tag{D.4}$$

这在图 D.1 中示出.

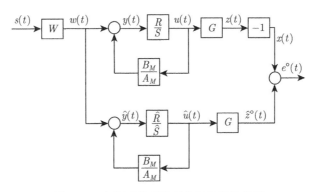

图 D.1　完美匹配假设下的系统等效表示

固定值的参数向量 $\hat{\theta}$ 对于描述的估计滤波器 $\hat{N}(q^{-1})$ 与最优滤波器 $N(q^{-1})$ 具有相同的维数, 次级通路的输出可以表示为 (在这种情况下, $\hat{z}(t) = \hat{z}^{\circ}(t)$, $\hat{u}(t) = \hat{u}^{\circ}(t)$)

$$\hat{z}(t) = G(q^{-1})\hat{u}(t) \tag{D.5}$$

式中

$$\hat{u}(t+1) = \hat{\theta}^{\mathrm{T}}\phi(t) \tag{D.6}$$

关键的观测结果是虚拟变量 $u(t+1)$ 可以表示为

$$\begin{aligned}
u(t+1) &= \theta^{\mathrm{T}}\phi(t) + \theta^{\mathrm{T}}[\varphi(t) - \phi(t)] \\
&= \theta^{\mathrm{T}}\phi(t) + \theta_S^{\mathrm{T}}[\varphi_u - \phi_{\hat{u}}] + \theta_R^{\mathrm{T}}[\varphi_y - \phi_{\hat{y}}]
\end{aligned} \tag{D.7}$$

定义伪误差 (对固定向量 $\hat{\theta}$)

$$\varepsilon(t+1) = u(t+1) - \hat{u}(t+1) \tag{D.8}$$

自适应误差

$$\nu(t+1) = -e(t+1) = z(t) - \hat{z}(t) = G(q^{-1})\varepsilon(t+1) \tag{D.9}$$

由 (D.7) 得出

$$u(t+1) = \theta^{\mathrm{T}}\phi(t) - S^*(q^{-1})\varepsilon(t) + R(q^{-1})[y(t+1) - \hat{y}(t+1)] \tag{D.10}$$

但是考虑到分别由 (D.4) 和 (15.19) 得出的 $y(t)$ 和 $\hat{y}(t)$ 表达式, 可以得到

$$u(t+1) = \theta^{\mathrm{T}}\phi(t) - \left(S^*(q^{-1}) - \frac{R(q^{-1})B_M^*(q^{-1})}{A_M(q^{-1})}\right)\varepsilon(t) \tag{D.11}$$

因此

$$\varepsilon(t+1) = [\theta - \hat{\theta}]^{\mathrm{T}}\phi(t) - \left(S^*(q^{-1}) - \frac{R(q^{-1})B_M^*(q^{-1})}{A_M(q^{-1})}\right)\varepsilon(t) \tag{D.12}$$

得出

$$\frac{A_M S - B_M R}{A_M}\varepsilon(t+1) = [\theta - \hat{\theta}]^{\mathrm{T}}\phi(t) \tag{D.13}$$

可以改写为

$$\varepsilon(t+1) = \frac{A_M(q^{-1})}{P(q^{-1})}[\theta - \hat{\theta}]^{\mathrm{T}}\phi(t) \tag{D.14}$$

现在考虑到 (D.9) 即得到 (15.27).

## D.2  第 15 章算法 II 的自适应误差

对于算法 II, 后验误差 (15.34) 的等式变为

$$\nu(t+1) = \frac{A_M G}{P\hat{G}}[\theta - \hat{\theta}(t+1)]^\mathrm{T}\phi_f(t) \tag{D.15}$$

$$= \frac{A_M B_G^* \hat{A}_G}{P\hat{B}_G^* A_G}[\theta - \hat{\theta}(t+1)]^\mathrm{T}\phi_f(t) \tag{D.16}$$

$$= \frac{b_1^G}{\hat{b}_1^G}\frac{A_M\left(B_G^*/b_1^G\right)\hat{A}_G}{P\left(\hat{B}_G^*/\hat{b}_1^G\right)A_G}[\theta - \hat{\theta}(t+1)]^\mathrm{T}\phi_f(t) \tag{D.17}$$

现在可以应用带有一元多项式的式 (4.125)—(4.131) 中的结论了:

$$H_1 = A_M\left(B_G^*/b_1^G\right)\hat{A}_G, \quad H_2 = P\left(\hat{B}_G^*/\hat{b}_1^G\right)A_G \tag{D.18}$$

可分别得到

$$\nu(t+1) = \frac{b_1^G}{\hat{b}_1^G}\left[\theta - \hat{\theta}(t+1)\right]^\mathrm{T}\phi_f(t) + H_1^*(q^{-1})\left[\theta - \hat{\theta}(t)\right]^\mathrm{T}\phi_f(t-1) - H_2^*(q^{-1})\nu(t) \tag{D.19}$$

和

$$\nu^\circ(t+1) = \frac{b_1^G}{\hat{b}_1^G}\left[\theta - \hat{\theta}(t)\right]^\mathrm{T}\phi_f(t) + H_1^*(q^{-1})\left[\theta - \hat{\theta}(t)\right]^\mathrm{T}\phi_f(t-1) - H_2^*(q^{-1})\nu(t) \tag{D.20}$$

因此, 如果 $b_1^G = \hat{b}_1^G$, 则式 (15.36) 是精确的. 在实践中, 这意味着 $b_1^G$ 和 $\hat{b}_1^G$ 应该具有相同的符号, 并且需要假设它们的值非常接近 (这意味着已经对 $G$ 进行了良好的辨识). 由于使用的是 $\hat{G}$ 而不是 $G$, 因此对于算法 III 也会有相同的情况.

## D.3  公式 (15.86) 的推导

固定值的参数向量 $\hat{\theta}$ 对于描述的估计滤波器 $\hat{N}(q^{-1})$ 与最优滤波器 $N(q^{-1})$ 具有相同的维数, 次级通路的输出可以表示为 (在这种情况下, $\hat{z}(t) = \hat{z}^\circ(t)$, $\hat{u}(t) = \hat{u}^\circ(t)$, $e(t) = e^\circ(t)$)

$$\hat{z}(t) = G\hat{u}(t) \tag{D.21}$$

其中

$$\hat{u}(t) = \hat{u}_1(t) - \frac{B_K}{A_K}e(t) = \hat{u}_1(t) + \frac{B_K}{A_K}\nu(t) \tag{D.22}$$

式中

$$\hat{u}_1(t+1) = \hat{\theta}^{\mathrm{T}}\phi(t) \tag{D.23}$$

关键的观测结果是, 使用 [1, 式 (63)—(67)], 虚拟变量 $u(t+1)$ 可以表示为

$$u(t+1) = \theta^{\mathrm{T}}\phi(t) - S^*[u(t) - \hat{u}_1(t)] + R[y_1(t+1) - \hat{y}_1(t+1)] \tag{D.24}$$

定义伪误差 (对固定向量 $\hat{\theta}$)

$$\varepsilon(t+1) = u(t+1) - \hat{u}_1(t+1) - KG\varepsilon(t+1) \tag{D.25}$$

自适应误差变为

$$\nu(t+1) = -e(t+1) = -x(t+1) - \hat{z}(t+1) = G\varepsilon(t+1) \tag{D.26}$$

考虑到 (D.22) 和 (D.26), $u(t+1)$ 变为

$$u(t+1) = \theta^{\mathrm{T}}\phi(t) - S^*\left[u(t) - \hat{u}(t) + \frac{B_K B_G}{A_K A_G}\varepsilon(t)\right] \\ + R[y_1(t+1) - \hat{y}_1(t+1)] \tag{D.27}$$

由 (D.27) 考虑到 [1] 的 (67) 和 (15.31) 给出的 $u_1(t)$ 和 $\hat{u}_1(t)$ 的表达式而得出

$$u(t+1) = \theta^{\mathrm{T}}\phi(t) - \left[S^*\left(1 + \frac{B_K B_G}{A_K A_G}\right) - \frac{R(q^{-1})B_M^*}{A_M}\right]\varepsilon(t) \tag{D.28}$$

使用式 (D.22) 和 (D.25), 可得 (将 $\varepsilon$ 中所有项移到左边之后)

$$\varepsilon(t+1) = \frac{A_M A_G A_K}{P_{fb-ff}}[\theta - \hat{\theta}]^{\mathrm{T}}\phi(t) \tag{D.29}$$

现在考虑式 (D.26), 得到方程 (15.86).

## D.4　公式 (16.16) 的推导

使用假设 (H2″) (见 16.3 节), 可以为主通路构造一个等效的闭环系统, 如图 D.2 所示.

考虑到式 (16.2) 中的 $Q(q^{-1})$ 滤波器, 可以将 (16.1) 中给出的多项式 $S(q^{-1})$ 改写为

$$S(q^{-1}) = 1 + q^{-1}S^* = 1 + q^{-1}((A_Q S_0)^* - B_Q B_M^*) \tag{D.30}$$

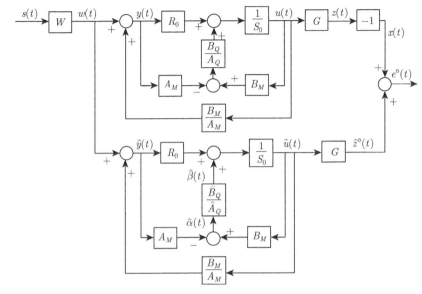

图 D.2 等效系统表示

在假设 (H2″) (完美匹配条件) 下, 主通路的输出可以表示为

$$x(t) = -z(t) = -G(q^{-1})u(t) \tag{D.31}$$

而 Youla-Kučera 补偿器的输入为

$$y(t+1) = w(t+1) + \frac{B_M}{A_M}u(t+1) \tag{D.32}$$

式中 $u(t)$ 是由下式给出的虚拟变量, 可由下式得到

$$
\begin{aligned}
u(t+1) &= -S^*u(t) + Ry(t+1) \\
&= -((A_Q S_0)^* - B_Q B_M^*)u(t) + (A_Q R_0 - B_Q A_M)y(t+1) \\
&= -(A_Q S_0)^* u(t) + A_Q R_0 y(t+1) + B_Q(B_M^* u(t) - A_M y(t+1)) \quad \text{(D.33)}
\end{aligned}
$$

同样, 自适应前馈滤波器的输出 (对固定的 $\hat{Q}$) 由下式给出:

$$\hat{u}(t+1) = -(\hat{A}_Q S_0)^* \hat{u}(t) + \hat{A}_Q R_0 \hat{y}(t+1) + \hat{B}_Q(B_M^* \hat{u}(t) - A_M \hat{y}(t+1)) \tag{D.34}$$

次级通路的输出为

$$\hat{z}(t) = G(q^{-1})\hat{u}(t) \tag{D.35}$$

定义伪误差 (对一组固定的估计参数)

$$\varepsilon(t) = -u(t) + \hat{u}(t) \tag{D.36}$$

自适应误差

$$\nu(t) = -e(t) = -(-z(t) + \hat{z}(t)) = -G(q^{-1})\varepsilon(t) \tag{D.37}$$

公式 (D.33) 可以改写为

$$\begin{aligned}
u(t+1) = &- (A_Q S_0)^* \hat{u}(t) + A_Q R_0 \hat{y}(t+1) \\
&+ B_Q(B_M^* \hat{u}(t) - A_M \hat{y}(t+1)) - (A_Q S_0)^*(u(t) - \hat{u}(t)) \\
&+ A_Q R_0(y(t+1) - \hat{y}(t+1)) \\
&+ B_Q[B_M^*(u(t) - \hat{u}(t)) - A_M(y(t+1) - \hat{y}(t+1))] \tag{D.38}
\end{aligned}$$

考虑式 (16.8), (D.32)

$$\begin{aligned}
&B_Q[B_M^*(u(t) - \hat{u}(t)) - A_M(y(t+1) - \hat{y}(t+1))] \\
&= B_Q\left[B_M^*\varepsilon(t) - A_M\frac{B_M^*}{A_M}\varepsilon(t)\right] = 0 \tag{D.39}
\end{aligned}$$

并从 (D.38) 中减去 (D.34), 可得

$$\begin{aligned}
\varepsilon(t+1) = &- ((-A_Q + \hat{A}_Q)S_0)^* \hat{u}(t) + (-A_Q + \hat{A}_Q)R_0 \hat{y}(t+1) \\
&+ (-B_Q + \hat{B}_Q)[B_M^* \hat{u}(t) - A_M \hat{y}(t+1)] - (A_Q S_0)^*\varepsilon(t) + A_Q R_0 \frac{B_M^*}{A_M}\varepsilon(t) \\
& \tag{D.40}
\end{aligned}$$

将 $\varepsilon(t)$ 中的项移到左边, 可以得到

$$\begin{aligned}
&\left[1 + q^{-1}\left(\frac{A_M(A_Q S_0)^* - A_Q R_0 B_M^*}{A_M}\right)\right]\varepsilon(t+1) \\
&= \frac{A_Q P_0}{A_M}\varepsilon(t+1) \\
&= (-A_Q^* + \hat{A}_Q^*)[-S_0\hat{u}(t) + R_0\hat{y}(t)] + (-B_Q + \hat{B}_Q)[B_M\hat{u}(t+1) - A_M\hat{y}(t+1)] \tag{D.41}
\end{aligned}$$

使用公式 (D.37) 和 (16.18), 可以得出公式 (16.16).

## 参 考 文 献

[1] Landau I, Alma M, Airimitoaie T (2011) Adaptive feedforward compensation algorithms for active vibration control with mechanical coupling. Automatica 47(10): 2185-2196. doi: 10.1016/j.automatica.2011.08.015

# 附录 E "积分 + 比例" 参数自适应算法

在 AVC 中, 应考虑 "积分 + 比例" 参数自适应算法 (IP-PAA)[1-3], 原因有两个:

- 它能够去除或放宽正实条件, 以保持稳定.
- 它可能会加速自适应瞬变.

## E.1 算　法

自适应前馈补偿的积分 + 比例自适应的推导与式 (15.35) 类似.

IP-PAA 的特殊性在于, 估计参数向量 $\hat{\theta}(t)$ 在每个瞬间都是两个分量的和:

$$\hat{\theta}(t) = \hat{\theta}_I(t) + \hat{\theta}_P(t) \tag{E.1}$$

式中 $\hat{\theta}_I(t)$ 是通过第 4 章介绍的算法生成的积分环节 (这些算法具有记忆), $\hat{\theta}_P(t)$ 是通过无记忆的自适应算法生成的比例环节.

提出了以下 IP-PAA:

$$\hat{\theta}_I(t+1) = \hat{\theta}_I(t) + \xi(t)F_I(t)\Phi(t)\nu(t+1) \tag{E.2a}$$

$$\hat{\theta}_P(t+1) = F_P(t)\Phi(t)\nu(t+1) \tag{E.2b}$$

$$\nu(t+1) = \frac{\nu^\circ(t+1)}{1 + \Phi^{\mathrm{T}}(t)(\xi(t)F_I(t) + F_P(t))\Phi(t)} \tag{E.2c}$$

$$F_I(t+1) = \frac{1}{\lambda_1(t)}\left[F_I(t) - \frac{F_I(t)\Phi(t)\Phi^{\mathrm{T}}(t)F_I(t)}{\dfrac{\lambda_1(t)}{\lambda_2(t)} + \Phi^{\mathrm{T}}(t)F_I(t)\Phi(t)}\right] \tag{E.2d}$$

$$F_P(t) = \alpha(t)F_I(t); \quad \alpha(t) > -0.5 \tag{E.2e}$$

$$F(t) = \xi(t)F_I(t) + F_P(t) \tag{E.2f}$$

$$\xi(t) = 1 + \frac{\lambda_2(t)}{\lambda_1(t)}\Phi^{\mathrm{T}}(t)F_P(t)\Phi(t) \tag{E.2g}$$

$$\hat{\theta}(t+1) = \hat{\theta}_I(t+1) + \hat{\theta}_P(t+1) \tag{E.2h}$$

$$0 < \lambda_1(t) \leqslant 1, \quad 0 \leqslant \lambda_2(t) < 2, \quad F_I(0) > 0 \tag{E.2i}$$

$$\Phi(t) = \phi_f(t) \tag{E.2j}$$

式中 $\nu(t+1)$ 是 (滤波后的) 自适应误差, $\lambda_1(t)$ 和 $\lambda_2(t)$ 能够得到矩阵自适应增益 $F_I(t)$ 的各种曲线 (更多信息, 请参见 4.3.4 节和 [1]). 对于 $\alpha(t) \equiv 0$, 可得 4.3.3 节介绍的积分自适应增益的算法 (另请参考 [4]). 详细的稳定性分析可查阅文献 [2].

当使用积分 + 比例自适应时, 第 15 章给出的积分型自适应的充分正实条件可以放宽.

## E.2　放宽正实条件

可以得到以下的结论[2].

**定理 E.1**　式 (15.34), (15.44) 和 (E.2) 所描述的 $\lambda_2(t) \equiv 0$ 和 $\lambda_1(t) \equiv 1$ 的自适应系统是渐近稳定的, 前提是:

(T1) 存在增益 $K$ 使得 $\dfrac{H}{1 + KH}$ 为 SPR.

(T2) 自适应增益 $F_I$ 和 $F_P(t)$ 和观测向量 $\Phi(t)$ 满足

对于所有 $t_1 \geqslant 0$:

$$\sum_{t=0}^{t_1} \left[ \Phi^{\mathrm{T}}(t-1) \left( \frac{1}{2} F_I + F_P(t-1) \right) \Phi(t-1) - K \right] \nu^2(t) \geqslant 0 \tag{E.3}$$

对于所有 $t \geqslant 0$:

$$\Phi^{\mathrm{T}}(t) \left( \frac{1}{2} F_I + F_P(t) \right) \Phi(t) > K > 0 \tag{E.4}$$

证明在 [2] 中给出. 条件 (T1) 是 [2] 中得出的结论.

在假设:

(H1) $H(z^{-1})$ 的所有零点在单位圆内;

(H2) $b_0 = 0$

下, 离散传递函数为

$$H(z^{-1}) = \frac{B(z^{-1})}{A(z^{-1})} = \frac{b_0 + b_1 z^{-1} + \cdots + b_{n_B} z^{-n_B}}{1 + a_1 z^{-1} + \cdots + a_{n_A} z^{-n_A}} \tag{E.5}$$

存在一个正的标量增益 $K$, 使得 $\dfrac{H}{1 + KH}$ 为 SPR.

有趣的是, 条件 (E.3) 表示回归向量具有以下性质

$$\sum_{t=0}^{t_1} \left[ \Phi^{\mathrm{T}}(t-1) \Phi(t-1) \right] > \varepsilon > 0 \tag{E.6}$$

这意味着回归向量的协方差矩阵的迹是正的, 即信号的能量大于零. 比例增益的大小将取决于传递函数与 SPR 传递函数的距离 ($K$ 级) 以及回归器的能量是多少 (取决于扰动).

## E.3 试 验 结 果

第 15 章中考虑的 AVC 系统已进行了试验 (另请参见 2.3 节). 试验的自适应前馈补偿器结构为 $n_R = 3, n_S = 4$. 将全局主通路上的 PRBS 激励被视为是扰动. 对于自适应算法, 已将 FUPLR 算法用于标量自适应增益 ($\lambda_1(t) = 1, \lambda_2(t) = 0$). 已选择 IP-PAA 中的变量 $\alpha(t)$, 其初始值从 200 开始, 然后线性减小到 100(在 25s 的范围内). 在 AVC 系统上获得的时域结果如图 E.1 所示. 使用 IP-PAA 的优点是, 尽管不满足

$$H(q^{-1}) = \frac{A_M G}{P \hat{G}}$$

的 SPR 条件 (如图 E.2 所示, 在 83Hz 和 116Hz 附近不满足 SPR 条件), 但总体上改善了瞬变性能. 性能的改善可以解释为使用 IP 自适应时 SPR 条件的放宽.

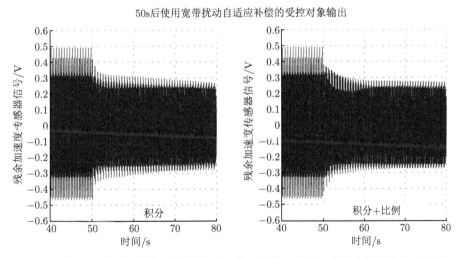

图 E.1 使用 "积分" 标量自适应增益 (左) 和 "积分 + 比例" 标量自适应增益 (右) 的 FUPLR 算法获得的实时结果

图 E.3 显示了在 1500s 的时间范围内 "积分" 和 "积分 + 比例" 自适应之间的比较 (图 E.1 是图 E.3 的局部放大图, 仅涵盖了引入自适应前馈补偿器后的前 30s). 可以看到, 使用 "积分" 自适应时获得的各种 "峰值" 肯定是在某些频率下违反 SPR 条件引起的, 使用 "积分 + 比例" 自适应时它们大大衰减. 在图 E.3 所

示, 对 IP 自适应在过去 10s 内获得的衰减为 13.45dB, 而对于 I 自适应, 衰减为 12.99dB. 显然, 从长期来看, IP 自适应能提供更好的结果. 有关其他试验结果, 请参见文献 [5].

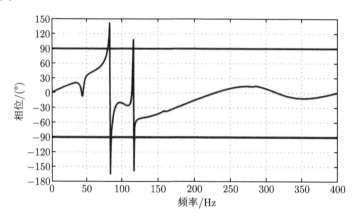

图 E.2　FUPLR 的估计 $H(z^{-1})$ 的相位

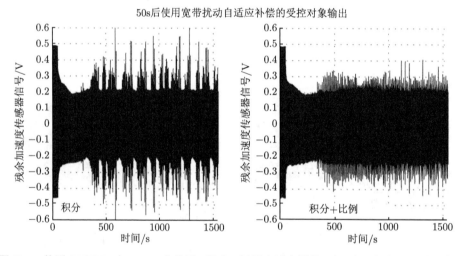

图 E.3　使用 FUPLR 在 1500s 内使用 "积分" 标量自适应增益 (左) 和 "积分 + 比例" 标量自适应增益 (右) 获得的实时结果

## 参 考 文 献

[1] Landau ID, Lozano R, M'Saad M, Karimi A (2011) Adaptive control, 2nd edn. Springer, London

[2] Airimitoaie TB, Landau ID (2013) Improving adaptive feedforward vibration compensation by using integral+proportional adaptation. Automatica 49(5): 1501-1505. doi:

10.1016/j. automatica.2013.01.025

[3] Tomizuka M (1982) Parallel MRAS without compensation block. IEEE Trans Autom Control 27(2): 505-506. doi: 10.1109/TAC.1982.110290

[4] Landau I, Alma M, Airimitoaie T (2011) Adaptive feedforward compensation algorithms for active vibration control with mechanical coupling. Automatica 47(10): 2185-2196. doi: 10.1016/ j.automatica.2011.08.015

[5] Airimitoaie TB (2012) Robust design and tuning of active vibration control systems. Ph.D. thesis, University of Grenoble, France, and University "Politehnica" of Bucharest, Romania

# 重点词汇索引